戴永年 院士

中国工程院 院士文集

Collections from Members of the Chinese Academy of Engineering

戴永年文集

A Collection from Dai Yongnian

北 京
冶金工业出版社
2019

内 容 提 要

本书为戴永年院士文集，分为五个部分，主要介绍了戴永年院士在锡冶金和有色金属冶金方面所做的工作及所获得的部分研究成果。本文集为2009年出版的《戴永年论文选——有色冶金及真空冶金》的补充，并且加入了戴永年院士近10年来对有色金属产业发展、大学、科研和社会等方面提出的部分建议。

本书可供冶金及材料领域的科研、生产、设计、管理和教学人员阅读或参考。

图书在版编目（CIP）数据

戴永年文集/戴永年著.—北京：冶金工业出版社，2019.3

（中国工程院院士文集）

ISBN 978-7-5024-8069-1

Ⅰ.①戴… Ⅱ.①戴… Ⅲ.①冶金工业—文集
Ⅳ.①TF-53

中国版本图书馆CIP数据核字（2019）第051361号

出 版 人 谭学余
地　　址 北京市东城区嵩祝院北巷39号 邮编 100009 电话 (010)64027926
网　　址 www.cnmip.com.cn 电子信箱 yjcbs@cnmip.com.cn
责任编辑 张熙莹 美术编辑 彭子赫 版式设计 孙跃红
责任校对 李 娜 责任印制 牛晓波
ISBN 978-7-5024-8069-1
冶金工业出版社出版发行；各地新华书店经销；三河市双峰印刷装订有限公司印刷
2019年3月第1版，2019年3月第1次印刷
787mm×1092mm 1/16；20印张；1彩页；461千字；311页
158.00元

冶金工业出版社 投稿电话 (010)64027932 投稿信箱 tougao@cnmip.com.cn
冶金工业出版社营销中心 电话 (010)64044283 传真 (010)64027893
冶金工业出版社天猫旗舰店 yjgycbs.tmall.com

《中国工程院院士文集》总序

2012年暮秋，中国工程院开始组织并陆续出版《中国工程院院士文集》系列丛书。《中国工程院院士文集》收录了院士的传略、学术论著、中外论文及其目录、讲话文稿与科普作品等。其中，既有院士们早年初涉工程科技领域的学术论文，亦有其成为学科领军人物后，学术观点日趋成熟的思想硕果。卷卷文集在手，众多院士数十载辛勤耕耘的学术人生跃然纸上，透过严谨的工程科技论文，院士笑谈宏论的生动形象历历在目。

中国工程院是中国工程科学技术界的最高荣誉性、咨询性学术机构，由院士组成，致力于促进工程科学技术事业的发展。作为工程科学技术方面的领军人物，院士们在各自的研究领域具有极高的学术造诣，为我国工程科技事业发展做出了重大的、创造性的成就和贡献。《中国工程院院士文集》既是院士们一生事业成果的凝炼，也是他们高尚人格情操的写照。工程院出版史上能够留下这样丰富深刻的一笔，余有荣焉。

我向来认为，为中国工程院院士们组织出版院士文集之意义，贵在“真、善、美”三字。他们脚踏实地，放眼未来，自朴实的工程技术升华至引领学术前沿的至高境界，此谓其“真”；他们热爱祖国，提携后进，具有坚定的理想信念和高尚的人格魅力，此谓其“善”；他们治学严谨，著作等身，求真务实，科学创新，此谓其“美”。《中国工程院院士文集》集真、善、美于一体，辩而不华，质而不俚，既有“居高声自远”之澹泊意蕴，又有“大济于苍生”之战略胸怀，斯人斯事，斯情斯志，令人阅后难忘。

读一本文集，犹如阅读一段院士的“攀登”高峰的人生。让我们翻开《中国工程院院士文集》，进入院士们的学术世界。愿后之览者，亦有感于斯文，体味院士们的学术历程。

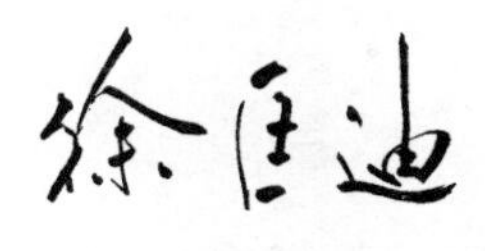

2012年7月

前　言

戴永年院士自1947年进入云大矿冶系读书，至今已在有色金属冶金行业深耕70余载。大学毕业后，戴永年教授锡冶金等课程，并于1954年去中南矿冶学院（现中南大学）冶金系研究生班学习，向中国的周则岳、赵天从和苏联的彼斯库诺夫、克里沃森科等教授学习，内容都集中在有色金属冶金。在教学和科研中，多次去国内有色金属冶金厂和俄、美、德等国讲学和考察，并于1958年组建国内第一个真空冶金研究小组，在戴永年院士的带领下，经过46年的发展，该实验室于2004年获批为云南省有色金属真空冶金重点实验室，2005年成为国内首批建设的国家工程实验室。

真空冶金技术的发展经历了半个多世纪，其在有色金属冶金方面发展很快。戴永年长期从事有色金属真空冶金的教学、科研和工程研究，发展了金属真空气化分离理论，形成了有色金属真空冶金理论体系；为首研制成功粗锡铅合金真空精炼新技术，简化了精炼过程；发明了内热式多级连续蒸馏真空炉，在国内40多个企业及美国、英国、西班牙、巴西、玻利维亚和东南亚等国家推广应用百余台（套），改革了锡、铅、锌冶金部分传统生产技术，经济效益显著；研制成功卧式真空炉及相关工艺技术，在宝钢、鞍钢、韶关冶炼厂、金沙公司等均建立了大型有色金属真空冶金车间。戴永年院士及其团队获国家和省部级奖励20余项，其中，国家技术发明奖二等奖2项、国家科技进步奖二等奖2项、国家发明奖四等奖1项。戴永年院士本人获得云南省科学技术突出贡献奖，其主持编写的《真空冶金》获全国优秀科技图书二等奖。

2009年出版过一本《戴永年论文选——有色冶金及真空冶金》，10年过去了，戴永年院士现已90高龄，有色金属冶金及真空冶金技术也有了较大进步，特把他写的文章补充在这本文集中，其中有戴永年院士回顾40年前用烟化炉炼锡精矿的试验和有色金属的真空冶金进展等。

这10年中，戴永年院士从将近70年的教学和科研经验中总结并提出了一些建议，如教学和科学研究，大学与社会，双一流建设，科研成果产业化，发展高技术、高附加值产品生产，矿产品深加工以及大企业多产品经营等。

这些文章完成时，得到国内外和校内外的老师、领导、同事、同学、同行以及戴永年院士妻子赵瑞芳教授的关怀、支持，在此向大家致以衷心的感谢。

文中疏漏之处，恳请读者指正！

编　者

2019年2月

目　录

院士传略

锡 冶 金

有色金属冶金

建　议

附　录

院士传略

戴永年院士的有色人生*

戴永年院士，1929年2月9日出生于昆明，祖籍云南省通海县，我国著名的有色金属真空冶金专家。1951年云南大学矿冶系毕业，1956年中南矿冶学院冶金系研究生班毕业。现任昆明理工大学教授，博士生导师，昆明理工大学真空冶金及材料研究所所长，云南省有色金属真空冶金重点实验室学术委员会主任，真空冶金国家工程实验室主任。形成了有色金属真空冶金理论体系，发展了金属真空气化分离及化合物真空还原理论；发明了内热式多级连续蒸馏真空炉，为首研制成功粗铅火法精炼新技术，简化了精炼过程；研制成功卧式真空炉及相关工艺技术，在国内40多个单位及美国、英国、西班牙、巴西、玻利维亚和东南亚等国家推广应用100余台（套）；改革了锡、铅、锌冶金部分传统生产技术，经济、社会和环境效益显著。获国家和省部级奖励29项，其中国家技术发明奖二等奖2项（排1、3）、国家科技进步奖二等奖2项（排1、3）、国家发明奖四等奖一项；云南省科学技术突出贡献奖一项、中国真空学会“94科技成就奖”一项。荣获“全国五一劳动奖章”、全国“高校先进科技工作者”“云岭先锋奖章”“云南省劳动模范”“云南省有突出贡献优秀科技人才”“云南省教育功勋奖”等荣誉称号，发表论文百余篇，出版学术专著9部，获授权发明专利和实用新型专利20余项。1999年当选中国工程院院士。

一、成长经历

1929年2月9日，昆明翠湖畔景虹街的一家小院里生下一个婴儿，他的出生安慰着戴逢礼夫妻和亲朋好友。在那个缺医少药的年代，戴逢礼夫妻之前连生9个小孩都未能长大，此时他们都在默默地祝福新生的婴儿能健康成长，戴逢礼亲自为他取名“永年”。

---

* 本文由曲涛博士整理撰写。

时光如梭，在父母的悉心培育下，戴永年已长到该上学的年龄了。承载着父母的厚望，他跨入了昆明女中附小（现武成小学），开始了他的求学生涯。1938 年日本飞机轰炸昆明，为了全家人的安危，戴逢礼携妻儿回到了通海老家。

虽然战乱打破了正常生活，但戴逢礼并没有因此放弃对儿子的教育，回到通海后，他立即把戴永年送进通海秀麓小学，平时不管多忙也要抽空督促他读书写字。

斗转星移，戴永年马上就要初中毕业，但那时通海还没有高中。1944 年，戴永年考上了昆明的高中，父母又将家迁回昆明，在景星街开了一个小店，供他上学。

那时的昆明，民主运动正蓬勃开展，云南大学的致公堂也成了民主人士的集聚地，闻一多、李公朴等民主人士经常在这里演讲，戴永年和他的同学经常相互邀约着到致公堂听报告，思想的进步之门和学识的深邃魅力之门向他悄然打开。

云南因有丰富的有色矿产资源被誉为“有色金属王国”，东川的铜、个旧的锡、会泽的铅锌矿在很早就被人们所熟知。云南历代政府都比较重视有色金属的发展，希望借此宝藏造福一方。戴永年在云南这片有色金属王国长大，自小就听父辈讲过不少关于锡矿等有色金属相关的传奇故事。随着年龄的增长，他越来越认识到云南矿业的重要，课余闲暇总思考自己未来能不能为云南的矿业做点什么，让更多的人能够受益于这份宝藏。

在前往云大听报告期间，他了解到云大矿冶系的老师多数是留学生，系里的设备大多是美国进口的，原省主席龙云曾经在云南办过留美预备班。这一切，深深地吸引着戴永年。他在心底暗暗思忖，有了这些条件自己就能学到更多先进的知识，为未来服务家乡的有色金属矿业打牢基础。1947 年，高中毕业的他报考了云大矿冶系，这一决定使他与有色金属结下了不解的情缘。

在那个特殊的年代，个人的经历注定不会平凡而寂寞。进入大学一年后，1948 年戴永年加入了“云南民主青年同盟”，先后担任小组长、支委。1949 年 8 月，20 岁的戴永年光荣地加入了中国共产党。1949 年 9 月，国民党当局开始了“九·九整肃”，云南大学被迫解散。戴永年随母亲回到了通海，很快又投入到了当地的革命运动中。经通海地下党负责人批准，通海县成立了以戴永年为组长的党小组，负责开展城区工作。1949年12月9日，卢汉起义，宣布云南和平解放，国民党部分残余分子逃经通海窜扰县城，当时戴永年正在县政府商量工作，在敌众我寡的战斗中，他不幸中弹受伤，子弹由左颈射入，左肩穿出。母亲看到受重伤的儿子急火攻心也一病不起，仅七天，64岁的母亲离开了人世。所幸戴永年闯过了这一关，他被通海县人民政府任命为第一区区政府主席，但因重伤而未能上任。

遭受双重打击的戴逢礼带着儿子到昆明治伤，从此改变了戴永年的人生轨迹，走上了科教兴国的道路。云南大学复课后，戴永年回到了矿冶系，继续他的学业。从此，他与有色金属的缘分随着时间的积淀也越来越深，得到谭庆麟等老师的教导。1951年7月，戴永年从云大矿冶系毕业后，以优异成绩留校任教；1954年，被学校派到中南矿冶学院（现中南大学）研究生班学习，受教于苏联列宁格勒矿冶学院的依·尼·皮斯库诺夫教授及我国著名冶金专家周则岳教授，并得到赵天丛等教授的指导。1956年，戴永年研究生毕业后回到昆明工学院（1953年从云大分出，现昆明理工大学）任教。从此，“有色金属”四个字就成为戴永年一辈子教学、科研的核心。

二、主要研究领域和成就

（一）打开真空冶金之门，成功研制“内热式多级连续蒸馏真空炉”“卧式真空炉”及相关技术

在云大任教期间，最初戴永年主要的教学任务是指导分析化学实验，开“耐火材料”和“锡冶金”等课。当时，我国还没有系统的锡冶金类教材。在教材极其匮乏的情况下，他只能从各方面收集材料，到冶炼厂实地考察学习，几乎跑遍了全国所有的炼锡厂，参加了若干次锡的学术讨论会，多次带学生去工厂实习。

那段艰苦的岁月却给了戴永年极其宝贵的收获。一方面是理论与实践结合的成效让他兴奋不已；另一方面是他深切感受到了那时冶金环境的污染，深刻认识到改变这种充斥着废水、废渣、废气的冶金作业环境的必要性和迫切性。

1957年，苏联专家谢夫留可夫应邀到昆明工学院讲学，在讲到真空蒸馏精炼锡时，介绍了苏联专家穆拉契教授在微型真空炉中做真空蒸馏分离锡、

铅、砷的实验。“真空冶金”这个新的研究领域激起了戴永年莫大的兴趣和探索渴望。

他开始认真地学习、思考和分析。真空冶金有利于增容反应的进行，在真空状态，即使千分之一或万分之一个大气压下，反应需要的温度明显降低，金属容易变成气体，蒸发的速率比常压下能提高约百倍，这可使真空冶炼的温度降低，减少燃料的消耗。真空冶炼系统是密闭的，冶炼过程缩短，更容易控制，能有效提高产品的质量，提高金属的回收率，且真空冶金过程基本上没有废气、废水、废渣的排放，对环境基本无污染。

忽然之间，戴永年深切体会到如果真正掌握了真空冶金的技术，那么前期在冶炼厂所感受到的环境污染、劳动条件差等那些困难不就可以迎刃而解了吗？在激动与兴奋之余，戴永年带领他的团队用学校的小型管式电炉改装成真空炉做铅锡合金的真空蒸馏试验。令人惊喜的是他们很快也在试验中使铅锡分开了。

戴永年不满足于眼前小试的成功，排除困难开始了新的探索——扩大试验，将研究方向定位于工业型用炉。在他看来，实验室的小炉子是不能放大在工业上用的，但国内在当时又没有适合分离铅锡合金的炉子，如果没有适当的炉型问世，工厂也就不能实现真空冶金方法，眼前已尝试成功的小型试验也只能束之高阁。

在那个百废待兴的年代，缺资料、少经费，实验设备严重不足，有些时候连正常的教学过程都难以保障，整个过程是艰辛的。然而戴永年认准了这条路，与课题组的同志们一起克服种种困难争取早日试验。

1959年成立了一个小型的真空冶金实验室，因陋就简，试制真空炉，进行有色金属方面的研究，并率先在国内发表了一系列真空冶金方面的论文。小型试验难，而扩大试验、直接解决生产问题的研究就更难了。没有资金，条件不足，他就带着学生前往离学校7km的昆明冶炼厂参加试验。每天骑自行车到厂里，早出晚归，风雨无阻，继续进行炉型研究。每年他至少要到云锡公司实地考察多次。他和学生一道下车间，与工人师傅、技术人员交流、实地试验。

除了要克服来自物质匮乏带来的困难，戴永年还承担了巨大的精神压力。“文革”开始，学校的正常秩序被打破，大大小小的批判和斗争也在考验着他刚刚萌芽的科研理想。戴永年坚信一切都会过去，春天一定会来临。

“文革”后期，他被调回学校搞生产科研，意外之余他满怀欣喜地扎进了实验室，重新捡起久违的真空冶炼分离铅锡合金的进一步尝试。

回想那段艰辛而又磨人的日子，戴永年释怀地说：“政治运动对我影响不大。”历经风雨之后，要做到如此的豁达和淡然又需要怎样的胸襟呢？当有人问起他是如何渡过那段艰辛的岁月时，戴永年总是幸福地说：“这多亏了我的妻子赵瑞芳。”原来，在面临着生活的极度拮据和巨大的精神压力之下，戴永年依旧专注于研究，妻子默默料理着家中三个小孩和他的日常生活。正是在妻子的理解和家人的支持下，戴永年才得以专注地投身于研究，逐步做成一些事。

坚韧和执著终于有了回应。70年代初，学校破天荒拨给戴永年700元的研究经费。在戴永年看来，这700元对自己的研究有着非比寻常的意义，它不但证明自己的坚持已经得到了一定的肯定，也缓解了课题经费的缺乏。

他们兴高采烈地拿着设计图纸和700元钱请工厂里的朋友为他加工一台扩大试验的设备，但这笔钱仅够做炉子的外壳！戴永年找到了云南省冶金局科技处长尧勋，终于得到了5000元的借款。激动的他来不及计算自己70元的月薪要多久才能偿还这笔借款，就迅速用来购买了试验中的必需设备，一心希望真空冶金的扩大试验能早一日开始。

扩大试验后，戴永年和他的团队又遇到了新的难题。出锡管被腐蚀并很快蚀穿，真空炉漏气，炉子不能继续运行。试验的难度远远超过了预期。为这根管子，戴永年尝试在管子内加衬、改变它的尺寸、采用冷却等诸多办法，几乎进行了一年的试验才将这个问题解决。炉内发热体因高温而经常被烧坏，这个问题再一次困扰着他们，经过在其结构、尺寸、材料、作业制度等方面研究之后得到较好的解决，发热体使用时间达到1个月以上。

戴永年注意到，有一个厂曾经试过把电直接通到焊锡上让其发热，这个方法他们也做了试验，查明电流过大时电磁力就会使液体合金拉断，重力又使之流回接上，造成不断打弧，炉子不能稳定运行；电流小时炉子运行稳定，但处理量又较小。另外传来某单位的另一种方法，但这种方法处理1t焊锡要耗电16000kW·h，以当时8分钱1kW·h计算，1200多元的电费超过了每吨1000多元的电解法成本。为什么耗电那么高？戴永年经过反复计算、思考后发现：高耗电的原因在于炉子的内部结构不合理。顺着这个发现，他计算出理论耗电量约160kW·h，反复核对无误后，戴永年抓住这个关键，开始不断改进炉子的内部结构。

终于，在多次失败的试验后，1977年他摸索出“内热式多级连续蒸馏真空炉”的基本结构，这个炉子使处理每吨焊锡的耗电量在实验室降低到1000kW·h，投产后又降到500kW·h，每吨焊锡的加工成本降低到“电解法”的1/7（当时约合120元/吨），锡的回收率由96%提高到99.4%。

多年的艰辛终于有了结果，扩大试验成功了，当时大家思想中并没有技术保密的概念，戴永年一心希望这项新的技术能很快运用到实际的生产中去。他们立即把实验情况用电报、信件的方式告诉有关实验室和工厂。云锡公司几天内来了几批人，在实验室考查，最后留下一批人参与后期试验。1979年，在工厂扩大到日处理2t的炉子研究成功，经云南省冶金局组织鉴定后立即成功地应用于工业生产，取代了传统流程。

内热式多级连续蒸馏真空炉研制，从1958年开始到1979年鉴定历经了漫长的21年的时间。从锡冶金开始，经过戴永年团队边研究边学习真空技术，一一排除多个难题，也经历了许多的非技术性的阻碍。如今他回忆起来依旧感慨：“我们体会到若不是长期坚持，任何时候都可能夭折。”

这项新技术获得1979年中国冶金工业部科技进步奖四等奖，“内热式多级连续蒸馏真空炉”获得1987年国家发明奖四等奖，并取得国家发明专利。到现在已有58台真空炉运用于云南、广西、湖南、湖北、安徽、广东、辽宁、甘肃、江西等省的34个厂及美国、玻利维亚、巴西等国，创造的经济价值以亿元计。以上技术和设备用于粗铅火法精炼，1989年获国家科技进步奖二等奖。

历时21年的艰辛摸索，“内热式多级连续蒸馏真空炉”的发明为戴永年打开了更为宽广的真空天地。

80年代初，中南矿冶学院赵天从老师写信告诉戴永年武汉钢铁公司的热镀锌渣堆积成山。热镀锌渣属工业废渣，主要成分是锌，其中含铁5%左右。按提炼要求必须将热镀锌渣中提取出来的锌仅含铁0.003%。热镀锌渣的性质与焊锡不同，焊锡熔点仅为200~300℃，而锌的熔点为420℃，锌中含铁后熔点又升高，不易做到液体料入炉。“内热式多级连续蒸馏真空炉”在这里发挥不了作用，需要研究新的炉型。有人也尝试过使用真空蒸馏的方法，但却因产品含铁量达不到要求而未成功。

戴永年运用在长期研究中自己建立的“气液相平衡成分图”来判断某种

合金将各元素分离的可能性和分离的程度，并已用以解决锑–锡、铋–银、铅–银、铅–锡、锗–锌等许多合金的蒸馏分离的问题。这一次他也同样用这个办法计算锌铁合金，判定可以得到锌含铁为 10^{-10} 远远低于 0.003%，从而确定用真空蒸馏法能够产出厂方要求的锌（含铁 0.003%以下）。仅用三年的时间就由小试验做到了扩大试验，研制成功“卧式真空炉”，并将铁含量降低到 0.002%以下，超过了厂方的处理要求。1994 年，“卧式真空炉”获得中国有色金属工业总公司科技进步奖二等奖，并获得国家发明专利。

“卧式真空炉”研制成功为我国新增了一种真空炉，取得了较好的产业化效果，给国家和企业都带来了经济与环保两方面的效益。硬锌是火法精炼锌的副产品，它含有铁、锗、铟、银、金等稀贵金属，国内外都有此产品，但回收处理的方法和设备都不太完善，而使金属回收率低（小于 60%）、成本高、不安全。戴永年通过推理计算和小试、中试后，确定能够处理硬锌。厂方同时安排湿法处理的研究以作比较，经过一年的试验，两种方法都得到结果，最后厂家确定采用戴永年他们的真空法。于 1997 年在韶关冶炼厂建了 5 台卧式真空炉开炉生产，处理硬锌回收锌和富集稀贵金属取得较大效益，年增利税 4600 万元。1998 年这款炉子获得中国有色金属工业总公司科技进步奖二等奖，1999 年获得广东省科技进步奖一等奖，2003 年获国家科技发明奖二等奖。

（二）锂、铟、镁、铝、多晶硅等金属元素冶炼新工艺的研究

在科学研究的道路上戴永年永不满足眼前的成绩，总在试图寻找新的突破。他认为许多传统的有色冶金技术都应当改造，那都有几十、几百年历史的老设备、方法不能永远保持不变，科学技术的发展为改造这些老设备建立了基础，应使用新技术来改造它们。1994 年，他开始关注锂的真空提炼技术研究。锂被誉为“推动世界前进的重要元素”的稀有金属，应用范围包括制造高性能电池、替代汽车发动机燃料、炼铝、制造玻璃陶瓷、空调制冷以及原子能方向也需要它。他将真空技术用于锂的冶炼，经过一年多的试验，戴永年的团队又在这个领域取得了成功，并获得国家发明专利。由学校与云南铜业公司合作创建了“昆明永年锂业有限公司”，学校以“真空炼锂”的专利入股，共同生产金属锂和锂材，开启了云南的炼锂产业。

云南省有着富含铟的高铁锌矿资源，每年产出 3 万吨含铟锌的物料，其

中含铟150t，含锌2.4万吨，占原生铟生产原料的50%以上。但采用传统的铟提取工艺存在生产流程长、成本偏高、回收率低、环境负荷重，资源利用率低等严重问题，根据国家对金属铟的战略需求，迫切需要开发一种高效清洁铟冶炼技术，实现稀缺资源综合高效利用和清洁生产。戴永年院士及其团队针对锌冶炼过程中产生的含铟锌物料，提出了从含铟粗锌中提炼铟的新工艺，制定了总体技术路线和实施方案，并负责项目的研发、组织、协调和实施。课题组经过几年坚持不懈的努力，以真空冶金技术为核心，集成湿法冶金、电冶金等技术，发明了高效提取金属铟的清洁冶金新技术及与新技术配套的新装备，完成了基础研究、工艺技术研究和关键设备开发，实现了从含铟0.1%的粗锌中提炼出纯度达99.993%以上的金属铟的产业化生产，铟的回收率大于90%，直收率大于80%，远远高于传统铟生产工艺，主要技术经济指标达到国际先进水平，是高新技术改造传统产业的成功典范，具有原始创新和集成创新的特点。这项成果于2007年获得有色金属工业科学技术奖一等奖，2009年获得国家技术发明奖二等奖。

1992年，戴永年看到了现有金属镁的生产方法有许多不足：一是以硅铁作为还原剂，还原剂的价格高；二是生产过程是间断性的，且对环境的污染很大；三是还原用的合金罐损耗比较严重，成本很高。他就考虑如果用碳作为还原剂，在真空炉内进行还原而不用合金罐，可以节省很多成本，同时降低能耗，还可以大大改善工人的操作条件，减少对环境的污染。从此，真空冶金及材料研究所开始了真空碳热还原炼镁的许多研究工作，先后培养了几届博士、硕士研究生，获得了国家“973”项目前期研究专项的支持。现在已提高金属镁的挥发，渣中含氧化镁可降低到3%以下，目前正在积极推进连续化生产设备的中试试验工作。

我国是金属铝的生产和消费大国，金属铝已成为支撑我国国民经济发展的重要基础材料。随着铝工业快速发展，富铝原料减少、贫铝的多金属矿大量待处理。能源及环境问题日益突出，节能降耗并减少污染、多金属综合回收是目前铝冶炼工业面临的难题。此外，我国铝土矿资源保障程度低，中、低品位铝土矿的开发和利用将成为我国铝冶炼工业的重要发展方向。戴永年在综合国内外新型金属铝冶炼方法的基础上，针对氧化铝还原和低价铝化合物歧化反应的性质，按氧化铝真空还原、歧化法制备金属铝的思路，进行了基本规律和工艺研究。并以铝土矿为原料，在真空条件下还原制备金属铝的研究，已取得了阶段性进展。该方法有可能解决目前我国铝土矿资源铝硅比低（<5）的问题，还可以采用高岭土、黏土、粉煤灰、霞石等作为原料，以扩大原料范围，对于我国铝工业的可持续发展具有重要的意义。

当他考察了许多地方都有很好的硅矿，尚未利用，看到国内生产的大量工业硅出口了六十多个国家，而要进口几十倍价格的多晶硅时，他的目光转向了冶金法低成本制备太阳能级多晶硅新技术的研发，试图结束国外在多晶硅技术领域的垄断。他研读了美国、欧洲、日本近几十年研究实验的大量文献，以冶金规律为主线，总结了冶金法制备多晶硅各阶段的基本原理，结合他几十年对冶金专业的认识，提出了新的方法及设备并与师生们组织工业试验。他同时支持团队中的老师进行试验研究，支持鼓励企业大力进行多晶硅的试验，并几次到现场指导。

随着能源与环境问题的日益突出，戴永年认为只要国家发展需要，对跨学科的技术就应发展，不懂就学，三年当学徒，三年就出师了，再三年就入门了。于是他领导成立课题组于2000年开始锂离子电池及其相关材料的研究，主要研究内容包括：锂离子电池正负极材料、电解液功能添加剂、锂离子电池的制备、高能电池的检测及化成等方面。经过10多年的研究，到2010年共获得了18项国家、省部级、企业横向课题、建起创新平台、人才培养等各类科研项目的支持，总经费700余万元。申请了国家专利，其中已授权4项。培养了一批锂离子电池及其相关材料的科研人员和技术工作者。与昆明协兴科技有限公司合作开发磷酸铁锂正极材料制备技术已经完成工业化验证。与日本东京工业大学、清华大学、北京凯迈天空科技有限公司、云南大学等多个单位建立了交流合作关系。2010年2月2日，被昆明市科技局定为“节能与新能源汽车动力电池及关键材料研究中心”。

（三）有色金属真空冶金的理论体系及学科建设

戴永年研制的两个系列的真空炉及技术进入有色冶金材料工厂之后，不断有人提问：还有哪些物料可以用真空冶金技术处理？铅-铋合金可以真空蒸馏分离吗？戴永年在实验研究工作中也碰到类似的问题，如铅-锑合金能否在全组成范围内分离？这些问题若能解决，将对真空蒸馏的发展应用很有帮助。

经过热力学推导、蒸气密度计算，戴永年提出用分离系数β来作判断标准，即在一定温度下，A–B 二元合金的纯物质蒸气压 p_A^* 和 p_B^* 之比值，乘上此二元系的组成 A 和 B 的活度系数 γ_A 和 γ_B 的比值就是 β 值，即 $\beta=\gamma_A \cdot p_A^*/(\gamma_B p_B^*)$。若 β 值大于或小于 1，真空蒸馏 A–B 二元合金都能使气相物质成分与液相不同，就可以用真空蒸馏法使 A 和 B 分开；但若 β 值等于 1，则不能分开，因为气相成分和液相成分相同，蒸馏不能使两组成分分离。

用分离系数 β 值判断，较之于过去只用元素纯物质饱和蒸气压判断更为完全、准确。只要有了活度系数的值，计算出来就能无误，于是上面的几个问题都迎刃而解了。还进一步发现有个别的活度系数前人测得不够准确。例如铅–锑合金就是这样，中国广西产脆硫铅锑矿，铅锑共生，选矿分不开，冶炼也难分，都想到能否用真空蒸馏法来使铅、锑分开。戴永年先进行了高铅锑（含铅小于 10%）的分离试验，可以使锑提纯到合格。后又做锑铅合金（含铅和锑相近的合金）真空蒸馏试验，由国外已测得的活度系及计算，β 都大于 1，应该可以分开，但试验结果并不如此，后经戴永年研究得到与国外数据不同的数值，计算的结果才与试验结果一致。

有了 β 值判断，戴永年又进一步推导出气液相平衡成分图，把一种合金的气相和液相平衡共存时的两相的成分计算出来绘制成图，就能清楚地看到蒸馏二元合金时原料和产品的成分的关系。若要求产品达到某种纯度则应该用什么条件（温度、原料成分），在其指导下完成了热镀锌渣、硬锌和多种合金的处理，也完成了高纯锌的生产。

通过几十年来戴永年在真空冶金方面的摸索、研究，最终总结形成了一套新的有色金属真空冶金的理论体系。五十年来，他共发表学术论文百余篇，出版学术专著 9 部，其创造性提出的“真空蒸馏合金分离的判据”“金属气液相平衡成分图”“合金中各元素挥发量间的关系”“金属氧化物真空中还原”等理论，已经在生产和科学研究中得到了广泛的应用。

20 世纪 70 年代初，鉴于戴永年长时间在锡冶金方面教学和科研所积累的丰富知识，在锡铅分离的真空冶金以及烟化炉中锡铁分离方面的研究工作取得的进展，冶金工业出版社委托他开始编写我国第一部《锡冶金》专著。戴永年他们从实际调研入手，到全国各地的炼锡厂考察，收集资料然后进行编写。经过几年时间的努力，《锡冶金》终于在 1977 年出版。它总结了我国多年来的炼锡经验，成为当时生产、教学、科研、设计的一部重要参考书和教科书，此书后来被列入国家优秀科技图书书目，并于 1994 年获得省部级优秀教材二等奖。

经过长时间真空冶金方面的探索与研究，戴永年率先在国内开设了“真空冶金”课程及试验，那时国内其他大学还未开设此课。1988年，戴永年和沈阳飞机公司的赵忠教授合作编著了《真空冶金》（由冶金工业出版社出版），这是我国首部真空冶金系统专著，1990年获得全国优秀科技图书二等奖。2000年，戴永年又与昆明理工大学的杨斌教授出版了总结他近半个世纪教学研究成果《有色金属材料真空冶金》。1988年他应邀到联邦德国亚琛大学讲学。1989年又应邀前往美国“矿物，金属，材料学会（TMS）”年会上作《粗金属及其化合物真空蒸馏分离杂质元素》的学术报告。1990年，他又应邀前往苏联哈萨克斯坦选矿冶金研究所作《真空冶金在中国》的学术报告。苏联著名冶金专家科赫米托夫院士称：“戴永年教授的研究和发明处于世界前列。”

三、人才培养

为了使有色金属真空冶金后继有人，戴永年十分重视对青年人的培养。1983年他开始招收硕士研究生，1990经国务院学位委员会批准为博士生导师。

他常对学生和青年老师说要“立于德，成于学，展于创，益于民”。

作为一名老师，戴永年始终教育学生无论做什么事都要“立于德”，他告诉身边的学生要想把每一件事情做好、登上成功的殿堂首先要学会做人，只有成为一个品德高尚的人才有可能成“家”。

作为一名科研工作者，戴永年从不吝惜自己一步步探索总结出来的经验，言传身教将自己作为一个“过来人”的经验传递给大家。在日常的学习和科研活动中他鼓励年轻人要敢想敢做，当有学生提出比较好的想法和大胆的猜测时，他就会尽力去支持大家将自己的想法在实验室中具体去操作，尝试将大胆的创意转化为现实。在实践过程中遇到困难，当有同学感觉快要坚持不下去时他又给大家鼓劲，只有不轻言放弃，才能达到成功。

作为一名冶金从业者，他也从不强求学生从事冶金行业，而是用自己的实际行动与人生经历来感染学生，指引他们树立正确的人生观。为了掌握试验的第一手资料，及时地发现和解决试验及工程图纸设计过程中的问题，他不顾自己的身体状况与同事们的劝解，仍坚持与他们一起做试验、讨论问题，甚至有时一干就是通宵。他鼓励大家，只要有坚持、只要不轻易向困难低头、只要不轻言放弃就一定能看到成功的希望。在他的带领和感染下，课题组一次又一次地攻克难关，上一个项目就成功一个，再苦再累也毫无怨言。他培养的硕士和博士生毕业后几乎都继续从事冶金方面的教学和科研，许多已成为了技术骨干，受到了用人单位的高度评价。戴永年毫无保留地将自己的知识和技能传授给学生，还要求学生积极上进，树立"吃苦在前，享受在后"的理想信念。

2000年，戴永年被查出患上了膀胱癌，但病痛并没有使他停下教学和科研的步伐，住院治疗期间病房成了他的办公室。他躺在病床上还在指导研究生，甚至不顾自己的病情坚持参加研究生的毕业答辩。当他走进答辩室时，参加答辩会的老师和同学都不约而同地站起来向他鼓掌致意。

迄今，戴永年先后培养了博士、硕士研究生113名，现有在读博士、硕士研究生20余人。这有益于我国有色金属真空冶金的建立和发展，国内一些工厂从无到有地建成、投产了一批真空冶金设备，成长了一批真空冶金工作者。

• 有色金属王国的骄子*

生命是一段时间，有一种时间，永恒如岁月。
人生是一本日历，有一种日历，完美如诗历。

——作者题记

序

他从秀山之麓走出，在滇池湖畔成长，最后在昆明理工大学担任一名普通的教师。

他在近半个世纪的辛勤耕耘中，渐渐成为世界知名的科学家，他在立足平凡岗位的不断创新和超越中，戴上了中国工程院院士的桂冠。

土生土长的云南人成为中国工程院院士，他是第一个。然而，他在全国创下的第一，却远远不止于此。

他是全国第一个探索“真空冶金之梦”的先驱者，他的研究成果处于世界领先地位。

他第一个成功研制出“内热式多级连续蒸馏真空炉”，解决了分离铅锡合金高耗能、高污染、低回收的难题。

他第一个成功研制出“卧式真空炉”，使工业废渣——热镀锌渣变废为宝，应用此炉高效处理硬锌，创造的经济效益以亿元计。

他第一个主持撰写中国真空冶金的系统专著——《真空冶金》。

他第一个主持编写中国第一部《锡冶金》。

他第一个创建中国真空冶金及材料研究所。

……

他用坚持不懈的努力，构建了一座科技创新的大厦。一篇篇论文，一本本证书，一次次发明，一项项专利，一个个从他门下走出的学生，全都砌成

* 本文由通海一中的赛蓉华老师撰写；原载于《报告文学》，2003年2月12日。

他辉煌的人生阶梯。

他终于一步步接近璀璨的“真空冶金之梦”，人们亲切地称他“戴真空”，苏联著名真空冶金专家科赫米托夫院士称：“戴永年教授的研究和发明处于世界前列。”

他却只是淡淡地说：“我喜欢在高校做教师，我愿意走科技创新之路。”

一

在秀甲南滇的通海秀山之麓，延伸着一条古老的街道——文庙街。戴永年的老家，就在文庙街22号。

这是通海古城一座极为普通的清代民居，青砖粉墙，小楼小院，院中井水清亮甘洌，墙角的缅桂树绿影婆娑，花桩盆景点缀其间，一派小城人家的气象。在这条流淌着浓厚历史文化意蕴的青石板街上，戴家小小的庭院和阁楼显得清幽别致，安谧和谐。据戴家家谱记载，戴家已经有13代人居住在这里了，到戴永年的父亲戴逢礼（字敬臣）时，戴家的子孙日渐稀少，因此戴逢礼也就背负着家族的期望，早早地娶妻生子了。

戴逢礼读过书，能做账，写得一手好字，妻子王淑卿是个贤淑善良的小脚女人，在家相夫教子，管理家务，夫妻俩相敬如宾，恩爱和睦。他们主要依靠祖上传下的几亩田租过活，偶尔也做点收屯生意。但这个貌似幸福的小家庭却并不美满，由于早婚早育，加之医疗条件的落后，他们家的孩子大都过不了周岁就夭折，王淑卿在通海生了十个孩子，只留下一个女孩。一次次痛彻骨髓的失子伤痛不仅使戴逢礼伤透了心，也使他觉得愧对父母亲人，在好奇的街坊邻居面前，他甚至感到自己抬不起头来了。

如果不是因为这些不幸的遭遇，他们也许就像他们的祖辈那样一直生活在这座小城了，因为通海历史悠久，交通便利，工商业发达，居住环境优越，通海人大多都是家乡宝，无论走多远都眷恋着家乡，是决不肯轻易地到外地安家落户的。但现在，孩子一个个莫名其妙地夭折，难道自己竟要绝后吗？那可太可怕了！圣人不是说不孝有三，无后为大吗？戴逢礼感到一种巨大的压力向他袭来，在命运的百般捉弄中，他感到自己几乎要窒息了。

面对他们家孩子屡屡夭折的怪事，外人有许多传言，有人提醒他离离窝，换个地方住也许会好些。可说到搬家，他还是犹豫不决，他从小就被灌输了“在家千日好，出门事事难”的家乡宝观念，再说通海毕竟是他们戴家世代居住的地方啊！怎么能说走就走呢？要知道，这可不是一般的出门，而是带着一个小脚女人去闯荡啊，想想看，那会是一种怎样的艰难？但一想到孩子，想到出去是为了能留住自己的孩子，戴逢礼管不了那么多了，他以一种通海人少有的勇气痛下决心：搬家！举家迁往省城昆明！

那时王淑卿的二妹就定居在昆明，她们家在翠湖边开的容芳照相馆是昆明最早的照相馆之一（仅次于最早的“二我轩”），生意做得还算顺利。戴家迁到昆明后，就在翠湖边的景虹街租了一间小平房住下来，戴逢礼帮姨妹家做账，王淑卿帮着打点杂，一家子也就凑合着安顿下来。新的环境让他们夫妻俩从沉重的精神压抑中解脱出来，渐渐地他们也习惯了帮人的日子，习惯了简单朴素的生活，渐渐地出门也不像他想象中那样可怕了。让戴逢礼高兴的是，刚到昆明的第一个月，妻子就怀孕了，他对这个孕育在异乡的小生命开始了新一轮的期待……

十月期满，妻子顺利生下一个女孩（戴永年的二姐），孩子生下后，戴逢礼和妻子又紧张起来，他们提心吊胆，一天一天看着孩子数着日子，直到孩子顺利地过了周岁，夫妻俩才松了口气，他们终于走出孩子过不了周岁的厄运了。

1929年，作为戴家唯一男孩（按戴家有记载的家谱排列，戴永年为戴家第十四代子孙）的戴永年在戴逢礼夫妻和所有在昆的亲朋好友的期望中降生了，看到自己终于有了儿子，戴逢礼喜极而泣，儿子满月那天，戴逢礼亲自为他戴上长命锁，取名“永年”，寄托了长命富贵的尘世愿望，并希望他的健康成长能让他们忘记那些丧子失女的噩梦。

当时戴家居无定所，生活清贫，但眉宇清秀、机灵可爱的小永年为全家带来了无与伦比的幸福和希望，戴逢礼看着小永年一天天长大，走过百日，走过周岁，终于开始牙牙学语，蹒跚学步，心中的幸福真是无法言说，他感到生活有奔头了，人生有希望了，王淑卿更是高兴得像得了宝贝似的，无微不至地照顾着小永年，孩子的一举一动都会牵动她心中那根最敏感、最柔情的神经。小永年就这样成了父母的精神支柱，成了全家人的生活中心。

转眼小永年六岁了，他们搬到昆明已经八年了，戴逢礼勤奋的工作使他们从物质上积累了在昆明生活下去的资本，他们终于可以像一般市民那样坦然地过日子了，终于不再觉得自己是这个城市的客人了，他们在意识上渐渐和这个热闹的城市融为一体。省城多彩的生活和先进的文化使戴逢礼大开眼界，他早已不是当初那个瞻前顾后的家乡宝，原来这个世界那么大，原来人有那么多活法啊！他在羡慕中遗憾着，自己是来不及了，自己才读过几天书啊！可还有儿子呢，儿子一定可以实现他实现不了的理想，他下决心要让儿子成为一个读书人，走一条和他以及他的祖辈完全不同的生活道路。戴逢礼对儿子教育的重视，已经远远超出了当时一般人的认识。

这一年，他们搬到了潘家湾附近的中和巷，为的就是能让小永年就近进入昆华女中附小上学。儿子上学后，戴逢礼更忙了，但他那以儿子为中心的生活习惯并没有丝毫改变，他几乎把每天的空余时间都用在督促儿子的学习上了，而儿子的每一点进步都是对苦心经营的父亲最大的褒奖。

1938年，抗日战争的烽火烧到了昆明，日本飞机的狂轰滥炸使许多无辜的百姓瞬间死于非命。戴家的老老小小在惊魂未定中逃回通海，重新住进他们在文庙街的小院里。这里虽然和昆明只相隔145公里，但却听不到让人心惊肉跳的防空警报声（在日本侵华战争中，通海是为数很少的日本飞机没有投过炸弹的地方之一），心脏不好的王淑卿终于可以在老家的小楼上睡个安稳觉了。担心着一家老小安全的戴逢礼也放下心来，但他还是每天看报纸，关心着昆明的时局。

虽然战乱使戴家在匆忙中逃离了省城，但戴逢礼并没有因此放弃对儿子的教育，他回通海后的第一件事就是把儿子送进通海秀麓小学读书。把儿子培养成一个读书人，让他走一条与祖辈完全不同的生活道路已成为戴逢礼坚定不移的人生信念，在这个信念的鼓舞下，他感到自己的人生有了意义，一种从未有过的幸福和充实让他觉得自己的生命仿佛就是为儿子而生的。在通海老家小小的庭院里，戴逢礼最大的快乐，仍然是在儿子放学之后，督促儿子读书练字。

抗日的烽火燃遍了大江南北，小城上空也响起了救亡的歌声，然而战争似乎离通海很远，年少的戴永年在弥漫着林木清香的秀山脚下自由快乐地成长着，秀山的灵气，文庙的古风，熏染出他气质中挥之不去的儒雅；严师的教诲，慈父的关爱，陶冶出他意识中好学上进的精神。戴永年没有辜负父亲的期望，从上小学的第一天起，他就是老师们公认的好苗子，虽然他并没有特别的天赋，但却有着非同寻常的踏实和严谨，最重要的是，在父亲的感染下，他一直保持着一种难能可贵的追求上进的积极状态。回通海后他的学习成绩仍然保持在一个很高的水平上，这一时期的戴永年开始对理科有了特别的兴趣，尤其喜欢做理科练习中打“※”号的题目。

戴家在通海老家一住就是五年，转眼戴永年就该初中毕业了，因当时通海还没有高中，儿子的读书问题又成了戴逢礼心中的头号大事。为了儿子的学业，1942年，戴逢礼开始筹划回昆明，此时，戴永年在昆明做皮件生意的三舅已在景新街盖起了自己的房子，戴逢礼上昆后，租了三舅家一间一楼一底的房子，试着做起了卖玻璃的生意，为戴永年回昆读书做好了最充分的物质准备。

二

1943年春，戴永年从通海中学毕业到昆明考高中，此时，他已经从一个天真无邪的儿童长成风华正茂的少年了。由于春季招生的学校不多，他就近考进昆明建设中学，一个学期后，又在秋季招考中考入云大附中，一年后，因来自通海的老同学大都在龙渊中学，戴永年在通海的五年间和他们建立了不能割舍的友谊，他缠着父亲硬是将自己的学籍从云大附中转入龙渊中学。

此时，昆明的民主革命运动正在蓬勃开展，闻一多、李公朴等民主革命人士经常在云南大学致公堂举办时事报告会，进步青年应者云聚，致公堂常常挤得水泄不通，有时连窗户上也爬满了人。戴永年和他的老同学杨树藩等人志同道合，追求进步，经常步行到云南大学致公堂听报告。从龙渊中学到云大有8公里左右，戴永年和同学们常常是吃了晚饭出发，听完报告回来已是深夜3点左右。在那激情如诗的岁月里，戴永年渐渐由一个文弱书生变成一个有头脑有思想的热血男儿，他渐渐地远离了父亲的视野，走进一个父亲无法想象的世界中去了，戴逢礼很爱儿子，但他知道儿子的秉性，也懂得男人的天地得靠自己去闯，他很放心自己的儿子，他对儿子的关爱也由督促变为开明的理解和支持。

由于经常到云大听报告，戴永年开始对云大的一些专业有了初步的了解。在众多的专业中，他对矿冶系最感兴趣，因为矿冶系让他很自然地联想起他小时候听父辈讲的关于个旧的锡矿、东川的铜矿以及跟矿藏有关的财富传奇故事，让他对云南的有色金属产生了神秘的神往之感，更重要的是，他了解到矿冶系是云大最强的系，矿冶系的老师都是留学生，矿冶系的设备都是美国进口的，龙云还曾经在矿冶系办过留美预备班……最强的自然是最好的，年轻的戴永年很自然地认定了矿冶系，1947年戴永年高中毕业，他几乎想都没想就报考了云大矿冶系。他自然不会想到，这一选择决定了他一生的道路，他的生命从此与有色金属王国结下了不解之缘。

全国解放前夕，云南民主革命运动如火如荼，进入云大的戴永年很快加入进步青年的行列中，他曾冒着生命危险去看望学生运动中被捕的同学，和进步同学一起印传单、搞宣传。1948年12月，戴永年加入了“云南民主青年同盟”（简称“民青”），这个由中共云南地下党直接领导的地下青年组织吸纳了大批优秀进步青年，成为进步青年的核心组织。戴永年加入“民青”后，很快成为骨干分子，先后担任小组长、支委，秘密组织进步青年开展革命活动，如：学习油印手册《新华通讯》《整风文选》《新民主主义论》《目前的形势和我们的任务》等；组织合唱团，团结进步同学，发展新生力量等。在轰轰烈烈的革命活动中，年轻的戴永年心中涌动着向往光明的激情和希望，一种崇高而神圣的使命感在他的思想里萌芽，他觉得自己真的可以为国家、为人民、为共产主义事业奋斗终生。1949年，20岁的戴永年光荣地加入了中国共产党。

1949年9月，正当学生运动高潮迭起的时候，国民党当局开始了“九·九整肃”，云南大学被迫解散，许多进步青年的名字上了黑名单。为了避开国民党当局的迫害，戴永年随母亲回到了通海。当时，戴永年的好友杨树藩等人已回通海中学教书，通海已成立了进步组织“路灯社”。戴永年回到通海后，很快投入到通海的革命运动中，他介绍杨树藩、赵东泰等人加入中国共产党，和同志们一起组织革命活动，发展“民青”成员。经通海地下党负责人李志敏同志批准，通海县成立了以戴永年为负责人的党小组，负责开展城区工作。王淑卿不知儿子在忙什么，只以为离开昆明就安全了，因此很悠闲地走亲戚去了。

1949年12月9日，卢汉宣布云南起义，通海和平解放。按照县委部署，路灯社的主要骨干参与了接收旧政权，建立新政权的工作。昆明保卫战后，国民党第八军残余分子南逃经通海，窜扰县城，当时戴永年正在县政府商量工作，在敌众我寡的战斗中，他不幸中弹倒地，子弹由左颈射入，左肩穿出，鲜血顿时染红了他的上衣……

当他在剧痛中醒来时，战斗仍在进行，小城上空回荡着密集的枪声，他朝着文庙街方向爬去，几乎是凭着一种求生本能爬回了通海中学，15班学生发现后将他背到阐经阁学生宿舍，鲜血很快浸湿了床铺，戴永年的生命危在旦夕……同学们一时也想不出什么办法，就冒着危险悄悄把他背回家。那时王淑卿正在院子里走来走去，心神不定地等着一大早就出门的儿子，猛然听到急促的敲门声，她的心一下提到了嗓子眼，当她抖手抖脚地打开门，看到早上还好端端的儿子突然变成不省人事的血人时，只觉眼前一黑，胸口剧痛，当即瘫倒在地。她一生经历了九次失子之痛，早已患上了心脏病，现在，她怎么能接受唯一的爱子离她而去！

戴逢礼惊闻爱子重伤急回通海，怎么也想不到好好带着儿子回家的妻子竟也危在旦夕。他不分昼夜地守着他生命中最最重要的两个人，求医问药，竭尽全力。戴永年在父亲的期盼下渐渐脱离了危险，但王淑卿却依旧没有任何好转的迹象，尽管戴逢礼焦急地盼望着妻子能挺过这一关，但是，在戴永年受伤的第七天，64 岁的王淑卿还是咽下了最后一口气。家庭的突然变故使戴逢礼痛不欲生，但为了重伤未愈的儿子，他还是得坚强地面对现实。他把妻子安葬在秀山西侧的接龙桥边，亲笔为妻子写下碑文后，就带着儿子回昆治伤了。

危机过去了，人民政权在热闹的鞭炮声中诞生。戴永年被通海县人民政府任命为一区区政府主席。因为重伤未愈，戴永年没有上任，而也正因为这次差点要了他的命的重伤，他走上了一条与从政完全相反的人生道路：云南解放，云大复课，他重新回到矿冶系，继续他中断的大学学业。

三

1951 年 7 月，戴永年从云大矿冶系毕业后留母校任教。1954 年，他被学校推荐到中南矿冶学院（现中南大学）研究生班深造，受教于苏联列宁格勒矿冶学院的依・尼・皮斯库诺夫教授及我国著名冶金专家周则岳教授。1955 年，戴逢礼去世。1956 年，戴永年研究生毕业后回到昆明工学院（1953 年从云大分出，现昆明理工大学）任教。

戴永年在昆明工学院冶金系先后担任教研室秘书，教研室主任，系主任。对于高等学校是不是要搞科研，当时并没有统一的思想，许多教师认为教好书就行，搞科研是科研单位的事。戴永年则认为教学与科研是相辅相成、互相促进的关系，学理工的人就应该学以致用，直接服务于社会生产。这种与众不同的想法使他开始了与众不同的探索。

针对当时学校的教研状况（试验规模小，做出的试验成果不能在工厂使用），他开始思考扩大试验（建立大实验室，做大型试验，使试验结果直接作用于生产实践，改进工厂的生产条件），这种不安于现状的思想，促使戴永年走上了一条科技创新之路。

戴永年当时教的是“锡冶金”，每年都要到云南个旧的冶炼厂、选矿厂、矿山进行多次现场考察。个旧锡矿里有铅，冶炼中要把铅、锡分开。中华人民共和国成立之初，我国主要采用“氯化物电解法”处理铅锡合金。戴永年在多次观察和思考中发现这种冶炼方法存在许多缺点，如：流程长，耗能高，污染大，回收低。如何改进冶炼方法、克服这些弊端呢？戴永年开始了苦思冥想。

1957年，苏联著名有色金属冶金专家谢夫留可夫教授应邀到昆明工学院讲学，这位苏联教授在讲学中介绍了苏联专家穆拉契教授的真空蒸馏分离铅锡合金的试验，尽管这个试验还只是在烧杯试管中的小试验，但他的思路却像闪电般划破了长时间以来让戴永年困惑的问题，一个新的理念在他的脑海中萌生，真空冶金，这个新名词迅速进入戴永年的思想中，他开始迅速地推论：

真空冶金有利于增容反应的进行。在真空状态（即使千分之一或万分之一个大气压）下，反应需要的温度明显降低，液体容易变成气体，蒸发的速率比常压下能提高约100倍，这可使真空冶炼的温度降低，减少燃料的消耗，从根本上改善工人的劳动条件。

真空冶金能够提高产品质量。真空冶炼系统是密闭的，冶炼过程缩短，更容易控制，更能有效提高产品的质量。

真空冶金有利于环境保护。在常压下，空气中的一些活泼金属会参加反应，冶炼过程容易与空气中的元素发生化合反应并容易挥发，不仅产品纯度降低，而且会造成严重的环境污染，而真空冶炼中金属不易氧化，大大提高了金属的回收率，且没有废气、废水、废渣的排放，对环境基本无污染。

在理论推断中，戴永年兴奋着，激动着，但在现实中，他面临的却是一片处女地，既无真空冶金的系统知识和理论著作，也无真空冶金的试验设备，苏联教授所讲的，仅是提供了烧杯试管中的可能，要继续探索下去，就意味着要走一条前人从未走过的路，这条路的前方有某种成功的可能，但会碰到什么却无法预知……戴永年在沉思中慢慢抬起头，他决定上路了，从零开始，义无反顾。

1958年，在学校领导的支持下，戴永年组建了我国第一个真空冶金试验小组。他们借带学生实习的机会，把工厂当实验室，在个旧冶炼厂、鸡街冶炼厂、昆明冶炼厂开展相关研究，寒来暑往，戴永年在真空冶金的梦幻中摸索着，前进着。

积累了一定经验后，戴永年开始设计真空冶金扩大试验设备，这个设备的核心问题是设计出一个真空冶炼炉，围绕这一核心，他面临的主要难题是，如何把冶炼过程摆进真空？怎样抽出真空？怎样测量真空度？而最关键的难题还是，学校不是科研单位，没有研究资金。更让戴永年无法预料也无法回避的是，波及全国的各种政治运动开始了。

由于1949年在通海受伤回昆明治疗所造成的“脱党”问题，由于对全民“大炼钢铁”的做法（到处砍树烧炭，砸锅炼铁等）提出的异议，由于坚持真空冶金研究“走白专道路”，戴永年遭遇了大大小小的批判和陪斗，他刚萌芽的科研理想被迎头痛击，几乎要淹没于政治运动了。

“文革”开始后，大学几乎瘫痪，戴永年也被派去生产毛主席像章，写标语口号，他在无奈中戏说自己“一天到处晃”，但他仍然没有忘记他的试验。他早年无数次读过《矛盾论》《实践论》，又经历了革命斗争中血与火的考验，坎坷的人生使他炼就了豁达乐观、宠辱不惊的思想。无论政治风云如何变幻，无论周围的人怎样冷嘲热讽，他始终坚信，人生一辈子，就是要为社会、为人民做点事。他用经受过敌人子弹考验的铁肩顶起一切压力，坚强无畏，坚定不移。

政治风浪会卷走那些脆弱的灵魂，却不能击倒有着坚定信念的人。戴永年后来轻松地说：“政治运动对我影响不大。”这话包含了多少自信和乐观！又包含了多么广阔的胸襟！“文革”后期，他被学校调回来搞生产科研，“一天到处晃”的戴永年如鱼得水，一头扎进他的真空冶金之梦，他重新拾起那个“文革”前就开始思考的课题——用真空冶炼的方法分离铅锡合金。

他如痴如醉地走在探索“真空冶金之梦”的道路上，夙兴夜寐，不亦乐乎，在充实而快乐地忙碌中，他忘了疲劳，也忘了自己。

70年代初，戴永年执著忘我的研究感动了学校领导，学校破天荒拨给他700元的研究经费。戴永年高兴极了，他觉得这700元对自己的研究有着非同寻常的意义，它至少证明自己做对了，经费也从无到有了。在被肯定和认可的喜悦中，他拿着自己设计的真空冶炼炉设计图和700元钱去求在工厂的老同学和老朋友帮忙，让他们按他的设计加工一套扩大试验设备，但经厂方一预算，戴永年才知道700元仅够做炉子的外壳！

戴永年并没有因此气馁，他拿着那张设计图跑到省冶金局求援，科技处处长尧勋深受感动，破例借款5000元，戴永年大受鼓舞，他暂时不去想自己70元的月薪怎么去偿还这5000元，而是决定先把它用在刀刃上再说。他先用2000元买了变压器，又进一步完善了炉子的内部设施，经过师生们的艰苦努力，真空冶金的扩大试验终于开始了。

他们首先遇到的问题是真空抽不出来。没有检漏设备，十多个师生围着炉子团团转，也不知是哪儿漏气，试验的难度远远超过了他们的预料。在屡战屡败的试验中，戴永年并没有气馁，他不断借鉴和思考着别人的研究，琢磨着那一条条别人没走通的路，他坚信，成功和失败有时只有一步之遥，关键是思维方式。

他注意到，广西的一个厂曾经试过把电直接通到焊锡上让其发热，但这种方法处理1t焊锡要耗电16000kW·h，每吨处理成本比“电解法”高出200多元（按当时市场价）。为什么耗电那么高？戴永年经过反复计算和推断后发现：高耗电的原因在于炉子的内部结构不合理，顺着这一思路，他从理论上计算出耗电量可降到160kW·h，反复核对无误后，戴永年抓住这个关键去设计，不断改进炉子的内部结构……

终于，在无数次失败之后，他摸索出“内热式多级连续蒸馏真空炉”的基本结构，这个炉子使处理每吨焊锡的耗电量降低到1000kW·h，投产后又降到500kW·h，每吨焊锡的加工成本降低到“电解法”的1/7，锡的回收率由96%提高到99.4%，一项推动有色金属冶炼技术革命的重大发明浮出水面，戴永年成功了！

当时大家思想中并没有技术保密的概念，戴永年更是巴不得工厂赶紧来瞧，赶紧来拿去用，丝毫没有考虑自己为此付出的艰辛。云锡公司几天内来了几批人，最后留下一批人参与后期研究。1979年，日处理2t的炉子研究成功，经云南省冶金局组织鉴定后成功地应用于工业生产，取代了传统流程。

这项新技术获得1979年中国冶金工业部科技进步奖四等奖，相应设备“内热式多级连续蒸馏真空炉”获得1987年国家发明奖四等奖，并取得国家发明专利。现已有58台真空炉运用于云南、广西、湖南、湖北、安徽、广东、辽宁、甘肃、江西等省的34个厂及玻利维亚、巴西等国，创造的经济价值以亿元计。以上技术和设备用于粗铅火法精炼，1989年获国家科技进步奖二等奖。

四

经过21年漫长摸索发明的“内热式多级连续蒸馏真空炉”犹如一把金钥匙打开了真空冶金的神秘大门，戴永年面前出现了一个无限广阔的空间。

20世纪80年代初，戴永年在中南大学的老师写信告诉他，武汉钢铁公司的热镀锌渣堆积成山，叫他去看看能不能处理。热镀锌渣属工业废渣，主要成分是锌，含铁5%，另外还含有锗、铟、银等稀有金属。按提炼要求，必须将热镀锌渣中的铁由5%降低到0.003%。热镀锌渣的性质与焊锡不同，焊锡熔点低（200~300℃），而锌要420℃，铁要1500℃，“内热式多级连续蒸馏真空炉”用不成。

戴永年考虑还是用真空蒸馏的方法，但此法已有人研究过，均以失败告终，主要是铁的含量达不到要求。别人没成功，我们有多少概率？戴永年陷入了沉思。他是不轻言放弃的，正如他探索焊锡合金分离的21年，无数次失败都没有使他放弃，这一次有前面的经验，他更有信心了。

他先进行理论计算。运用自己在长期研究中独创的“气液相平衡成分图”进行计算后，他惊喜地发现，热镀锌渣的铁可以降到小数点9个“0”以后，而不只是0.003%。反复核对无误后，他开始对别人的失败试验进行理论分析，既然蒸馏可以把铁分离出来，那么成品中的铁从哪儿来？0.003%意味着100万个原子只要有30个铁原子就不合格，这很少很少的铁从哪儿来呢？戴永年久久地沉思着，铁炉子、铁管子，对呀，设备中有铁，戴永年眼前一亮：铁是蒸馏后又加进去的！既然这样，我切断蒸馏出来的物质与铁的接触不就行了？顺着这一思路，戴永年仅用三年多的时间就由小试验做到了大试验，成功研制出“卧式真空炉”，最后还将铁含量降低到0.002%，超过了厂方的处理要求。1994年，“卧式真空炉”获得中国有色金属工业总公司科技进步奖二等奖，并获得国家发明专利。

在科学研究的道路上，成功和失败有时真的只有一步之遥，许多人的探索其实就只差那么一步，而这一步，又需要多少耐心，多少恒心，多少不轻言放弃的决心啊！如果你只是在山重水复中哀叹此中无路，又怎能看到柳暗花明的动人景象呢？

“卧式真空炉”的成功为企业和国家带来了巨大的经济效益。1997年，广东韶关冶炼厂建立了5台“卧式真空炉”，多年积存的万吨硬锌变废为宝，锌的回收率大于85%，锗的回收率达到97%，铟和银的回收率也达到97%，按当时市场价，锌10000元/吨，锗10000元/千克，铟3000元/千克，银100元/千克，仅此几项，韶关冶炼厂年创利税高达4600万元。1998年，处理硬锌的“卧式真空炉”获得中国有色金属工业总公司科技进步奖二等奖，1999年又获得广东省科技进步奖一等奖。2003年获国家科技发明奖二等奖，这项技术和设备在2004年使宣威金沙公司产铟超过10t，此前，全省铟的年产量低于1t。

在科学探索的道路上，戴永年不断超越着自己。1994年，他开始关注无污染新能源——锂的真空提炼技术研究。锂是被誉为“推动世界前进的重要元素”的稀有金属，其用途十分广泛，应用范围包括制造高性能电池、替代汽车发动机燃料、炼铝、制造玻璃陶瓷、空调制冷等。经过一年多的试验，戴永年又在这个领域取得了成功，并获得国家发明专利。

在市场经济的背景下，科技成果的价值日益凸显出来，真空炼锂获得国家发明专利后，戴永年所领导的研究所与云南铜业公司合作创建了“昆明永年锂业有限公司”，昆明理工大学以“真空炼锂”的专利入股，共同生产稀有金属——锂。

创办股份公司对长期在实验室摸爬滚打的戴永年来说又是一个新的挑战，古稀之年的他迎难而上，决心为昆明理工大学创建一个拥有自主知识产权的标志品牌，为实现昆明理工大学“省内领先，国内先进，国际知名理工特色突出的著名大学”而奋斗！

在真空冶金的世界里，戴永年的路越走越宽。当他发明的各种炉子正在全国各地大显神通时，他又把目光投向锌、镁、锂等金属化合物的真空还原提取研究，在真空中制造超细粉末的研究（属纳米技术）。1989年，他主持创建的“真空冶金研究室”更名为“真空冶金及材料研究所”，他带领同事们创造性地自行研究、设计，建造大、中、小型真空炉15套，用来装备自己的实验室，以满足学校教学和科研的需要。1999年11月，戴永年创建和领导的昆明理工大学真空冶金及材料研究所获得了“中华全国总工会职工职业道德建设百佳班组”的光荣称号。

戴永年一直把自己定位成一名教师，在进行科学研究的过程中，他从未脱离过教学。走过大半生的研究道路后，他仍然认为自己在高校教书是一件幸事，因为他认识到在高校“既可以教书，又可以搞研究，给学生讲授知识的过程其实就是读书总结的过程，在总结中发现问题，就回到实践中进行研究，在研究中又上升到新的理论”，回顾过去的生活，戴永年充满了幸福和自豪。

戴永年不仅是一位杰出的高校教师，一位献身真空冶金的科学家，还是一位学术著名的学者。五十多年来，他共发表学术论文200余篇（其中30余篇被SCI，EI，ISTP等收录），出版学术专著7部，创造性地提出“真空蒸馏合金分离的判据”“气液相平衡成分图”“合金中各元素挥发量间的关系”等金属在真空中气化分离的理论。1977年，他主持编写我国第一部

《锡冶金》专著，此书被列入国家优秀科技图书书目。1988年，以他为首撰写的《真空冶金》成为我国真空冶金的第一部系统专著，此书荣获1990年中华人民共和国新闻出版署国家优秀科技图书奖二等奖。他还主编了29万字的高校教材《有色金属真空冶金》。2000年，戴永年又出版了总结他近半个世纪教学研究成果的《有色金属材料真空冶金》。1988年，他应邀到联邦德国亚琛大学讲学。1989年又应邀前往美国“矿物·金属·材料学会”（TMS）年会上作《粗金属及合金真空蒸馏分离杂质元素》的学术报告。1990年，他又应邀前往苏联哈萨克斯坦作《真空冶金在中国》的学术报告。

作为一名教师，他的讲台下早已榆柳成荫。无数的学生从他的讲台下走出，走向祖国各地的建设岗位。迄今为止，他已培养了硕士生20余名，博士生10余名及一大批从事真空冶金应用的技术人才，极大地推动了我国有色金属真空冶炼的建立和发展。

荣誉伴随着成绩纷至沓来，戴永年先后获得国家级和省部级奖励22项，荣获全国五一劳动奖章，全国“高校先进科技工作者”，云南省劳动模范，“云南省有突出贡献的优秀科技人才”，云南省模范党员等荣誉称号，享受政府特殊津贴，中国真空学会授予他“94科技成就奖”（Hayashi Award）……一本本获奖证书，写成了戴永年红底金字的人生履历。

1999年11月，70岁高龄的戴永年用自己毕生的努力叩开了中国工程院的大门，作为被评为中国工程院院士的第一个土生土长的云南人，他终于在不断的自我超越中攀上了科学研究的又一高峰！

院士，是党和人民对戴永年一生心系社会，不断创新，勇攀高峰的最高褒奖。

院士，是我人生的又一个起点。戴永年深邃的目光久久凝视着远方……

五

就在戴永年的辛勤耕耘获得丰硕回报，在古稀之年攀上事业高峰时，一片巨大的阴云，正悄悄向他袭来。

2000年6月，戴永年因高血压在昆明云大医院住院一个月，出院前，医生建议他做个常规体检。出人意料的是常规体检却检出了大问题，B超片子清晰地显示出他的膀胱上有一个包块，戴永年看着医生异样的神色和B超单上的英文缩写字母，心里明白了八九分，他凭直觉就知道这次很可能就出不了院了，他心里咯噔了一下：癌症？可能吗？

医生知道瞒不了他，就把实情告诉他，为排除误诊，建议他再做个 CT 检查，戴永年一下懵了，他在瞬间触到了死亡的冰冷！

其实他早知道生命是个不断流逝的过程，也知道生命的过程其实很短暂。他曾不止一次地对学生们说："人的一生看起来很长，但是认真地计算一下就会发现很短，就算活到 80 岁，也不到 3 万天，有效工作时间只有 2 万多天，时间过一天少一天，如果不抓紧，时间就会悄悄溜走，生命就会暗暗消失。"但所有这些都是理性认识，现在他面对的是现实了，死，他不怕，但他还有多少未竟的事业！多少未完成的试验！多少未了的心愿啊！

不，即使是死，我也要尽力去抗争，他伸手摸摸脖子上的弹痕，想，五十多年前我不是死过一次吗？父亲不是说过大难不死，必有后福吗？不！只要不放弃，死神也会退避三舍的！

他暗暗下定了与死神抗争的决心，而妻子温暖的目光，儿孙企盼的眼神，学校有力的支持，在这关键的时刻都化为戴永年与死神抗争的巨大力量，他释然了，继续住院吧，该做什么就做什么吧。

做过 CT 之后，医院已经完全确诊戴永年患了膀胱癌，戴永年开始忍受巨大的痛苦接受膀胱镜取样化验，让医院始料不及的是，膀胱镜取样时引起了包块出血，且血流不止，危及生命，必须马上手术。

2000 年 8 月 15 日，在亲人、同事、学生的簇拥中，昆明理工大学校长何天淳亲自把戴永年推进了手术室。

放心吧！手术床上的戴永年始终微笑着，在手术室的门缓缓关上的那一瞬间，在场的人都黯然落泪……

时间在一分一秒地过去，人们焦急地等待着，没有人说话，只有医生忙碌的声音，远远传来……

终于，手术室的大门打开了，载着戴永年的手术床慢慢推出，让大家欣喜的是，手术获得了全面成功！

戴永年以顽强的毅力和坚忍不拔的意志配合现代医疗手段，终于冲破死亡的阴影，回到阳光灿烂的病房。

当他稍好一点时，病房就成了他的办公室，他躺在床上思考锂的生产中的各种问题，指导研究生的毕业论文……而当他那尚未痊愈、苍白而虚弱的身躯出现在研究生毕业论文答辩席上时，会场响起了热烈的掌声……

经历了生命的浩劫之后，戴永年更加懂得了生命的价值，在长年累月的巩固治疗中，他争分夺秒地和有限的生命争抢时间。他更忙了：上课，带硕士生、博士生，指导批改论文，研究新课题……

一生没有离开过讲台的戴永年渐渐总结出自己的教育教学思想，“最近我感觉到讲课不仅要过去，现在的技术和理论，而且应重点研讨今后怎样改造，怎样发展。”“高等学校应该是新技术的发源地，高等教育应该立足于培养人才，技术创新，源源不断地把新技术、新成果输送到社会上。”

站在人生的颠峰瞭望世界，满头银丝的戴永年显得更加睿智和儒雅，73岁高龄的他仍然思维敏捷，语言幽默，目光深邃。

永远面向未来，不断创新攀登的精神已渗透到他的生命深处，谈到生活娱乐时他说：“我嘛，麻将打不来，又不知‘双K’为何物，年轻时喜欢下棋，又觉得太费时间，人生太短暂了，有限的时间，应该多为社会、为人民做点事。”

我终于明白，正是这种单纯而崇高的精神，撑起了戴永年无私忘我，不断奉献的“有色人生”。

尾　声

戴永年的人生成功是立体的，在他辉煌的事业背后，还有着一个让人羡慕的成功家庭。一生与他相濡以沫的妻子赵瑞芳是云南大学历史系著名的教授，原历史系系主任；学医的大女儿现在美国洛杉矶工作；学机械的二儿子已是计算机方面的专家；学化学的小儿子现在美国硅谷从事计算机软件工作，晚年的他已是桃李成荫，儿孙满堂。

戴永年和夫人给子女的家训是“自立自强，胜不骄，败不馁，以真才实干和虚心好学的精神使自己立于不败之地”。1991年，这个勤奋上进，和睦融洽，事业成功的家庭获得“云南省文明家庭最佳奖”“云南大学公民道德文明家庭”。

戴永年深有感触地说，“家庭是一个人的大后方，是一个人得到鼓励和支持的地方，是事业成功的重要基地。”多少年来，戴永年就是乘着家庭为他鼓起的征帆，驶向一个个成功的彼岸。

功成名就的戴永年没有忘记秀山脚下的母校，没有忘记家乡父老对他的期望，2001~2005年，他和夫人赵瑞芳先后四次向“通海一中奖学基金会”捐款80000元。

2003 年，戴永年院士获云南省科学技术突出贡献奖。

对于一个追求崇高的人来说，有什么琐碎的得失能够泯灭生命的美丽呢？回顾 70 多年的人生历程，人生的种种挫折，种种不公正待遇（担任助教 26 年，被称为“白发讲师”）像蛛丝那样微不足道，而那些鲜活的细节却历历在目，儿时父母点点滴滴的爱，慈父严师的教诲，激情如诗的岁月，血与火的考验，科学探索里无与伦比的快乐，妻子坚定不移的爱，儿女们的自立自强，孙子孙女的活泼可爱……所有这一切都写成戴永年永不褪色的生命履历，面对如诗历般完美的人生，他用睿智幽默的微笑印成了永恒的封面。

戴永年的一生，是随遇而安、淡泊名利的一生，也是不安于现状、创新攀登的一生，他以豁达无私的胸怀，惊人地统一了这对人生的矛盾，终于在喧嚣的滚滚红尘中，进入了理想的人生境界。

锡冶金

焊锡处理流程的改进意见*

粗锡精炼过程中所得到的副产物焊锡（含锡约65%，铅约35%）中，除锡、铅外，还含有其他的伴生金属如铋、铟等。在处理焊锡回收锡和铅的同时，应使其他有价金属尽可能地得到利用。焊锡处理的方法，我国已成功地应用电解法进行工业生产，并正在进行真空蒸馏法的研究。

焊锡电解分离铅的实质在于使焊锡中的铅形成 $PbCl_2$ 阳极泥，其反应如下：

$$[Pb]_{合金} + SnCl_2 \rightleftharpoons (PbCl_2)_{阳极泥} + Sn \tag{1}$$

电解过程中沉积出来的阴极锡为针状结晶（俗称锡花），极易引起两极短路，必须经常用人工或机械方法压平阴极表面。

能否不在电解槽中完成反应（1）呢？国内外炼锡厂的精炼实践证明，反应（1）无需在电解槽中进行，只要用一般的锡精炼锅，使合金在熔点以上的温度与 $SnCl_2$ 作用即可完成此作业。这样做能使过程大为简化，其优点是反应迅速、耗电少、设备简单、便于回收铟等。此法过去在国内工厂中未能广泛被采用，其原因是耗用 $SnCl_2$ 多，$SnCl_2$ 的再生问题未解决。但上海某厂已解决了 $SnCl_2$ 再生的问题，这就为添加 $SnCl_2$ 除铅创造了条件。现将加 $SnCl_2$ 除铅的建议流程分述如下：

（1）提取铟。用结晶法获得的含铟焊锡，可加入少量氯化物使铟进一步富集到氯化物渣中。实验证明，加入为合金重6%的 $PbCl_2$ 及 $ZnCl_2$ 两次搅拌可使原合金中含铟从0.4%降至光谱不能检验出合金中的残铟。

从含铟的氯化物渣中提取铟的方法是很简单的，先用水及盐酸将渣浸出，分别用锌粉和锌片自溶液中置换出Pb-Sn海绵合金和海绵铟，海绵铟含铟约98%。

（2）铅锡分离。反应（1）为可逆反应，根据理论计算，可得如表1所示的关系。

表1　反应（1）的 ΔG 及 K 和温度 t 的关系

t/℃	250	300	350	400
ΔG/cal · mol^{-1}	-390	70	530	990
K	1.455	0.94	0.654	0.48

注：1cal=4.168J。

表1数据表明，温度低则自由能（ΔG）值低，平衡常数大，利于反应向生成 $PbCl_2$ 和锡的方向进行。从处理焊锡的有利条件来看，要求反应终了时渣中 $PbCl_2$ 含量很高，以便尽可能少带走 $SnCl_2$，另一方面要求同时得到含铅尽可能少的锡，以免进行除铅的反复作业。但要同时达到这两个目的是不可能的，因而需要采取多次加氯化亚锡，多次除渣与结晶法结合以产出精锡。另一方面可用少量水（加少量HCl酸化）浸

* 本文原载于《有色金属（冶炼部分）》1965年第1期。

取含氯化铅高的渣以溶解其中的氯化锡，渣送去再生氯化亚锡，溶液浓缩成固体返回使用。采取多次加氯化亚锡和结晶法的目的，还在于使加氯化亚锡后残留于合金中的铋，用结晶法使之富集到高铅合金中去，以获得高牌号精锡。

关于氯化亚锡的再生，某厂曾采用如图1所示的设备。

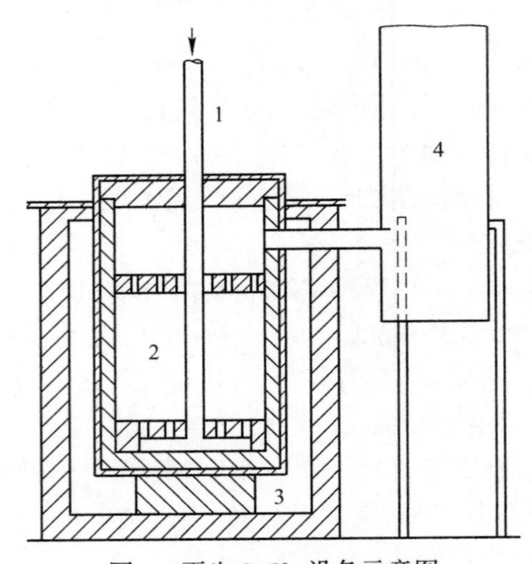

图1　再生 $SnCl_2$ 设备示意图

1—进气管；2—石墨反应锅；3—火室；4—冷凝器

根据如上所述，建议采用如图2所示的处理焊锡流程。

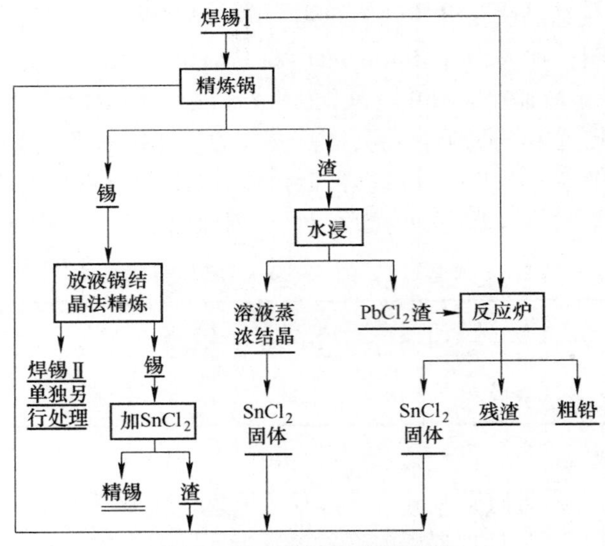

图2　处理焊锡的建议流程

铅锡合金（焊锡）真空蒸馏*

锡矿常伴生着铅，有的甚至锡铅共生。锡精矿含铅成为炼锡厂要解决的一个重要问题。我国炼锡厂采用的流程是：粗锡用结晶法除铅，附产焊锡（含 Pb 约 35%），焊锡用氯化物电解液电解得精锡，又附产氯化铅阳极泥，再用反应炉制成氯化亚锡和粗铅，氯化亚锡送电解工段使用。这个流程能使焊锡中的铅分离出来，并综合回收铜、银等金属。但存在几个问题：流程长、车间庞大、劳动条件较差、消耗多、生产费用较高。

为了解决粗锡含铅的问题，国内外在 20 世纪 50 年代开始研究真空蒸馏法[1~3]取得小型试验的成效后于 60 年代着手扩大试验[4]。

我们在 1958 年以来小型试验[1,2,5]的基础上，开展扩大试验。

这项试验为焊锡真空蒸馏除铅在工业中实现而研制"内热式多级连续蒸馏真空炉"，用以处理中等数量的焊锡。经过调查研究和理论分析[6]、初次研制、试验这套设备，因此试验分两步进行，即间歇性作业和连续性作业试验。经过多次试验和改造设备取得了较为满意的初步指标：焊锡（含 Pb 约 30%）连续流入炉中，得到的产物连续流出炉外，脱铅率达到 91%~96%，产粗锡含 Sn 92%~97%，粗铅含 Pb 90%~95%，处理 1kg 焊锡耗电量（包括炉内和炉外耗电）约 2kW · h，蒸发盘直径 120mm，四级蒸馏，日处理焊锡约 40kg。

这些初步指标与电解法处理焊锡相比，优点有：流程短，劳动条件较好，生产费用仅为电解法的 1/3 左右，设备较小，比生产率高，金属回收率较高。同时这套设备还具有：易加工，仅用一般钢材，设备系统简化等特点，一般工厂较易建立。

取得上述试验指标后，初步肯定了此炉结构的合理性，可以进一步扩大为生产试验的炉型，在此基础上，我们设计了日处理 400kg 和 2t 焊锡的设备主体图，推荐给有关单位进行生产试验，以便再进一步扩大生产设备，早日投入生产。

1　理论部分

1.1　铅与锡的蒸发和气体的扩散

1.1.1　铅与锡的蒸气压

铅锡合金真空蒸馏是基于两种金属在较高温度下蒸气压的不同而采取的。铅呈蒸气挥发，而锡留在残液中，铅和锡呈纯金属时的蒸气压（$p_{Sn}^{\ominus}$和 $p_{Pb}^{\ominus}$）列于表 1。

表 1　Pb 和 Sn 的蒸气压与温度的关系

温度/℃	500	600	700	800	900	950
$p_{Sn}^{\ominus}$/mmHg	1.2×10^{-12}	1.98×10^{-10}	1.12×10^{-8}	2.94×10^{-7}	4.48×10^{-6}	1.47×10^{-5}
$p_{Pb}^{\ominus}$/mmHg	2×10^{-5}	5×10^{-4}	2.8×10^{-3}	5.88×10^{-2}	3.38×10^{-1}	1.244×10^{-1}

* 本文合作者有：何蔼平，周振刚，黄位森，李平均；原载于《有色金属工程》1980 年第 2 期。

续表 1

温度/℃	1000	1050	1100	1150	1200	1300
$p_{Sn}^{\ominus}$/mmHg	1.42×10^{-5}	1.22×10^{-4}	31.3×10^{-4}	7.53×10^{-4}	1.70×10^{-8}	2.15×10^{-2}
$p_{Pb}^{\ominus}$/mmHg	1.466	2.799	5.102	8.831	14.89	40

注：1mmHg=133.32Pa。

1.1.2 Pb-Sn 合金中铅与锡的蒸气压

铅与锡并非单体存在，而是在合金中。在形成合金后自然存在三种应该考虑的情况：一是合金中铅和锡的浓度，势必影响其实际的蒸气压；二是合金中两种金属原子间的作用力影响其有效浓度（即活度）；三是铅与锡的原子量不同，就使蒸气中二者的含量进一步发生变化。

在理想溶液中组元 i 的实际蒸气压（p_i）与溶液中的浓度（N_i 为摩尔分数）有关：

$$p_i = N_i p_i^{\ominus} \tag{1}$$

浓度大到 $N_i=1$ 时为纯粹的组分 i，则 $p_i=p_i^{\ominus}$，浓度越小（$N_i\leqslant1$）则 p_i 比 $p_i^{\ominus}$ 越小，实际溶液与理想溶液有区别，引入活度系数（γ_j）来校正上式，则铅锡合金中铅与锡的实际蒸气压为：

$$p_{Pb} = \gamma_{Pb} N_{Pb} p_{Pb}^{\ominus} \tag{2a}$$

$$p_{Sn} = \gamma_{Sn} N_{Sn} p_{Sn}^{\ominus} \tag{2b}$$

或者使用活度（a_i）来代替 $\gamma_i N_i$，而得

$$p_{Pb} = a_{Pb} p_{Pb}^{\ominus} \tag{3a}$$

$$p_{Sn} = a_{Sn} p_{Sn}^{\ominus} \tag{3b}$$

合金中铅和锡的蒸气压与纯铅、纯锡的蒸气压（$p_{Sn}^{\ominus}$）有关，与其活度（a）或活度系数（γ）有关。

Pb-Sn 系中铅与锡的活度（见图 1），与理想溶液比较，存在着不大的正偏差，偏差的程度随温度升高而减小，在 1200℃左右，偏差的程度已经很小，当含铅 0~50% 时，γ_{Pb}约为 1.3~1.4，γ_{Sn}略大于 1~1.05。在 500℃左右 $\gamma_{Pb}=1.6$，根据图 1 中的数值，应用式（2a）和式（2b）即可得到不同温度下焊锡成分变化时铅与锡的蒸气压，计算结果列于表 2。

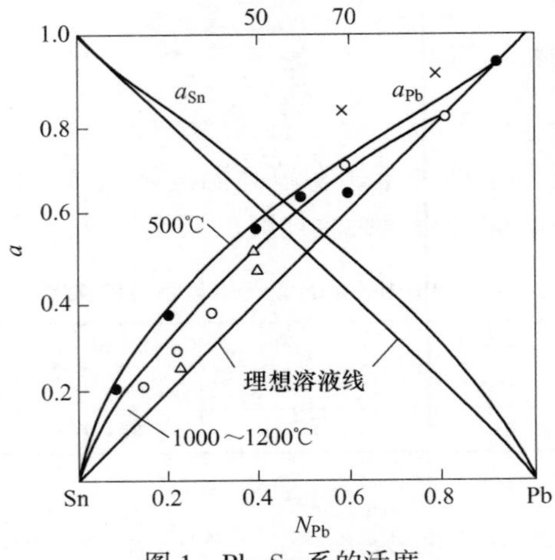

图 1 Pb-Sn 系的活度

表 2　铅蒸气压和合金成分与温度的关系

合金含铅/%	蒸气压	蒸气压/mmHg						
		700℃	800℃	900℃	1000℃	1100℃	1200℃	1300℃
100	p_{Pb}	2.8×10^{-3}	5.88×10^{-1}	3.38×10^{-1}	1.466	5.102	14.89	40
50	p_{Pb}	1.62×10^{-3}	3.2×10^{-2}	1.84×10^{-1}	7.4×10^{-1}	2.59	7.55	18.9
	p_{Sn}	7.14×10^{-9}	1.87×10^{-7}	2.84×10^{-6}	2.82×10^{-5}	1.99×10^{-4}	1.08×10^{-3}	1.3×10^{-2}
40	p_{Pb}	1.23×10^{-3}	2.42×10^{-2}	1.39×10^{-1}	5.61×10^{-1}	1.96	5.61	14.3
	p_{Sn}	8.11×10^{-9}	2.13×10^{-7}	3.24×10^{-6}	3.24×10^{-5}	2.27×10^{-4}	1.23×10^{-3}	1.56×10^{-2}
30	p_{Pb}	8.77×10^{-4}	1.73×10^{-2}	9.94×10^{-4}	4×10^{-1}	1.4	4.07	10.2
	p_{Sn}	9.0×10^{-9}	2.36×10^{-7}	3.6×10^{-6}	8.55×10^{-5}	2.51×10^{-4}	1.36×10^{-3}	1.73×10^{-2}
20	p_{Pb}	5.6×10^{-4}	1.1×10^{-4}	6.34×10^{-2}	2.55×10^{-1}	8.9×10^{-1}	2.6	8.07
	p_{Sn}	9.8×10^{-9}	2.76×10^{-7}	3.91×10^{-6}	2.87×10^{-4}	2.74×10^{-4}	1.48×10^{-3}	2.02×10^{-2}
10	p_{Pb}	2.64×10^{-4}	5.2×10^{-3}	2.99×10^{-2}	1.2×10^{-1}	4.21×10^{-1}	1.23	6.5
	p_{Sn}	1.05×10^{-8}	2.76×10^{-7}	4.21×10^{-6}	4.16×10^{-5}	2.94×10^{-4}	1.6×10^{-3}	1.88×10^{-2}
5	p_{Pb}	1.31×10^{-4}	2.58×10^{-3}	1.48×10^{-2}	5.68×10^{-2}	2.93×10^{-1}	6.1×10^{-1}	1.58
	p_{Sn}	1.09×10^{-8}	2.85×10^{-7}	4.34×10^{-8}	4.29×10^{-5}	3.04×10^{-4}	1.65×10^{-3}	2.08×10^{-2}
1	p_{Pb}	2.56×10^{-5}	5.05×10^{-4}	2.9×10^{-3}	1.17×10^{-2}	4.08×10^{-2}	1.19×10^{-1}	2.97×10^{-1}
	p_{Sn}	1.11×10^{-8}	2.92×10^{-7}	4.45×10^{-6}	4.39×10^{-5}	3.1×10^{-4}	1.68×10^{-3}	2.31×10^{-2}
0.1	p_{Pb}	2.6×10^{-6}	5.11×10^{-5}	2.94×10^{-4}	1.18×10^{-3}	4.14×10^{-3}	1.12×10^{-2}	3.02×10^{-2}
	p_{Sn}	1.12×10^{-8}	2.93×10^{-7}	4.46×10^{-6}	4.31×10^{-5}	3.13×10^{-4}	1.7×10^{-3}	2.14×10^{-2}
0	p_{Sn}	1.12×10^{-8}	2.91×10^{-7}	4.48×10^{-6}	4.42×10^{-5}	8.13×10^{-4}	1.072×10^{-3}	2.15×10^{-2}

注：1mmHg＝133.32Pa。

从表 2 可以看出，用真空蒸馏一般成分的焊锡时，随着铅的蒸发排出，含铅量可由 50%左右降至百分之几或千分之几；含锡量由 50%升至 90%以上。

随着浓度的变化，蒸气压也有相应地增减。例如在 900℃时合金含锡由 50%上升到 99%，p_{Sn}由 2.34×10^{-6}mmHg（1mmHg＝133.32Pa）增至 4.45×10^{-6}mmHg。同时含铅量由 50%降至 1%，其蒸气压力 p_{Pb}也相应由 1.84×10^{-1}降至 2.9×10^{-3}mmHg。

合金在此范围内蒸馏，虽然锡的蒸气压变化不大，但由于铅的蒸气变化较大而降低了 p_{Pb}/p_{Sn}的比值，即减小了两种金属的蒸气压的差距。

1.1.3　Pb-Sn 合金蒸气中的铅、锡含量比

较确切地比较蒸馏气体中铅与锡量的比例，还要进一步比较两种金属在气相中的蒸气密度（ρ），即单位体积的气体含有组元 i 的量。

$$\rho_i = \frac{m_i}{V} \tag{4}$$

式中，V 为气体的总体积；m_i 为 i 在此体积的气体质量，上式分子分母乘以 p_i，并将 m_i 化为相对原子质量 $M_i(m_i=nM_i)$，V 化为原子体积 $V_i(V=nV_i)$，则得：

$$\rho_i = \frac{np_iM_i}{np_iV_i} = \frac{p_iM_i}{RT} \tag{5}$$

式中，R 是气体常数；T 为绝对温度。

式（5）说明某物质的蒸气密度与其蒸气压和温度有关外，还与其相对原子质量有关。

焊锡蒸气里同时存在着铅和锡，二者含量的比值即为铅与锡的蒸气密度的比值，应由式（5）而得：

$$\frac{\rho_{Pb}}{\rho_{Sn}}=\frac{\dfrac{p_{Pb}M_{Pb}}{RT}}{\dfrac{p_{Sn}M_{Sn}}{RT}}=\frac{p_{Pb}M_{Pb}}{p_{Sn}M_{Sn}}$$

式中两元素的相对原子质量之比 $M_{Pb}/M_{Sn}=207.2/118.7=1.745$，故为：

$$\frac{\rho_{Pb}}{\rho_{Sn}}=1.745\frac{p_{Pb}}{p_{Sn}} \tag{6}$$

应用表 2 的数据代入式（6）：则可计算出各种成分的铅-锡合金（含铅 0.1%～50%）在 700～1300℃范围内蒸气里含铅与锡量的比值（见表 3）。

表 3　铅-锡合金蒸气中 p_{Pb}/p_{Sn} 与温度和合金成分的关系

合金含 Pb/%	铅-锡合金蒸气 p_{Pb}/p_{Sn}						
	700℃	800℃	900℃	1000℃	1100℃	1200℃	1300℃
50	8.96×10^5	2.98×10^5	1.13×10^4	4.57×10^4	2.27×10^4	1.22×10^4	7.91×10^3
40	2.65×10^5	1.99×10^5	7.49×10^4	3.03×10^4	1.51×10^4	7.95×10^3	1.6×10^3
30	1.61×10^5	1.28×10^5	4.81×10^4	1.97×10^4	9.77×10^3	5.18×10^3	1.03×10^3
20	9.98×10^4	7.46×10^4	2.83×10^4	1.15×10^4	5.65×10^3	3.67×10^3	6.04×10^3
10	4.43×10^4	3.28×10^4	1.24×10^4	5.2×10^3	2.49×10^3	1.34×10^3	2.65×10^2
5	2.09×10^4	1.58×10^4	5.95×10^3	2.42×10^3	1.68×10^3	6.15×10^2	1.28×10^2
1	4.03×10^3	3.02×10^3	1.13×10^3	4.66×10^2	2.81×10^2	1.24×10^2	24.4
0.1	3.94×10^2	3.05×10^2	1.15×10^2	4.78	23.2	12.6	2.46

表 3 表明合金熔体与蒸气在各种温度下的平衡关系，在温度一定时，含铅高的合金蒸馏得铅/锡大的气体，合金含铅降低，则气体中铅/锡减小，例如合金含铅 40% 在 700℃时蒸气中 p_{Pb}/p_{Sn} 为 265000。此蒸气若全部在冷凝器中凝结下来是相当纯的铅含锡仅十万分之几；而当合金含铅降到 0.1%时，蒸气中 p_{Pb}/p_{Sn} 降至 394，冷凝金属含锡为千分之几。还就说明蒸馏的温度一定时，合金蒸馏气体冷凝成的金属含锡量在过程开始时低，到末尾时高。

表中也可以看到，若合金含铅量一定，蒸馏温度低时所得蒸气中 p_{Pb}/p_{Sn} 较大，温度高时蒸气中 p_{Pb}/p_{Sn} 较小，假若合金含铅 20%，所得蒸气在 700℃时 p_{Pb}/p_{Sn} 为 99800，冷凝金属中含锡仅十万分之一，而在 1300℃时为 604，冷凝金属含锡约 2‰，两者纯度相差很大。

1.1.4　Pb-Sn 合金蒸气中铅蒸气密度

Pb-Sn 合金蒸馏过程中铅挥发到气体里，单位体积的气体含铅量多则有利于蒸馏作业，应用式（5），可以得到蒸气密度的数值。

$$\rho_{Pb} = \frac{p_{Pb}M_{Pb}}{RT} \tag{7a}$$

式中，p_{Pb}为大气压（atm）；M_{Pb}为 207.2g/mol；R 为 0.082g/(mol · K)；T 单位为 K。

而得到：

$$\rho_{Pb} = \frac{207.2}{0.082} \times \frac{p_{Pb}}{T} = 252.7 \times \frac{p_{Pb}}{T} \quad (\text{g/L 或 mg/cm}^3) \tag{7b}$$

将表 2 中 p_{Pb}的值转换为大气压，温度换算为绝对温度，用式（7b）则可计算得各种成分的合金在不同温度下蒸出的气体里的含铅量，其值列于表 4。

表 4　合金成分、温度与蒸气中铅的密度 ρ_{Pb} 的关系

合金含铅 /%	铅的密度 ρ_{Pb}/mg · cm^{-3}						
	700℃	800℃	900℃	1000℃	1100℃	1200℃	1300℃
100	9.60×10^{-6}	1.82×10^{-4}	9.56×10^{-4}	8.78×10^{-3}	1.28×10^{-3}	3.39×10^{-2}	8.42×10^{-2}
50	5.54×10^{-6}	9.90×10^{-5}	5.21×10^{-4}	1.84×10^{-3}	6.28×10^{-3}	1.69×10^{-2}	3.98×10^{-2}
40	4.21×10^{-6}	7.50×10^{-5}	3.93×10^{-4}	1.47×10^{-3}	4.74×10^{-3}	1.27×10^{-2}	3.01×10^{-2}
30	2.09×10^{-6}	5.36×10^{-5}	2.82×10^{-4}	1.05×10^{-3}	3.89×10^{-3}	9.23×10^{-3}	2.53×10^{-2}
20	1.92×10^{-6}	33.8×10^{-5}	1.79×10^{-4}	6.67×10^{-4}	2.16×10^{-3}	5.88×10^{-3}	1.37×10^{-2}
10	9.02×10^{-7}	1.16×10^{-5}	8.45×10^{-5}	3.14×10^{-3}	1.02×10^{-3}	2.79×10^{-3}	6.23×10^{-3}
5	4.47×10^{-7}	9.78×10^{-6}	4.17×10^{-5}	1.57×10^{-4}	7.09×10^{-4}	1.38×10^{-3}	3.22×10^{-3}
1	8.76×10^{-8}	1.56×10^{-6}	8.20×10^{-6}	3.06×10^{-5}	9.98×10^{-5}	2.70×10^{-4}	6.25×10^{-4}
0.1	8.90×10^{-9}	1.58×10^{-7}	8.32×10^{-7}	3.09×10^{-7}	1.0×10^{-7}	2.99×10^{-5}	6.37×10^{-5}

可见蒸气中的铅量在温度不变时随合金含铅降低而降低，如在 700℃时合金含铅由 50%降到 1%，蒸气中含铅量由 5.54×10^{-6}mg/cm^3 降低到 8.79×10^{-8}mg/cm^3，表中还可知道铅蒸气密度的数值都较小，每立方厘米气体中仅有百分之几毫克至亿分之几毫克。

温度由 700℃ 升高到 1200℃，p_{Pb} 大幅度增加。合金含 Pb 50% 时蒸气中含铅 0.0169mg/cm^3，合金含 Pb 1%时，蒸气含铅 2.7×10^{-4}mg/cm^3，比 700℃时的数值增大近千倍。

1.1.5　Pb-Sn 合金中铅的理论蒸发速率

蒸馏过程中铅的蒸发速率有重要的作用，直接影响着设备的生产能力和经济技术指标。

液体蒸发的速率，可由气体分子动力论推导出蒸气分子在单位时间内碰撞在器壁的单位面积上的数目来决定，1s 内撞击在 1cm^2 面积上的分子数 N 有以下的关系：

$$N = n_0 \frac{\bar{v}}{4} \tag{8}$$

式中，n_0 是 1cm^3 蒸气中该金属的分子数；$\bar{v}$ 为分子的算术平均速度。

上式乘以 1 个分子的质量 m，则得 1s 落在（或离开）1cm^2 表面上的物质质量 W：

$$W = mN = n_0 m \frac{\bar{v}}{4}$$

m 为 1cm^3 蒸气中该金属气体分子的总质量，即金属的蒸气密度 ρ，由此得到

$$W = \rho \frac{\bar{v}}{4} \tag{9a}$$

麦克斯韦的分子速度分布律给出了气体分子算术平均速度与压力和温度的关系：

$$\bar{v} = \sqrt{\frac{8RT}{\pi M}} = 1.60\sqrt{\frac{RT}{M}}$$

代入上式而得：

$$W = 0.4\rho\sqrt{\frac{RT}{M}} \tag{9b}$$

即为理论最大蒸发速率与蒸气密度和温度的关系，它说明蒸发速率与蒸气密度 ρ 成正比。将式（7a）代入式（9b）而得到 W 与 p 和 T 的关系：

$$W = \frac{1}{4} \cdot \frac{m\text{p}}{RT} \cdot \sqrt{\frac{8RT}{\pi M}} = p\sqrt{\frac{M}{2\pi RT}}$$

式中，$p=\rho(\text{mmHg})\times 1.335\times 10^3\text{bar}$；$R$ 为 $8.314\times 10^7\text{J/(mol}\cdot\text{K)}$；$T$ 单位为 K；M 单位为 g/mol，则得：

$$W = 0.0583 \times p \cdot \sqrt{\frac{M}{T}} \quad (\text{g/(cm}^2\cdot\text{s)}) \tag{9c}$$

或为

$$W = 3.5p\sqrt{\frac{M}{T}} \quad (\text{g/(cm}^2\cdot\text{min)})$$

或

$$W = 210p\sqrt{\frac{M}{T}} \quad (\text{g/(cm}^2\cdot\text{h)})$$

当气体中仅有铅蒸气时式（9c）中 p 即 p_{Pb}。在蒸发速率高时，液体上部的分子会与蒸发出来的分子碰撞而部分返回液体表面凝结下来，需要在下式中加一个系数 α。

$$W = 0.0583\alpha p\sqrt{\frac{M}{T}} \tag{9d}$$

式中，α 值与液相下面蒸气梯度、系统中的残压和蒸发器与冷凝器的尺寸有关，往往当系统中的残压小于 0.1mmHg 时为常数，许多情况下 α 为 0.1~1[8]，取 $\alpha=1$，应用表 2 中 p_{Pb} 值计算出铅锡合金中铅的理论最大蒸发速率列于表 5。

表 5　铅理论最大挥发速率 W(g/(cm^2·min)) 与合金成分及温度的关系

合金含铅/%	最大挥发速率 W/g·(cm^2·min)$^{-1}$						
	700℃	800℃	900℃	1000℃	1100℃	1200℃	1300℃
100	4.5×10^{-3}	9.06×10^{-2}	4.94×10^{-1}	2.05	6.94	19.5	50.4
50	2.61×10^{-3}	4.93×10^{-2}	2.69×10^{-1}	1.03	3.52	9.89	23.8
40	1.99×10^{-3}	3.73×10^{-2}	2.03×10^{-1}	7.84×10^{-1}	2.66	7.35	18.0
30	1.41×10^{-3}	2.66×10^{-2}	1.45×10^{-1}	5.6×10^{-1}	1.91	5.33	12.8
20	9.01×10^{-4}	1.69×10^{-2}	9.25×10^{-2}	3.57×10^{-1}	1.21	3.41	8.19
10	4.25×10^{-4}	8.01×10^{-3}	4.36×10^{-2}	1.68×10^{-1}	5.72×10^{-1}	1.61	3.87

续表 5

合金含铅/%	最大挥发速率 $W/g \cdot (cm^2 \cdot min)^{-1}$						
	700℃	800℃	900℃	1000℃	1100℃	1200℃	1300℃
5	2.11×10^{-4}	3.9×10^{-3}	2.16×10^{-2}	8.3×10^{-2}	3.98×10^{-1}	7.99×10^{-1}	1.93
1	4.12×10^{-5}	7.78×10^{-4}	4.23×10^{-3}	1.64×10^{-2}	5.55×10^{-2}	1.56×10^{-1}	3.74×10^{-1}
0.1	4.19×10^{-6}	7.88×10^{-5}	4.29×10^{-4}	1.65×10^{-3}	5.64×10^{-3}	1.58×10^{-2}	3.81×10^{-1}

表 5 的数值表明，合金成分对铅的理论最大蒸发速率的影响，合金含铅量下降与 W 减小的数量级相同，温度升高对 W 增大有明显的作用，由了 700℃升至 1200℃，W 增大约 10^4 倍。

因此，在蒸馏过程中控制较高的温度有着重要的作用，铅的挥发速率可大大提高，设备的生产率也有相应提高。

1.1.6 铅蒸气的扩散

蒸发的铅蒸气迅速扩散到冷凝器，能促进铅的蒸发，式（9d）中 α 系数较大，反之，则将阻碍铅的蒸发，而使 α 变小。

铅蒸气的扩散条件，可以由气体分子的扩散方程来讨论，气体扩散的质量 Δm，从气体分子动力论推导得如下的关系：

$$\Delta m = -\frac{1}{3}V\lambda\left(\frac{\Delta\rho}{\Delta x}\right)\Delta S\Delta t \tag{10}$$

表明气体扩散的质量 Δm 与体积的密度梯度$\frac{\Delta\rho}{\Delta x}$，气体扩散经过的面积 ΔS 和时间 Δt 成正比，并与气体分子的平均速度 $\bar{v}$ 和平均自由程 $\bar{\lambda}$ 成正比，此时在通常使用时以扩散系数 D 代替$\frac{1}{3}\bar{v}\bar{\lambda}$。单位时间内、通过单位面积的扩散量为：

$$\Delta m = -\frac{1}{3}\bar{v}\bar{\lambda}\left(\frac{\Delta\rho}{\Delta x}\right)$$

由此式可以得到，在真空蒸馏条件下，由液体金属表面向冷凝器表面扩散的金属蒸气的质量与炉内真空度、蒸气密度梯度和温度有关。

如前所述，蒸发面于某温度时，一定成分的 Pb-Sn 合金的平衡蒸气压 p_{Pb} 和蒸气密度 ρ_v 都是定值，冷凝器表面的铅蒸气压 p_{Pb} 与温度有关，由表 1 之数值并可得到铅的蒸气密度 ρ_{Pb} 如下：

温度/℃	800	700	600	500
p_{Pb}/mmHg	5.88×10^{-2}	2.8×10^{-2}	5×10^{-4}	2×10^{-5}
$\rho_{Pb}/mg \cdot cm^{-3}$	1.82×10^{-4}	9.6×10^{-6}	5.73×10^{-7}	2.59×10^{-8}

因此冷凝表面温度越低，$\Delta\rho = \rho_{Pb} - \rho'_{Pb}$ 之值越大，对一定大小和形状的真空炉，$\frac{\Delta\rho}{\Delta x}$ 就越大，从而 Δm 也就较大。

蒸发面与冷凝面间的距离越大，$\frac{\Delta\rho}{\Delta x}$就减小，所以这两个面的距离应该小一些，$\Delta m$

即可增大。

真空炉内的温度直接影响气体分子的平均速度 $\bar{v}$，二者的关系是：

$$\bar{v} = \sqrt{\frac{8RT}{\pi M}}$$

式中，气体常数 R 和相对原子质量 M 都是定值，故 $\bar{v}$ 与 $T^{\frac{1}{2}}$ 成正比，炉内由蒸发面到冷凝面，温度不断下降，但蒸发面的温度高则其附近的 $\bar{v}$ 增大能在一定程度下增大扩散量。

真空炉内的残压 p，直接影响着气体分子的平均自由程 $\bar{\lambda}$，其关系为：

$$\bar{\lambda} p = K$$

即二者之积为常数 K，故真空炉内的残压越低，铅蒸气分子的平均自由程 $\bar{\lambda}$ 越大，则 Δm 也就增大。

如上所述，铅蒸气分子在单位时间内通过单位面积由蒸发而扩散到冷凝面的质量受温度、压力和两个面间的距离所影响。真空蒸馏铅锡合金的适宜条件为：蒸发面宜保持较高温度，冷凝面的温度应该低些，若低于铅熔点以下，冷凝物成固态，在熔点以上成液态；蒸发面和冷凝面的距离不宜过大，否则能减小 $\Delta p/\Delta x$ 之值，从而降低铅蒸气的扩散速度。

1.2 合金蒸发和冷凝的级数

1.2.1 一级蒸发的连续蒸馏

若用一个蒸发器（盘状或坩埚状），合金由一边流入，另一边流出，面上蒸发出的金属是铅，应用表 5，可以在作业温度确定以后计算出进料量，成分和产品量、成分，以及蒸发出铅量的关系，从而看到一些规律，如图 2 所示。

取蒸发器中金属的蒸发面为 92cm^2，在 1000℃ 的温度的蒸馏，进料的锡铅合金含 30.6%Pb，进料和产出的量和成分由图中的符号表示，由料和铅的平衡得到下列式子：

$$\begin{cases} y = w + x \\ ay = w + cx \end{cases}$$

其中，为使计算简化，取蒸发铅中不含锡，另外 a 和 c 用小数表示，解之可得

$$\begin{cases} x = w \times \dfrac{1-a}{a-c} \\ y = w \times \dfrac{1-c}{a-c} \end{cases}$$

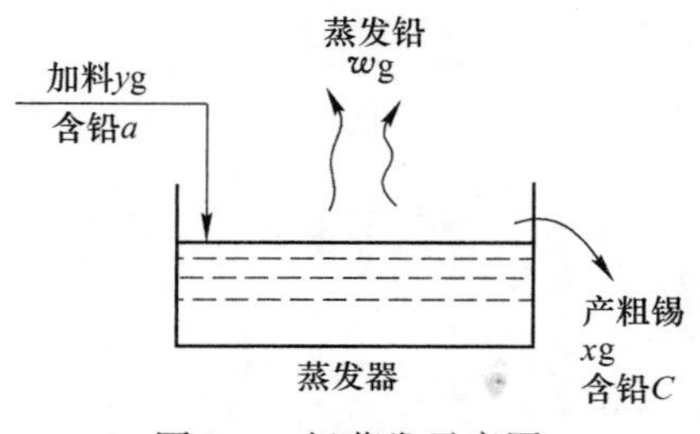

图 2　一级蒸发示意图

利用表5的数据解此联立方程式，可得到表6的各项数据，并可绘成图3，由此可以得到如下的规律。

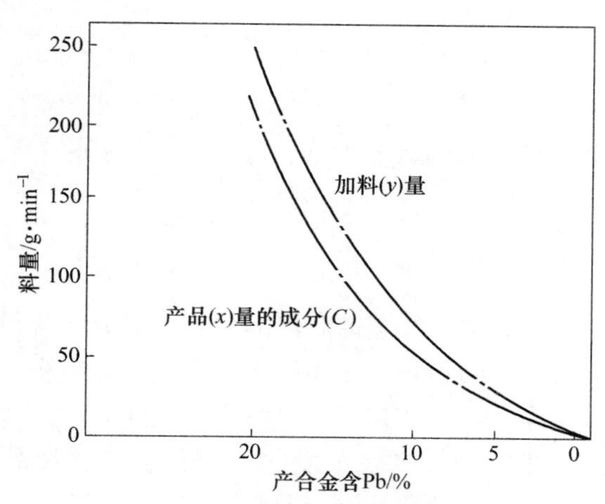

图3　进料量和产合金含铅量的关系

表6　加料含30.6%Pb时各个量之间的关系

产粗锡含铅（C）/%	30	20	10	5	1	0.1
$W/g\cdot(cm^2\cdot min)^{-1}$	0.59	0.357	0.168	0.0837	0.0164	0.00165
$W/g\cdot(92cm^2\cdot min)^{-1}$	51.5	32.8	15.4	7.7	1.51	0.15
加料量（y）$/g\cdot min^{-1}$		248	67.3	28.6	5.05	0.491
产粗锡量（x）$/g\cdot min^{-1}$		215	51.9	20.9	3.54	0.341

加料含铅一定（在此为30.6%Pb）时，在一定温度（这里是1000℃）下进行一级真空蒸馏，单位时间内加料量多，蒸发的铅越多，但产出的粗锡中含铅越高，减少加料量可使产品含铅降低。

这个规律揭示了一矛盾：高产量（加料多），与产品的高质量（粗锡含铅低）不能同时达到。要求产量大必定得到含铅高的粗锡，要得到含铅少的粗锡就只能减少加料量。例如：产出铅20%的粗锡时可加料248g/min，产出含1%Pb的粗锡，则只能加约5g/min，二者的加料量相差约50倍。

因此，蒸馏炉的设计，必须用多级蒸馏代替一级，才能从根本上克服这个矛盾。

1.2.2　多级蒸发的连续作业

继续将一级蒸发的产品（若为20%Pb，248g/min），作为第二级蒸发的进料，蒸发温度仍为1000℃代入上式可得到

$$\begin{cases} x = w \times \dfrac{0.8}{0.2 - c} \\ 215 = w \times \dfrac{1 - c}{0.2 - c} \end{cases}$$

消去两式中的 w 可得：

$$x(1 - c) = 172$$

取 c 为某一数值，即可计算出 x、w 值为：

c	0.15	0.10	0.05	0.03
x	201	193	181	177.5
w	8	22	34	37.5

利用表 5，在 10000℃时，92cm^2 蒸发面，c 与 w 有一定的关系为：

c	0.20	0.10	0.05
w	32.9	9.8	7.7

与计算值相对照，可得到第二级蒸馏产出的粗锡，成分在含铅 10%~15%之间。

第二级产品再作为第三级的加料，必须产出含铅更少的粗锡。

采用塔形多级塔盘蒸馏，则级数越多，最终产品越纯。

因此，可以得到的规律性是：多级蒸发的连续作业中，产品的质量与级数有关，若进料量不变，级数越多，产品越纯。

用多级连续蒸馏可以解决高产与优质的矛盾问题，可以在高产的同时得到优质的产品。

1.3 铅蒸发所消耗的热量

在铅-锡蒸馏过程中，电能消耗是过程中的主要指标，它在很大程度上决定着此过程在经济上的合理性。

应用下列数据对铅-锡合金蒸馏过程的热消耗做概略估算：

Pb：$c_p = 5.63 + 0.00233T$(cal/(mol·K))(298K ~ 熔点)

$c_p = 7.75 - 0.74 \times 10^{-3}T$(cal/(mol·K))(熔点 ~ 1200K)

熔化潜热=1.15(kcal/mol)

沸点时蒸发潜热 = 4.25(kcal/(mol·K))(Q_2)

Sn：$c_p = 4.42 + 6.3 \times 10^{-3}T$(cal/(mol·K))(298K ~ 熔点)

$c_p = 7.3$(cal/(mol·K))(熔点 ~ 1300K)

熔化潜热=1.69(kcal/mol)

蒸发潜热（沸点）= 41.7(kcal/(mol·K))

假定作业在 1200℃进行，铅与锡混合热为零，则铅由 0℃升温到 327℃时熔化，再升至 1200℃蒸发，由于缺乏气态铅的热容数据，故用沸点时的蒸发潜热来计算：

铅由 298K 升至 600K 吸热：

$$Q_1 = \int_{298}^{600}(5.63 + 0.002T)\mathrm{d}T$$

$$=5.63 \times (600 - 298) + 0.001 \times (600^2 - 298^2) = 1970(\mathrm{cal/mol})$$

液体铅由 600K 升至 1473K 吸热

$$Q_3 = \int_{600}^{1473}(7.75 - 0.74 \times 10^{-3}T)\mathrm{d}T$$

$$=7.75 \times (1473 - 600) - 0.37 \times 10^{-3} \times (1473^2 - 600^2) = 6000(\mathrm{cal/mol})$$

液体铅蒸发吸热

$$Q_4 = 42500(\text{cal/mol})$$

则得：

	Q_1	Q_2	Q_3	Q_4	总计	折合电力
cal/mol	1970	1150	6000	42500	51628	
cal/g	9.5	5.5	29	205	249	0.29kW・h/kg
%	3.8	2.3	11.6	82.3	100	

锡假定不挥发，仅由0℃升至1200℃。

由293K升至505K吸热

$$Q'_1 = \int_{293}^{505}(4.42 + 6.3 \times 10^{-3}T)\mathrm{d}T$$

$$=4.42 \times (505 - 298) + 0.00315 \times (505^2 - 298^2) = 1440(\text{cal/mol})$$

在505K时熔化吸热

$$Q'_2 = 1690(\text{cal/mol})$$

液态锡由505K升至1473K吸热

$$Q'_3 = 7.3 \times (1473 - 505) = 7060(\text{cal/mol})$$

则得：

	Q_1	Q_2	Q_3	总计	折合电力
cal/mol	1440	1690	7060	9690	
cal/g	12.1	14.2	596	86	0.1kW・h/kg

若处理的焊锡含锡65%、铅35%，则1t焊锡需供热：

铅吸热　　$249×350=8.21×10^4$cal，折合电力95.6kW・h。

锡吸热　　$650×86=5.59×10^4$cal，折合电力65kW・h。

1t锡吸热折合电力160.6kW・h。

以上计算表明，处理1t焊锡被金属所吸收的热量并不多，假定炉内热效率为35%~50%，则在真空炉内的电耗约30~350kW・h。

由此可知，炉子的热效率取决于炉子的结构，炉子设计在满足蒸馏过程本身的需要后，如何减少热耗是应当着重考虑的事，这个问题若解决得好，有可能使耗电量降低到1000kW・h/t料以下。

2　实验部分

2.1　扩大实验设备简况

实验设备包括：

真空泵	2X-4型旋片式	2台
单相变压器	25kW，输出电压16.7V，电流2500A，分六档	1台

麦氏真空计	旋转式	2个
光学高温计		1个
全水套真空炉	ϕ400 高 500mm	1台
内装石墨制加热器（电柱）		
蒸发盘、冷凝罩、集铅盘		

间断作业实验的炉内装置于图 4，连续作业的示于图 5。

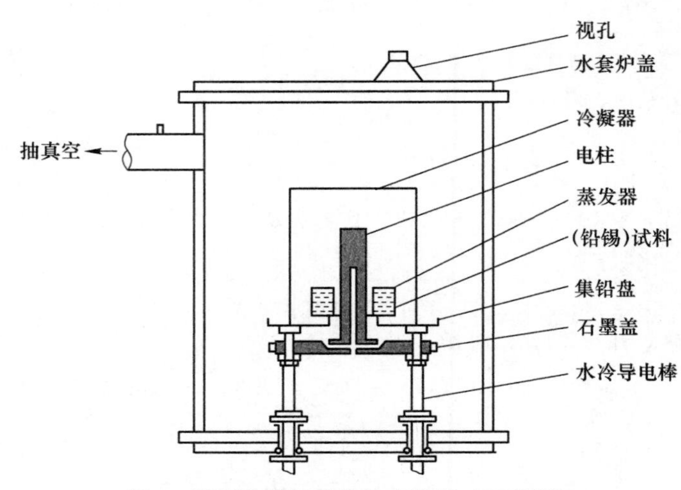

图 4　间断作业试验的炉内装置（示意图）

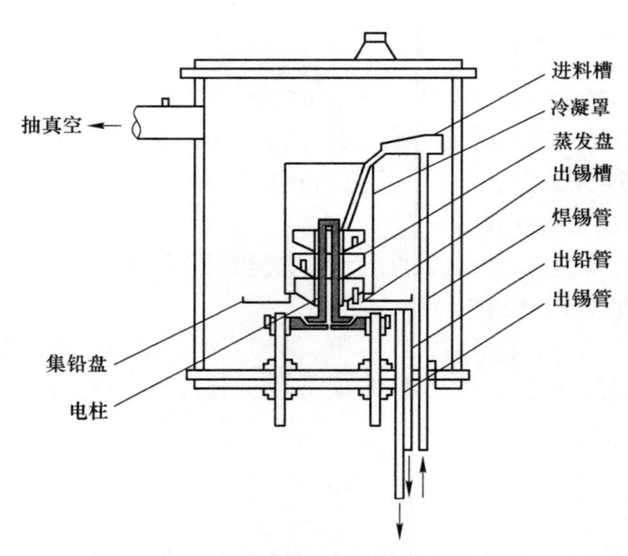

图 5　连续作业试验的炉内装置（示意图）

炉子各部分的结构、材料和尺寸如下：电柱材料用优质石墨，尺寸如图 6 所示，发热段直径有 35mm 和 40mm 的两种，下底放大，直径 ϕ_1 约为 95mm，下面直径 ϕ_3 应略小，形成一个锥度，以便与座子紧密联结，减小接触电阻，中间开口约 2mm，底厚约 50mm，实验证明这样的电柱能适应过程的需要。

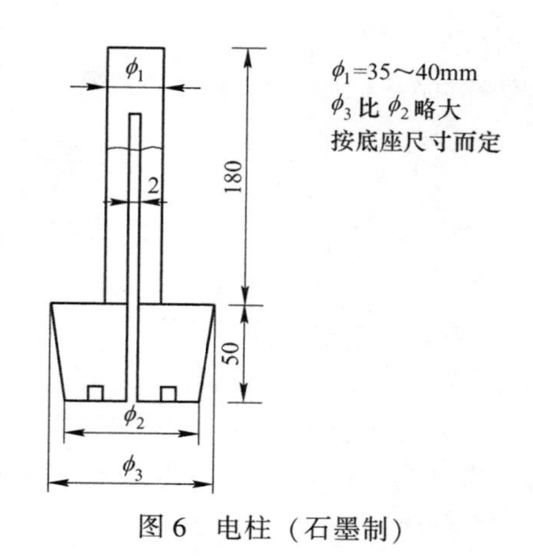

图 6　电柱（石墨制）

蒸发盘（见图 7）用一般石墨制成，直径 120mm，蒸发 92cm²，每个可容纳金属约 0.8kg，几个叠加起来，上一个的底与下一个的口相距 15mm，此宽缝供铅蒸气扩散到冷凝器用，金属装满一层之后就溢流到下一层，溢流口下有短管连到下一层金属面，以免发生喷溅，最低一级盘下短管接到出锡管中。

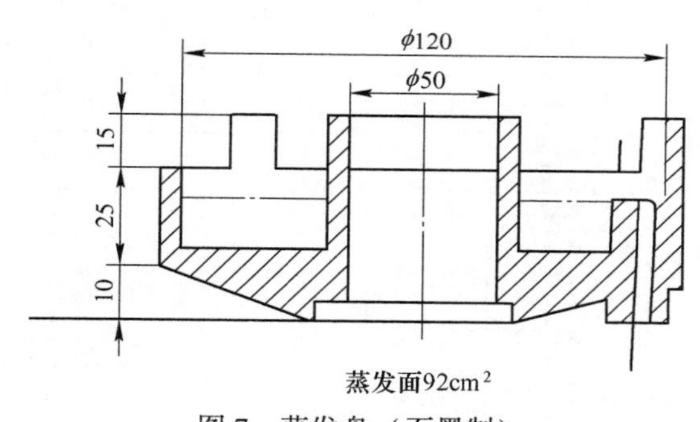

图 7　蒸发盘（石墨制）

加热器（电柱）位于蒸发盘中心管内，让电柱的辐射直接传到蒸发盘中，以提高热效率。

冷凝器为石墨圆筒（见图 1 和图 2）罩于蒸发盘外，罩内壁距蒸发盘外壁 10mm，铅蒸气由盘内向外扩散到罩内壁，即冷凝成液体铅，沿罩流到下面的集铅盘中。罩与蒸发盘间的距离小，保证各蒸发盘的铅蒸气不互相交流，免除高铅合金蒸发盘的铅蒸气逸向低铅合金蒸发盘中反凝。

集铅盘用普通石墨制成，边部开一孔，对准出铅管让铅液流到出铅管，连续排出。炉内抽空后，焊锡沿进料管（ϕ27 无缝钢管）吸进炉内，进料管外端插在焊锡锅里，调节锅中焊锡面高度，即可增减进料量，焊锡液体吸入后，流到蒸发盘中，盛满逐级下降，最后由出锡管排至锡锅，出锡管的末端浸在锡锅的液体锡里，同样出铅管外端浸在铅锅的铅液中。

进料管、出锡管和出铅管在炉外部分较长，外包电热丝，经常通电加热保温，进料焊锡锅、出铅锅和出锡锅也同样用电炉加热，维持一定温度，以免金属冻结。

炉壁用全水套，水套夹壁距 10mm，炉顶有视孔，炉底部有孔安装冷导电棒。机械

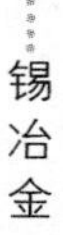

真空泵，联结抽气管道至炉体。

炉体密封圈用 10mm 直径的耐热橡胶条作成。

2.2 间歇性作业试验

间歇作业所用的蒸发盘不同于图 7，高度大一倍，没有上边的缺口和斜底，也没有溢流口，每次作业只用一个盘，可容金属约 4kg。

操作中每加一次焊锡，盖好炉子，抽空后升温，尽可能快地升至最高挡位（第六挡）保持 30min，然后停电，待炉内冷至暗色，停泵。破真空，出料。

第一步试验中使用的焊锡，含 Sn 63.75%，Pb 34.3%，盘内金属温度约 1200℃，升温后炉内残压大于 2Torr，得到表 7 的数据，炉内设备未用图 4 中所示的冷凝器，在蒸发盘顶上加一个盘（形似集铅盘），此时，粗铅在炉顶外套及侧壁上凝结。

表 7　间歇作业第一步试验数据

编号	电炉功率 /kW	加料/g	产粗锡			蒸发失重 /g	脱铅率 /%	产粗铅成分		挥发速率 /g·(cm²·min)⁻¹
			质量/g	成分/%				Sn/%	Pb/%	
				Sn	Pb					
1	10.5	2150	2100	63.9	33.98	50	9.43	0.97	34.8	0.02
2	15	2330	2285	64.9	33.86	45	5.6	0.53	98.4	0.02
3	20.1	2390	2330	—	—	60	7.23	0.78	98.9	0.02
4	17.8	2320	2110	70.8	27.56	210	26.08	1.04	98.8	0.02
5	17.5	2300	2250	65.86	32.82	50	6.23	0.96	98.5	0.018
6	16.6	3000	2710	68.97	28.88	290	27.16	0.78	98.8	0.126
7	17.3	3000	2970	65.7	31.8	30	2.78	1.6	95.6	0.01

这一组试验中蒸发失重多数仅为 30~60g，少数达到 210~290g，故脱铅率较低，仅达百分之几到二十几，相应的挥发速率为 0.01~0.126g/(cm^2·min)，故产出的粗锡成分与原料很相近。

总之，这组试验表明焊锡中的锡可以蒸发出来，但效果较差。

第二步试验，炉内装置加上了圆筒冷凝器，成为图 4 的结构，蒸发时间 30min，原料不变，真空度达到 0.15~0.95，比上一步试验高，金属表面温度 1100~1150℃得到表 8 的结果。

表 8　间歇性作业第二步试验数据

编号	电炉功率 /kW	加料/g	产粗锡			蒸发失重 /g	脱铅率 /%	产粗铅成分			挥发速率 /g·(cm²·min)⁻¹
			质量/g	成分/%				质量/g	Sn/%	Pb/%	
				Sn	Pb						
9	17.2	2640	1773	94.8	4.63	867	95.2	670	0.97	99	0.31
10	15.2	2750	1940	91.4	8.27	810	85.1	690	0.4	99.3	0.29

续表 8

编号	电炉功率/kW	加料/g	产粗锡			蒸发失重/g	脱铅率/%	产粗铅成分			挥发速率/g·(cm²·min)⁻¹
			质量/g	成分/%				质量/g	Sn/%	Pb/%	
				Sn	Pb						
11	16.7	2770	1743	96.4	3.86	927	96.6	780	0.97	99	0.33
12	16.9	3000	1980	95.4	1.88	1027	97.6	905	1.1	98.85	0.38
13	16.7	4000	2780	93	6.3	1220	88.3	1100	0.6	99	0.44

与表 7 相比，表 8 的试验与实际电炉功率相近，加料量也相近，挥发失重明显地增大到 810~1220g，约增大 4~20 倍，与此相应，粗锡品位升到 91%~96%Sn，脱铅率升至 85.1%~97.6%，挥发速率达到 0.29~0.44g/(cm² · min)。

产粗锡的质量仍然是好的，含 Pb 约 99%，含 Sn<1%。

这一步试验中基本上肯定了圆筒形冷凝器的有效作用，由于铅蒸气在罩内绝大部分得到冷凝，故罩外的真空度就能够提高。罩内铅蒸气顺利冷凝，从而使粗金属表面上铅蒸气能迅速地向冷凝器扩散，促进了铅蒸发，挥发速度大为提高，这个关系可由扩散方程中得到。

气体在单位时间内，通过单位面积的扩散量的方程中，若气体分子的平均速度

$$\Delta m = -\frac{1}{3}\bar{v}\bar{\lambda}\left(\frac{\Delta p}{\Delta x}\right)$$

$\bar{v}$ 和平均自由程 $\bar{\lambda}$ 相同时，则扩散量 Δm 与密度梯度$\dfrac{\Delta\rho}{\Delta x}$成正比，第一和第二试验里 $\Delta\rho$ 相近，而 Δx 相差约为 20~30 倍，故扩散量也相差约 20 倍。

第一步试验铅蒸气的扩散量小 20 倍，则在液体上面铅蒸气聚集较快，饱和程度增大，阻碍铅的蒸发，减小了挥发速率，蒸馏效果就比较差。

第二步试验的冷凝器和蒸发的条件较好，从而肯定了圆筒冷凝器，这时得到的粗铅锡的质量也较好。

第三步试验将圆筒冷凝器的高度增加一半，着重试验原料成分变化时的蒸馏效果，其结果示于表 9。

表 9　第三间歇作业试验数据

编号	电炉功率/kW	加料		产粗锡			蒸发失重/g	脱铅率/%	产粗铅成分			挥发速率/g·(cm²·min)⁻¹
		种类	重/g	质量/g	成分				质量①/g	Sn/%	Pb/%	
					Sn/%	Pb/%						
14	15.3	2 号	4000	2840	93	7.1	1160	83.2	1095	0.062	99	1.004
15	15.4	2 号	4000	2780	88.2	6.7	1220	84.6	1210	0.099	99	1.059
16	15.7	2 号	3000	1495	96.5	1.1	1505	98.9	1390	微	99	1.305
17	15.9	2 号	3500	2030	97	0.83	1470	98.6	1325	微	99	1.272
18	14.9	3 号	3000	1480	97.6	0.8	1520	99.25	1345	0.63	99	1.318

续表 9

编号	电炉功率/kW	加料		产粗锡			蒸发失重/g	脱铅率/%	产粗铅成分			挥发速率/g·(cm²·min)⁻¹
		种类	重/g	质量/g	成分				质量①/g	Sn/%	Pb/%	
					Sn/%	Pb/%						
19	15.1	3号	4000	1955	97.8	0.5	2045	99.5	1875	1.11	98	1.772
20	17.3	3号	3000	2310	98.6	微	690	99.9	600	0.89	99	0.598
21	15	4号	4000	3205	96.2	2.1	795	99.2	700	0.1	99	0.689
22	15.3	4号	4000	3120	97.6	0.32	880	99.8	850	1.12	98	0.763
23	16.4	4号	3000	2325	99.1	0.32	675	99.75	460	0.82	99	0.585

注：蒸馏时间：30min，真空度：0.15~0.7。

加料种类及成分	4号	2号	3号
Sn/%	77.33	68.6	48.03
Pb/%	21.01	30.55	48.4

①为炉顶及集铅盘中的数量，分散在真空中的冷凝物，几炉清理一次，故不能使每次作业的料量平衡。

表 9 的数据可以看到几点：

（1）在大多数实验中，脱铅率达到 99%左右；粗锡成分达到含 Sn 约 97%；粗铅成分达到含 Pb 99%，Sn<1%。

（2）挥发速率与原料含铅有关，也和加料有关。相同的原料，随加料量增加而挥发速率增大，相同的加料量时，随原料含铅量增多而挥发速率增大。

原料含铅/%		21.01	30.55	48.4
挥发速率/g·(cm²·min)⁻¹	加料 3000g	0.59	—	1.318
	加料 4000g	0.726	1.03	1.772

（3）炉内耗电量，处理每千克焊锡耗电 2~2.5kW·h。

（4）设备的处理能力，处理每炉料通电时间 30min，即通电 1h 可处理约 8kg 焊锡，加上辅助作业，开炉、停炉、进料、出料等，每炉料需 1.5~2h，按处理焊锡计，约为 2kg/h 或 48kg/d。

至此，实验证明，间歇作业效果好且较稳定，所得数据证明设备结构基本上是合理的，用它可以完成铅锡合金的真空蒸馏工作，但是，间歇性作业的辅助工序占时间多，为通电时间的 2~3 倍，故设备的处理量低，耗电量较高，应当进行连续作业实验，间歇性作业实验已为连续作业实验打下基础，作业连续后将提高设备的处理能力和降低电耗。

2.3 连续性作业实验

实验用的设备装置如图 5 所示，电柱和冷凝罩都沿用间歇性作业实验中肯定下来的结构，增加了连续进出料的进料管、出铅管和出锡管，三根管子的高度据当地的大气压和各管中所装金属的比重来计算，焊锡管必须与计算值相符，再留 100~200mm 余量浸在锅中，铅管和锡管可以比计算高度再多一些，在昆明可取用 1500mm。

蒸发盘用图7所示者，实验前着重分析，计算了应该使用蒸发盘的层数（级数），得到的初步认识：一级蒸发不能同时得到高产和优质，必须采用多级蒸馏，才能使粗锡品位提高，同时得到较高的设备处理量，欲进一步提高设备的处理能力（单位时间内处理的焊锡量），则应当升高作业温度。

因此，实验中决定采用多级蒸馏，试验了三级（三层蒸馏盘叠起来）和四级。

加料速度，参照间歇性作业中通电时可达到约8kg/h，连续作业里首先取用此速率，然后逐渐增加，曾作了每小时加料8kg、12kg、16kg、20kg和24kg的试验。

炉子的功率，限于变压器容量，次级输出额定16.7V（实际上只能开到12V以下），加上电流电压的经常变化，炉子在变压器开到最高的第六挡时，供电的功率因外电压降低，电柱的质量和直径不同的原因，常常只能开到15~18kW，多次实验功率有小的变化。这种现象无疑会影响实验的结果，但一时不能解决。

实验的效果见表10。

表10　连续性作业实验的结果

编号	电炉功率/kW	作业持续时间/h	加料		产粗锡			产粗铅			平均脱铅率/%	每千克焊锡炉内耗电/kW·h
			速率/kg·h^{-1}	总量/kg	质量/kg	平均成分/%		质量/kg	平均成分/%			
						Sn	Pb		Sn	Pb		
1	1.43	3	8	21.9	14.04	96.24	2.63	7.30	2.8	64.76	93.5	1.76
4	14	7	12	70.63	57.57	86.9	16.32	27.13	6.26	91.5	82	1.17
2	13.5	2.1	16	3.24	14.31	92.73	6.0	2.97	2.35	95.08	85	0.85
5	18	3	16	42.22	20.38	96.92	2.6	16.63	5.13	93.4	95	1.12
6	16.9	2	16	21.85	15.37	97.45	1.61	6.47	7.92	90.16	96.4	1.05
7①	15.8	12	16~20	203.1	135.9	95.45	3.41	55.9	4.23	94.1	91.8	0.99 0.79
3	16.4	0.6	24	16.73	7.8	93.44	5.61	4.75	20.49	76.5	87	0.68

注：真空度为0.3Torr；原料成分为含Pb 30.55%，含Sn 63.61%。

①后3h加料20kg/h。

可以看到如下的情况：

（1）产出的粗铅成分和过程的脱铅率受炉子和加料速率的影响，若炉子输入电能的功率相近，则加料速率增大时脱铅率降低，粗锡品位下降，表4中后面3次实验的数据显示了这种关系。

编号	加料速率/kg·h^{-1}	粗锡含锡/%	脱铅率/%
6	16	97.45	96.4
7	16~20	95.45	91.8
3	3	93.44	87

当加料速率相近时，炉子输入电能的功率越高（工作温度增高）则粗锡含锡高、脱铅率大，实验中得到如图8所示的关系。

由这个规律出发，若不受变压器的限制，再增大输入电能，必定能提高炉子的处

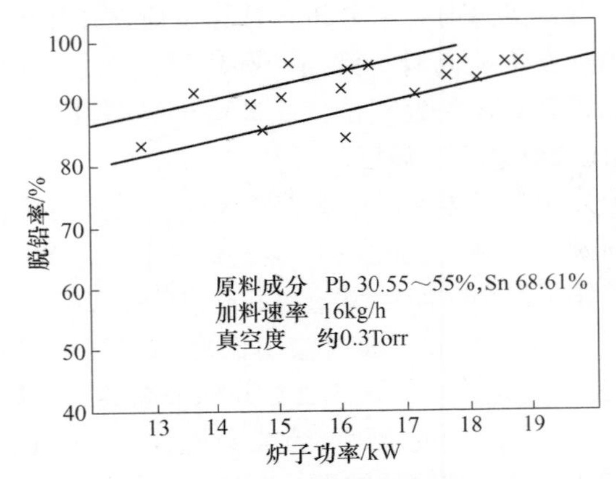

图 8 真空炉输入电能与脱铅率的关系

理量和提高脱铅率，粗锡质量也会随之而提高。

（2）产出粗铅的平均成分含锡较高，多数波动在 Sn 2.8%～7.9%，个别达到 0.49%Sn，分析实验过程中有两种情况，一种是开炉时出铅锅装料，误用了焊锡或其他锡料，其量约 8kg，则影响作业开始约 3h 产的粗铅含锡过高；二是进料管位置安装不当，致使进料喷溅到集铅盘中，粗铅含锡升高，这两种情况都曾经出现过，例如在第 7 次实验中，每小时取样分析一次其数值如图 9 所示。

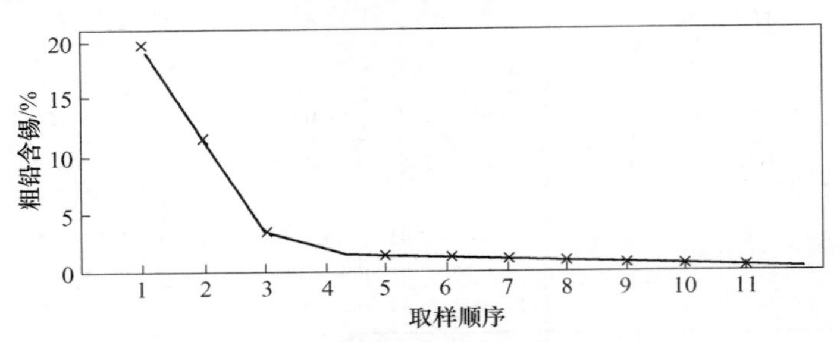

图 9 连续作业时间与粗铅含锡量的关系

（每小时取样一次）

第 4 次取样之前，粗铅含锡较高，特别是第一次样达 20%，这可能是铅锅开炉时装料有误，由第 5 次以后，粗铅仅含锡约 1%，类似这种情况的还有第 4 次实验。

但总的说来，粗铅含锡，连续作业比间歇性作业的高些，这可能是连续作业中大量金属经常流动易形成金属细滴飞溅到冷凝器上所致，此为今后需要进一步落实和解决的问题。

（3）处理 1kg 焊锡所消耗的电能（真空炉内）波动于 0.68～1.79，与处理量有关，在每小时处理 8kg 焊锡时最高（1.79kW・h），处理 24kg 焊锡最低（0.68kW・h），处理约 16kg 焊锡时为 0.85～1.12kW・h，同时得到较好的粗锡和较高的脱铅率。

（4）作业连续化后，去掉许多辅助作业时间，炉子处理量加大了，在现有变压器条件下按约 16kg/h 计算，相当于每日处理约 400kg 焊锡，比间歇性作业的处理约提高 8 倍。

存在的问题有：

（1）如图 9 所示，粗铅含锡较高。

（2）连续作业试验 7 次，几乎每一次都因排锡管堵塞而停炉，分析堵塞物的成分为铁锡合金：

化学成分	Sn/%	Fe/%	Pb/%
3 号堵塞物	50.76	10.13	
5 号堵塞物	94	3.02	2.93

前面的几次试验，排锡管未加内衬，仅系无缝钢管，由蒸发盘流出来的粗锡温度高，约高于 1000℃，流入出锡管，就与管壁相作用，溶解了管壁上的铁（1000℃时锡铁溶解 4%的铁）管壁被不断溶解而逐渐变薄，锡液溶解铁后流至温度较低的地方，对铁的溶解度减小，锡就以锡铁合金的固体析出，这种合金在管内积聚到一定程度时，阻碍了锡液流出，形成锡管堵塞。

后几次试验中，排锡管内衬瓷管，堵塞的情况有所改善，但瓷管在冷热不同的条件下易于碎裂，仍不能彻底解决问题，故下一步内衬石墨管，使高温锡液与铁管隔开，以排除出锡管腐蚀和堵塞问题，增长作业持续时间。

（3）所产粗锡虽已达到 Sn 约 97%，但尚未达到成品的程度，能否达到成品的程度，有两个途径可供选择：第一，不必在真空炉过于提高粗锡品位，而产 Sn 约 97%的粗锡送到结晶机提纯到合格精锡，附产少量焊锡。二是改进真空炉的作业，使之达到合格精锡。考虑到焊锡中有少量伴生金属银，最好用第一种方法，再产出的焊锡，富集了绝大多数的伴生金属，单独用电解法处理，以综合回收伴生金属。此时使用电解法的目的已不是处理大量焊锡而是作为综合回收伴生金属的手段。由于结晶法的加工费低，金属回收率高，这样做具有较大的优越性。

2.4 多级蒸发盘的作用

连续作业实验中观察了各级蒸发盘中金属成分的变化，其数值列于表 11 中，表中 1 级为顶层，然后往下数，依次为 2、3、…级，这些数据作成图 10，图表中可以看到如下的规律：

（1）在第一级蒸发盘，进料含铅量降低的程度与加料速率有关，加料少时，如为 8kg/h，合金含铅由 30.55%降至 22%，当加料增多到 16~24kg/h 时，第 1 级蒸发盘中合金成分几乎与原料相同。

这种现象可以解释为：进料快、大量低温合金（约 300℃）进入盘中、使盘内金属的温度降低，事实上第 1 级盘仅起到加热金属的作用，铅的挥发少。只有在加料较慢时，第 1 级的温度较高，铅挥发才能有所增加，同时，加料快，合金在盘中停留的时间缩短，也会影响到铅的挥发。

（2）合金在第 1 级盘加热后，温度升高了，到了第 2 级盘，就能使铅大量挥发，合金含铅有较大幅度的下降。

（3）合金到第 3 级盘中，含量都降到 5%以下，在 5%以下的范围内，加料快，含金铅高些，加料慢，含铅低些。

（4）第 4 级盘中合金含铅已降到 0.17%~1.56%。

表 11　连续作业实验中各级蒸发盘中金属成分

编号	功率 /kW	加料速率 /kg·h⁻¹	各级蒸发盘中金属成分/%							
			1 级		2 级		3 级		4 级	
			Sn	Pb	Sn	Pb	Sn	Pb	Sn	Pb
1	14.3	8	75	22.22	93.66	5.0	97.05	1.26	—	—
4	14	12	87.36	10.59	93.96	2.56	97.39	0.83	—	—
2	13.5	16	73.75	25.38	90.24	8.22	97.03	2.31	—	—
5	18	16	68.7	30.03	87.65	11.6	92.28	1.63	97.04	1.56
6	16.9	16	68.1	30.22	84.81	13.05	93.32	5.27	97.1	0.17
3	16.4	24	66.81	30.35	78.93	18.63	95.8	4.09	—	—

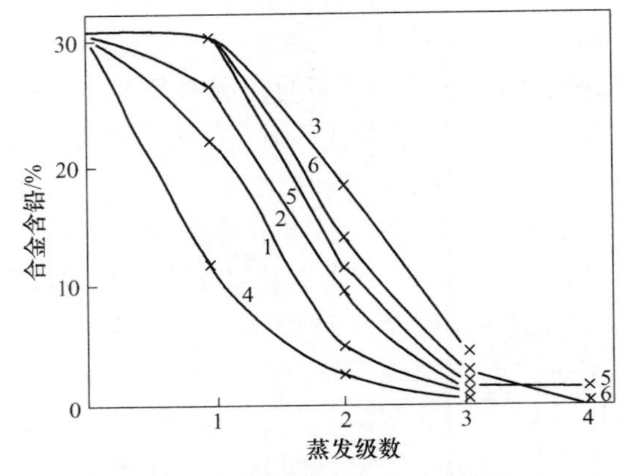

图 10　各级蒸发盘中合金含铅量

上述规律说明多级蒸发盘的优越性，当级数增多时，炉子输入功率增加不大，而合金的脱铅率提高甚多、经过四级蒸馏，合金含铅量已较少。这个规律与理论计算基本一致，证实了："蒸馏后合金含铅量与盘的级数有关，设备处理量取决于温度。"

多级蒸发盘中各级的挥发速率列于表 12。

表 12　各级盘中金属的蒸发速率　　(g/(cm^2·min))

实验编号		金属的蒸发速率					
		1	4	2	5	6	3
级数	1	0.156	0.485	0.2	0.021	0.016	0.013
	2	0.023	0.138	0.630	0.602	0.672	0.63
	3	0.039	0.268	0.002	0.215	0.225	0.564
	4	—	—	—	0.001	0.013	—

在第 2 盘中金属的挥发速率较大，普遍达到 0.6g/(cm^2·min)，到第 3、4 级。随着合金含铅减少，挥发速率也相应降低了。

3　结论

经过间歇性和连续性作业试验，证明研制的"内热式多级连续蒸馏真空炉"处理焊锡已基本成功，获得较好的指标，经济上较为合理，从而肯定了炉子结构和连续作业的合理性。

在这台扩大试验炉的基础上，可以扩大尺寸，为工业试验炉作准备，下一步工作之一是建议在炼锡厂进行试验，然后投入生产。

实验中观察多级蒸发盘的蒸馏效果，初步得到各级盘作用的规律，由此出发，今后的蒸发盘级数能适当增加，同时增大供电的功率，对设备的处理量和产品质量将有提高。

实验中看到金属蒸发与气体冷凝之间存在着重要的依赖关系，良好的冷凝条件能促进蒸发效果，这一规律应进一步研究，使真空蒸馏炉的结构继续改进。

焊锡真空蒸馏的效果展示了在炼锡厂中代替电解法的前景，有必要迅速进行生产性试验，为处理大量铅锡合金，节约大量的加工费作准备。

铅锡合金真空蒸馏法投产后，必将减轻选矿作业中锡铅分离的任务，为进一步提高锡和铅的选矿回收率创造条件。

参 考 文 献

[1] 昆明工学院重金属教研组焊锡处理试验小组，张天禄，戴永年，等．锡铅合金的真空脱铅[J]．1958.

[2] 昆明工学院有色冶金教研组，黄业全，李淑兰，陈枫，等，某冶炼厂焊锡真空脱铅试验报告[J]．昆明工学院学报，1959.

[3] Winkler O，Bakish R. Vauum Metallurgy. 1971.

[4] 昆明冶炼厂．高纯锡生产总结［J］.

[5] 昆明工学院真空冶金试验小组，个旧市冶金局试验室．焊锡蒸馏脱铅试验小结［R］. 1976 年（未发表）.

[6] 戴永年．铅-锡合金真空蒸馏分离［J］. 有色金属，1977（9）：24~30.

参加实验的工作人员

昆明工学院有色冶金教研室　　戴永年　何蔼平　周振刚　王家禄　吕育昌
云锡公司　　黄位森　谬尔盛　吴保生　陈兴元　戴逢文
方树珍　李平均　何金梅
昆明工学院有色冶金专业 74 级学员　　蒋志建　周伙明　谭元林　阮国松　罗维成
和崇礼　余成寿　戴凌翔　陆宝兴　闻礼生
陈为凡　普崇辉

1977 年 10 月

铅锡合金（焊锡）真空蒸馏*

国内外炼锡厂的粗锡精炼除铅作业，长期以来试验和试用了多种方法，都不甚满意。我国创造的结晶法和焊锡电解联合流程，生产上已使用多年证明是成功的，但也存在一些问题：流程长，金属回收率约 96%，原材料消耗较多生产费用较高（500～700 元/吨），对环境污染较大。

为了寻求更合理的工艺，我们从 20 世纪 50 年代末期即开展了真空蒸馏法的研究，初步取得了实验室的研究结果。后因故研究中断。1975 年恢复了该项研究，进行了扩大试验，并于 1977 年研制成内热式多级连续蒸馏真空炉，做间歇性和连续性试验。试验结果表明[1]，真空蒸馏法较之电解法，有流程短、金属回收率高（可达 99%）、消耗低、生产费用只有电解法的 1/2～1/3、污染程度轻、设备简单、占地面积少等优点。

1 基本原理

1.1 铅与锡的蒸发和气体扩散

纯铅和纯锡的蒸气压随温度升高而增大，其值可用下式计算（见表 1）[2]。

表 1 $p^{\ominus}_{Pb}$和 $p^{\ominus}_{Sn}$与温度的关系

温度/℃	500	600	700	800	900	1000	1100	1200	1300
$p^{\ominus}_{Pb}$	1.2×10^{-12}	1.98×10^{-10}	1.12×10^{-8}	2.94×10^{-7}	4.48×10^{-6}	1.42×10^{-5}	3.13×10^{-4}	1.70×10^{-3}	2.15×10^{-2}
$p^{\ominus}_{Sn}$	2×10^{-5}	5×10^{-4}	2.8×10^{-3}	5.88×10^{-2}	3.38×10^{-1}	1.466	5.102	14.89	40

$$\log p^{\ominus}_{Pb} = -10130T^{-1} - 0.985\log T + 11.16 \quad (1)$$

$$\log p^{\ominus}_{Sn} = -15500 - \log T + 11.50 \quad (2)$$

铅锡合金中各组元的蒸气压受浓度和活度的影响，有如下的关系：

$$p_i = \gamma_i N_i p_i^{\ominus} \quad (3)$$

或

$$p_i = \alpha_i p_i^{\ominus} \quad (4)$$

式中，p_i 为实际合金溶液中组元 i 的蒸气压；γ_i 为活度系数；N_i 为摩尔分数；$p_i^{\ominus}$ 为纯组元的蒸气压。同时，其活度 $\alpha_i=\gamma_i N_i$。

Pb-Sn 系中 a_{Pb}和 a_{Sn}（见图 1）[3]与理想溶液比较，有不大的正偏差。温度升高，偏差减小。在 1200℃左右，合金含铅 0～50%时，$\gamma_{Pb}=1.3\sim1.4$，γ_{Sn}为 1～1.05。据此，应用式（3）和表 1 的数值可以计算出各种浓度下的 p_{Pb}、p_{Sn}与温度的关系（见表 2）。

---

* 本文原载于《有色金属工程》1980 年第 2 期。

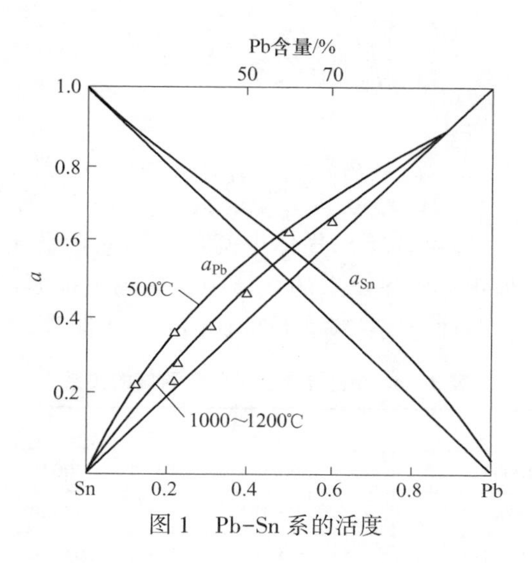

图 1　Pb-Sn 系的活度

表 2　p_{Pb}和p_{Sn}与合金成分和温度的关系

合金含铅/%	蒸气压	蒸气压/mmHg			
		1000℃	1100℃	1200℃	1300℃
50	p_{Pb}	7.4×10^{-1}	2.59	7.55	18.9
	p_{Sn}	2.82×10^{-5}	1.99×10^{-4}	1.08×10^{-3}	1.3×10^{-2}
20	p_{Pb}	2.55×10^{-1}	8.9×10^{-1}	2.6	3.07
	p_{Sn}	2.87×10^{-5}	2.74×10^{-4}	1.48×10^{-3}	2.02×10^{-2}
5	p_{Pb}	5.68×10^{-2}	2.93×10^{-1}	6.1×10^{-1}	1.53
	p_{Sn}	4.29×10^{-5}	3.04×10^{-4}	1.65×10^{-3}	2.08×10^{-2}
0.1	p_{Pb}	1.18×10^{-3}	4.14×10^{-3}	1.12×10^{-2}	3.02×10^{-2}
	p_{Sn}	4.31×10^{-5}	3.12×10^{-4}	1.7×10^{-3}	2.14×10^{-2}

可见，在真空状态铅于不太高的温度下（大大低于常压下的沸点）沸腾。蒸馏过程中铅不断地蒸发而使合金中的含铅量大大下降，而锡的含量升高仅 1 倍左右；两种金属的蒸气压也发生相应的变化，p_{Pb}/p_{Sn}的值也大为减少。

Pb-Sn 系合金的蒸气里两种金属含量之比，不仅与 p_{Pb}/p_{Sn}有关，最终决定于蒸气密度ρ_i 的比值。合金组元 i 在气体内的蒸气密度为其蒸气压 p_i、温度 T 和气体的相对分子质量 M_i 所决定：

$$\rho_i = \frac{p_i M_i}{RT} \tag{5}$$

铅锡合金蒸气中两种金属的含量比即为蒸气密度之比：

$$\frac{\rho_{Pb}}{\rho_{Sn}} = \frac{\dfrac{p_{Pb}M_{Pb}}{RT}}{\dfrac{p_{Sn}M_{Pb}}{RT}} = \frac{p_{Pb}M_{Pb}}{p_{Sn}M_{Sn}}$$

气体中铅和锡都是单原子气体，M 是其相对原子质量，则：

$$\frac{M_{Pb}}{M_{Sn}} = \frac{207.2}{118.7} = 1.745$$

可得

$$\frac{\rho_{Pb}}{\rho_{Sn}} = 1.745\frac{p_{Pb}}{p_{Sn}} \tag{6}$$

由式（3）及式（6）即可计算出气体中两种金属的含量比，部分数值列入表3。这些数值说明真空蒸馏焊锡，蒸发出来的气体中铅比锡大很多倍；但随着合金中铅含量降低和蒸馏温度增高，两种金属挥发含量的比值就大大减少。

表3 ρ_{Pb}/ρ_{Sn}与合金成分和温度的关系

合金含铅/%	ρ_{Pb}/ρ_{Sn}			
	1000℃	1100℃	1200℃	1300℃
50	4.57×10^4	2.27×10^4	1.22×10^4	7.91×10^3
40	3.03×10^4	1.51×10^4	7.95×10^3	1.6×10^3
30	1.97×10^4	9.77×10^3	5.18×10^3	1.03×10^3
20	1.15×10^4	5.65×10^3	3.67×10^3	6.04×10^3
10	5.2×10^3	2.49×10^3	1.34×10^3	2.65×10^2
5	2.42×10^3	1.68×10^3	6.15×10^2	1.28×10^2
1	4.66×10^2	2.31×10^2	1.24×10^2	24.4
0.1	47.6	23.2	12.6	2.46

这就是蒸馏分离铅和锡的依据。

由式（7）计算铅在蒸气中的量是很小的：

$$\rho_{Pb} = \frac{207.2}{0.082}\times\frac{p_{Pb}}{T} = 252.7\times\frac{p_{Pb}}{T}(\text{g/L 或 mg/mL}) \tag{7}$$

如在700℃，合金含铅由50%降到1%，气体中$\rho_{Pb}=5.56\times10^{-6}$g/L降为$8.79\times10^{-8}$g/L。只有$\rho_{Pb}=5.56\times10^{-4}$g/L的$\rho_{Sn}$更是微小得多，所以锡的挥发是很少的。

Pb-Sn合金中铅的理论蒸发速率ω可用下式计算[4]：

$$\omega = 0.0583p\sqrt{\frac{M}{T}}(\text{g/(cm}^2\cdot\text{s)}) = 3.5p\sqrt{\frac{M}{T}}(\text{g/(cm}^2\cdot\text{min)}) \tag{8}$$

由于气相中的分子碰撞蒸发出来的分子，使之重返液相而需要在式（8）中加一个系数α：

$$\omega = 0.0583\alpha p\sqrt{\frac{M}{T}} \tag{9}$$

α与液相面上蒸气压梯度、系统中的残压、蒸发器与冷凝器的尺寸有关，许多情况下α在0.1~1之间，先取$\alpha=1$可以计算得表4。表4中数值说明，合金含铅量下降使ω随之减小，二者下降的数量级相同。温度升高则使ω增大，由700℃增到1300℃。ω增加10^4倍。因此，蒸馏过程控制较高的温度有重要作用，可使蒸发器的生产能力大大提高。

表 4　ω_{Pb}与合金成分及温度的关系

合金含铅/%	$\omega_{Pb}/g\cdot(cm^2\cdot min)^{-1}$						
	700℃	800℃	900℃	1000℃	1100℃	1200℃	1300℃
50	2.61×10^{-3}	4.93×10^{-2}	2.69×10^{-1}	1.03	3.52	9.89	23.8
30	1.41×10^{-3}	2.66×10^{-2}	1.45×10^{-1}	5.6×10^{-1}	1.91	5.33	12.8
10	4.25×10^{-4}	8.01×10^{-3}	4.36×10^{-2}	1.68×10^{-1}	5.72×10^{-1}	1.61	3.87
1	4.12×10^{-5}	7.78×10^{-4}	4.23×10^{-3}	1.64×10^{-2}	5.55×10^{-2}	1.56×10^{-1}	3.74×10^{-1}
0.1	4.19×10^{-6}	7.88×10^{-5}	4.29×10^{-4}	1.65×10^{-3}	5.64×10^{-3}	1.58×10^{-2}	3.81×10^{-2}

铅蒸气的扩散，影响着铅的蒸发过程，由气体分子的扩散方程[5]可以认识各个因素对气体分子扩散的影响。

$$\Delta m = -\frac{1}{3}\bar{v}\bar{\lambda}\left(\frac{\Delta\rho}{\Delta x}\right)\Delta s\Delta t \tag{10}$$

式（10）表示气体分子在 Δt 时间内穿过小面积 Δs 的量 Δm，与气体分子的平均速度 $\bar{v}$ 和平均自由程 $\bar{\lambda}$ 以及气体的密度梯度 $\Delta\rho/\Delta x$ 有关。若考虑在单位时间内通过单位面积的扩散量，式（10）成为：

$$\Delta m = -\frac{1}{3}\bar{v}\bar{\lambda}\left(\frac{\Delta\rho}{\Delta x}\right) \tag{11}$$

一般用扩散系数 D 代替式中的$\frac{1}{3}\bar{v}\bar{\lambda}$。

真空炉中的残压 p 对气体分子的平均自由程有影响：

$$\bar{\lambda}p = K \tag{12}$$

残压越小，气体分子的平均自由程越大。两者的积为常数 K，因此应当保持炉内有尽可能低的残压。

分子平均速度与温度有关，但若蒸发温度和冷凝器表面温度都固定，$\bar{v}$ 基本上是定值。同时，在这两个面附近的蒸气密度也固定了，因为在平衡条件下，一定温度下铅蒸气的蒸气压力是定值（见式（7）），$\Delta\rho$ 也就不变了。

Δx 是蒸发面与冷凝面间的距离，此距离加大则 $\Delta\rho/\Delta x$ 减小。可见在真空炉内这两个面之间的距离以小为宜。

综上所述，真空炉的结构和作业条件要求是：蒸发面温度宜高，冷凝面的温度宜低，但应保持铅熔点（327℃）以上，两个面的距离以近为好，炉内残压低一些有利。

1.2　一级蒸发和多级蒸发

若用一个盘状或坩埚状蒸发器，合金由一边流入，经过蒸发后由另一边流出，蒸发出 ω 的铅（见图 2）。则由进出料量和铅量平衡得到两个式子：

$$\begin{cases} y = \omega + x & (\text{I}) \\ ay = \omega + cx & (\text{II}) \end{cases}$$

两式消去 ω，求 x 得

$$x = y\frac{1 - a}{1 - c} \tag{III}$$

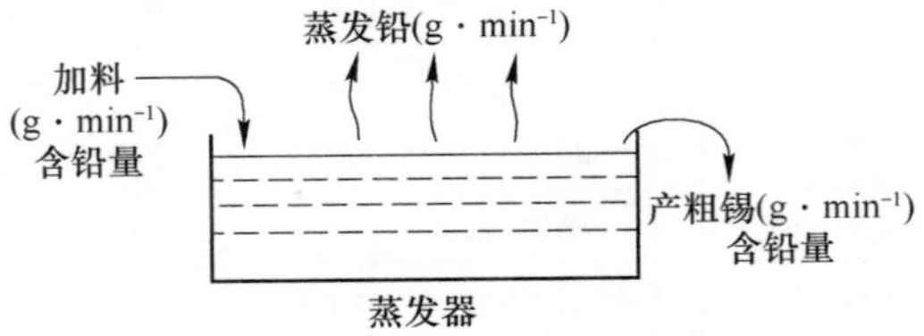

图2　一级蒸发

这三个式子中任选两个，在已知进料量 y 和其成分 a 之后还有三个待定的量 ω、c 和 x，对一定面积的蒸发盘在某一温度下工作本来可以用式（7）、式（1）、式（3）和图1来计算 ω，如：

$$\omega = 0.0583\alpha\gamma N p_{\mathrm{Pb}}^{\ominus}\sqrt{\frac{M}{T}} \tag{13}$$

对式（13）取对数，得

$$\log\omega = \log 0.0583\alpha N + \log\gamma + \log p_{\mathrm{Pb}}^{\ominus} + \frac{1}{2}\log\frac{M}{T}$$

将式（1）代入，化简得

$$\log\omega = \log 0.0583\alpha N + \log\gamma + 10130T^{-1} - 1.485\log T + 12.318 \tag{14}$$

式（13）中，N 可化为百分数浓度以小数表示即为 c 的数，γ 由图1而得，在一定温度下即可求 ω，但式（14）用起来很不方便，需做多次繁杂的计算。现用另一个方法来确定 ω 值。

取蒸发器的蒸发面为92cm²，原料是含铅30.6%的合金，蒸馏温度1000℃。应用表3可以计算出表5中上面三行，解式（Ⅰ）和式（Ⅱ）又得到表内下面的两行。

表5　蒸发器的加料量、产品、产量和成分间的关系

产粗锡含铅/%	30	20	10	5	1	0.1
ω/g·(cm²·min)⁻¹	0.56	0.357	0.168	0.0837	0.0164	0.00165
ω/g·(92cm²·min)⁻¹	51.6	32.8	15.4	7.7	1.51	0.15
加料量 y/g·min⁻¹		248	67.3	28.6	5.05	0.491
产粗锡量 x/g·min⁻¹		215	51.9	20.9	3.54	0.341

从表5中 c、ω、x、y 的关系可以看到，在一级蒸馏时，若产品纯度要求低（如含Pb 20%），则加料量可以多（248g/min），当要求产品纯度高（如含Pb 1%），则加料量很少（仅5.05g/min），两种情况的加料量相差很大。高质量的产品与高产量相矛盾，不可能同时兼有。这就是一级蒸馏的基本特点。

若对同样的原料作四级蒸馏，情况将完全不同。当加料速率为16kg/h，即267g/min，代入式（Ⅲ）可得第一级蒸馏的关系：

$$x_1 = \frac{1-a_1}{1-c_1}\times y_1 = \frac{1-0.306}{1-c_1}\times 267$$

即

$$x_1 = \frac{185}{1 - c_1} \tag{Ⅳ}$$

取 c_1 变动在 0.1~0.25，可计算得：

c_1	0.25	(0.206)	0.2	0.15	0.10
x_1	247	(233)	231	215	205
ω_1	20	(34)	36	52	262

将表 5 中 c-ω 和 c_1-ω_1 做成图 3，c-ω 的关系为 AB 线，c_1-ω_1 则是线Ⅰ，两线相交于 c_1' 点，c_1' 点的横坐标读出 $c_1'=0.206$，代入式（Ⅳ）得 $x_1=233$ 这三个数值即上列的括号中的数值，从而得到第一级蒸馏的效果。

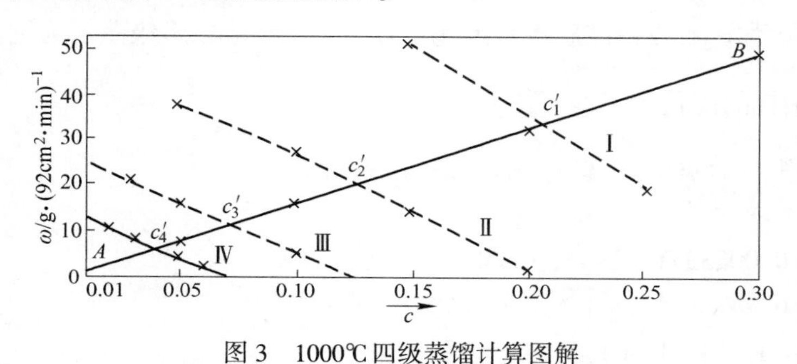

图 3　1000℃四级蒸馏计算图解

接着进行第二级蒸馏，将第一级产的粗锡全部加入第二级蒸发盘中，由式（Ⅲ）得

$$x_2 = \frac{1 - 0.206}{1 - c_2} \times 233 = \frac{185}{1 - c_2}$$

取 c_2 为若干个数值，求出相应的 x_2 和 ω_2：

c_2	0.20	0.15	(0.128)	0.1	0.05
x_2	231	218	(212)	205	195
ω_2	2	15	(21)	28	38

将 c_2-ω_2 绘于图 3 中得线Ⅱ，线Ⅱ与线 AB 交于 c_2'，乃得括号中的 3 个数值，即第二级产出物。

同样方法将第二级的产物（粗锡）作第三级蒸发盘的进料。再将第三级产出的粗锡作第四级蒸发盘的进料。计算得的数值也绘于图 3 中，得到线Ⅲ、Ⅳ与线 AB 的交点位于 c_3'和 c_4'，全部数值列于表 6。

表 6　四级蒸馏时各级的产品数量和成分

级数	产粗锡		产粗铅/g·min^{-1}
	量/g·min^{-1}	含铅/%	
原料	267	30.6	—
1	233	20.6	34
2	212	12.8	21

续表 6

级数	产粗锡		产粗铅/g·min^{-1}
	量/g·min^{-1}	含铅/%	
3	199.5	7.3	12.5
4	193	4.1	6.5

再以同样的方法计算 1100℃时其他条件完全不变的蒸馏效果（两个温度下蒸馏计算所得曲线见 3.2 节）。

上述计算结果表明，多级蒸馏能在同样的加料量时得到较优质的产品，基本上解决了优质和高产的矛盾。增加级数可以提高产品质量，提高蒸馏温度可进一步提高蒸馏的效果，可增加产量或提高质量。因此，真空炉研制应以多级蒸馏为主。

1.3 铅蒸发消耗的能量

这里应用下列数据估算真空蒸馏焊锡的能量消耗：

Pb：

$c_p=5.63+0.00233T$(cal/(℃·mol)) 熔点～298K

$c_p=7.75-0.74\times10^{-3}T$(cal/(℃·mol)) 熔点～1200K

熔化潜热=1.15kcal/mol

沸点时蒸发潜热=42.5kcal/mol

Sn：

$c_p=4.42+6.3\times10^{-3}T$(cal/(℃·mol)) 熔点～298K

$c_p=7.3$(cal/(℃·mol)) 熔点～1300K

熔化潜热=1.69kcal/mol

沸点时蒸发潜热=64.7kcal/mol

若蒸馏作用在 1200℃进行，设铅与锡的混合热为零，计算铅由常温升至 1200℃蒸发，吸收的热量为：

过　程		298K 升至 600K	熔化	600K 升至 1473K	蒸发	总计
吸热	cal/mol	1970	1150	6000	42500	51628
	cal/g	9.5	5.5	29	205	249①
百分数/%		3.8	2.3	11.6	82.3	100

①表示 249cal/g 折合电能 0.29kW·h/kg。

锡基本上不蒸发，由常温升到 1200℃，吸收的热量为：

过　程		298K 升至 505K	熔化	505K 升至 1473K	总计
吸热	cal/mol	1440	1690	7060	9690
	cal/g	12.1	14.2	596	86①

①表示 86cal/g 折合电能 0.1kW·h/kg。

若处理的焊锡含 Sn 65%、Pb 35%，则 1t 焊锡耗热：

铅耗热：

$$350\times249=8.21\times10^{4}\text{kcal}，折合电能 95.6\text{kW}\cdot\text{h}$$

锡耗热：

$$650\times86=5.59\times10^{4}\text{kcal}，折合电能 65.1\text{kW}\cdot\text{h}$$

计算结果表明，处理 1t 焊锡必需的电能不多，仅约 161kW · h；若考虑了热损失、线路损失、电能转变为热能的效率等，耗电也是在 1000℃以下。因此真空蒸馏的经济效果是好的。

2 试验概况

2.1 实验设备

试验采用的“内热式多级连续蒸馏真空炉”的结构如图 4 所示。

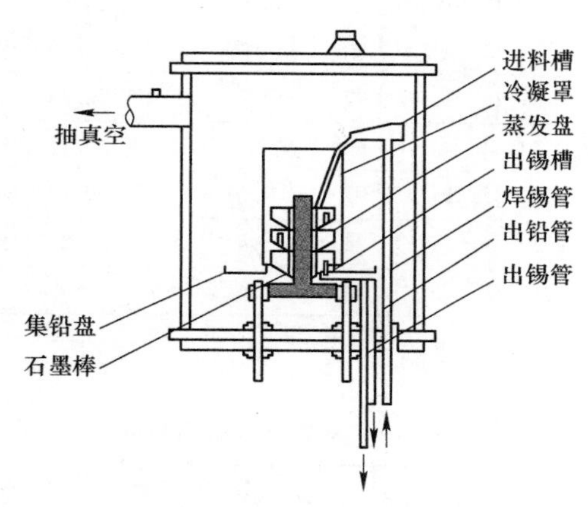

图 4 内热式多级连续蒸馏真空炉

进料和出料都通过压力管，借炉内真空将液态炉料吸到蒸发盘中，产出的液态粗锡和粗铅超过压力柱高度后即能排出。每根管子的高度按当地的大气压和管内金属的密度决定。蒸发盘为圆环形，上有溢流口以备盛满金属后溢流到下一级盘中。3～4 个蒸发盘堆成塔形，盘口至上一盘底留宽缝让铅蒸气逸出。盘中央放置的石墨棒系电阻发热体，石墨棒底部与导电盘相连，再与导电棒接通。蒸发盘外放圆筒形冷凝器，铅蒸气在其内壁凝结为液态粗铅，沿器壁流下到集铅盘中，再流到排铅压力管。炉外壳体为圆筒形，整个炉体都为夹壁水套，通水循环冷却。

抽真空用两台 2X-4 型旋片式机械泵交替运转。麦氏真空规或热偶真空规测残压，供电用 25kW 单相变压器，电流 2500A、电压 16.7V。用光学高温计测温。

连续作业的操作是：先将锅中所装金属熔化，管子用电热丝加热至 400℃左右，抽出一部分炉内气体，升温至蒸发盘达到赤热，继续开泵抽气。当残压达到 10^{-1}mmHg 左右时即可开始加料，按一定加料速度加铅锡合金到锅中，即被吸入炉内，流到蒸发盘里。合金由一级蒸发盘流到二级……由最后一级盘流出后，即是产品粗锡，连续流出炉外。铅蒸气凝结成液态铅，连续由铅管流出炉外，成为产品粗铅。

2.2 试验结果

第一步进行间歇作业试验，以检验设备结构的合理性。每次作业用一个深的蒸发盘（其高度为连续作业蒸发盘的两倍，没有溢流口），一次装料 2~4kg，蒸馏 30min，炉内残压 0.15~0.95mmHg，金属表面温度 1100~1150℃。得到指标：脱铅率约 95%，产粗锡含 Sn 91%~96%，粗铅含 Pb 约 99%。

第二步进行连续试验，试验改变加料速率，每小时加焊锡分别为：8kg、12kg、16kg、20kg、24kg。结果列入表 7。各级蒸发盘中金属成分列于表 8。

表 7 连续试验结果

编号	电炉功率 /kW	作业时间 /h	加料		产粗锡			产粗铅			平均脱铅率 /%	炉内耗电 /kW·h·kg⁻¹
			速率 /kg·h⁻¹	总量 /kg	质量 /kg	平均成分/%		质量 /kg	平均成分/%			
						Sn	Pb		Sn	Pb		
1	1.43	3	8	21.9	14.04	96.24	2.63	7.3	2.8	64.76	93.5	1.76
4	14	7	12	70.63	57.57	86.9	16.32	27.13	6.26	91.5	82	1.17
2	13.5	2.1	16	31.24	14.31	92.73	6	2.97	2.35	95.08	85	0.85
5	18	3	16	42.22	20.38	96.92	2.6	16.63	5.13	93.4	95	1.12
6	16.9	2	16	21.85	15.37	97.45	1.61	6.47	9.72	90.16	96.4	1.05
7①	15.8	12	16~20	203.1	135.9	95.45	3.41	55.9	4.23	94.1	91.8	0.79
3	16.4	0.6	24	16.73	7.8	93.44	5.61	4.75	20.49	76.5	87	0.68

注：真空度为 0.3mmHg，原料成分为 Pb 30.6%，Sn 63.6%。
①最后 3 小时加料 20kg/h。

表 8 各级蒸发盘中金属成分

编号	炉子功率 /kW	加料速率 /kg·h⁻¹	各级蒸发盘中金属的成分/%							
			1 级		2 级		3 级		4 级	
			Sn	Pb	Sn	Pb	Sn	Pb	Sn	Pb
1	14.3	8	75	22.22	93.66	5	97.05	1.26	—	—
4	14	12	87.36	10.59	93.96	2.56	97.39	0.83	—	—
2	13.5	16	73.75	25.38	90.24	8.22	97.03	2.31	—	—
5	18	16	68.7	30.03	87.65	11.6	96.28	1.63	97.04	1.56
6	16.9	16	68.1	30.22	84.81	13.05	93.32	5.27	97.1	0.17
3	16.4	24	66.81	30.35	78.93	18.63	95.8	4.09	—	—

3 试验结果分析

3.1 多级连续蒸馏的效果

当向炉内输入 13~17kW 功率，炉内残压 0.3~0.6mmHg，加料速率 8~24kg/h，原料含铅 30.6%、锡 63.6%，根据 7 次试验得到如下指标：

（1）脱铅率 82%~96.4%，多数为 92%~96.4%。

（2）产品为粗锡和粗铅，成分为：

1）粗锡：Sn 86.9%~97.45%，Pb 1.6%~16.3%，多数是 Sn 92.7%~97.45%，Pb 1%~6%；

2）粗铅：Sn 2.8%~20.5%，Pb 64%~95%，多数是 Sn 2%~6%，Pb 90%~95%。

（3）设备处理量：蒸发盘 3~4 级，每级蒸发面积为 $92cm^2$，达到 16kg/h 左右，相当于每日约 400kg。

（4）电能消耗：真空炉内平均每千克焊锡耗电约 1.04kW · h，加上炉外真空泵、电热锅和保温炉耗电，总耗电约为 2kW · h/kg。

（5）金属回收率：按金属的实际分布，除产出粗锡和粗铅外，入炉金属没有其他经常性的流失，估计可能达到 99%左右。

（6）加工成本：作业中主要消耗为电能，不用其他燃料和药剂，每吨焊锡按 2000kW · h 电计约为 160 元，再加其他费用，初步估计约 200 元处理 1t 焊锡。

仅有微量炉气排出，且已经过真空泵油的洗涤，排出后对环境很少污染。没有废水，仅有冷却用的循环水。没有废渣，仅有少量精炼锅渣。

根据这些指标可以认为，所研制的"内热式多级连续蒸馏真空炉"已得到较好效果，炉型较完善，可作为半工业试验设计依据。

在此基础上，在云南锡业公司将炉子放大到日处理 2t 焊规模，于 1978 年 3 月建成投试，至 6 月份取得的指标与上述结果基本一致，并有些提高，连续作业时间达到 49.6h，进料 2981.1kg，铅挥发率 95.7%，粗锡含锡 94%~97%，粗铅含铅 95%~98%，炉内耗电 0.75kW · h/kg。

3.2 真空蒸馏的一些规律

（1）多级蒸馏。多级蒸馏合金成分变化的试验值（见表 8）和计算值绘于图 5。线 7、线 8 为计算值，线 1~6 为试验值。其中线 4 和线 8 很一致，表明在 1100℃附近的试验值与计算值相符合，反映理论计算是正确的。线 7 的计算温度低于试验温度，故线的斜率与试验的差距稍大。

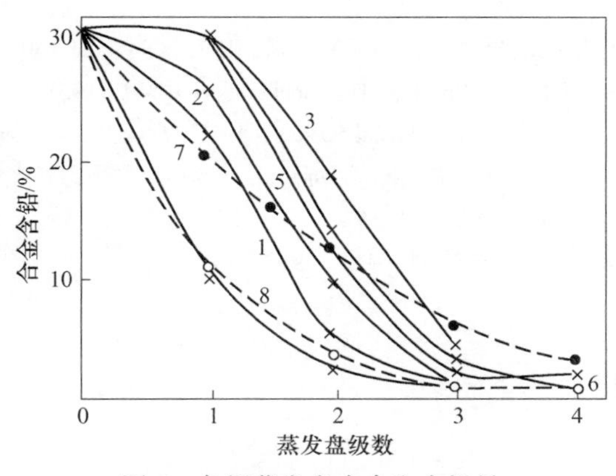

图 5　各级蒸发盘中合金含铅量

线 1、线 2、线 5、线 6、线 3 的第一级的线段斜率较小，反映其温度稍低而蒸馏效果较差，温度低为由三级加到四级后第一级位置升高，距石墨高温段较远；或因加料速度增大，入炉料温度仅400℃左右，到第一级盘大量吸热以提高温度，致使第一级温度未达到1000℃以上。料进入第二级后温度才升到1100℃左右，曲线斜率才和线4、线8的第一段相近。

（2）冷凝器的结构。理论分析和试验结果表明：冷凝面与蒸发面的距离应尽可能小。

在间歇性试验中曾考虑让铅蒸气在炉壳内壁凝结。由于炉壁距蒸发面太远（约大于冷凝器内壁距离的15倍），铅蒸气不能快速达到冷凝面而阻碍凝铅的蒸发，大大降低脱铅率。加上冷凝罩以后，铅的蒸发量迅速增大10多倍。这个规律应当成为冷凝器设计的重要依据。由此规律可以看出，有些蒸馏炉将蒸发器的冷凝器隔成两个空间，仅由一条狭小通道相连，这样的结构是不够理想的，它会妨碍金属气体的扩散和凝结，降低蒸发效率。

当真空蒸馏设备放大到日处理2t焊锡时，试验得到的电耗指标比小型试验降低了25%。预计在大型设备中，连续作业时间延长后，电耗可能还会降低。

（3）蒸馏温度。试验结果表明，在同一电阻发热体上，输入的电能越多，则温度越高；从而蒸发温度升高，蒸馏效果提高。

3.3 存在的问题和改进方向

排锡管的腐蚀是当前急需解决的问题，最末一级蒸发盘排出的粗锡温度在1000℃以上，很容易腐蚀铁管。真空炉要求密封不漏气，排锡管不能完全用耐火材料制造，仍然要用铁管，但铁管寿命很短，致使连续作业时间减短。

石墨棒的结构、材质和作业制度。目前使用的石墨棒为普通石墨电极车制而成，大量杂质在作业过程中挥发，变得疏松多孔，高温部分易于变形折断，使用寿命较短。宜改用光谱纯石墨或高纯石墨棒较好。

提高粗锡质量可以由增加蒸发盘的级数来达到，这个问题也需要进一步研究。

参考文献

［1］戴永年，铅-锡合金真空蒸馏分离［J］. 有色金属，1977（9）：24~30.

［2］Kubaschewski O，Evans E L. Metallurgical Thermochemistry［M］. 1958.

［3］Elliott J F，Chipman J. J. of American Chemical Society，1951，73：2082. Schaefer R A，Hovoka F. Trans. of Electrochemical Soc. 1946，87：479，矢沢彬、小池一男．日本鉱業会志．1968，11，84（967）：25~28.

［4］Blocher J M. Vacuum Metallurgy［M］. 1955.

［5］Фриш С Э，Тиморева Д В. 普通物理［M］. 1953.

粗锡真空蒸馏时少量杂质的挥发*

1　锡基合金真空蒸馏能除去哪些杂质

一般锡基合金（也包括粗锡）常含有杂质：Fe、Cu、Sb、As、Pb、Bi、In、Ag、…。在真空蒸馏时可以除去其中的一些，有的则很少或根本不能除去，说明这个问题往往引出各种元素纯样时的饱和蒸气压 $p_i^{\ominus}$ 和 $p_{Sn}^{\ominus}$ 作比较，有时用蒸气密度比 ρ_i/ρ_{Sn} 来判断，这两种方法都不够全面，应当从气相的凝聚相相互间的组成来决定。

元素 i 纯粹时的蒸气压 $p_i^{\ominus}$ 和温度有如下关系：

$$\log p_i^{\ominus} = -\frac{B}{T} - C\log T + A$$

用以计算绝对温度 TK 时的 $p_i^{\ominus}$ 式中 A、B 和 C 为系数，表 1 列出锡和常见杂质的有关数据。

表 1　锡和杂质元素的熔点、沸点、蒸气压（$p_i^{\ominus}$）与温度的关系

元素	熔点/℃	沸点/℃	$\log p^{\ominus}$/Torr	温度范围/K
Ag	960.8	2147	$-14400/T-0.85\log T+12.7$	熔点～沸点
Au	1063	2950	$-19280/T-0.01\log T+12.35$	—
Cu	1083	2570	$-17520/T-1.21\log T+13.21$	—
Fe	1536	3070	$-19710/T-1.27\log T+13.27$	—
Sn	232	2623	$-15500/T+8.32$	505～沸点
In	157	2062	$-12580/T-0.45\log T+9.79$	熔点～沸点
Pb	327	1740	$-10130/T-0.985\log T+11.16$	熔点～沸点
Sb_x	630.5	1675	$-6500/T+6.37$	—
Bi_x	371.3	1680	$-10400/T-1.26\log T+12.35$	—
Bi_2		1790	$-10730/T-3.02\log T+18.1$	—
As_4	（升华）	622	$-6160/T+9.82$	600～900

注：$p_{\sum Bi}^{\ominus}=p_{Bi}^{\ominus}+p_{Bi_2}^{\ominus}$。

粗锡熔体显然不是一种理想溶液，杂质 i 蒸发是由此溶液中除去：

$$[i]_{溶} = i_{气}$$

i 在溶液中的活度系数 γ_i 不等于 1，故其实际蒸气压 p_i 与 $p_i^{\ominus}$ 有别，而有下面的关系：

$$p_i = \gamma_i N F_i^{\ominus} \tag{1}$$

* 本文原载于《昆明工学院学报》1982 年第 1 期。

式中，N 为 i 在溶液中的浓度，用摩尔分数表示。

由于各种元素在气相中的相对分子质量 M_i 不同，两种元素的蒸气压相等时，蒸气质量又不一样，而需考虑其蒸气密度 ρ_i，p_i 与 ρ_i 的关系是：

$$\rho_i = \frac{p_i M_i}{RT} \tag{2}$$

式中，R 为气体常数。

判断杂质与锡能否真空蒸馏分离，根本的条件是杂质在气相和液相中的含量不同。否则气体和液体的成分一样，自然失去蒸馏的意义。

比较某种杂质 i 和锡的蒸气密度，考虑到式（1）、式（2）得

$$\frac{\rho_i}{\rho_{Sn}} = \frac{p_i M_i}{p_{Sn} M_{Sn}} = \frac{\gamma_i N_i p_i^{\ominus} M_i}{\gamma_{Sn} N_{Sn} p_i^{\ominus} M_{Sn}} \tag{3}$$

若合金中含 i 和 Sn 各为 a、b（以质量计），用以代替 N_i 和 N_{Sn}，则有：

$$N_i = \frac{\dfrac{a}{M_i}}{\dfrac{a}{M_i} + \dfrac{b}{M_{Sn}}} = \frac{aM_{Sn}}{aM_{Sn} + bM_i}$$

$$N_{Sn} = \frac{bM_i}{aM_{Sn} + bM_i}$$

可得

$$\frac{N_i}{N_{Sn}} = \frac{aM_{Sn}}{bM_i} \tag{4}$$

式（4）代入式（3）化简后得

$$\frac{\rho_i}{\rho_{Sn}} = \frac{a}{b} \cdot \frac{\gamma_i}{\gamma_{Sn}} \cdot \frac{p_i^{\ominus}}{p_{Sn}^{\ominus}} \tag{5}$$

令

$$\beta_i = \frac{\gamma_i}{\gamma_{Sn}} \cdot \frac{p_i^{\ominus}}{p_{Sn}^{\ominus}} \tag{6}$$

则式（5）成为：

$$\frac{\rho_i}{\rho_{Sn}} = \beta_i \frac{a}{b} \tag{7}$$

式中，左边是气相中 i 和 Sn 含量之比，右边是液相中的含量比再乘以 β_i，所以式（7）将两相成分联系起来了。

显然，β 可以有三种情况，并使式（7）有相应的状况如下：

（1）当 $\beta=1$ 时，$\rho_i/\rho_{Sn}=a/b$，表明气相和液相的组成相，合金不能蒸馏分离；

（2）当 $\beta>1$ 时，$\rho_i/\rho_{Sn}>a/b$，杂质 i 在气相中含量大于液相，蒸馏可以分开 i 和 Sn；

（3）还有 $\beta<1$ 时，$\rho_i/\rho_{Sn}<a/b$，杂质 i 在液相多于气相，蒸馏区 Sn 更多集中在气相，杂质多数留在残液中，蒸馏也可以分开 i 和 Sn。

可见 β 值的大小，决定着 i-Sn 合金能否蒸馏分离，故称 β 为分离系数。粗锡蒸馏

时，目前以除去杂质到气相中为止，锡的沸点很高而一般不使锡大量进入气相，故对 i-Sn 含量而言的 β_i 应

$$\beta_i > 1$$

即

$$\frac{\rho_i}{\rho_{Sn}} > \frac{a}{b} \tag{8}$$

这是锡中杂质 i 可以除去的条件。

锡含杂质少时，在粗锡里不超过百分之几，而锡占 90% 以上，对这样的稀溶液，锡的活度系数 γ_{Sn} 接近于 1，杂质 i 往往是个常数，用 $\gamma_i^{\ominus}$ 表示。则式（6）可成为：

$$\beta_i = \gamma_i^{\ominus} \cdot \frac{p_i^{\ominus}}{p_{Sn}^{\ominus}} \tag{9}$$

$p_i^{\ominus}$，$p_{Sn}^{\ominus}$ 可由表 1 计算出各个温度时的具体数据，而 Sn-i 系中 $\gamma_i^{\ominus}$ 的数值研究甚少，文献［10］列出某一温度的数值，如图 1 所示，$\gamma_i^{\ominus}$ 与温度的关系没有研究，这里应用到真空蒸馏的温度，只能假定它在此温度范围内基本不变，从而得到表 2。

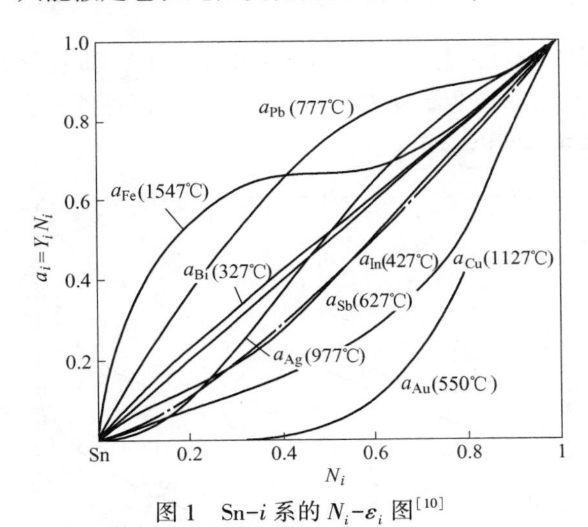

图 1　Sn-i 系的 N_i-ε_i 图[10]

表 2　1000℃时 Sn-i 系稀溶液的 β_i 值

i	Cu	Fe	Ag	In	Sb	As	Bi	Pb	Au
$p_i^{\ominus}/p_{Sn}^{\ominus}$	9.3×10^{-2}	2.23×10^{-2}	6.2×10	2.3×10^{2}	1.42×10^{5}	1.29×10^{9}	1.4×10^{4}	3.3×10^{4}	4.85×10^{-2}
$\gamma_i^{\ominus}$	0.317	6.65	0.187	1.241	0.411		1.356	2.195	0.0052
β_i	2.948×10^{-2}	1.48×10^{-1}	1.16×10	3.85×10^{2}	3.84×10^{4}		1.898×10^{4}	7.23×10^{4}	2.522×10^{-4}

至此，即可由 β_i 值的大小判断每种杂质在真空蒸馏时是否可以蒸发除去。

（1）$\beta_i>1$ 的元素按大小的顺序为：（As），Pb，（Sb），Bi，In，Ag。这几种杂质可以在真空蒸馏时由锡中蒸发掉。

（2）$\beta_i<1$ 的元素有：Au，Cu，Fe。这几种元素比锡更难气化，而留在锡中。

就是这样断定各种杂质蒸馏出去的可能性，这些判断的结论与实践基本一致，真空蒸馏锡基合金时确能挥发出 $\beta_i>1$ 的那些元素。

应当指出，表 2 中的 $\gamma^{\ominus}$ 除了上述它和温度的关系缺乏数据之外，还缺少各种杂质

共同存在时的相互作用系数，再加上 $\gamma^{\ominus}$ 的研究不多，已有的数据准确度尚无法比较，凡此种种都会对 β_i 的数值有一定影响，在一定程度上改变上列各元素的排列顺序，例如 As 和 Sb 的位置就不完全适宜。

2 馏出锡与合金成分的关系

β 大于或小于 1 的意义在上面已经明确，另外，它的大小还说明两成分差别的程度。

Sn−i 系的气相中 i 含量与蒸气密度的关系为

$$\frac{p_i}{\rho_i + \rho_{Sn}} \times 100 = (i\%)_{气}$$

分数式的分子和分母 ρ_i 除之，得

$$\frac{1}{1 + \dfrac{\rho_{Sn}}{\rho_i}} \times 100 = (i\%)_{气} \tag{10}$$

已知液态合金含 i 和 Sn 各为 a 和 b，则由式（9）和式（10）求出气相中的 $(i\%)_{气}$ 和（Sn%）$_{气}$，若取作业温度为 1000℃，得图 2，各种杂质与 Sn 组成的稀溶液蒸馏气相和液相的组成之间的关系。

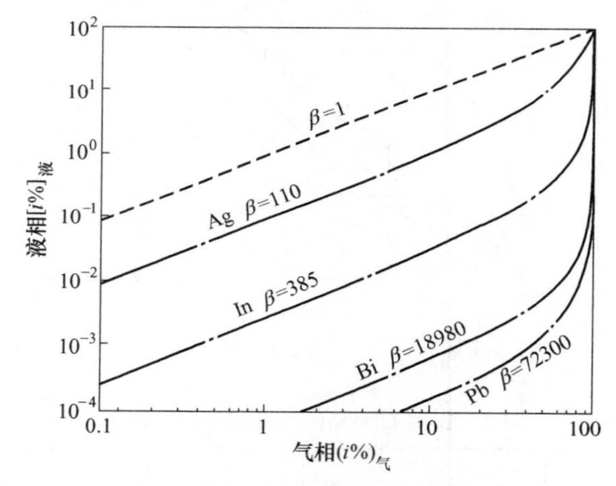

图 2 1000℃时 Sn−i 系稀溶液和气相的 i 含量

（i=Ag、In、Bi、Sb、Pb 等）

图 2 中最上面一条线是 $\beta=1$ 的情况，此时 $[i\%]_{液}=(i\%)_{气}$，以下是 β_i 逐渐增大，曲线位置向左下方移动，最低的一条线是 Sn−Pb 系的，$\beta_{Pb}=7.23\times10^4$ 是一个很大的值：

$$\frac{\rho_{Pb}}{\rho_{Sn}} = 7.23 \times 10^4 \frac{a}{b}$$

两相的 Pb/Sn 相差 72300 倍，图 2 中可以看到液相含 Pb 低到 0.1%，仍可得到气相含铅略小于 100%。

因此 β 越大，分离 Sn、i 越容易，液相达到很高纯度时，馏出物（气相的冷凝物）

含 i 仍很高。

显然，蒸馏温度一定要影响效果的，当然会改变两相的成分，以 Sn-Pb 系稀溶液为例。用上述各式得到 900℃、1000℃和 1200℃时液相和气相成分的变化，图中各条曲线的相对位置表明升高温度曲线上移，即气相中 β_{Pb} 值减小，含铅量（Pb%）$_{气}$ 有所下降，（Sn%）$_{气}$ 有点上升。

用同样方法可以处理其他杂质，得到类似于图 3 中温度的影响，这里不再一一列举。

可见，β_i 的作用是很重要的。

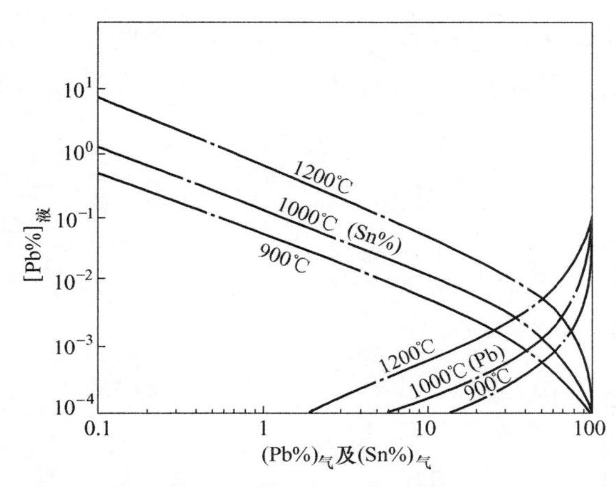

图 3　900℃、1000℃、1200℃时液相和气相成分的关系

3　锡基合金中各元素挥发量的关系

M. Olette[12,13] 应用 Langmuir 的蒸发速率的方程式，导出一个主体金属和杂质共同挥发量的关系式，主体金属 A 挥发了 x'(质量分数)，杂质金属 i 挥发了 y'：

$$y' = 100 - 100\left(1 - \frac{x'}{100}\right)\alpha_i \tag{11}$$

$$\alpha_i = \frac{\gamma_i}{\gamma_A} \cdot \frac{p_i^{\ominus}}{p_A^{\ominus}} \cdot \sqrt{\frac{M_A}{M_i}} \tag{12}$$

式（11）在推导过程中，积分时假定 α 为常数，因此式（11）只能应用于 α 为常数的情况。

精炼锡时，主体金属锡若占 90%以上，杂质 i 在含量中只有少量，仅百分之几则

$$\gamma_{Sn} \approx 1$$

$$\gamma_i^{\ominus} = 常数$$

式（12）成为

$$\alpha_i = \gamma_i^{\ominus} \cdot \frac{p_i^{\ominus}}{p_A^{\ominus}} \cdot \sqrt{\frac{M_A}{M_i}} = 常数 \tag{13}$$

显然，α_i 式中前两项就等于 β_i。若 A 为 Sn，上述成为：

$$\alpha_i = \beta_i \cdot \sqrt{\frac{M_{Sn}}{M_i}} \tag{14}$$

式（14）表明 α_i 与 β 只相差一个两元素相对分子质量比的平方根，这个平方根当然是一个常数，所以 α_i 和 β 具有相同的作用，表 3 列出各杂质的 α_i 值。

表 3　锡中各种杂质的 α_i 值（1000℃时）

i	Au	Cu	Fe	Ag	In	Bi	Sb	Pb	As
$\sqrt{M_{Sn}/M_i}$	0.78	1.37	1.46	1.05	1.02	0.72	0.57	0.76	0.72
α_i	1.96×10^{-4}	4.0×10^{-2}	0.216	1.22×10^{1}	3.93×10^{2}	1.366×10^{4}	3.23×10^{4}	5.49×10^{4}	

有了 α_i 的值，即可计算出杂质挥发的量 y' 和 Sn 的挥发量 x'。

应用式（11），若锡基合金中有几种杂质，则可分别得到一种杂质与锡的挥发量的关系如下：

$$y'_{Pb} = 100 - 100\left(1 - \frac{x'_{Sn}}{100}\right)^{\alpha_{Pb}} \tag{15}$$

$$y'_{Bi} = 100 - 100\left(1 - \frac{x'_{Sn}}{100}\right)^{\alpha_{Bi}} \tag{16}$$

$$\vdots$$

由于式（15）、式（16）中 x'_{Sn} 相等，解上式求 x'_{Sn} 而得到

$$x'_{Sn} = \left(1 - \sqrt[\alpha_{Pb}]{1 - \frac{y'_{Pb}}{100}}\right) \times 100 = \left(1 - \sqrt[\alpha_{Bi}]{1 - \frac{y'_{Bi}}{100}}\right) \times 100 \tag{17}$$

$$\vdots$$

式（17）化简得

$$\left(1 - \frac{y'_{Pb}}{100}\right)^{\frac{1}{\alpha_{Pb}}} = \left(1 - \frac{y'_{Bi}}{100}\right)^{\frac{1}{\alpha_{Bi}}} = \cdots = C \tag{18}$$

式中 C 为一常数，由此式对一种元素为

$$\left(1 - \frac{y'_i}{100}\right)^{\frac{1}{\alpha_i}} = C \tag{19}$$

式（19）取对数得

$$\log\left(1 - \frac{y'_i}{100}\right) = \alpha_i \log C \tag{20}$$

式（18）表示锡基合金中各种挥发性杂质的蒸发量之间存在着一定的关系，决定这种关系的主要因素是 α_i 有了这个关系之后，只要知道各种杂质与锡组成 Sn-i 系的 α_i，以及 Sn 和各种杂质中任意一种的挥发量，即可以计算其他种杂质的挥发量，进而得到合金（或粗锡）的成分变化。

另一方面通过实验测定到合金中各种杂质的挥发量和一种杂质的 α，即能得到其他杂质的 α 值，再由式（13）即可求出各种杂质在锡中的活度系数 $\gamma_i^{\ominus}$。

由于文献中未找到锡中溶解少量砷的活度系数 $\gamma_{As}^{\ominus}$，锡中溶解的锑的 $\gamma_{Sb}^{\ominus}$，在表 2 中列出数据可能不准确，这里应用文献［8］所列的数据，以上述的方法计算出 1200℃时锡中 Sb_x、As_4 的几个数据见表 4。

表 4　1200℃时 Si-i 系的有关数值

i	Sb_x	As_4
α_i	3.84×10^2	2.18×10^3
β_i	6.738×10^2	3.03×10^3
$\gamma_i^{\ominus}$	4.647×10^{-2}	4.36×10^{-3}

与文献［9］公布的数据 $\gamma_{Sb}^{\ominus}=0.411$ 相比较，这里的计算值约小两个数量级，表示出更强烈的负偏差，两者的差别是什么原因？有待进一步研究。

应当说明，这里计算的数值已经包括了各种杂质的相互作用，而文献［9］的仅仅是纯的二元系所测定，没有第三种以上的元素的作用，因此，若当纯二元系的数据准确、完全，则可以和多元素合金测定值比较以求出相互作用系数。

用上述的方法计算文献［8］的数据，两相比较，基本一致（见表 5），并计算出 In、Ag 的挥发率，列于表 6。

表 5　计算值与文献［8］值对照

元　素	Bi	Cu	Pb	Sb_x	As_4	数据来源
粗锡成分/%	1.1	3.2	3.9	1.5	2.7	［8］
1200℃，0.01Torr 蒸馏 10min 后/%	<0.02	3.6	<0.01	0.9	0.15	［8］
挥发率/%	98.18	—	99.76	45.05	94.91	［8］
计算挥发率/%	99.94	—	99.76	45.05	96.65	
计算成分/%	0.00022	3.5	0.01	0.9	0.098	

表 6　In、Ag 的挥发率

元　素	In	Ag
计算 1000℃时挥发率/%	4.95	1.98
计算 1200℃时挥发率/%	19.05	8.04

计算得各种杂质共同挥发时，挥发率大小顺序为：Pb，Bi，As，In，Ag。此顺序与图 4 所示相符。当 1100℃时各种杂质的挥发率为 Pb 93%，Bi 87%，As

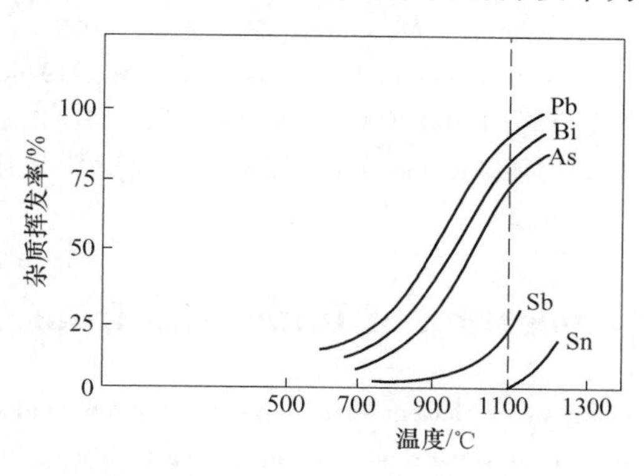

图 4　温度与杂质挥发率的关系[15]

75%，Sb 16%。

应当注意到In、Ag，属于可以蒸馏分离的金属（$\beta_i>1$），挥发率大小顺序位于Sb之后，说明蒸馏温度较高时，Sb挥发加剧时，In、Ag会有相当部分进入气相，文献［16］说到真空蒸馏粗锡的冷凝物中含In达到0.1%~0.6%，In的挥发率达到50%~70%。

此顺序中有了砷的正确位置。

4 结语

有了β_i值，就易于断定锡里的各种杂质用真空蒸馏法分离的可能性和难易程度，式（18）显示了各种杂质挥发量之间的关系，因此可以用来研究杂质在合金中的相互作用，在生产上用以掌握杂质挥发和冷凝物成分的控制。

这些规律从原则上看，完全可以应用到其他金属的真空蒸馏。

但是，目前缺少充足的、准确的二元系合金的$\gamma_i^{\ominus}$，也没有$\gamma_i^{\ominus}$与温度的相关数据，图1中的数值的测定温度各不相同，且相差很大，自然给理论计算带来困难并使计算的准确程度降低，这些问题应当解决，才能发挥理论预测的指导作用。

参考文献

［1］Myapn H H，等．关于用真空蒸馏法分离某些金属的问题［J］．有色金属译丛，1957（19）．

［2］Севрюков H H，张天禄，戴永年，等．铅锡合金真空脱铅［M］//锡冶金学．1958.

［3］戴永年．铅-锡合金真空蒸馏分离［J］．有色金属，1977（9）：24~30.

［4］Kammel R，Mirafzals H. Erzmetall［M］．1977.

［5］Pasehen P. Meatll［M］．1979.

［6］Camoneпob A П，等．ПBethble Metaппbl［J］．1976（6）：36~38.

［7］戴永年．铅锡合金（焊锡）真空蒸馏［J］．有色金属工程，1980（2）：101~125.

［8］Pearce S C. Developments in the smelting and refining of tin［J］．Lead-Zinc-Tin，1980：754~768.

［9］Mueller E，Paschen P. 不纯及复杂锡精矿熔炼与精炼的发展方向［J］．国外锡工业，1980（2）：45~55.

［10］Hultgren R，et al. Selected values of The Thermodynamic Properties of Binary Alloys. 1973.

［11］云锡公司中心试验所，昆明工学院．焊锡真空挥发除铅、铋半工业试验报告［R］．1979.

［12］Olette M. Proceedings 4th International Conference on vacuum Metallurgy［M］．1973：29.

［13］Olette M. Physical Chemistry of Process Metallurgy［M］．1961：1065.

［14］Kubaschewski O，Alcock C B. Matellurgical Thermochemistry［M］．1979.

［15］英国机床和科学仪器展览会第67项技术座谈会技术总结，1975：4.

［16］Cytypnh C H，Cemehob A E. 能综合回收伴生金属和防治环境污染的锡连续高效净化过程［J］．国外锡工业，1980（2）：56~59.

Vacuum Evaporation of Impurities from Crude Tin

Abstract In order to predict which element i can evaporate form liquid crude tin, a separating coefficient β_i is derived, It is equal to the product of activity coefficient of dilute solution of i in tin and the vapor pressure ratio of pure i and tin.

$$\beta_i = \gamma_i^{\ominus} \cdot \frac{p_i^{\ominus}}{p_{Sn}^{\ominus}}$$

If $\beta_i = 1$, vapor and liquid of the alloy will have the same composition, and i can not be divided form the alloy. As $\beta_i > 1$, component i can be separated by vacuum evaporation. And when $\beta_i < 1$, i will keeping the residue.

Between the evaporated amounts of each minor element (y'_{Pb}, y'_{Sb}, …) form crude tin, we get an equation:

$$\left(1 - \frac{y'_{Pb}}{100}\right)^{\frac{1}{a_{Pb}}} = \left(1 - \frac{y'_{Sb}}{100}\right)^{\frac{1}{a_{Sb}}} = \cdots = C$$

Which is derived from *M*. olette's equation. In this relation $a_i = \gamma_i^{\ominus} p_i^{\ominus}$

$p_{Sn}^{\ominus} M_{Sn}^{\frac{1}{2}} M_i^{-\frac{1}{2}}$, and C is a constant.

From this relation have been calculated activity coefficients of as and Sb in tin: $\gamma_{Sb_x}^{\ominus} = 4.64 \times 10^{-2}$, $\gamma_{As_x}^{\ominus} = 4.36 \times 10^{-3}$. Of course, these activity coefficients include the influences of interaction between minor element in tin.

From these values of every minor element can be given the order of evaporated amounts of each element: Pb, Bi, As, Sb, In, Ag, which is true in experiments.

锡-砷-铅合金（炭渣）真空蒸馏*

粗锡精炼，用凝析法除砷、铁，产出的浮渣称为“炭渣”，实质上是一种锡-砷合金，当粗锡含铅时，炭渣里也有铅。表1列出某厂所产炭渣的化学成分，说明炭渣实际上是锡-砷-铅为主的一个合金。

表1　某锡炼厂精炼车间产的炭渣化学成分　（%）

元素	As	Fe	Pb	Sb	Sn
炭渣	12~14	0.7	11.1	0.09	66.45

曾用焙烧法处理过炭渣，但当温度升到700℃以上，炭渣开始部分熔化，妨碍氧化脱砷。现在没有适宜的办法处理时，炭渣送到反射炉熔炼成粗锡，这样做，砷又回到粗锡里，粗锡送到精炼车间，再产出炭渣，造成砷在炼锡过程中往复循环。

1975年我们调查了某锡厂砷的出入和分布，每年原料带入的砷量有：

来自锡精矿	来自中矿	共计
246.4t	40.97t	287.01t

由于炼锡厂中砷的循环，每年进入锡粗炼工段的砷量达到658.95t，各种来料中含量是：

物料	锡精矿	烟尘	烟化尘	焙烧析渣	炭渣	铝渣	总计
含砷量	246.4t	64.4t	200t	34.5t	111.8t	2.25t	658.95t

其中，后三项是精炼渣，以炭渣含砷最多，每年达到112t左右。

炼锡厂在近年来附产白砷，使每年入厂的砷有了一个正常的渠道排出，解决了砷在厂里年复一年的累积问题，在此情况下，努力使物料中的砷及早地排到白砷的生产系统，成为一个基本原则。由此出发，应该着手研究上述物料中含砷多的部分应当如何处理。

炭渣脱砷也就提到日程上，若有适宜的处理方法，将砷除去，则每年将减少112t砷返回反射炉中。

我院自1974年开始探索炭渣真空蒸馏的可能性，以后有色冶金专业的师生和云锡一冶的同志自1975年以来的工作，取得一些进展，本文将概述实验的情况和取得的成效。

1　炭渣的性质

粗锡熔体冷却，凝析出一些固体物质，加入木屑、搅拌，使锡液与固体物质易分

* 本文合作者有：何蔼平，赵家德，许敏强，叶金忠，等；原载于《昆明理工大学学报：理工版》1979年第3期。

离，然后用捞渣器取出固体物质，即为“炭渣”。炭渣中夹杂着一些炭化后的木屑，而呈灰黑色。

测得炭渣的假密度为2.35g/cm^3。

Sn-As系状态图（见图1）表明，含砷0~30%的粗锡熔体的温度降至接近锡的熔点时，析出的是Sn_3As_2化合物，熔点596℃，这种化合物是炭渣的主要成分。

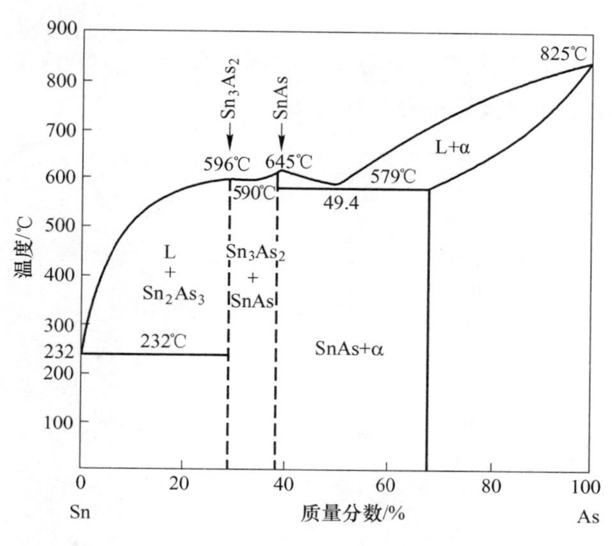

图1　Sn-As系状态图

炭渣升温到1100℃，加热过程中常常搅拌，炭渣绝大部分就会熔化，只留下5.6%的不熔渣子，熔化得到的炭渣锡的成分与熔化前很近（见表2）。

表2　炭渣锡的成分　（%）

元素	Sn	As	Pb	Fe
含量	70~73	8.0~14.5	12~15	约0.5

炭渣锡比炭渣易于熔化，熔点约为600℃，与状态图（见图1）所示很一致。

炭渣锡冷却后，呈现明显的粗大结晶。

可见，炭渣是一种合金，因有木屑分散于其中，所以不易熔化，加热搅拌成炭渣锡后，分离了木屑，合金的性质就显露出来。

由于砷和铁有较大的亲和力，粗锡中所含的铁大部分进入炭渣，故炭渣会有某些数量的铁。

2　炭渣真空蒸馏的依据

单质的砷加热时易于气化，不经熔化而升华，砷蒸气压与温度的关系[1]：

$$\log p^{\ominus} = -\frac{6160}{T} + 9.82 \tag{1}$$

在各温度下，砷的蒸气压见表3[2]。

表 3　砷、铅、锡蒸气压与温度的关系[2]

煤气压/Torr		10^{-9}	10^{-8}	10^{-7}	10^{-6}	10^{-5}	10^{-4}	10^{-3}	10^{-2}	10^{-1}	1	10	10^{2}	10^{3}	760
温度/℃	砷	85	104	127	150	174	204	237	277	317	372	437	522	627	613
	铅	307	342	383	429	485	547	625	715	832	977	1162	1427	1797	1743
	锡	627	682	747	807	897	997	1107	1247	1412	1612	1867	2227	2687	2618

注：1Torr = 133. 32Pa。

温度继续上升，砷的蒸气压继续增大，如图 2 所示[3]，700℃时约为 5atm，800℃达到 26atm 左右，温度再升高砷的蒸气压还要上升。

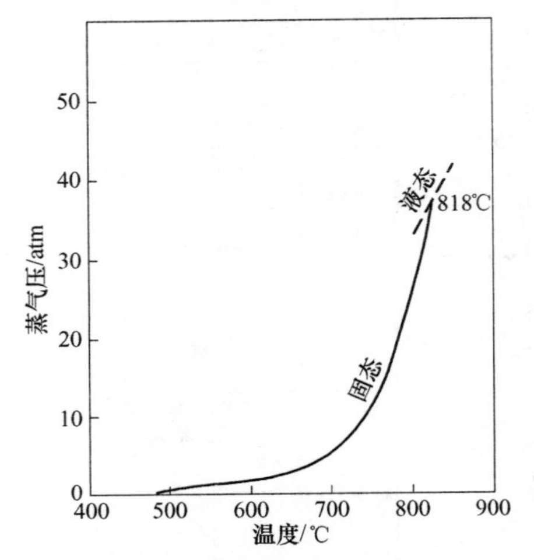

图 2　液态和固态砷的蒸气压曲线（S. Horiba）[4]

纯锡的蒸气压就比较小，它与温度的关系为[4]：

$$\log p^{\ominus} = -\frac{15100}{T} + 8.83 \tag{2}$$

各温度下锡的蒸气压数值也列于表 3。

因此，以单质的蒸气压而言，在相同温度时，砷比锡大 10^{12} 倍左右。

若砷-锡合金中，砷的浓度在 0. 1% ~ 15%范围内，则砷的蒸气压应相降低 10 ~ 10^{8} 倍（按理想溶液计），仍比锡的大 10^{9} 倍左右。砷-锡合金熔体并非理想溶液，生成两个同分熔点化合物 Sn_3As_2 和 SnAs（见图 1），而使之与理想溶液相比有较大的负偏差，活度系数 $\gamma \leqslant 1$。

由

$$p_{As_x} = \gamma_{As_x} N_{As_x} F^{\ominus}_{As_x} \tag{3}$$

砷的实际蒸气压 p_{As_x} 不仅与浓度 N_{As_x}（摩尔分数）有关，还受活度系数 γ_{As_x} 的影响，假若 $\gamma_{As_x}<1$，达到 0. 1 ~ 0. 01 时，将使砷的蒸气压又下降到 0. 01 ~ 0. 1，即使是这样，砷的蒸气压仍比锡大约 10^{7} 倍。

因此，在一定的高温下，促使砷变成气体从合金中逸出，锡则因蒸气压很小，挥发很微，成液态留下，蒸馏分离砷-锡合金是可能的。

在真空条件下，残余气体压力很小，可达到 1Torr（1Torr = 133. 32Pa）以下，蒸馏锡-砷合金，可促进砷的挥发，作业的温度能够降低。同时，真空条件下，由于残余气体的压力小，其中氧还仅为残余气体压力的1/5左右，一个更小的数值，从而大大地减小了金属的氧化作用，因此真空炉中即使在高温下也极少发生氧化，蒸馏合金时蒸发出来的砷和留下的锡都基本上保持金属状态。

挥发成气体的砷，已接近单质砷，在气相里存在不同原子数的三种分子，As、As_2、As_4 三者的数量与环境的温度和总压有关[3]，气体分子中平均的原子数，随温度升高和总压减小而降低，见表4。

表4 气相中 As_4、As_2、As 的分压与温度和总压的关系（据 G. Preuner）[3]

温度/℃	800			1000			1200		
总压/Torr	p_{As_4}	p_{As_2}	p_{As}	p_{As_4}	p_{As_2}	p_{As}	p_{As_4}	p_{As_2}	p_{As}
5	1.7	2.0	1.3	0.8	2.4	1.8	0.4	2.6	2.0
10	4.6	4.0	1.4	1.8	4.9	3.3	0.8	4.0	5.2
20	12.0	6.3	1.7	4.3	9.2	6.5	1.5	8.2	10.3
40	27.6	10.2	2.2	12.2	17.9	9.9	2.4	16.8	20.8
60	44.4	13.2	2.4	23.3	24.6	12.1	7.3	26.3	26.4
80	62.1	15.3	2.6	36.5	30.4	13.1	13.4	32.7	33.9
100	62.9	17.2	2.9	50.6	34.8	14.6	20.2	43.6	37.2
200	174.3	22.3	3.4	125.8	57.4	16.8	64.4	81.6	53.7
300	265.4	30.4	4.2	207.4	73.0	19.6	126.5	112.3	61.2
600	548.6	46.5	4.9	449.1	151.9	21.4	338.1	186.2	75.7
750	696.2	47.6	5.2	529.4	198.4	22.3	452.6	216.4	81.0

注：1Torr=133.32Pa。

G. Preuner 等的这些数据表明，温度升高和总压减小都使 p_{As_4} 降低，p_{As_2} 和 p_{As} 增加，当总压为5Torr，温度在1200℃时 $p_{As_4}:p_{As_2}:p_{As}=0.4:2.6:2.0$。由表中数据的变化规律来看，若总压降低到真空系统的压力下，总的趋势将是 p_{As_4} 进一步减小，p_{As_2} 与 p_{As} 相对增大，在 p_{As_2} 和 p_{As} 之间相比，p_{As} 会增加得多一些。但是，会不会达到 p_{As} 占绝对优势，还缺乏研究资料。

在 R. Kammel 等人的文章里[5]，认为在1300℃左右时真空蒸馏粗锡，砷以单原子气体蒸发，但文中缺少具体的数值。

由于在真空条件下的数据不够充分，因此砷的蒸气密度、蒸发速率都不易做较准确的计算，考虑砷的挥发性时，只能用砷蒸气的总压，难于分别计算每一种形态的砷的分压了。

在蒸馏炭渣时，所含的铅也能同时蒸发，其蒸气压与温度的关系为[6]：

$$\log p^{\ominus} = -\frac{9854}{T} + 7.822 \tag{4}$$

铅具体的数据也列于表3。

表3的数据说明，当温度达到1100℃以上，铅的蒸气压达到10Torr的数量级，考虑到合金中铅的浓度由10%左右下降到1%左右，则其蒸气压相应降低，可达到 10^{-1} Torr的数量级。此值虽比砷小，却比锡大得多。

Pb-Sn 系与理想熔液比较，有微小的正偏差，因此实际达到的铅蒸气压还能稍大于上述数值，在炭渣蒸馏过程中和铅可能一起蒸发，Pb-Sn 合金真空蒸馏[7]时能很好地分离铅锡，因此 As-Pb-Sn 合金蒸馏时，As 和 Pb 能同时挥发。

铅、砷挥发，若仅由它们的单质的蒸气压来比较（见表 3），在同一温度时 $p_{As}^{\ominus}$ 比 $p_{Pb}^{\ominus}$ 大得多，无疑应该出现砷先于铅挥发的现象，但进一步研讨 As-Sn 和 Pb-Sn 两个二元系的状态图（见图 1 和图 3）的结构后，情况就不同了，前者生成同分熔点化合物，后者为简单共晶，与理想溶液相比，前者有大的负偏差，后者为微小的正偏差，但由于缺乏 As-Sn 系的活度系数，因此在 As-Pb-Sn 合金蒸馏时，As 和 Pb 是哪一个元素先挥发，要求的技术条件是什么，就不容易预先估计了。

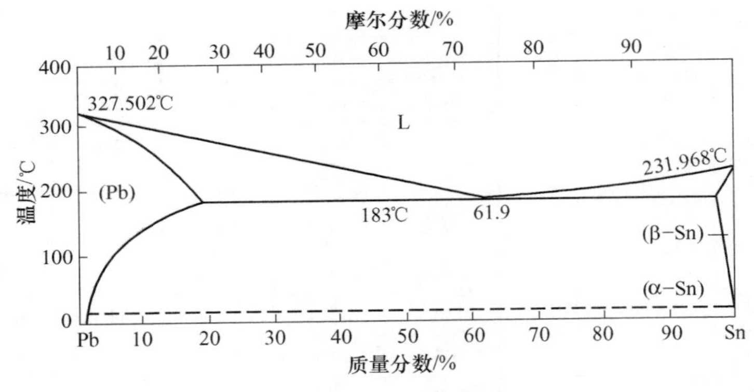

图 3　Pb-Sn 系状态图

铅、砷成为蒸气后需要什么冷凝条件，两者分别冷凝的可能性怎样？

这个问题要首先了解 Pb 和 As 蒸气混合物中能否生成某种程度的聚合物，或仅仅是不同物质分子的混合物，若生成聚合物则无疑会有 Pb、As 以一定比例同时凝结，而且聚合物的蒸气压与这两种单质不同，将引起冷凝条件发生变化，若蒸气仅系混合物，则各种物质分子将按自己的特殊性来冷凝。

Pb 和 As 分子间的作用力的情况可由 Pb-As 系状态图看出（见图 4），Pb-As 系为简单共晶，由于质点间作用力 Pb ⇌ Pb 和 As ⇌ As 比 Pb ⇌ As 大，因此状态图中部没有化合物和固溶体存在，甚至端部固溶体也看不到，所以在熔体降温冷凝时可以分别

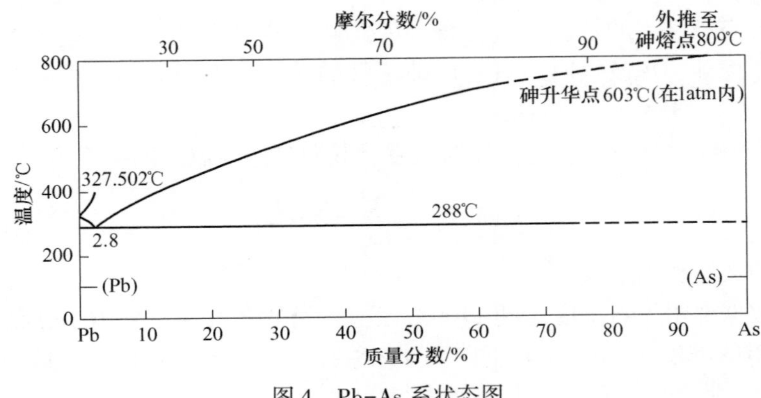

图 4　Pb-As 系状态图

结晶为 Pb 和 As，低温（熔点以下）如此，气化温度下，则更无缔合的可能，可以认为 As、Pb 的蒸气是两种元素单体的混合物，存在着分别冷凝的基础。

由表 3 可知，铅蒸气温度由 1234℃ 降至 808℃ 时，饱和蒸气压由 20Torr（1Torr = 133.32Pa）降到 0.08Torr，减小了 19.92Torr，即降低了 99.6%，绝大多数的铅由气态转变为液态，如果冷凝的温度低于 808℃，达到 600～700℃ 则 p_{Pb} 为 10^{-2}～10^{-3}Torr，残留于气相中的铅就更少。

砷蒸气的冷凝温度由表 3 可看到，在 1000℃ 以上，$p^{\ominus}_{As}$ 为很大的数值，只有将气体冷却到 372℃，才能降至 1Torr，在 227℃ 时能达到 10^{-2} Torr，因此砷蒸气必须冷却到 300℃ 左右，冷凝才能比较完全。

从而能够明了，混合体气中铅与砷的蒸气，要求冷凝的温度有颇大的差距，如果都达到 0.1Torr 的分压，砷蒸气应达到 317℃ 铅蒸气应为 832℃，二者相距 515℃，这就是两种元素分别冷凝的又一基础。

上面的分析表明，As-Pb-Sn 合金真空蒸馏，有可能将 As、Pb 挥发到气相中，锡留在液相里，从而使 As、Pb 与 Sn 分离开来。As、Pb 挥发到气相中不会生成聚合物，在冷凝时要求的温度差较大，有可能分别冷凝成为铅和砷的单体物质。

蒸馏过程中，作业的温度起着重要的作用，砷从合金中挥发，首先是 Sn_3As_2 分解，释放出砷气，在较高的温度下能得到较大的分解压。砷的饱和蒸气压 $p^{\ominus}_{As_x}$ 在较高的温度下达到较高值，蒸发速率（ω，g/(cm^2·s)），当然在温度高时要大一些。

温度对砷蒸发速率 ω 的影响，可以由下式看到：

$$\omega = 0.0583\gamma N p^{\ominus}\sqrt{\frac{M}{T}} \tag{5}$$

$$\log\omega = \log 0.0583\gamma N M^{\frac{1}{2}} + \log p^{\ominus} - \frac{1}{2}\log T \tag{6}$$

式（1）与式（6）相加，得到

$$\log\omega = \log 0.0583\gamma N M^{\frac{1}{2}} + 9.82 - \left(\frac{6160}{T} + \frac{1}{2}\log T\right) \tag{7}$$

式（7）反映砷蒸发速率与其在合金中的活度（γN），在气相中的分子结构（M-As_x 的相对分子质量与 x 值有关）和温度的关系，式中末项体现温度的影响（缺少数据，先忽略温度对第一项中 γ 和 x 的作用），其值为：

温度/℃	900	1000	1100	1200
$\frac{6160}{T}+\frac{1}{2}\log T$	6.78	6.39	6.05	5.74

结合式（7）可见，当温度由 900℃ 升至 1200℃。ω 增大约 10 倍，换言之，每升高 100℃，ω 增大约 2.5 倍，因此，蒸馏砷锡合金，应当选用较高的温度。

3 小型试验

1975 年前后进行多次小型试验，目的在于探索真空蒸馏炭渣的可能性，过程要求的技术条件：温度、真空度、时间等，蒸馏产物的性质和分别冷凝的可能性。

试料用炭渣和炭渣锡，以便比较二者的效果和确定真空蒸馏的原料。

试验设备包括：13/44 型高温管状炉一台，内装刚玉管（熔融铝氧管），炉内抽空用2X-2 型旋片式真空泵，麦氏真空规测残压，铂-铂铑热电偶测温，瓷舟盛料置于炉内，当试验料层厚对过程有影响时，炉子垂直放置，炉管内放刚玉坩埚（高 40mm，直径 25mm）。

小型试验设备连接如图 5 所示。

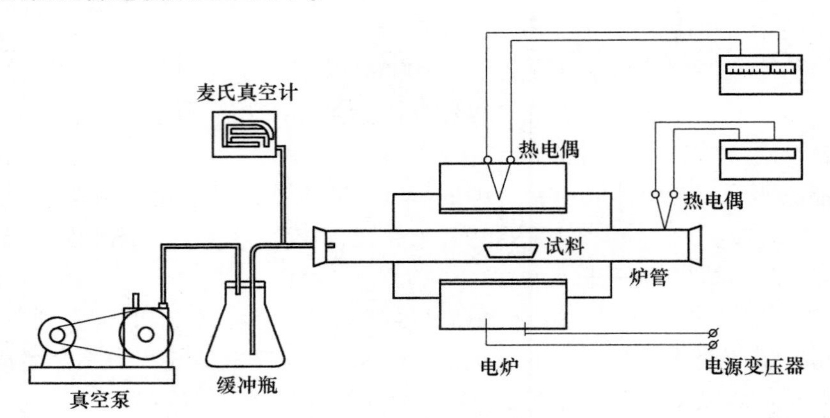

图 5　小型试验设备连接

3.1　炭渣真空蒸馏

每次试验用瓷舟盛约 15g 炭渣，在 0.1～0.3Torr 残压下，蒸馏 90min，改变蒸馏温度由 700℃至 1200℃。试料中的砷，铅挥发，含量降低的情况如图 6 所示，同时挥发的还有少量的锡，三种金属挥发率如图 7 所示，图 8 所示为砷和铅挥发后料中含锡量增加。

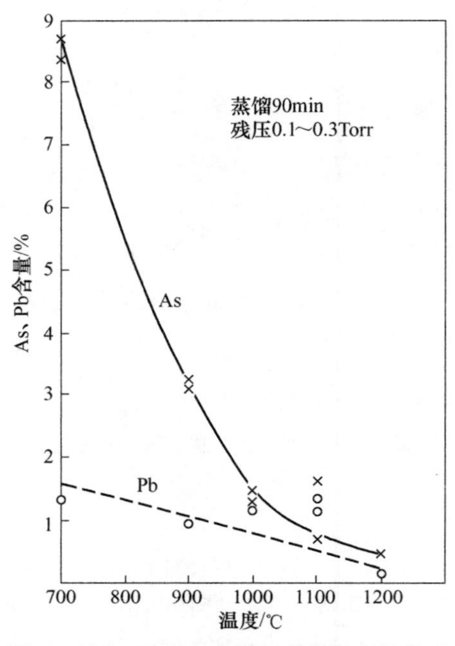

图 6　料中 As、Pb 含量与蒸馏温度的关系

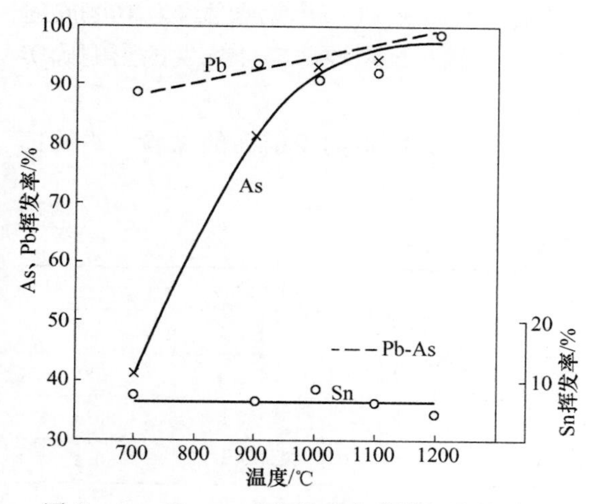

图 7　As、Pb、Sn 的挥发率和蒸馏温度的关系

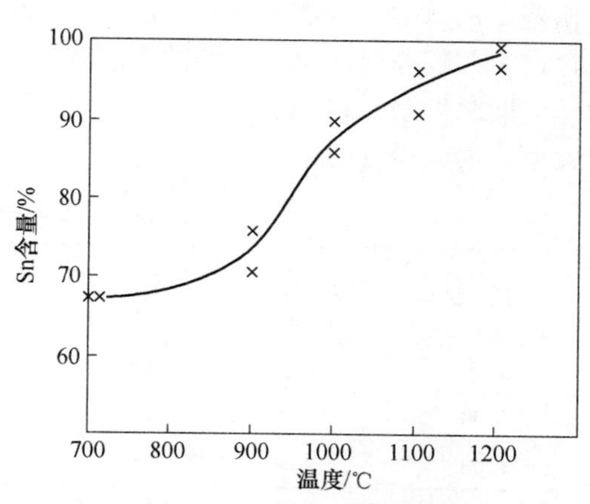

图 8　料中 Sn 含量与蒸馏温度的关系

实验数据表明：

（1）真空蒸馏炭渣分离砷和铅是可行的，这两种元素能够同时挥发，蒸馏温度越高，挥发越彻底，1200℃时料中仅残留 As 0.46%，Pb 0.14%。

（2）炭渣中砷和铅的挥发量都可达到 95%以上，同时挥发的锡约为 6%。

（3）炭渣真空蒸馏后，含锡量随蒸馏温度升高而增大，1000℃以上达到含 Sn 90%~99%，产物仍是颗粒状的。

（4）蒸馏的真空度不高，残压为 0.1~0.3Torr。

（5）由砷的挥发量和料中含锡量增加的情况反映在 900~1000℃有较大的变化。

考虑到料层厚度将影响砷和铅的挥发率，测定了竖式坩埚中 35mm 料层内，表面、中部和底部三层的杂质挥发情况，如图 9 所示。

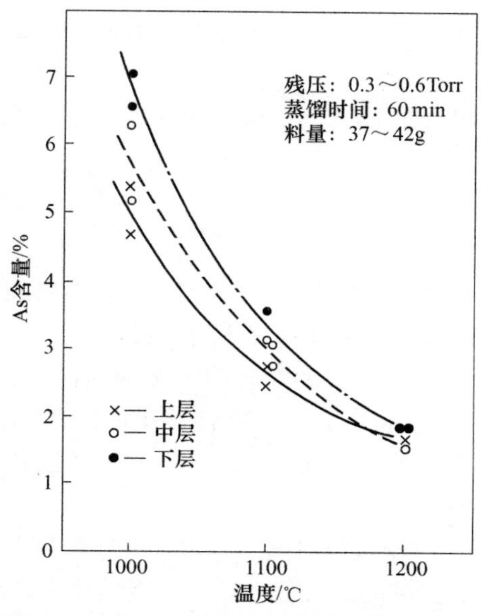

图 9　料层厚度和蒸馏温度对料含砷的影响

图 9 中的数据表明，试料表层和底层含砷量存在着差别，蒸馏温度约为 1000℃时相差 2%，温度升高到 1200℃时仅相差约 0.4%，故散料层增厚对杂质挥发的影响确实存在，在较高温度时，影响的程度减少。

同时发现，在一定温度下杂质的挥发率是砷大于铅而不同于前面的试验，锡的挥发率大大减少（见表 5）。

表 5　厚层炭渣真空蒸馏的效果

蒸馏温度/℃	挥发率/%			料成分/%		
	As	Pb	Sn	As	Pb	Sn
1000	64.9	66.8	−0.25	5.7	4.3	78
1100	84.2	81.3	0.17	2.9	2.8	85.5
1200	91.4	88.7	−1.13	1.7	1.6	90.5

注：残压：0.3~0.6Torr，蒸馏时间：60min，料层厚度：21.5~26.5mm。

这一阶段的实验，每次作业的试料少，挥发物不易单独收集，几次实验后集中收集一次，在设备系统的不同部位得到冷凝物的成分见表 6。

表 6　冷凝物的化学成分

物料	收集冷凝物的位置	化学成分/%		
		As	Pb	Sn
冷凝物	炉管	12.69	28.2	20.77
	玻璃管道	70.58	—	0.827

表 5 和表 6 中锡挥发很少、冷凝物（玻璃管中）含锡很少，含砷达 70%左右，证明砷的挥发是在 Sn_3As_2 分解

$$x\mathrm{Sn_3As_2} \longrightarrow 3x\mathrm{Sn}+2\mathrm{As}_x$$

以后进行的，不会以化合物 Sn_3As_2 状态挥发，从而存在着 Pb、As 两元素分别冷凝的可能性。

炉管的冷凝物含 Pb、Sn 均较高，含 As 较少的原因，可能是炭渣飞散落于炉管所致，待进一步试验来检验。

3.2　炭渣锡真空蒸馏

第一步，温度影响的试验，每次用瓷舟装料 20g，炉内残压 0.05~0.3Torr 于一定的温度下加热 100min，得到如图 10 和图 11 所示的数据。

第二步，蒸馏时间的影响，在 1000℃时改变蒸馏时间，得到合金 Sn 和 As 的挥发率和合金的挥发速率（ω，$g/(cm^2 \cdot h)$）的结果如图 12 所示。

炭渣锡真空蒸馏的效果表明，固定蒸馏时间，改变温度所得到的数据和炭渣蒸馏的相近，并显示出铅比砷易于挥发。

固定蒸馏温度在 1000℃改变蒸馏时间（见图 11），可以看到超过 30min，砷的挥发率即可超过 90%，50min 就达到 95%，延长时间不能继续提高砷的挥发率，因而以挥发速率而言，延长蒸馏时间只能使其减小。

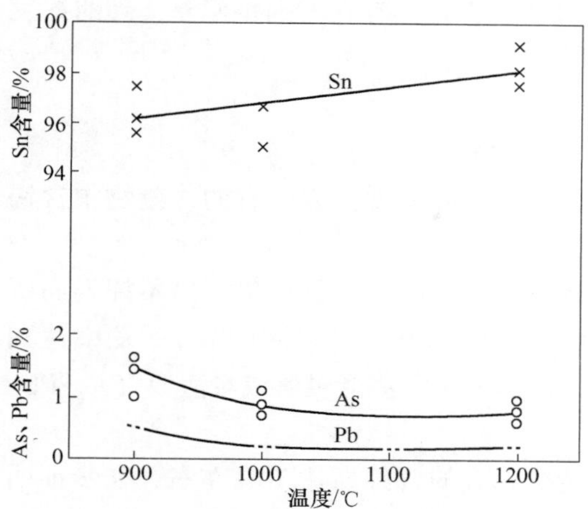

图 10　合金中各元素的含量与蒸馏温度的关系
（试料：炭渣锡 20g，残压：0.05~0.3Torr，
蒸馏时间：100min）

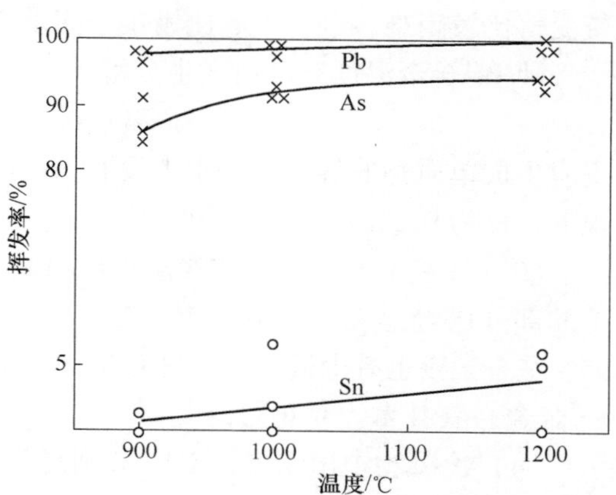

图 11　合金中各元素的挥发率与蒸馏温度的关系
（试验条件见图 9）

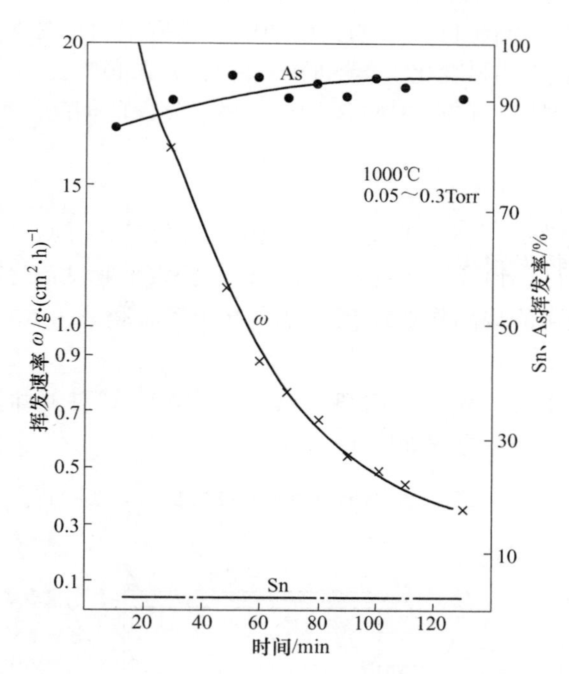

图 12　合金的挥发速率（ω）及其中 As，Sn 的挥发率和蒸馏时间的关系

挥发物冷凝收集的情况与前相似，看来应当在扩大试验中进一步考察。

炭渣锡经过真空蒸馏处理以后产出粗锡熔体，而不是散粒物体。

小型试验的结论：

（1）实验测定了炭渣的假密度为 2.35g/cm^3；炭渣加热到 1200℃左右不断搅拌，基本上都能熔化，成为炭渣锡，其他化学成分和炭渣相近，炭渣和炭渣锡都是 As-Sn 合金（有时还有 Pb），炭渣锡的熔点大约为 600℃。

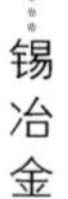

（2）实验确定，由于砷和锡生成化合物，砷-锡系确实存在大的负偏差，砷的挥发就变得比较困难，合金中砷比铅难于挥发。

砷-锡合金温度升高后发生分解反应：

$$xSn_3As_2 \longrightarrow 3xSn+2As_x$$

反应生成单质砷的气体，基本上没有 Sn_3As_2 形态的物质挥发，因此有的冷凝物中含锡很低，仅为 0.2%左右。

（3）实验证明：炭渣或炭渣锡经过真空蒸馏，能将砷和铅分离出来，不挥发而留下的部分已经是粗锡，含锡约 97%、砷约 0.5%、铅约 0.2%。砷和铅的挥发率达到 95%左右，锡也有少量挥发，约为 0.1%~6%，证实了真空蒸馏炭渣或炭渣锡（As-Pb-Sn 合金）在技术上是可行的。

（4）冷凝物中出现 Pb 与 As 分别富集的情况，有的含砷高达 70%左右，初步证明有分别冷凝的可能性。

（5）实验中蒸馏的技术条件是：真空度 0.3~0.6Torr、温度 1000~1200℃，蒸馏时间 90~12min，达到这些条件要求不高，所用的设备不复杂。

炭渣层厚度对砷、铅的挥发有一定影响，增高温度可减小影响的程度。

挥发速率的曲线（见图 11）表明，前 30min 具有很大的挥发速率，超过 50min，分离 As、Pb 的效果已无明显变化，蒸馏时间过长，并无必要。

选择较高的蒸馏温度，它能加速 As、Pb 挥发，挥发的彻底性也有提高。

4 扩大试验

小型试验取得成效后，必要扩大规模，进一步察明若干问题：小试的效果能否重现，冷凝物的成分，砷、铅分别冷凝的可能性以及探索工业设备的炉型。

试料选用炭渣或炭渣锡和作业流程、操作方法都有联系，故对两种试料都进行试验，以便对比分析。

扩大试验采用设备为已研制的内热式真空蒸馏炉[7]针对砷和铅蒸气的冷凝问题，变换冷凝设备，炉子结构示意图如图 13 所示。

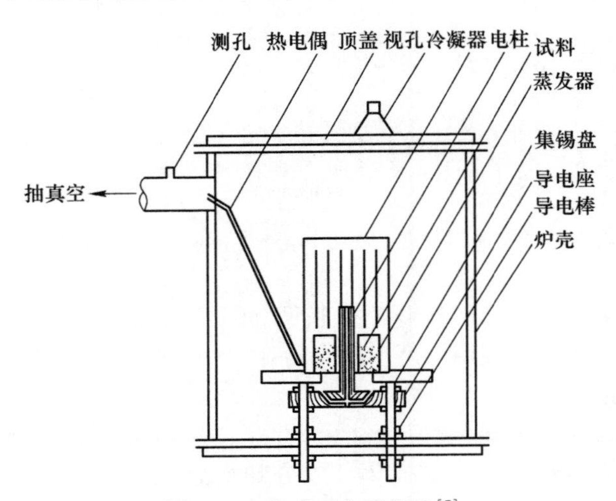

图 13　内热式真空蒸馏炉[7]

炉子为全水套结构，导电棒也为水冷式，炉内蒸发器、冷凝器、蒸铅盘、电柱和导电座均由石墨制成，并备有：2X-4型旋片式真空泵两台，25kW单相变压器一台，麦氏真空计一个，热偶真空计一个，光学高温计一个及热电偶等。

冷凝器，为适应砷、铅分别冷凝，如前所述，砷的冷凝温度应低于317℃，铅要求小于832℃使混合蒸气先经过铅冷凝器再到砷冷凝的地方，为此，曾试验了多种结构的装置，例如，在图13的基础上增加了一个冷凝器在中间，其顶部加一个盖（多孔）等。

4.1 炭渣真空蒸馏试验

作为试料的炭渣成分：

元素	Sn	Pb	As	Fe	Sb	其他
含量/%	62.08	7.47	13.52	0.9	0.09	15.93

注：其他项包括锯木屑（大部分已炭化）和一些氧化物等。

试料粒度为：

粒度	>2mm	>1mm	>200μm	<200μm
组成/%	12.7	31.9	2.85	52.5

试料假密度2.35g/cm^3。

试验中测定了料层厚度、蒸馏时间、炉内输入电解的功率对蒸发的影响。

料层厚度：加料量变化在330g、440g、660g、880g时料层厚度分别为1.5cm、2cm、3cm、4cm。

蒸馏时间分别为20min、30min、40min。

输入炉内的功率变化为13~17kW，得到的结果列于表7和图14。

表7　真空蒸馏炭渣的效果

编号	进料量/g	输入功率/kW	蒸馏时间/min	产粗铅			产粗砷			产粗锡				物料损失/g
				质量/g	成分/%		质量/g	成分/%		质量/g	成分/%			
					As	Pb		As	Pb		As	Pb	Sn	
K21	330	14.7	30	155	6.92	33.8	20	60.2	3.79	130	1.41	2.6	94	25
K22	330	15.7	30	125	3.15	32.7	27.1	65.7	10.69	130	0.52	微	97.4	47.6
K23	440	17.2	20	180	2.7	40.5	31	68.3	10.66	170	0.13	—	98.2	59
K24	440	15.3	30	200	2.28	40.4	38	57.4	9.23	165	0.46	—	97.2	37
K25	440	15.7	40	190	3.52	35.3	29.5	43.3	16.41	220	微	—	96.6	+0.6
K26	660	13.3~14	20	328	7.3	36.5	49	60.4	6.81	210	0.63	—	97.53	73
K27	660	14	30	340	7.02	29.4	39.7	45.7	10.24	180	0.99	—	97.28	65.8
K28	660	14.3~14.7	40	335	4.42	38.6	43.4	57.9	11.65	200	微	—	98.67	72.9
K29	880	13.6~14	20	490	8.22	28.8	57.4	44.2	11.86	265	微	—	97.2	103.6
K30	880	13.3~14.4	30	200	3.83	42.5	58.5	68.2	6.69	520	微	—	90.85	98
K31	880	15.9~16.4	40	190	22.2	37.2	77.6	68.4	8.67	540	微	—	94.78	72.4

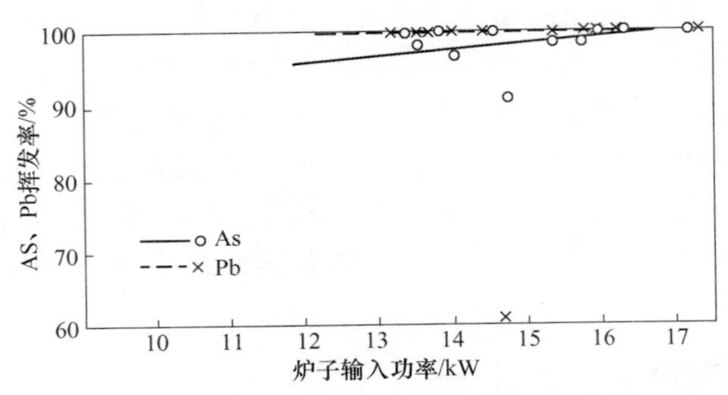

图 14　As、Pb 挥发率与炉内输入功率的关系

这些数据说明：

（1）砷和铅的挥发率都比较高（只有 K21 稍差）砷挥发率达到 97%～100%，铅挥发约 100%，而与实验范围内的料层厚度和蒸馏时间无关，输入功率增高（温度提高）砷挥发增加，这些与小型试验的效果基本一致。

粗锡的纯度达到 94%～98.6%，形状仍为分散的颗粒。

（2）砷和铅的蒸气已经大体上达到分别冷凝，由粗砷和粗铅的成分：

成分	As/%	Pb/%
粗砷	43～68	3.78～16.4
粗铅	2.2～8.2	29～42

可见砷和铅在产品中已有一定富集，但尚未达到理想。

（3）实验中观察到当炉料温度升到赤热时，由于 Sn_3As_2 强烈分解，放出大量 As 气，造成散料喷溅飞扬，这种现象直至蒸馏结束时物料才平静下来。

细粒散料飞散，大量落入集铅盘，部分飞到冷凝器表面，使得粗铅和粗砷的质量降低，粗铅含 As、Sn 较多，粗砷中 Sn、Pb 较多。

（4）蒸馏的一些效果：除砷、铅达到 98%～100%，蒸馏时间短，仅 20～40min，料层厚度在 15～14mm 内影响不大等，可以看到实验中所用的加热器和蒸发器是比较适宜的。

4.2　炭渣锡真空蒸馏

炭渣锡是自制的，限于设备容量较小，多次熔化炭渣，得到各次的炭渣锡成分不完全一致，列于表 8 中，各元素的含量变动不大。

表 8　各次试料的成分

编　号	化学成分/%		
	Sn	Pb	As
K6、K7	70.76	12.64	13.05
K8、K9	71.1	13.2	12.3
K10、K11	73.6	15.86	11.06

续表 8

编　号	化学成分/%		
	Sn	Pb	As
K15	73.4	14.6	8.35
K16	71.11	12.3	10.4
K17、K18	72.2	13.4	10.47

各次试验的真空度有少许变化，在0.2~0.5Torr范围内，实验的结果列于表9及图15可以看到如下的情况：

（1）砷和铅的挥发率都很高，两者都近乎100%，而与料的多少（300~600g），时间长短（20~40min），几乎没有关系。

粗锡纯度达到97%~99%，为液体锡。

（2）砷和铅的蒸气已经达到基本上分别冷凝，粗铅和粗砷为如下的组成范围：

成分	As/%	Pb/%
粗砷	75~90	2~12.5
粗铅	微量~1.65	70~88.9

（3）实验中看到液体合金沸腾，是液体合金中 Sn_3As_2 强烈分解释放出As所造成，到蒸馏结束前平静下来，炉料是液态，没有细料飞散，对粗铅和粗砷的质量影响不大，故粗砷的质量提高到含As 75%~90%，粗铅也达到含Pb 70%~88.9%。

（4）实验效果也表明所用设备能满足蒸馏过程的需要。

表9　真空蒸馏炭渣锡的效果

编号	进料量/g	输入功率/kW	蒸馏时间/min	产粗铅			产粗砷			产粗锡				物料损失/g
				质量/g	成分/%		质量/g	成分/%		质量/g	成分/%			
					As	Pb		As	Pb		As	Pb	Sn	
K6	600	8~8.2	30	80	1.23	70.57	60	90.27	7.14	42.5	2.51	微		35
K7	300	15.9~16.8	30	80	微	91.85	34	75.64	12.51	210	微	微	99.39	+24
K8	300	13.1~13.8	20	50	1.87	88.96	28	82.42	9.73	220	微	微	98.86	2
K9	300	10.7~12.4	30	45	1.57	85.72	32	81.21	12.5	215	微	微	99.38	8
K10	300	11~14.4	30	50	0.45	77.87	31	76.34	9.95	215	微	微	99.32	4
K11	300	12.3~14.5	40	45	0.95	84.46	27	79.02	9.93	220	微	微	99.14	5
K15	300	16~16.2	30	11	微	88.29	18.2	85.35	微	225	微	微	97.04	45.8
K14	300	10~11.3	30	41	1.44	84.3	40.2	85.23	2.24	225	微	微	97.48	+6.2
K16	300	12.1~13.5	30	53.5	1.07	71.65	34.2	84.24	2.93	205	微	微	97.73	6.3
K17	450	12.6~11.76	30	60	0.99	81.1	42.9	86.46	1.95	335	微	微	97.73	12
K18	600	15.3~16.4	30	91.5	1.65	70.62	64.5	82.56	5.62	440	0.58	微		4

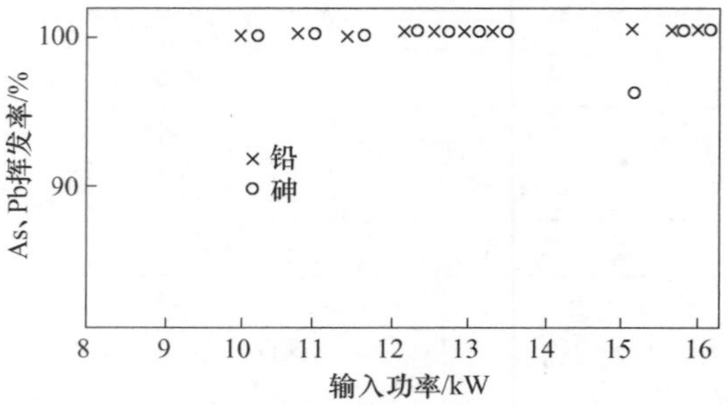

图 15　蒸馏炭渣锡时 As、Pb 挥发率与输入功率的关系

（残压：0.25~0.5Torr，蒸馏时间 30~40min）

5　结论

经小型试验（每次试料 10~40g）和扩大试验（每次试料 300~3000g，个别达到 4000g），对真空蒸馏炭渣和炭渣锡，得到如下的结论：

（1）As-Sn 系中有同分熔点化合物 Sn_3As_2 和 SnAs 存在，表明 Sn—Sn 间的结合能力较强，从而使 As-Sn 溶体与理想溶液比较存在较大的负偏差，砷的活度系数 $\gamma_{As} \ll 1$、砷-锡合金上面砷的蒸气压 p_{As} 比单质砷的饱和蒸气压 $p^{\ominus}_{As_x}$ 大大降低，蒸发砷速率（ω_{As_x}）显著地下降。

砷-锡合金中砷的蒸发在 Sn_3As_2 热分解反应：

$$xSn_3As_2 \xrightarrow{\triangle} 3xSn + 2As_x \uparrow$$

之后发生，基本上不以 Sn_3As_2 形态挥发，在砷大量气化时锡很少逸出，冷凝物中含大量砷（约 90%），含锡很少。

（2）砷和铅在单质时，一定温度下的饱和蒸气压有明显的差别（约大 10^6 倍）

$$p^{\ominus}_{Pb} \ll p^{\ominus}_{As}$$

但由于 As-Sn 系有大的负偏差，反使合金中铅比砷先挥发。

砷和铅不生成缔合物，它们在气态时成混合物，气体冷凝时，各自按其特性进行，铅蒸气在 800℃已基本凝结，到 600~700℃，仅有微小的部分保持气态，砷则要求到 300℃才能冷凝。

保持不同的冷凝器温度，能分别凝结砷和铅，达到粗砷含 As 约 90%，粗铅含 Pb 约 85%。

（3）真空蒸馏的温度对砷的挥发有重要作用，计算得到：温度升高 100℃，可增加砷的挥发速率 2.5 倍左右。

实验获得蒸馏温度在 1000~1200℃，适于真空蒸馏分离砷，较高的温度得到更高的挥发率，1200℃砷挥发 98%以上。

与砷相同，铅可彻底地挥发出去。

（4）由 As-Pb-Sn 合金中挥发 As、Pb，需要的真空度 0.4Torr 已可。蒸馏的时间 20~40min 已经满足。

（5）无论是炭渣还是炭渣锡，其实质都是 As-Pb-Sn 合金，在实验的条件下均可达到较好的除砷率和除铅率（均大于98%）而得到质量较好的粗锡（含Sn 98%~99%）。

但因炭渣为细粒分散物料，升温后发生喷溅现象，细粒炭渣飞到冷凝器上，严重地降低粗砷和粗铅的质量。

真空蒸馏炭渣锡时大量砷、铅挥发使合金沸腾，大大减少细粒喷溅现象，能使粗砷和粗铅的质量有明显的提高。

组分	粗铅含铅/%	粗铅含砷/%
真空蒸馏炭渣	28~24	43~68
真空蒸馏炭渣锡	70~88	75~90

（6）处理炭渣，可以直接送入炉内，但有一些问题：进料时细料飞散，出产品时也有散料飞扬，有碍操作人员健康，劳动也较繁重，处理散料必定是间断作业，不便于改善炉子的作业效果和作业条件。

处理炭渣锡，须先将炭渣熔化，增加了一个工序及相应的设备和消耗，但在真空蒸馏炭渣锡时，一方面得到较好的粗铅和粗砷，二是可能使作业成为液体进料和液体锡出料，砷只能是固体出料，为连续作业创造条件。

（7）本实验所用内热式真空蒸馏的工作情况表明，设备结构基本适应于As-Pb-Sn合金蒸馏过程，适于液态进出料操作，但需改进除砷设备，才能满足需要。

（8）根据试验，若以半小时处理3kg炭渣锡计，炉内输入功率14kW，真空泵功率1.1kW，共耗电约8kW·h，每千克料消耗2.7kW·h（或2700kW·h/t），还要消耗一些冷却水，此外不再消耗其他物料和燃料。

这可作为粗略估计其经济效果的参考。

经过这些试验，从技术上肯定了真空蒸馏分离As-Pb-Sn合金。

参考文献

[1] Kubaschewski, Evans E I I. Metallurgical Thermochemistry [M].

[2] Andrew G. Vacuum Technology [M]. 1963: 532.

[3] Mellor J W. A Comprehensive Treatise on Inorganic and Theoretical Chemistry, volume Ⅸ [M]. 1933.

[4] 云南锡业公司，昆明工业学院．锡冶金[M]．北京：冶金工业出版社，1977.

[5] Kammel R, Miratzali H. 粗锡选择性真空精炼的研究[J]．曾世雄，译．真空冶金.

[6] Гераснмов Ю И 等．Химнческая Терходина Микя В Дветной Металлургпй Ⅱ [M]. 1961.

[7] 昆明工学院，云锡公司．焊锡真空蒸馏隔铅扩大试验[J]．云南冶金，1978.

忆40年前第一次用烟化炉熔炼锡精矿实验及建议用风煤吹炉熔炼锡精矿*

于1972年左右（时属“文革”末期）云锡公司第一冶炼厂革委会主任王运来和厂长王松柏两位同意我提出用厂里的一台烟化炉（约$4m^2$）做熔炼锡精矿实验，实验得到400kg锡，获得成功。

1 实验过程

实验由早上开始，原料按当时反射炉熔炼一炉的配料约共7t（其中有锡精矿、还原剂、熔剂混合好），炉子送风煤粉按处理锡炉渣时的操作，由三次风口平台铲料投入炉内。

加料时间约1h，投完料，很快炉内声音正常，此时由三次风口向液料插入细铁钎，取出可见钎上粘满赤热炉渣，上有许多白亮的小锡珠，每颗约2~3mm。白色发亮中冒白烟，两三分钟后锡珠消失。这应该是锡氧化成氧化亚锡挥发，使锡珠耗尽消失，即$2Sn+O_2=2SnO\uparrow$。

炉内的加料熔化后应当已熔炼完成，可以放出熔料了，但炉口难开，工人同志未料到会出问题，未预先做多手开炉口的准备，只能用现场已有工具，开炉口耗费约1h，这1h内只能照常吹风、煤粉，保持炉内正常。

炉口打开以后放出渣和锡，称重，锡约有400kg。

由于当时对这种新情况无充分思想准备，预期在反射炉熔炼7t进料可产粗锡2~3t，但此实验只得到400kg，如何认识、分析，当时并无头绪。

实验暂告停。

2 实验情况分析

炉子开始进料以后熔炼顺畅，未产生什么异常情况。

进料时间仅1h左右，表明熔炼快速，若按单位面积风口区计，已达反射炉床单位面积的许多倍。

由于第一次实验未料到开炉口会有困难，致使开口晚了约1h，此炉的特点决定放渣前不能停风和煤，在这1h内“锡烟化挥发”，大量锡进入烟尘，因此等炉口打开放料时，只有挥发剩余的少量锡了（约400kg）。如果能及时开渣口，将会有大量锡流出。

熔炼的一切情况表明，炼锡精矿已顺利达到目的，炉料迅速熔化，炉渣与锡清晰分离，实验是成功的。

放出料后渣锡分离正常。

---

* 本文合作者有曲涛；写于2013年12月20日，三亚。

在正常熔炼时，必会挥发一部分锡，可由收尘系统回收，做适当处理之后返回炉子处理回收，反射炉面积大（约 $30m^2$），熔炼时间长（约 8h），其挥发量和 $4m^2$ 烟化炉 1~2h 熔炼值需在实践中详细测定，以做比较。

3 风煤吹炉（即烟化炉）

炉子名称：此炉原称烟化炉，根据它的作用，向液体渣中鼓入空气和煤粉，立即在液料中（约 1200℃）燃烧，成大量高温气泡。燃烧热直接传给液体渣，渣子温度高和大量气泡搅动，加入的炉料很快被熔化，氧化、还原、汽化反应等以很高的速度进行，若按需要调节风煤比，则可以控制形成各种程度的还原与氧化的渣内环境，因此我考虑称此炉为“风煤吹炉”代替原名“烟化炉”（见图 1）。

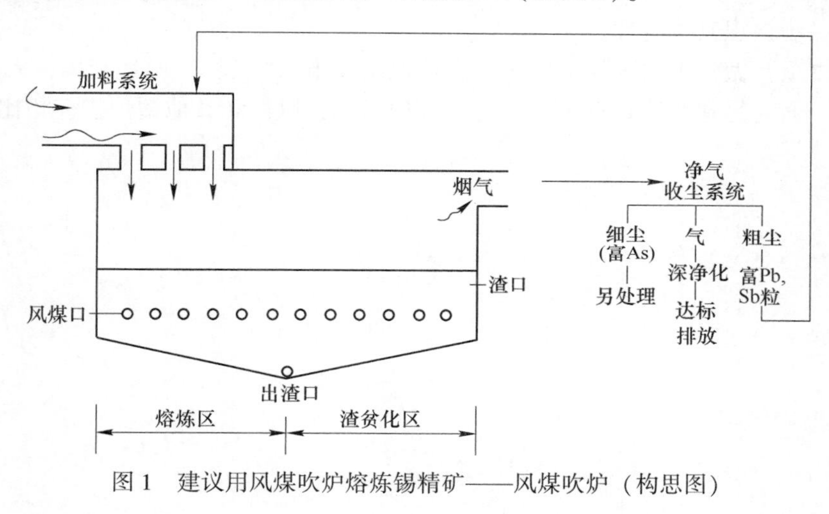

图 1　建议用风煤吹炉熔炼锡精矿——风煤吹炉（构思图）

4 炉子的特点

炉子的特点如下：

（1）可控制氧化还原程度，调节风煤比就可达到。若固定风量，单位时间加煤粉由少到多，则氧化气氛由强转弱，甚至成为还原气氛，到达强还原。在氧化气氛时，可将硫化矿变成氧化物和 SO_2，在还原气氛时可以将物料中的金属氧化物还原成低价甚至到单质。故可按熔炼需要调节风煤比。

（2）可以使挥发性物料挥发成气体，大量气泡促进此过程。锡炉渣的烟化就是在弱氧化气氛中加一些黄铁矿，用其中的硫使渣中的锡生成挥发性强的 SnS，挥发到炉气中，再与炉上部进入的空气氧化成氧化物 SnO_2 进入收尘系统，这个作业用到处理炼锡炉渣后立即产生了奇迹，使还原熔炼炉渣的含锡量由 1%~3%降低到 0.07%。以前，锡炉渣含锡约 10%，经几次熔炼（鼓风炉熔炼、电炉熔炼）皆未达到 Sn<1%。

（3）可以炼出金属产物。在风煤比中煤较多时，燃烧气体成强还原气氛，易还原的金属氧化物如铅、锡等能很快还原成金属，甚至锌氧化物能还原成锌气，再进一步可把炉渣中的氧化铁还原成金属铁生成锡铁合金（硬头）。

（4）入炉料可粗可细，粒度范围较宽，可以加粉料、碎料、块料（不大于几厘米），也可以加熔融液态物料，可以加约 10cm 的金属块料。在此炉，对细料只要不太细（大于 0.28mm（50 目）），不会被炉内气体吹出即可，炉料含水分也无严格要求，只要不见水流出，细料含水能捏成块就可以，所以备料不要求精细。

（5）反应快速由于炉内液渣翻滚，物料运动，热传递很快，化学反应速度快。如粉煤燃烧，氧化物还原，硫化物氧化，物料硫化，汽化等。炉子的生产率很高，$1m^2$ 风口区面积的熔炼物料与 1 个约 $27m^2$ 的反射炉相当。

可以认为，此炉内传热、传质和能量传递都很优良，用途广泛由强还原到强氧化，由熔炼液体到挥发入气相。熔炼锡精矿是完全可以的，而且可以得到较优良的指标，如生产率高，各项消耗较低，生产成本较低，设备及维护费用较低等。

因此，可以进一步实验，详细考查其实践指标。与其他类型的先进炉型的指标做比较，进一步认识其优越性。

注意事项：做仔细的环保措施，信息化控制设施，“三废”循环利用，先用已有的炉子作业，而后另建修改炉型生产，记录各项指标，以便和其他型炉指标相比较。

有色金属冶金

铅熔炼炉渣含铅原因及降低其含铅方法之研究*

现代铅冶炼过程中鼓风炉熔炼已成为标准方法。鼓风炉熔炼铅时铅的损失主要是被炉渣和炉气带走。除此之外，一小部分铅在锍中。被炉气带走的部分可在熔炼时采用高料柱（5m 左右）而减少，并用完善的捕尘设备把气体中的铅几乎能全部收回。锍在其处理过程中也可把铅收回。含于炉渣中的铅如炉渣含锌少，无处理价值，或如国内铅厂中未处理炉渣时而被损失掉。一般铅鼓风炉实践中可看出：生产 1t 粗铅就要同时产出 1t 左右的炉渣。炉渣中含铅量为 1%～3%，若取渣含铅 1%，即生产 1t 粗铅同时损失炉渣中 10kg 以上的铅。过去许多冶金工作者想了不少方法来降低渣含铅，结果使熔剂用量增加，焦炭消耗增加，而导致铅的生产成本增加。

由此可见，找寻降低渣含铅的方法能达到提高金属回收率、降低成本和更好地利用自然资源的目的。

1 参考文献评述

文献与工厂实践中说明了炼铅炉渣时 $FeO-CaO-SiO_2$ 三元系为基础的熔体。文献［1］中列出了许多优良的渣型，其含铅都不大于 0.8%～1%。也指出熔炼的液体产物在前床中静置以分离的必要性。文献［2］中更指出最近已采用固定式加热的前床。在这样的前床中使炉渣不被冷凝得以充分时间沉清。

文献［3］指出铅在炉渣中以三种状态存在。并列出某些工厂炉渣的分析数据见表 1。

表 1 某些工厂炉渣的分析数据

项 目	1 厂	2 厂	3 厂
金属铅占渣含铅量的比例/%	14.7	7.2	55.0
硫化物态的铅占含铅量的比例/%	61.0	71.4	17.5
硅酸盐中铅占渣含铅量的比例/%	24.3	21.4	27.5

文献［3］也指出最近用相分析法对 5 个含锌高的炉渣做了研究。所研究的炉渣成分为：FeO 35%～37%，SiO_2 24%～26%，CaO 10%～12%，ZnO 13%～15%，AsO_3 7%～10%。研究结果见表 2。

* 本文原载于《中南矿冶学院学报》1956 年第 1 期。

表 2　炉渣中铅的存在状态分配

渣样	渣含铅/%	全部铅按存在状态分配/%			
		氧化铅	金属铅	硫化铅	其他
A	1.06	7.9	26.4	42.4	23.3
B	1.48	7.0	24.3	39.2	29.5
C	2.18	8.2	23.4	43.1	25.3
D	1.22	4.1	22.1	23.0	50.8
E	1.19	11.8	38.0	16.0	34.2

A、B、C 三个样品取于炉子作业正常时。D 取自燃料不足即还原气氛较弱时。E 取于作业紊乱时。这些样品用各种方法研究了其中贵金属损失的原因。结果证明贵金属损失于炉渣中与渣中的锍和粗铅有关。

由表 2 中可以看出渣含铅约 25%为金属状态，约 33%为硫化物状态。在作业正常时约 66%成金属与硫化物状态存在。

某些渣样在 1200~1250℃时沉淀之后再做相分析，结果证明几乎没有金属铅存在了。只有难于分解的硅酸铅和铁酸铅存在，即造成炉渣中的铅。并且银的含量减至 1/3~1/2。金在渣中只有痕迹。

对 D、E 两个渣样做了显微镜研究。制成光片与粉状试样做显微镜观测和油浸实验。

对试样 D 的研究肯定了基体上是不透明的玻璃体。在基体中发现具有偏光性的铁橄榄石粒子。放大 100 倍时可看到稀少的圆形颗粒，直径 0.05~0.2mm 的磁铁矿和铜铁硫化物，即斑铜矿。斑铜矿在磁铁矿之后结晶，故分布在其晶粒之间。有时在磁铁矿与斑铜矿中间看到金属铅的粒子。在整个炉渣中经常可以看到直径为 0.1mm 的圆形泡，在泡壁上形成约 0.05mm 厚的铅膜，再往内则为磁铁矿与斑铜矿的环所代替，渣中也可以看到椭圆形的铅粒，大小为 0.2~0.5mm。

斑铜矿以体积计约占 1%，铅稀少。在粉状渣样油浸实验时观察到 0.01mm 以下的粒子，为八面体，蓝绿色和具有很高的反射系数 1.78，按其所有的特性而定为锌光晶石。在渣样中未找到锌矿或其他锌的矿物。

试样 E 与 D 有些不同。渣的基本物质为混浊褐色几乎不透明的玻璃体。其中有 0.8mm×0.1mm 以下的圆粒其分界很清楚的铁橄榄石粒子。油浸实验时可看到有大量高极光的铁橄榄石碎片。在铁橄榄石结晶中有 0.001mm 以下的磁铁矿与树枝状结晶的包裹物。在玻璃基体中也可看到针状结晶的磁铁矿，大小为 0.1mm×0.03mm 以下，数量约为 10%。

磁铁矿周围有时可以看到小粒子的斑铜矿。它在磁铁矿之后结晶。斑铜矿与磁铁矿经常连生在一起，在渣中形成 0.2mm 以下的聚集体。这种聚集体也发现在泡的壁旁，大小为 0.5mm。金属铜单独粒子存在缝中像锍和粗铅一样。

油浸试样中发现锌光晶石的单独粒子（即铝酸锌）。

岩石学的方法研究证明：炉子工作不正常时则其所产的炉渣中存在大量的高价氧化铁。磁铁矿与铁酸盐及其他难熔的化合物，如锌光晶石。高价氧化铁存在说明氧化物的还原不足，其中包括硅酸铅还原不完全。

磁铁矿与锌光晶石在渣中的溶解度是有限的。因此熔体冷却时它们就分离出来成单独的相。磁铁矿与难熔化合物在渣中使炉渣的黏度增大，成为锍与粗铅滞留在渣中的先决条件。锌光晶石在精矿或熔剂中含 Al_2O_3 多时，则在熔烧烧结时形成。它很难熔且不易溶于炉渣中，它的存在也使炉渣黏度提高。这就是渣中不能同时有大量的 Al_2O_3 和 ZnO 存在的原因。

这些论点许多地方和 N. H. Jinckyhob 专家的讲义中炉渣部分所述相符。

2 实验部分

本文以水口山炼铅厂所产的炼铅炉渣为研究对象。由于去取样的同志未按正规手续采取平均有代表性的样品，而使这里所用试样的全面代表性不足，不能完全了解产出这样炉渣时炉子作业情况。

首先炉渣经过破碎后，由一块较大的炉渣中取一样品做化学分析（这块炉渣以后用做显微镜观测的样品）。再由全部约 10kg 炉渣中取另一样品（以下叫混合样）。两个样品都磨碎至全部通过 100μm(150 目) 筛子，再用玛瑙乳钵研至极细。这样才能使渣中的金属铅粒及硫化铅粒暴露其表面，以便受到药剂的作用。磨细后经过干燥即成为化学分析和相分析的样品。

第一号渣样（准备做显微镜观测的炉渣块）化学分析的结果为 Fe 32.1%，Pb 4.97%，Zn 1.99%，Cu 0.24%，CaO 15.67%，SiO_2 23.16%，S 2.17%。可以换算成 FeO 41.4%，CaO 15.67%，SiO_2 23.16%，ZnO 2.48%。在渣中 $FeO+CaO+SiO_2=80.23\%$。

第一号渣样与混合样的相分析采用文献［4］所推荐的方法进行，即按下列的流程分析（见图 1）。

用这个方法分析在此实验中的困难在于处理最后的浸出物，即用氯化钠和氯化铁的溶液把上面留下的沉淀处理以后，使这个混合物过滤很困难。过滤以后由溶液中定铅也较困难而不易成功。其主要问题是溶液中有大量的铁离子。必须控制溶液的酸度通入 H_2S 气使铅成为 PbS 沉淀而不是使铁沉淀。本实验屡次把溶液调整到 0.3mol/L HCl 的酸度下通入 H_2S 气体仍不能使铅沉淀下来。解决这个问题最后采用通入气体后再加 20mL 的 5%硫化氨溶液。把溶液煮沸则有明显的黑色沉淀。而这沉淀按一般的流程处理以定铅。当然这样做又会使部分铁也被沉淀下来。但这样做才不致使实验失败。由于时间限制这个分析方法未能再做验证，今后仍值得再验证，使相分析的过程简化和结果准确。

第一个醋酸氨滤液和第二个硝酸银滤液在定铅的过程中没有什么困难。

分析所得的结果列于表 3。

表 3 炉渣含铅的相分析

渣样	总含铅量/%	全部铅按存在状态分布占渣重/%			
		氧化物	金属状态	硫化物	其他
一号样	4.97	0.85	1.9	0.84	1.38
	100	17.1	38.2	16.9	27.8

续表 3

渣样	总含铅量/%	全部铅按存在状态分布占渣重/%			
		氧化物	金属状态	硫化物	其他
混合样	3.72	0.582	2.03	—	—
	100	15.65	54.5	—	—

注：表中其他一项按差数决定。表中所列的数据为两次以上的分析结果平均值。

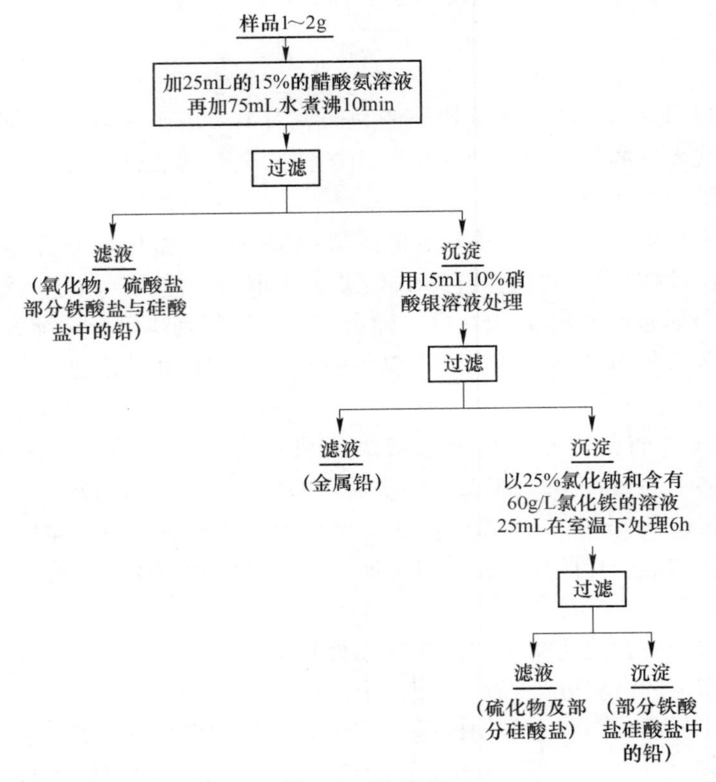

图 1　工艺流程

由表 3 中所列数据可以看出这个炉渣中金属铅与硫化铅中的铅占渣中的总铅量的50%以上。特别是混合样中仅金属铅就占 54.5%。

为了寻找这些铅由渣中分离而提出的办法而做下述的一些实验。

最先使用火泥坩埚盛 400g 炉渣在电弧炉中加热熔化。电炉的装置如图 2 所示。

炉子内的焦屑保持 10mm 左右的大小则可获得较稳定的电弧。焦屑太大而接触不良，太细也不能保持稳定的电弧。

用电弧炉熔化炉渣的效果证明熔化一个坩埚的炉渣需要 2h，且一炉只能放一只坩埚。由于所制的电炉电量小不合乎要求而改用烧焦炭的炉子。燃烧焦炭的炉子为一般的坩埚炉，自然通风，每次可放盛 200g 炉渣的坩埚 4~6 只。炉温可达 1200℃以上。

第一次实验装了 4 个火泥坩埚到炉子中，每个坩埚装 200g 炉渣（混合渣）。熔化后经 20min 全部坩埚的底部全部被侵蚀穿孔，熔渣由孔漏出，而未获得结果。

第二次实验采用 7 个石墨坩埚。坩埚外面涂上一层火泥以避免坩埚被氧化。而坩

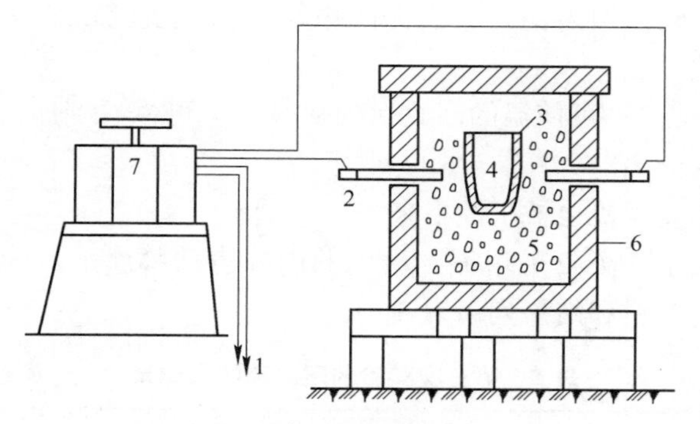

图 2　熔化炉渣用的电炉

1—接电网；2—石墨电极；3—火泥坩埚；4—炉渣；5—焦屑；6—火墙砖；7—变压器

埚内壁未加涂料。各个坩埚中所加的料和试验结果示于表 4 中，坩埚取出时并不倾出熔体，而待冷至室温再取出凝固渣来进行观察。

表 4　第二次实验的配料和结果记录

编号	配料	含金属铅/g	入炉时间	开始熔化时间	取出时间	熔化后延续时间/min	获得铅/g	回收率/%	冷却后的情形	备　注
1	炉渣 200g	4.1	12：25	2：20	2：40	20	3.7	90	致密有明显结晶状	熔化后有大量气泡从炉渣中逸出，成沸腾状
2	炉渣 200g	4.1	12：25	2：15	2：40	25	2.25	55		
3	炉渣 200g	4.1	12：25	2：5	3：25	80	0.7	17		
4	炉渣 200g	4.1	12：25	2：5	2：40	25	—	—		
5	炉渣 200g，CaF_2 6g	4.1	2：40		3：25	25	3.7	90	气泡极多	熔化后较平静，
6	炉渣 200g 炭粉 4g	4.1	3：27	3：55	4：19	20	无	—		熔化后有气泡逸出
7	炉渣 200g 炭粉 4g	4.1	3：27	3：55	4：19	20	无	—		

注：炉温约为 1200℃，坩埚内部温度为 1050~1150℃。

所得到冷却后的渣子靠坩埚边壁部分有一层被还原的金属，其中含铁多。

把 1~3 号试样熔化后获得的粗铅回收率（未考虑粗铅中实质）与熔化后停留时间的关系做成图 3。

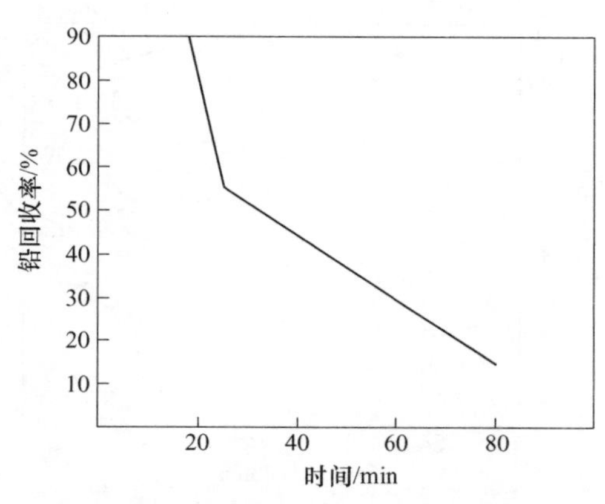

图 3　铅回收率与熔化后停留时间的关系

由图 3 中可以看到使用内面未涂火泥的坩埚作熔化沉淀试样是不适宜的，所得的粗铅量与时间成反比。

表 4 中指出加萤石 3%可使铅的回收达到 90%。也可以看到加入炭粉并不能得到好的作用而阻碍了铅的分离。

这次实验中并未发现锍也被沉淀下来。

第三次实验采用了 9 个石墨坩埚。坩埚的内外表面都涂上一薄层火泥，以防止石墨参加反应。实验的配料和结果列于表 5 中。

表 5　第三次实验的配料和结果记录

编号	配料	含金属铅/g	入炉时间	开始熔化时间	取出时间	熔化后延续时间/min	获得铅/g	回收率/%	冷却后的情形	备注
8	渣 200g	4.1	8∶45	9∶55	9∶19	4	3.5	85.5	底部有硫	熔化渣冒气泡少，表明平静
9	渣 200g	4.1	8∶45	9∶55	9∶35	20	3.1	75.6		
10	渣 200g	4.1	8∶45	9∶55	9∶50	35	3.7	90		
11	渣 200g	4.1	8∶45	9∶55	10∶05	50	3.6	88	底部有硫，渣内气泡极多	硫层厚度约 1 毫米
12	渣 200g	4.1	8∶45	9∶55	10∶20	65	3.4	83		
13	渣 200g，炭粉 4g	4.1	10∶35	11∶20	12∶10	50	无	—		
14	渣 200g，炭粉 4g	4.1	10∶35	11∶20	12∶10	50	无	—		
15	渣 200g，炭粉 4g，CaF_2 6g	4.1	10∶35	11∶20	12∶10	50	无	—		
16	渣 200g，炭粉 4g，CaF_2 6g	4.1	10∶35	11∶20	12∶10	50	无	—		

注：炉温约 1250℃，坩埚内温度 1100℃左右。

这次实验结果说明了：(1) 石墨坩埚内部涂了火泥以后大大地减少石墨参与反应；(2) 熔化炉渣静置若干时间后可以把金属状态的铅回收 80%~90%；(3) 可以把锍与渣分开；(4) 加碳粉的结果与上次相同；(5) 加碳粉再加 CaF_2 仍不能得到好的结果。

图 4 中的曲线可以认为是各个坩埚的条件不同而有一点波动，但波动在不大的 (80%~90%) 范围内。

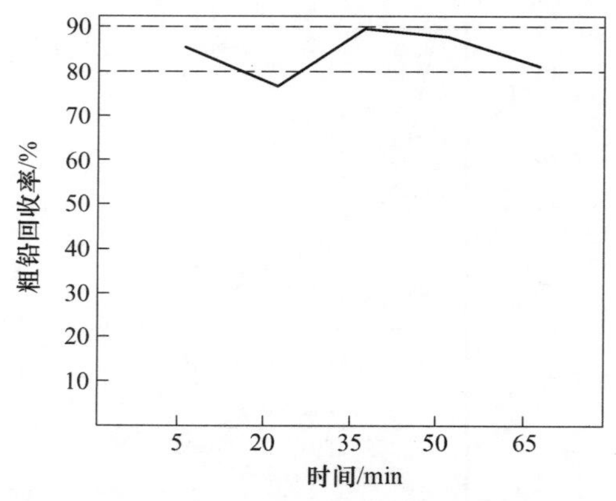

图 4　8~16 号样熔化后停留时间与粗铅回收率的关系

把取好的渣样做成光片与薄片以探究渣子的结构，铅与锍在其中的形态。

光片磨好后肉眼都可以看到在灰白色基体中有黑色方形晶粒，其大小为 1mm 左右。在有的光片上这种黑色晶粒形态较不规则其粒度为 3~4mm。这些渣样在放大 225 倍以后的结构如图 5 所示。经地质系的一些同志对薄片的观测判定白色基体为硅酸钙。在放大 100 倍时可以看到数量不多的银色颗粒的较多的白色亮点。但本实验中还不能肯定它们是锍和铅粒。对白色亮点会做过点滴分析实验，即用 1∶1 的硝酸一小滴以溶解亮点部分，再用毛细管（0.1mm 以下的玻璃管）把溶液吸出，溶液吹在一块干净玻璃上，用微酒精灯烘至恰干，以一小滴蒸馏水形成溶液，在此溶液中放入 1 小粒（0.1mm 以下）的碘化钾固体，则在溶液中产生黄色沉淀，在显微镜下可看到黄色沉淀为无定型或针状结晶，证明是铅。

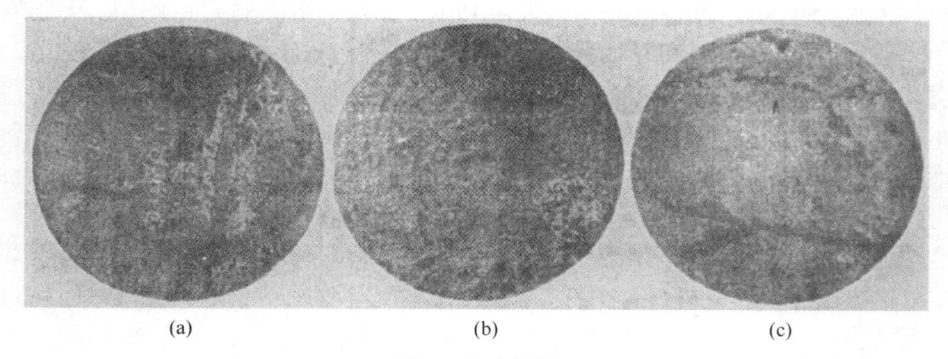

(a)　　(b)　　(c)

图 5　光片结果

（a）8 号未加热熔化过的炉渣（15×15 倍）；（b）未加热熔化过的炉渣（15×15 倍）；

（c）加 3%CaF_3 熔化处理过的炉渣（15×15 倍）

但是这种方法的缺点是因渣样中亮点很小，无论用多么小的一滴硝酸去溶解它也不能使硝酸不与亮点以外的渣子接触，致使溶解下来的东西不能只代表亮点部分的物质。同样也不能做到只溶解非亮点部分的物质。因此实验的指示性就不强。这方面的工作今后应该研究，以达简单迅速判断渣中之金属铅与锍而不必做过程复杂的化学分析。过去多铅渣研究过的人还不多，故这方面的知识还不够丰富。

实验中也采用 $AgNO_3$ 的溶液（10%）借下列反应来判别金属铅的存在：

$$2AgNO_3+Pb \longrightarrow Pb(NO_3)_2+2Ag\downarrow$$

使金属银在有金属铅的地方沉积一层。以使在显微镜下面看到长大了的亮点（金属银）。在试用这个方法过程中曾得到多次良好的结果，但这个方法还值得再加以研究以肯定其充分的正确性。

上述实验结果说明了：（1）用火泥坩埚作类似的炉渣熔化实验是不恰当的，它会很快地被蚀穿而使实验失败。这一点也说明了炼铅炉渣的黏土质耐火材料的侵蚀能力很强。在反射炉式的前床中不宜使用黏土质耐火材料而必须使用镁砖。（2）用石墨坩埚作容器在高温下（1200℃），坩埚本身成为还原剂参与作用而使实验结果不正确。表 4 和图 3 所列的数据说明了这一点。由于石墨强烈地还原渣子中的氧化物而释放出大量气泡，使熔渣成沸腾状，阻碍了金属铅与锍的沉淀。熔化炉渣在此情况下保持的时间越久而使铅的回收越少。当石墨坩埚内面涂以火泥层以后大大地防止了这种作用。

（3）加 $CaF_2$3%时可以得到良好的结果，能把渣中的粗铅回收达 90%。但表 5 的数字说明不加 CaF_2 也能达到同样的回收率。因此在使铅与锍从渣中分出来时并不一定要加 CaF_2。（4）加炭粉到炉渣中不能把渣中的铅在短时间内还原出来（在本实验条件下），甚至阻碍了金属铅的沉落。但加炭粉也加 CaF_2 仍不能得到铅。（5）熔渣只要保持不太高的温度和不长时间（约 1150℃，约 5min）即可把金属铅和锍沉淀下来。金属铅的回收在 80%~90%。锍的回收因锍与渣冷后连在一起，锍本身很脆不能分开而不能确定其数量。但由于其层的厚度估计是不太少的（1g 以上）。（6）显微镜研究的方法对研究炉渣打开了良好的途径。利用它可以不经过过程复杂的分析来直接观察判别炉渣的结构。但这方法还掌握不够，应加以研究找出判别渣中成分的方法。则对有色金属的炉渣研究能起更大的作用。（7）表 3 所列相分析的结果说明这个炉渣中金属铅的含量占渣含铅的 38%~54. 5%，硫化物状的铅约占 17%，二者之初达 55%，未还原的即造渣的铅约为 45%，这样的炉渣说明炉渣与粗铅和锍在工厂中产出时未经良好地分离，使渣中包裹了大量的粗铅和锍。同时炉渣中含有许多造成渣子的铅 45%左右，占渣重的 1. 38%，这个数量显然是太多了。由此我们可以分析一下炉子的作业不够好，或者是渣型不适当，或者炉子作业过程中还原能力不足，具体来说该厂在产出这种炉渣时的炉作业可按当时的情况分析。（8）相分析的方法这里所用为文献［3］所举的选择性溶剂法，这个方法的缺点是除硝酸银溶液浸出之外其他溶剂即选择性都不十分好，但现在仍无更好的方法。同时分析过程中有些困难（已述于前面）有待解决。因此这方面的研究也需要再进行。因这个方法除研究时应用外还可用于工厂，作为随时检查渣子作业的方法。

3 结论

（1）据本实验的结果及文献［1，3］中所列数据说明炼铅炉渣所含铅成为几种形态：金属铅、硫化铅、氧化铅、硅酸铅和铁酸铅等化合成渣之铅。硫化铅及金属铅占渣中铅的 60%左右。在文献［3］中所列的数据中，渣含铅仅为 0. 52%~0. 95%。其中金属铅与锍中的铅还达到 0. 37%~0. 65%。说明了渣中的铅仅少部分（约 40%）甚至更少是属于造渣子的。

（2）渣中铅降低的方法是分两步。第一步是选择正确的渣型和保持炉作业正常。第二步是炉子生产的熔炼产物应建立好的环境（约 1150℃和一段较平静的沉淀时间）使其充分分离，第一步已被我国现有的炼铅厂掌握了。第二步应迅速掌握。特别是在炉渣不再加以处理就废弃的工厂中应及时解决。解决了这一点就可以减少铅及贵金属的大量损失。

参 考 文 献

［1］Смирнов В N. Шахтная Ллаяка В Металургин Цветных Металов. 有色冶金中鼓风炉熔炼［J］. Металургчэлат，1955.

［2］Мостович В Я，Āвисимов И С М. Металуогня Свинца 铅冶金［M］. Мегаллргнэлаг，1940.

［3］Файнберг С Ю. Авализ руд Цветных Мегалов 有色金属矿石分析［M］.

［4］Лайнберг М М. Метллургия Свинца 铅冶金［M］. Металуриэбат，1953.

分子蒸馏和升华*

近年来，分子蒸馏已经发展成为大规模的化学工程单元作业，但是它的一般限制以及和其他种类的蒸馏的关系讨论甚少，分子蒸馏的一些论文给人的印象是它在 10^{-4} Torr（1Torr = 133.32Pa）这个数量级的压强下工作，同时冷凝表面和蒸发面间的距离必须小于蒸气分子的平均自由程[1,2]，本文拟阐明分子蒸馏要比这些规定广泛得多。

蒸馏由下述几个阶段综合而成：（1）向蒸发的液体传送热量，供给蒸发潜热，用来保持液体在某一绝对温度 T。（2）在液-气界面上生成蒸气。（3）蒸气的传送。（4）蒸气在维持较低温度 T_c 的冷凝面上凝结。在有关蒸馏的一般教科书中很少注意到以三种不同的机理生成蒸气和蒸气的传输，这些可以描述为沸腾（ebullition）、正常的蒸发蒸馏和分子蒸发蒸馏或分子蒸馏。三者的关系可以这样说明，设想一种液体保持一定的温度，在上面的空间中的压强 p 逐渐减小，开始时，p 大于其饱和蒸气压 Π（液体在温度 T 时的值），这时就有像空气这样的惰性气体存在，液体表面的蒸气就要以扩散或对流的方式传送经过此气体达到冷凝表面，在这样的条件下即正常的蒸发蒸馏（normal evaporative distillation）时，蒸馏速率为蒸发和冷凝表面之间的传质速率所控制，而不是传热速率所影响，若增大传热速率，液体就升高温度而增大 Π，相应地增加传质速率。

若 p 一直降低到与 Π 相等，在液体中就出现气泡并且长大起来，蒸馏就以沸腾的方式进行，此时液-气界面可因气泡生成而无限制的增大，液体温度保持不变，蒸馏速率为传热速率所控制，在液体上面蒸气的传送不是以扩散或对流的方式，而是由自身的运动，同时若因防止液体沸腾发生喷溅而将冷凝面隔开，就会因为阻力损失而使蒸发面和冷凝面之间的压强产生明显的差别。

对于一般的液体，当 p 降低到 Π 时蒸馏的类型发生大的变化，并且 p 不会降低到小于 p 的程度。一些高沸点的油质液体，在安全加热到相当高的温度时 Π 仍然很小，此时气泡不会很快地形成，就可能使 p 降低到低于 Π 的值，同时或多或少地逐渐变化。由蒸气传输速率控制的正常蒸发蒸馏，转变为分子蒸馏（molecular distillation），蒸馏速率为绝对蒸发速率控制，也就是为了分子由液体的自由表面上逸出的速率所控制。

必须注意到固体的升华（sublimation）可以用液体蒸馏的同样方法来处理，但不可能有沸腾发生，升华只在 p 减小时表现出由正常蒸发转变为分子蒸发过程。

1 蒸发蒸馏方程

由正常蒸发向分子蒸发或向升华的转化现在可做定量的讨论，但若有对流存在就不易定量的表示蒸馏速率。若假定蒸发面与冷凝面平行，且表面积相等，蒸气在其间

* 本文由 P. C. Carman 著，原载于“Trans. Farady Soc.”，1948（44）：529~536。戴永年译。

传递仅仅是扩散的结果。则：

$$\omega = \frac{MDp}{RTx}\ln\left(\frac{p - \Pi_c}{p - p_i}\right) \tag{1}$$

式中，ω 为蒸发速率，g/(cm^2 · s)；M 为蒸气的相对分子质量，相对于 O=16；D 为扩散系数，cm^2/s；p_i 为液-气界面处的蒸气分压，dyn/cm^2；Π_c 为 T_c 时的饱和蒸气压，dyn/cm^2；R 为气体常数，在 c. g. s 单位制中 $R=8.3\times10^7$；Dp 与 p 无关而与 $T^{3/2}$ 成比例，则：

$$\omega = \frac{R}{x}\ln\left(\frac{p - \Pi_c}{p - p_i}\right) = \frac{R_l}{x}\log\left(\frac{p - \Pi_c}{p - p_i}\right) \tag{2}$$

其中 $R_l=2.3R=\frac{2.3MDp}{RT}$，并正比于$\sqrt{T}$，换句话说，它是常数。

在一般化工计算中假定在液-气界面上处于平衡，即 $p_i=\Pi$，则：

$$\omega = \frac{R_l}{x}\log\left(\frac{p - \Pi_c}{p - \Pi}\right) \tag{3}$$

若 Π 比 p 小得多，则成为：

$$\omega = \frac{R_l}{x}\cdot\left(\frac{\Pi - \Pi_c}{p}\right) \tag{4}$$

分子蒸馏时，绝对蒸发速率 ω_0。常用方程式为：

$$\omega_0 = \Pi\sqrt{\frac{M}{2\Pi RT}} \tag{5}$$

式（5）右边为液体表面在饱和蒸气压中受蒸气分子碰撞的计算，假若没有分子返回，它就等于凝结速率，也就是蒸发速率 ω_0，随之若在液-气界面上蒸气分压为 p，当绝对蒸发速率不变时，碰撞速率即冷凝速率将成为 $\omega_0\cdot p_i/\Pi$，然后：

蒸馏速率=绝对蒸发速率-冷凝速率

或
$$\omega = \omega_0\cdot\left(1 - \frac{p_i}{\Pi}\right) \tag{6}$$

若适应系数（accommodation coefficient）α 小于 1，即可得到式（7），就是有一部分碰撞的分子被弹回；假定对蒸气压 p_i 与 Π 的 α 都相同，在后面的计算中这是实在的，并且式（6）也因而是可用的，在下一节里计算水的曲线时假定 $\alpha=1$，若 α 有较小一点的数值其影响也不大。

将式（2）与式（6）等同起来：

$$\omega = \omega_0\left(1 - \frac{p_i}{\Pi}\right) = \frac{R_l}{x}\log\left(\frac{p - \Pi_c}{p - p_i}\right) \tag{7}$$

式（7）和确定蒸发蒸馏速率的基本方程一样，即消去了 p_i 后，给出任意一组条件 p、x、T 和 T_c 即可计算出 ω；后两个量即给出 R_l、ω_0、Π 和 Π_c。

方程式（7）导出两个重要的大致范围。

第一，由式（6）解出 p_i：

$$p_i = \Pi\left(1 - \frac{\omega}{\omega_0}\right) \tag{6a}$$

由此，若 ω/ω_0 非常小，$p_i \approx \Pi$，也即得到了正常蒸发蒸馏的式（3），像式（3）一样当 $p>\Pi$ 时，方给出 ω 的实值，正常蒸发蒸馏有着同样的限制。

第二，解出方程式（2）中的 p_i

$$p_i = p - (p - \Pi_c) \times 10^{-\frac{\omega x}{R_l}} \tag{2a}$$

因此，当 $\frac{\omega x}{R_l}>1$ 或 $\frac{\omega}{\omega_0}>\frac{R_l}{\omega_0 x}$，第二项就迅速变得很小，而得到 $p_i \approx p$。随之为代表分子蒸馏的方程式：

$$\omega = \omega_0 \cdot \left(1 - \frac{p}{\Pi}\right) \tag{8}$$

此式仅当 $p<\Pi$ 时给出 ω 为正值，显然，在 p 接近 p 等于 Π 时的一个或多或少的限制的区域，蒸馏既非正常蒸馏也不是分子蒸馏，而是如式（7）所留给的为两者的综合，式（2a）也明显地指出若 $p<\Pi_c$ 则 p_i 就大于 p，这样，分子蒸馏就限于 $\Pi_c<p<\Pi$，它的意义是当 $p=\Pi_c$，在蒸发和冷凝表面的蒸气都有此压强，则有一些或大部分都未凝结而被真空泵抽走，实际上，p 能降至 Π_c 以下，冷凝面失去作用，所有的蒸气被泵抽走，作业不再是蒸馏了。

2 水的蒸发蒸馏

从数学符号进一步讨论式（7）没有更多好处，故将水的主要方面绘成曲线用以说明，速率描绘成 ω/ω_0；比值对有意义的变数 p，二者都用对数刻度。图 1 和图 2 是 $x=1\text{cm}$ 的 20℃、-20℃、-50℃和-80℃，在图 3 中，$x=1\text{mm}$、1cm 和 1m，温度为-20℃，并假定冷凝面的温度总是很低的，Π_c 可以忽略不计，式（7）成为：

$$\frac{\omega}{\omega_0} = \left(1 - \frac{p_i}{\Pi}\right) = \frac{R_l}{\omega_0 x}\log\left(\frac{p}{p - p_i}\right) \tag{7a}$$

同时式（3）变成：

$$\frac{\omega}{\omega_0} = \frac{R_l}{\omega_0 x}\log\left(\frac{p}{p - \Pi}\right) \tag{3a}$$

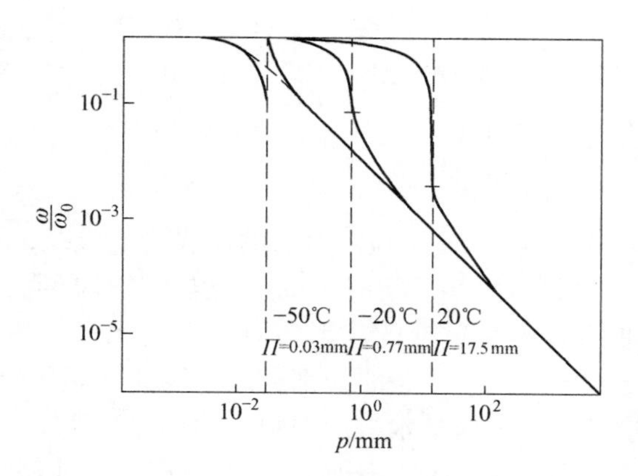

图 1　$x=1\text{cm}$，三个不同温度下 ω/ω_0 对 p 作图，实线为式（3a）和式（8），虚线是式（7a）

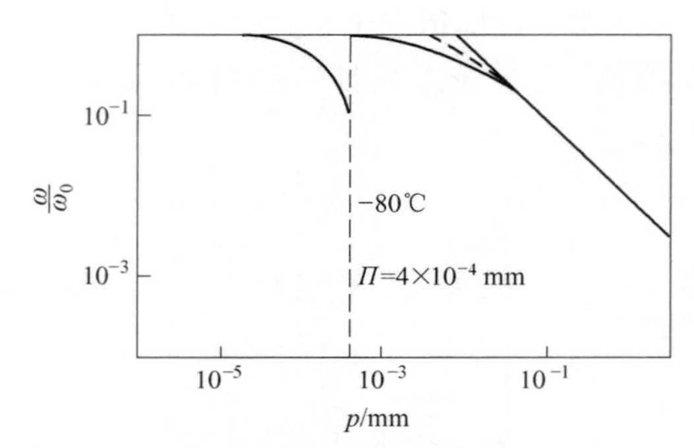

图 2　$x=1$cm，−80℃时 ω/ω_0 对 p 实线为式（3a）和式（8），虚线为式（9），点线为式（10），平均自由程式校正式

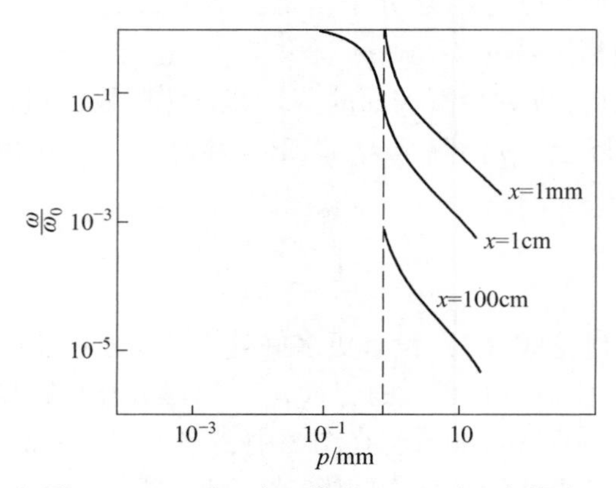

图 3　−20℃下三个 x 值的 ω/ω_0 对 p 实线为式（3a）和式（8），虚线为式（7a）

实验对于水蒸气−空气在 0℃，1atm 下，D 为 0.22cm²/s，由此计算得：$R_l=4\times10^{-4}$，与 c.g.s 单位一致。其他基本数据如下：

温度	Π/Torr	ω_0	ω_0/R_l
20℃（水）	17.5	0.25	600
−20℃（冰）	0.77	1.2×10^{-2}	30.4
−50℃（冰）	0.03	4.9×10^{-4}	1.34
−80℃（冰）	4×10^{-4}	7.1×10^{-6}	2.1×10^{-2}

图 1～图 3 中对每一组条件下式（7a）给出的曲线绘成虚线，可以看到它与实线表示的式（3a）和式（8）相会合。$p=\Pi$ 的 ω/ω_0 值也清楚地标明，在 20℃时液体水的曲线和其他对于冰的曲线并不是重要的，因为对所有的来说，假若在相同的 Π 和 x，而不是温度一致时作比较的话，同一条曲线都可以由液体和固体给出，−20℃的曲线最近变得重要了，因为这是由盘尼西林水溶液中脱水的作业温度。

先看 20℃的水，它的特点也是蒸气压较高，甚至 p 减小到 Π，ω/ω_0 都很小，因此式（3a）对于正常蒸发蒸馏一直应用到 $p=\Pi$，此时水已沸腾，都是很精确，但若能够避免沸腾，或者在同样的蒸气压下有冰存在，图 1 中式（8）在 $p=\Pi$ 时给出的曲线表示出陡然转向分子蒸馏，并伴随着蒸馏速率有大的增加。

冰在-50℃的性质，在图1中表示出物质在低蒸气压时的蒸发蒸馏，当 $p=\Pi$ 时，$\omega/\omega_0=0.35$，由正常蒸发到分子蒸馏没有突然的变化，而且在 $p=\Pi$ 的两边有相当的范围内式（3a）和式（8）都不能用。

冰在-20℃的曲线在图1中，当 $x=1\text{cm}$，如所预料它位居中间，但可以注意到，当 x 发生变化，像图3中那样 $x=1\text{mm}$ 的曲线，在性质上与-50℃和 $x=1\text{cm}$ 的相类似，当 $x=1\text{m}$ 的曲线其特点与20℃，$x=1\text{cm}$ 的相类似，像式（3a）给出的那样，这只是因为 x 对扩散速率的影响，分子蒸馏速率与 x 无关，正如式（8）所表明并示于-20℃的曲线。

冰在-80℃如图2所示，蒸气压达 10^{-4}mmHg 数量级，限制方程式（3a）和式（8）很明显地不再有多少用，同时 ω 处于 p 在相当程度上大于 Π 时仍接近等于 ω_0，不难表明，如在这里的：$\dfrac{R_l}{\omega_0 x}\gg 1$ 时，p_i 总是小于 p，由此：

$$\frac{R_l}{x}\log\left(\frac{p}{p-p_i}\right)\approx\frac{R}{x}\cdot\frac{p_i}{p}$$

式（7a）就简化为：

$$\frac{\omega}{\omega_0}=1+\frac{\omega_0}{R}\cdot\frac{p}{\Pi} \tag{9}$$

3 平均自由程的影响

冰在-80℃的情况下，当 p 仍比 Π 大的很多时，在空气中的水蒸气分子的平均自由程 λ 已比 x 大，在0℃和1atm下：

$$\lambda\approx 1\times 10^{-5}\text{cm}$$

由此：

$$\lambda\approx 1\times 10^{-5}\times\frac{T}{273}\times\frac{760}{p}(p,\ \text{Torr})$$

因而在-80℃：

$$\lambda\approx\frac{5.4\times 10^{-3}}{p}$$

即当 $p=5.4\times 10^{-2}$Torr 时，$\lambda=1\text{cm}$，这样就引入了过去忽略了的一个基本点，假若 x 与 λ 有同样的数量级，蒸发出来的气体分子就能够不和空气分子碰撞就到达冷凝表面，在此条件下，用以计算式（7a）中的 R_l 和式（9）中的 R 的扩散系数 D 就失去了意义。但由纯理论的角度难于得到一个可以采用的校正式，只有 Fuchs[3] 提出了一个近似的方法，蒸气穿过其周围的空气或别的永久性气体时，在两者的分子相碰撞之前是难于形成浓度梯度而造成扩散过程的。因此人可以假定在一定的厚度 Δ 等于或相当于 λ 时，p_i 是定值则其平均影响相同，并在这一点之外形成了正常的扩散梯度，简而言之式（7a）和式（9）可以用（$x-\Delta$）代替 x 以校正之。校正的影响，若 $\Delta=\lambda$ 则在图2中用点线表示，基本点是当 $\lambda=x$ 时，$\omega/\omega_0=1$。

液滴的蒸发。Bradley Evans 和 Whytelaw-Gray[4] 提供了一些实验数据，至少部分地证明了 Fuchs 的理论，他们测定了在炭质吸收剂衬里的容器（即 $\Pi_c=0$）中液滴的蒸发速率。根据 Langmunir[5]，若蒸发为扩散到控制，由质量 m 半径为 a 的液滴蒸发向巨大的容器中，其速率为：

$$-\frac{\mathrm{d}m}{\mathrm{d}t}=4\Pi a^2\omega=4\Pi a\frac{MD\Pi}{RT}$$

即：

$$\omega=\frac{MD\Pi}{RTa}=\frac{R\Pi}{ap}$$

如 Bradley 的实验情况常有的并类似于式（4），这就假定了 $p\gg\Pi$，同样，若 ω 趋向 ω_0，必须用 p_i 代替 Π，我们就推导出一个与式（9）相类似的方程：

$$\frac{\omega_0}{\omega}=1+\frac{\omega_0 ap}{R\Pi}$$

现在作 Fuchs 层 Δ 的校正，由半径（$a+\Delta$）的球形成的扩散，则：

$$-\frac{\mathrm{d}m}{\mathrm{d}t}=4\Pi a^2\omega=4\Pi(a+\Delta)\frac{MDp_i}{RT}$$

即

$$\omega=\frac{(a+\Delta)Rp_i}{a^2p}$$

和

$$\frac{\omega_0}{\omega}=1+\frac{\omega_0 a^2p}{(a+\Delta)R\Pi}$$

Bradley 根据他的结果证明了一个此种类型的方程式。

校正的作用——未至 λ 变得与 x 相似之前对 λ 的校正都不会成为可注意的，一般来说，甚至对于较大的分子，在 760Torr 和蒸馏温度下 λ 在 $10^{-5}\sim10^{-6}$cm 的数量级，此时 x 为厘米的数量级，因此除非 p 小于 $10^{-3}\sim10^{-4}$Torr，否则 λ 就不可能与 x 相等，因此总的来说，可以分为两种情况：

（1）若 Π 远远大于 10^{-4}Torr，当校正变得有效的时候，扩散不再起控制作用，则 x 的校正就不重要了，式（7a）就能够应用。

（2）若 Π 达到 10^{-4}Torr 这一级或再小一些，当 $p<\Pi$ 时，$\lambda=x$，则必须进行校正，在此条件下如同式（7a）简化为式（9）那样，应用的方程式为：

$$\frac{\omega_0}{\omega}=1+\frac{\omega_0(x-\Delta)p}{R\Pi}\tag{10}$$

4 讨论

通常蒸馏或升华都在实际可能的最高温度下进行，则提高蒸气压而利于快速蒸馏，但是在实践中温度常受物质分解的危险所限制，对各种液体通常是，而且也将仍然在安全的温度下降低压强直至沸腾发生，因为这样做仅仅需要简单的设备并达到高的蒸发速率，然而，沸腾有着一些明显的限制。防止喷溅，冷凝器必需离沸腾液体一定的距离，因此，蒸气的转移是经过流动而不是扩散，冷凝器必须安置在蒸发器和真空泵之间，在很低的压强下产生蒸气的体积如此之大以致起泡沫和喷溅趋于过强；与真空泵维持容器中的压强相比较，在蒸发器与冷凝器之间的阻力损失是很可观的。现代设备用宽通道给蒸气流通过这件事说明已认识到这一点，但已经发现在蒸发器中可能保持着高达 5Torr 的压强，而真空系统维持如何小的压强也没有意义。因此，若液体不能安全地加热到其蒸气压超过5Torr，就不能使之沸腾，再是，特别对于高黏度的液体，气泡成核和长大都不会在很低的压强下容易地产生，并且总是不会发生沸腾的。

蒸发蒸馏在这样一些情况下使用，冷凝表面和蒸发面放在相同的空间，整个空间都抽成均匀的低压强；通常低到足以由正常蒸发蒸馏转变到分子蒸馏，这样安排就很明显眼避免沸腾，这种方法能获得的速率堪与沸腾相比。使水沸腾的较好的总传热系数为700Btu/(ft^2·h·℉)，此值甚至在温度差100℉也只相当于1×10^{-2}g/(cm^2·s)加热面的蒸发速率，也就是类似于冰在-20℃的每平方厘米蒸发面的ω_0。

可以看到在一定温度T时蒸馏的最重要的量是饱和蒸气压Π，还要考虑三种情况：（1）Π为10^{-4}Torr这个数量级或再低些；（2）Π达到10^{-2}Torr，或再高些；（3）Π大于1Torr。

（1）分子蒸馏首先被证明对挥发性很低的油质液体为有用的技术，这种液体不能用沸腾蒸馏，前一段考虑了如何降低p至λ和蒸发面及冷凝面间的距离达到相同的数量级，获得最大的蒸发速率，也就是要降低压强至$10^{-3}\sim10^{-4}$Torr，若做到这一点，则勿论Π的值如何小，蒸发速率将对p或x的变化都不十分敏感。

（2）首先，当Π大于10^{-2}Torr，在蒸馏或设计中平均自由程远不起作用，然后若ω接近于ω_0，p必须减小最好是低于Π，事实上要达到可以应用式（8）的条件，研究这个方程式说明若$\omega=\omega_0$，是可以接受的ω的最高的值，就只需要使p降低到0.2Π，再进一步降低，例如减小到0.1Π只会使ω增加到$0.9\omega_0$。再要说的一点，若遵守式（8），蒸馏速率完全不受x影响。

（3）当Π大于1Torr，以对式（2）的同样考虑，但ω_0是如此之大，而不需要ω与ω_0相等，应该可以期望利用$p=\Pi$时ω有快速的增加，但很少用较低的p值，如图3所示当$p=\Pi$，ω的实际值受x变化的影响很灵敏，但若p稍小于Π，则差别可以大大减少。

简单地说，对于挥发性十分小的液体，分子蒸馏是不需要限制的，蒸气压超过10^{-2}托的物质，它可能在不用很低的压强时达到很快的蒸馏，并且多少与蒸发面和冷凝面之间的空间无关，当然设计中必须保证蒸发出来的分子能有效地和冷凝面相碰撞，主要的实际限制是p必须减小到稍低于Π，并对于多数液体，这将立即引起沸腾。

这个限制不用于固体物质的升华，事实上，在此情况下仅有的限制将是设计上的种种问题，包括快速地传热给升华的物质和由冷凝器表面上刮下来的升华物，使人注目的应用是“冷冻干燥”，如像在-(20~30)℃制造盘尼西林时冰的升华。在这里，如何预期在蒸发和冷凝面之间的间隙里不出现临界状态，不需要用特别低的压强，图3表明并不需要降低到0.1Torr以下，并且应当在设计中采用真空泵于无负荷时能达到0.01Torr。

参 考 文 献

[1] J. Soc. Chem. Ind.，1939：58，39，43.

[2] Hickman. Chim. Rev.，1944：34，51.

[3] Fuchs，Physik. Z. Sowjet，1934（6）：224.

[4] Bradley，Evans，Whytelaw-Gray. Proc. Roy. Soc. A. 1946：186，368.

[5] Langmunir. Physic. Rev.，1918（12）：368.

[6] Ind. Chem.，1945：663.

有色金属的真空冶金*

摘　要　作者论述了真空冶金的发展、特性以及在有色冶金工业生产中的应用、研究现状及前景。也介绍了我们近年来在真空冶金方面所做的一些工作与已取得的效益，提出了今后值得研究应用的某些问题。

关键词　有色金属；真空冶金；有色冶金；真空精馏

冶金作业从来都是在大气中进行。不论是炼铜、炼铁、炼锡，几千年来都是如此，只叫“冶金”了。但自从真空技术发展起来之后，许多领域诸如电子、化工、轻工……都相继采用了真空技术，越来越广泛深入。冶金这门科学，也开始应用真空技术并逐渐发展成为“真空冶金”。真空冶金就是在低于大气压的压力下进行冶金作业。有了真空冶金，再回顾大气中的冶金作业，不也就可以把它称为“常压冶金”了吗[1~3]。

常压冶金已经有几千年的历史了，发展到相当高的程度。冶炼技术和冶炼原理也已相当成熟。相比之下，真空冶金才有几十年的经历，在研究和应用上都还有待人们去开发；但由于它年轻不广为人们所“熟知”，这就使许多人无法下决心为研究真空冶金新技术而工作。

20 世纪 50 年代以前，真空冶金较多地用于稀有金属冶金。若干种稀有金属熔点高、易氧化、难冶炼、难提纯，但价格昂贵、用途广。如钛，它的密度小（4.51g/cm^3），略比铝（2.7g/cm^3）大而小于一些常用金属（锌 7.14g/cm^3，铜 8.92g/cm^3，铁 7.86g/cm^3），熔点高（1677℃），比铁还高；但耐腐蚀性能好，是一种用途广的金属，用于航空工业、化工工业等。而钛与氧的亲和力很强，不可能在常压下冶炼、铸锭。然而在真空条件下则能顺利地生产出来，铸成致密的锭子[1,2]，这就显示出了真空冶金的魅力。真空技术在冶金中的应用不仅极大地改善了金属和合金的质量和性能，而且使本来无法生产的金属和合金的制备成为可能。

当真空冶金引向有色金属领域时情况又有所不同。一方面这些金属历来都在常压下冶炼、加工，没有遇到特殊的困难；二是这些金属价格较低，几千元一吨而被称为贱金属。生产这些金属不可能付出较多的加工费用。于是，有人怀疑在有色金属中有无必要去研究真空冶金，真空冶金技术较“难”而“贵”，用于有色冶金之中能承担得了吗？

20 世纪 50 年代，当开始研究焊锡真空蒸馏脱铅时[4,5]，到有关工厂希求合作，许多人怀疑此项新技术能否用于工业之中，是否有经济效益；因而在支持与合作上也就显得不甚有力。

* 本文合作者有陈枫；原载于《昆明工学院学报》1989 年第 2 期。

真空冶金有其固有的特性，显示了某些优越性。所以在有色冶金中它仍能克服困难向前发展。

焊锡真空蒸馏脱铅的研究，我们从1958年开始实验室试验研究[4,5]；很快就取得了满意的效果。以后，便集中力量研究真空炉的炉型结构，经过10多年的努力，在1975~1976年提出了一种较合理的炉型，1977年扩大试验成功，日处理焊锡量达到400kg，每吨焊锡电耗1000kW·h[6~8]。1979年工业试验成功后通过了省级鉴定，继而推广使用。到目前为止，我们研制成功的真空炉，已在全国8个单位建立了18台不同规格的工业炉，在工业生产中运转。据统计现已加工处理各类锡铅物料近4万吨，节约了大量加工费，多生产了几百吨锡，为国家创利近1800万元[9]。现在，在国内的炼锡厂中已基本上取代了氯化物电解液电解焊锡的传统工艺流程。

事实证明，真空蒸馏焊锡脱除铅的工艺具有如下的一些特点：

(1) 生产流程短。焊锡进入真空炉蒸馏20min后即产出铅和锡两种金属。不像焊锡电解法那样，生产周期长，流程复杂，又要生产氯化亚锡来配电解液。

(2) 不消耗试剂。铅在真空中蒸发纯属物理过程，铅挥发出来之后又在冷凝器上凝结成铅液流出炉外。不像电解法那样用氯化物使铅变成氯化铅，大量消耗盐酸等试剂。

(3) 加工费少。真空蒸馏脱铅主要消耗电能，工业生产的技术经济指标是每吨焊锡耗电500kW·h，加上其他费用，每吨焊锡的加工费只有120元，而氯化物电解法是700~1000元。

(4) 金属回收率高。焊锡真空脱铅长期工业生产的数据表明，锡回收率高达99.4%，而氯化电解法只有96%甚至更低。用真空蒸馏法代替电解法，锡回收率可提高3%左右。

(5) 不产生“三废”(废渣、废水、废气)，对环境极少污染。在有色冶金各种作业中都或多或少地对环境有污染，能像真空冶金那样没有或基本没有污染的作业是少有的。

(6) 基建投资少，占地面积小。

(7) 劳动条件好，占用人员少，金属在生产过程中周转快。

(8) 技术易于掌握。

正是由于这些特点说明其有很大的优越性，有竞争力。所以从1980年到现在，在全国的炼锡厂中几乎都用真空蒸馏法取代了氯化物电解液电解焊锡的传统工艺流程。

也许有人会问，真空冶金用在其他有色金属上是否也有这些优点呢？这可由真空冶金的基本特性来理解。

真空冶金的基本特性是：

(1) 真空冶金过程是在真空中进行的，即在小于大气压的低压室中进行。低压就有利于生成气体的反应。如物质的蒸发、金属氧化物的还原、金属脱气等。

例如，在上海（海拔只有4.6m）烧开水，100℃沸腾。而在昆明（海拔1891m），大气压只有8.06×10^4Pa，则在90℃左右就沸腾了。如果把水放在真空室里，真空室保持压力为2.4×10^3Pa，那么20℃水就沸腾了。就是由于这种原因能使沸点为1740℃的铅在133.3Pa的真空下，900℃左右时就能气化生成铅蒸气而挥发出来，真空蒸馏焊锡脱除铅也就成为可能。又如氧化锌在常压下还原要在1000~1200℃温度下进行；但在真空中，950℃即可。

（2）真空中氧气很少，可以避免金属氧化。在真空容器中，压力从1.0×10^5Pa抽空到1.3Pa时，则在真空容器中只剩下1/76000的气体了。气体中的氧也以同样比例减少。因此在真空中加工金属，相应于该金属有一定的真空度，使氧气少到不能氧化金属。在真空蒸馏焊锡时，真空度只达67Pa左右，已可避免铅和锡的氧化，在这种条件下才有可能将铅蒸馏出来。否则在大气中铅锡合金只要加热到600℃左右，就发生氧化了，达到铅的沸点1740℃时，无论挥发或未挥发的铅，必然迅速地被氧化，只能得到氧化铅。

（3）真空炉在炉内用电加热，没有燃料燃烧产出气体，故炉内的气体量极少。金属蒸气经冷凝成金属以后所余气体也很少，在抽气系统中易于处理。所以在真空冶金过程中大大地减少了废气污染环境的问题。

（4）真空炉只需少量冷却用水，在水套中循环使用，不会成为污水，不存在水污染问题，也就不需废水处理设施。

这些特性就形成真空蒸馏焊锡有如上所述的那些优点，也使真空冶金得到了迅速的发展。就以有色金属而言，近几年来在工业生产上已应用和研究过的有下列一些例子。

（1）焊锡真空蒸馏脱铅：如前所述，在国内已全面推广用于工业生产之中[9]。

（2）粗锡真空精炼：在国外如苏联、民主德国、英国、澳大利亚、玻利维亚等国家已经用于工业生产中[10~12]。能顺利地从粗锡中分离铅和铋以及一定量的砷和锑。

（3）铅的真空精炼：在国内我们进行过研究，已形成粗铅火法精炼新工艺，能产出精铅、电缆合金、蓄电池合金，同时回收银成纯银。新工艺革除了现行粗铅火法精炼流程中的加锌除银、铅中除锌、银锌壳蒸馏及灰吹、加钙镁脱铋等工序而使火法精炼流程大大简化。与现行粗铅电解精炼法相比较，则省去了阳极泥处理以回收贵金属的复杂流程，在真空炉内直接产出粗银。对年处理3000t粗铅的工厂来说，基建费只需30多万元，每千吨投资费约为10多万元，而电解精炼法每千吨投资却需约100万元。另外加工费也较少。因此，我们研制成功的粗铅火法精炼新工艺已经在省内外推广并用于生产之中。

苏联也在研究铅的真空精炼，已进行吨级规模的扩大试验[3]。但尚未用于工业生产中。

也许有人会担心，1t铅仅5000元左右，真空蒸馏使大量的铅挥发，电耗会不会很高，经济上合算吗？设工业用电1kW/h为0.1元。则可得到如下的数据：

真空炉的热效率/%	100	80	60	50	30
每吨铅耗电/kW·h	274	343	457	548	913
蒸馏1t铅的电费/元	27.4	34.3	45.7	54.8	91.3

我们和苏联试验得到的单位电耗均在470kW·h/t左右，按现行电的价格，电费为47元。虽目前尚缺少工业生产中大量加工的确切数据，但现有的数据已能说明问题。

（4）镉：镉的真空精炼国内外都已广泛用于工业生产中[1,2]。由于镉的分散性，生产规模一般都比较小，所以现有的锡真空精炼炉的规模都不大。

（5）锑：苏联在这方面进行过很多研究。经过工业试验并已用生产之中的有：硫化汞锑精矿的真空分离[1,3,13]，能将含 0.76%~2.84% Hg 的汞锑精矿中的汞 98%~99.2%挥发除去，残渣含 Hg 0.002%~0.005%。低品位硫化锑精矿的富集[1,13]，可把含 Sb 28%的低品位硫化锑精矿富集到含 Sb 68%~70%，得到的升华物几乎为纯硫化锑。

（6）含砷金矿真空分离脱除砷：苏联研究过，在温度 650~700℃，残压 6.67×10^2 ~ 1.33×10^3 Pa 下，砷的升华率大于 95%，残渣含砷 0.2%~0.5%，分离砷效果很好[1,14]。

有希望在将来用于生产中的就比较多了，可列举如下的一些例子。

（1）铜锌精矿的真空分离：铜锌精矿的处理至今仍是一个难题。我们曾对含 Zn 8.56%的某地铜锌精矿进行真空分离的试验研究[1,15]。脱锌率达到 98%以上，同时把 In、Pb、Bi、As、Sb 较彻底地脱除，得到了较纯的硫化铜精矿，并为综合利用打下了基础。

（2）砷铁渣真空蒸馏分离砷：在炼锡厂、炼铅厂都会产出砷铁渣。砷铁渣的处理仍无一个合理的方法。我们进行过真空蒸馏砷铁渣分离脱除砷的试验研究[9,16]。分离脱除砷的效果很好，产出的砷经精制可产出砷。

（3）锡炉渣、锡矿中提锡：将锡以氧化亚锡和硫化锡的形态挥发出来，这样比烟化炉少产生气体，二氧化硫气体也少得多，环境污染问题可以明显地改善。

（4）多金属硫化精矿的真空分离：易挥发的硫化物如硫化锌、硫化铅、硫化锡等可从多金属硫化精矿中优先选择挥发出来，而铜、铁、钨、镍的硫化物则不挥发而残留在渣中。易挥发性硫化物中其挥发性能又有程度差别，所以分离挥发出来之后又可以分部冷凝收集不同产品[17]。

（5）铁矿中挥发铅：苏联对含少量铅的一种铁矿进行过真空处理使铅挥发除去的试验研究。铅脱除之后铁矿也就成为合乎炼铁的原料了[3]。

（6）从高炉烟尘中回收铅锌：已进行小型试验，用碳作还原剂把铅和锌还原后挥发出来，效果尚好[1]。

（7）有色冶金炉渣中挥发铅锌：有色金属炉渣中往往含有一定量的铅、锌。曾经研究过[1,2,18,19]炉渣中的铅锌在真空下挥发出来的问题，认为过程中除金属铁之外，在真空下大量存在的 FeO 也有助于氧化锌的还原挥发。铅和锌挥发后，FeO 变成 Fe_3O_4。

（8）真空分离多金属冰铜中的铅和锌：苏联已进行过大型工业性试验研究[1,19]，效果较好。

（9）铅中分离银和锡：将铅蒸馏分离出来。

（10）锌和锑的精炼：锌和锑两者都是易挥发的金属。采用真空精炼，显然是很好的。曾进行过某些试验研究[1,20]，但至今仍未用于工业生产中。可以肯定，继续进行研究是值得的。

应当指出的是发挥真空冶金的特点，当然不只是以上所列举的几个方面。可以预见，要解决现在冶金上的问题，处理新问题，甚至改善现行的冶金方法，都可以考虑是否可以采用真空冶金新技术。但要把这方面的例子都列举出来，目前尚有困难。

真空冶金有如此一些特点，显示出强大的生命力与竞争力，所以发展很快，解决了一些问题，取得了一定的经济效益。但从云南乃至全国的有色冶金发展来看，有许多问题也有采用真空冶金的可能。例如，云南省的锌储量占全国第一，云南、西南的铅也很丰富，在开发这些资源时，真空冶金是否应当起某些作用呢？云南的锡是全国重要的基地，云南的铜也占有一定的位置，在提高锡冶金技术、综合利用锡矿资源以及铜冶金中，从矿到金属都有可能应用真空冶金新技术。云南的锑也是重要资源，贫锑精矿的富集、粗锑的精炼也可以考虑应用真空冶金新技术。

总而言之，云南是富有有色金属资源的。研究真空冶金对开发、利用这些资源是有很大意义的。我们在这方面做了一些工作，今后仍要继续做下去。我们希望真空冶金这项新技术在云南、西南甚至在全国的有色冶金工业中得到发展，我们也愿为达此目的而作出贡献。

参考文献

[1] 戴永年，赵忠．真空冶金［M］．北京：冶金工业出版社，1978：1~2，99~299.

[2] Bakishr W O. 真空冶金学．康显登等译．上海：科技出版社．1982：1~3，91~219.

[3] A. A. БAйKDBA. Прочессы цветной метамургии при ниэких Аавлениях. Москва：Наука，1983：3~120.

[4] 谢夫留科夫 H. H. 锡冶金学［M］．北京：冶金工业出版社，1959：283~292.

[5] 黄业全，李淑兰，陈枫．昆明工学院学报，1959（1）：10~13.

[6] 戴永年．有色金属，1977（6）：21~30.

[7] 戴永年．有色金属（季刊），1980（2）：71~79.

[8] 昆明工学院，云锡公司，云南冶金，1978（2）：40~48.

[9] 中国有色金属学会重冶学会锡学术组．首届锡冶炼学术交流会论文集．个旧：云锡公司科技情报中心，1988：23~29，100~116.

[10] 陈维东．国外有色冶金工厂（锡）：云锡公司科技处，1986：17~136.

[11] Гроэаев С С. цветные Металлы，1982（9）：11~12.

[12] Pasehen P. METALL，1979（2）.

[13] 陈枫．重有色冶炼情报网网刊，1987（2）：27~31.

[14] Челехсаев Л С. Цветные Металлы，1965（8）：26~30.

[15] 陈枫，戴永年．有色金属，1984（1）：38~41.

[16] 戴永年，何蔼平．昆明工学院学报，1979（3）：47~65.

[17] 李淑兰．有色冶炼，1984（7）：25~31.

[18] Нестеров В Н. Цветные Металлы，1965（8）：26~30.

[19] Нестеров В Н. Трулы'интетута металлургии и обога щеня АН. Каэ сср. 1966：28~33，34~40.

[20] 李淑兰，戴永年．有色冶炼，1988：25~30.

[21] 戴永年．有色金属，1986：30~38.

Vacuum Metallurgy of Non ferrous Metals

Abstract The developments and characteristics of vacuum metallurgy as well as its applications, current conditions of research and prospects in the industrial production of non-ferrous metal are expounded comprehensively in this paper. Our recent years' researches and beneficial results in this field are introduced. Some of the issues worthy to be considered and applied are also presented.

Keywords non-ferrous metal；vacuum metallurgy；non-ferrous metallurgy；vacuum distillation

有色金属真空冶金的现状和展望*

摘　要　本文综述了真空冶金在有色金属冶金中的出现与成长，由于所处的社会条件，使它一开始就得到较快的发展，当今冶金工业受到条件限制而面临重大改造，要求节约能源，节约人力，不污染环境，在矿石贫化时能简化生产过程，生产成本低。真空冶金技术有一些重要的特点，能在许多方面弥补常压冶金的不足。五十多年来，有色金属的真空冶金作出了重要的贡献，它会成为改造冶金工业的重要技术之一。文中也指出真空冶金历史不长，尚有许多问题需要研究、实践。

关键词　金属；冶金；有色金属；真空冶金

1　有色金属真空冶金的出现

由于人类生活在大气中，冶金过程也不例外，迄今无论火法还是湿法都处在大气中，因此可称之为“常压冶金”。

常压冶金的历史悠久，人类在公元前四千多年就能够冶炼、铸造、冷加工退火铜器（含砷 0.3%~3.7%）[1]，经过几千年，它在深度和广度方面都达到相当完善的程度，现在其工艺和理论都已成熟，担负着人类生产各种金属的重任，创造着巨大的财富。

然而，它受“常压”的限制，不能不存在许多问题：大气压在一定程度上妨碍了物质的气化，只有汞、镉、锌曾应用了蒸馏法提取，从来没有人想蒸馏铜、镍、钴、锡甚至铅和铋；冶炼和加工时大气中的氧参加作用，许多金属和化合物被氧化，活泼的金属甚至难于保存；液体金属溶解大气中的某些成分，铸锭时又复放出，形成大小不等的气泡，严重影响金属的性质，冶金设备向大气开敞，内外的物质交换，使环境形成污染，这些问题致使冶金过程复杂化。解决这些问题在常压下是困难的。

真空冶金是在真空技术发展到有了实用的真空泵和测量真空度的仪表以后[2,3]，在许多工业中应用了真空技术，逐渐扩展到冶金中，真空冶金的理论和实践才得到应用和研究，熔化有色金属合金、熔炼钛锭、铅锌合金分离等过程也就是在 20 世纪 20 年代，到现在也只有短短的 60 多年，只相当于常压冶金有记载历史年代 1/100，所以它还是十分幼小的。

真空冶金刚出现，就显示出一些不寻常的特点，真空环境中气体稀薄，气压小，而利于一切产生气体的过程和反应，为金属气化，从金属中排出气体，反应产生气体等；真空中氧气极少，在高温下也不会或很少氧化金属，产出的金属能稳定存在；真空环境与大气隔开，相互很少物质交流，而不会或很少污染环境，这些特点使冶金过程简化，金属回收率增加，加工费用降低，环境保护好。

* 本文原载于《昆明工学院学报》1989 年第 3 期。

这些特点有不少可以弥补常压冶金的不足，真空冶金有很强的竞争力，所以在有色冶金领域中近来得到很快的发展。

2 真空冶金当前所处的社会条件

常压冶金历史悠久，许多作业、设备已经用了很长的时间，到今天，由于科技发展、工业进步，改变了冶金工业的外界条件，提出了一些严格要求，冶金工业的若干问题必须解决。

污染环境是冶金工业的重大问题，经常向车间里和大气中排放 SO_2 等有害气体；向江河湖海排出大量污水，含有有毒物质；向山谷空地排出大量废渣，里面也含有有害成分，这些东西严重地污染人类生存的环境，破坏自然界的生态平衡，危及人类的生存，这个问题已引起人们的重视，各国相继颁布环境保护法，规定工厂的排放废物的标准和环境要求，迫使冶金工厂必须改造，彻底解决污染的问题。

随着社会发展、工业进步，能源消耗日渐增多，单位能耗创造的价值也在不断提高，自然引起能源价格上升，冶金工业是一大耗能工业，它面临能源费用提高、能源供应紧张的形势，因此冶金方法、生产费用、产品价格都受到严格的考验。

社会经济上升，人员工资也随之增长，也将成为冶金产品成本的主要组成部分，增加冶金作业的负担。

再加上富矿日渐消失，矿源贫化，采矿、选矿的工作量增大、采矿选矿费用增加，金属回收率降低，也提高冶金产品的生产费用。

上述几方面的问题在过去的几个世纪都要求很低，发展起来的冶金方法只适应这些低要求，而今天，各方面的条件提高了，对冶金工业造成严峻的形势，迫使冶金工业改革、革新，方向是节约能源，节约人力，对环境无污染，简化作业，充分利用原料，以达到降低生产费用。冶金工业必须刻不容缓地向着这个方面迅速前进。要达到这个目的的基本手段是研究、开发新技术，改革现有技术，改革管理。

在这样的新形势下，出现的新技术之一就是真空冶金，它对某些金属的提取可以缩短生产流程，大幅度减少对环境的污染甚至无污染，金属回收率高，机械化程度高，便于自动化而节约人力，降低生产费用。

因此，可以看到真空冶金能够迅速发展，在现阶段冶金工业革新改革中将起到重大作用。

3 有色金属真空冶金半个世纪以来的贡献

1947 年从铅中分离锌用真空挥发法[3]代替了过去使用的氧化法，挥发出来的锌成金属状态，可直接返回铅精炼流程使用，此方法出现后就被各国精炼铅厂广泛使用，淘汰了氧化法，以后 40 年都在应用，设备上有些改进。

粗铅脱银精炼产出的银锌壳，由 1898 年开始用罐子在常压下蒸馏[4]，分离出锌，得到 Ag-Pb 合金，1957 年出现了真空电阻炉蒸馏银锌壳分离锌[5,6]，代替罐子蒸馏，到 20 世纪 80 年代又采用了真空感应电炉蒸馏银锌壳[7]，称为合波金真空炉（Hoboken vacuum reotrt），在某些国家的工厂中使用，1986 年我们提出用一个真空炉分离铅和锌[8]，进一步简化流程，其基础是铅-银合金的真空分离[9]。

1977 年我们研制成功了铅-锡合金真空蒸馏分离的真空炉[10]，实现了铅蒸发留下锡，在短短的 20min 内就完成分离作业，流程简单，无污染，成本低，金属回收率高，它一出现在几年里就完全代替了工厂原来使用的氯化物电解法，节约 1000 万~2000 万元，真空蒸馏炉在我国炼锡厂已成为必要设备。

这种真空炉已经向铅精炼厂扩展。广西平桂矿务局冶炼厂做了工业实验[11]，得到的结果是真空精炼加工费低于电解精炼法。苏联做了许多研究，查明除砷和铋之外粗铅的各种杂质都可以达到精铅的要求，再结合其他精炼方法除去这两种杂质，可以达到任一品级的精铅，真空蒸馏铅的电耗约为 500kW · h/t，与炉子的热效率有关，苏联所做的这些工作和我们所做的相近[12]。预计，这种精炼铅的方法将会在粗铅精炼厂应用。

20 世纪 80 年代初，粗锡真空精炼在苏联新西伯利亚炼锡厂使用并推广到几个国家的炼锡厂[13]，真空精炼锡可以达到 4 号锡的标准，再结合其他方法除去杂质铜、砷、锑，可以达到更高牌号的精炼锡，英国苏格兰真空工程公司也研制成功一种精锡的真空炉[14]，用于生产。

大约在 20 世纪 60 年代，许多国家都研究应用真空精炼镉；代替了过去的湿法电解生产精镉[3]，镉是有色金属中应用真空技术较好、较广泛的一种金属，在这方面，用于工业的几种炉型是：联邦德国偌尔登电锌厂的一种[15]，日本三日市冶炼厂的一种[3]，还有苏联叶旭京等人提出的一种[16]。在镉生产中，真空精炼已占了优势。

从 20 世纪 40 年代起，许多人做过锌的真空精炼，研究过一些炉型和作业条件[3]，规模有大有小，曾得到较好的结果[17,18]，但直至今日，锌的真空精炼在工业上应用却未见报道，仍然是常压精馏用于工业上，昆明工学院真空冶金研究所近来在做此项工作，已得到一些初步结果。

约在 20 世纪 60 年代开始研究锑的真空精炼，得到了小型试验的结果[3,19]，但未用于工业。80 年代，针对脆硫铅锑矿冶炼得到铅-锑合金，我们做了一些工作，弄清了此合金蒸馏时元素的分布规律[20]，肯定了粗锑精炼除铅的可能，日处理百千克级的连续作业的扩大试验也已通过[21,22]，由于其他精炼锑除铅比较困难，预计真空精炼会在工业上应用，这个方法还能够为回收伴生的贵金属创造条件。

在 20 世纪 40 年代苏联的研究人员研究了硫化锑汞精矿分离汞，低品位硫化锑矿富集[3]，成功地在真空炉中进行，最近已达到每天 10t 料的规模，效果好，作业温度仅 900℃，富集的冷凝物几乎为纯的硫化锑，(含 Sb 68%~70%)，预计很快能用于生产。

最近我们研究 Bi-Ag-Zn 合金的真空蒸馏分离，得到肯定的结果[23]。

我们研究多种合金及粗金属真空蒸馏后，提出较正确的一种判断标准，用分离系数 β 确定一种合金或粗金属用蒸馏法能分开哪些元素，分开的先后顺序及各元素残留量的相互关系[3]，使这些物料的真空蒸馏有了判断的准绳，能预见一定的结果，据以选择作业条件以及选定设备应有的结构。

还有铋、汞、硒、碲、砷等金属、元素，在提炼、分离中也在小规模地应用真空蒸馏法，或在研究应用真空冶金技术[3]，从铜的真空精炼也做了一些研究工作[24,25]，苏联和一些国家的人员研究从冰铜、炉渣中挥发铅锌[3]，还成功地研究了从含有少量铅的铁矿中挥发排除铅[26]。

在真空环境中还原蒸馏锌，我们在1984年做了碳还原的研究[27,28]，确定还原温度为950℃，比常压蒸馏的1250℃左右低许多，渣含锌也较低，碳耗较少，也研究了脉石成分的作用，日本阿座上竹四等人[29,30]研究用铁作为还原剂，还原锌，效果也比较好，这些工作为锌的真空蒸馏作了准备，以后有待进行扩大试验。

可以看到，在真空冶金技术进入有色金属提取这个领域之后，在短短的半个世纪中就以较快的速度解决了一些问题，代替了某些传统的方法，在环境保护方面也成为好的范例。

4 有色金属真空冶金需要研究的问题

由于真空冶金技术能显著改善有色金属提取的生产方法，特别在缩短流程、节约加工费用、节约人员和环境保护等方面，从而有较强的竞争能力，过去的半个世纪中有了较大的发展，也可以看到，真空冶金技术将在今后的一些年代里成为有力的技术，用以改造老的冶金方法。

然而，真空冶金在短短的发展史中，尚未做的研究、没有实践的方面还很多，在广度和深度方面都还处于初始阶段。为了今后在工业上起到作用，应当研究的东西估计有以下几方面：

（1）对许多冶金过程和问题的探索性研究，这方面包括已有的冶金方法和问题，能否用真空技术予以改善或解决，效果如何、经济上是否合算都要用研究工作予以确定。

（2）设备和作业条件的研究，现在工业上用的真空炉炉型不多，选择到运用于某种作业的设备难于满足，需要针对具体的作业设计，研究运用的设备以及在此设备上掌握什么作业条件，研究还包括设备的材料选用，研究还要有适当的规模，因此，工作量大，难度较高，研究费用相当可观，筹措经费也成为课题中的问题，但此方面的研究是必不可少的，没有它，新成果用于生产就成为不可能。

上述问题要解决好，必须以理论来指导，要有一般的科学基础，也需要有具体过程规律，充分的理论指导能缩短研究过程，但真空冶金基本理论的研究过去不多，也不充分。

规律性的材料少，比如，二元合金的热力学性质数据虽已不少[30]，但仍缺少一些体系的资料，已有体系也往往只有少数温度的数据，用起来就感到不足，二元以上的合金体系资料更少，而难于去说明实践中的现象。动力学的数据就更不够了，这些数据不足，使人在预测作业效果，决定作业条件时产生困难，而只能较多地依靠现场实验的结果，不易掌握较普遍的规律。

真空冶金设备的规律就更为缺乏，在常压下物料运动（包括气体运动）、能量和物质传递的规律当然不能完全用于真空炉中，那么可以用哪些，用到什么程度，应当增加考虑些什么问题，都是应当研究的课题，节约能源就属于此方面的事，当前用于金属及合金的真空蒸馏炉的热效率只有35%~50%，有的甚至更低，大量能源被耗费，是值得十分重视的问题，物体运动在若干冶金过程中有特殊的要求，而在真空中怎样创造条件，满足物料的运动需要也是重要问题。有的研究工作创造了散料运动的“假沸腾”料床，“振动”物料，这些现象的规律应当深入研究。

5 结语

有色金属的真空冶金是现代科学技术的结晶，出现较晚，它具有许多特点成为当今有生命力的技术，在这个时代，各方面的社会条件对冶金工业提出严格的要求，环境保护、能源节约、人力节约、矿石贫化都是必然的情况，有色冶金在现代也面临改造的时候，真空冶金技术能针对现存的一些问题给以较好的解决。因此，可以预计，真空冶金技术会成为有色冶金工业改造的有力手段之一。

在今后发展中，有色金属的真空冶金需要有更多的研究，由理论到实践都需要充实，研究开拓性的课题，也研究基本规律；研究设备，也要有设备的理论；要有由小到大的研究结果。

有色金属的真空冶金在我国已开始成长，我们要尽力予以促进，使它在有色金属生产事业中有更大的贡献。

参 考 文 献

[1] 中国大百科全书出版社．中国大百科全书［M］. 矿冶：1984：886.
[2] 罗思 A. 真空技术［M］. 北京：机械工业出版社，1980.
[3] 戴永年，赵忠．真空冶金［M］. 北京：冶金工业出版社，1988.
[4] H. O. H. Metallurgy of Lead［M］. 1898.
[5] 东北工学院有色重金属冶炼教研室．铅冶金学［M］. 北京：冶金工业出版社，1976.
[6] Leferrer. V. F. Vacuum dezincing of Parkes' process zinc crusts［J］. Trans. AIME，1957：1450~1460.
[7] Extraction Metallurgy［M］. 1985：683~708.
[8] 戴永年．银锌壳处理方法探讨［J］. 1986.
[9] 贺子凯，王承兰，戴永年．有色冶炼，1984（4）：16~20.
[10] 戴永年．有色金属，1980.
[11] 汪六奇．粗铅真空精炼［C］//中国真空学会真空冶金专业委员会第三届学术研讨会论文集，1988.
[12] 昆明工学院真空冶金研究所．粗铅火法精炼新技术［J］. 1987.
[13] Paschen P. Metall，1979.
[14] Redlac refining LTD［J］. 国外锡工业，1981（4）：43~37.
[15] Menge R，Schenker G. 有色冶炼，1987（6）：19~25.
[16] Есютпн，В. С ж. ш. Тазпев，Д. Н. Hyplaηлеиь. Цветные Металы. 1978（10）：53~56.
[17] Winkler O. Bakish R. 真空冶金学［M］. 上海：上海科学技术出版社，1980.
[18] Цижиков Д M. 重金属冶金学［M］. 北京：冶金工业出版社，1959.
[19] 赵天从．锑［M］. 北京：冶金工业出版社，1987.
[20] 戴永年．铅锑合金真空蒸馏时的热力学性质［C］//W-Ti-Re-Sb88' 国际学术会议论文集．
[21] 李淑兰，戴永年．粗锑真空蒸馏精炼［J］. 有色冶炼，1988（10）：25~30.
[22] 张国靖，刘永成，戴永年．铅锑合金连续真空蒸馏分离研究［C］//中国真空学会第三届年会论文摘要，1988.
[23] 戴永年，黄治家，曾祥镇，等．铋银锌壳真空蒸馏过程的规律研究［C］//中国真空学会真空冶金专业委员会第三届学术研讨会文集，1988.
[24] 戴永年，黄治家，曾祥镇，等．真空蒸馏铋银壳连续进出料的研究［C］//中国真空学会真空

冶金专业委员会第三届学术研讨会文集，1988.

[25] Harris R. Vacuum refining copper melts to remove bismuth：arsenic and antimony [J]. Met. Tran. B.，1984：251~256.

[26] ИьанеиКо Л П И，др. Вакуумное рафинирование магне мового конue [J]. Htpata om Свинца Пргоueccbl Цветнои Металyргlии Прп НпзКих Давлениех，1983：13~15.

[27] 郭先健，李淑兰，戴永年．氧化锌真空还原基本规律的研究 [J]．有色金属，1988：53~66.

[28] 蔡晓兰．1989.

[29] Azakami T. Thermodynamic studies on reduction of zinc oxide [J]. Zinc，1985：201~216.

[30] Itoh S，Azakami T. Application of iron-reduction distillation reaction to zinc oxid [J]（1st Report）日本矿业会志，104，1206（88~5）：297~302.（2nd Report）104，1206（88~8）：543~548.

The Situation and Outlook of NVM

Abstract In this paper，the start and growth of vacuum metallurgy in the field of nonferrous metal production are reviewed. The nonferrous vacuum metallurgy（NVM）were developed rapidly due to good social conditions. Now，there are many social restriction to metallurgy engineering，so it is forced to reform to save energy，to save manpower，not to pollute environment，to simplify the production process for low grade ores，and to reduce operating costs. Many important advantages of vacuum metallurgy may support metallurgy engineering. In the last half century，a lot of good contributions were made by NVM. The vacuum metallurgy would be an advanced technique to improve metallurgy engineering. The author has pointed out that the history of vacuum metallurgy is short and a great many things should be researched and experienced.

Keywords metal；metallurgy；nonferous-metal；vacuum metallurgy

铋银锌壳真空蒸馏过程规律研究*

摘　要　本文对铋银锌壳真空蒸馏的热力学做了简明的分析和计算，确定了铋银锌壳真空蒸馏提取 Ag、Bi 和 Zn 的蒸馏和冷凝条件，用热分析仪测定了铋银锌壳在真空中的挥发速率，分析了热重曲线和恒温蒸发曲线变化的规律，真空蒸馏实验确定了适宜的真空蒸馏温度为 870~1050℃，得到了富银合金（或粗银）、粗铋和粗锌。

关键词　铋银锌壳；真空蒸馏

铋银锌壳是粗铋精炼加锌除银工序的产物，它是提银的重要原料之一。为了从铋银锌壳中提取银，现行的工艺[1]为：铋银锌壳经熔析脱铋，真空蒸馏脱锌或硫酸浸出脱锌、氧化焙烧，盐酸浸出脱 Bi 和 Zn，还原熔炼和电解精炼等主干工序提取纯银。

由现行提银工艺的一些主要工序可见，其流程太长、设备多、占地大、环境受污染、劳动条件差、生产效率低等许多不完善之处。鉴于此，为改进现行工艺，提高生产率和经济效益，受某厂厂方委托进行铋银锌壳真空蒸馏提取铋、银和锌的试验。本文就铋银锌壳真空蒸馏过程的规律进行研究，为实现铋银锌壳的真空蒸馏提供依据。

1　铋银锌壳真空蒸馏的热力学

真空蒸馏早已成功地用于二元合金和多元合金的分离[2]。合金能否用真空蒸馏法分离以及分离的程度如何，决定于合金及组元的若干基本性质。纯金属蒸气压已经相当准确地测定了[2~4]，Zn、Bi、Ag 纯物质蒸气压与温度的关系曲线如图 1 所示。由于缺乏三元和多元系合金组元的活度数据，仅就 Ag-Bi、Ag-Zn 和 Bi-Zn 二元系进行分析，以做粗略估算。

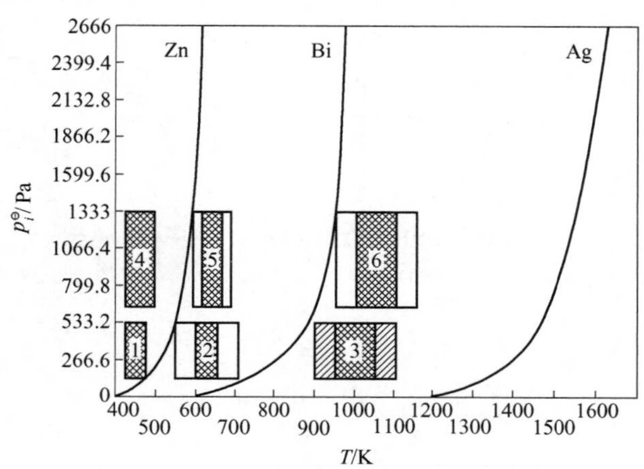

图 1　Zn、Bi、Ag 纯物质蒸气压与温度关系曲线

* 本文合作者有：黄治家，曾祥镇，朱同华，张韵华；原载于《昆明工学院学报》1989 年第 3 期。

实验所用试样为某厂提供的铋银锌壳，主要成分为：Bi 79.09%，Zn 12.89%，Ag 5.6322%；其他杂质为Sb<0.2%、As<0.2%，Pb 0.58%和Cu 0.5%等。任何二元系的分离系数[1]。按式（1）计算：

$$\beta_{B(A-B)}=\frac{\gamma_B}{\gamma_A}\cdot\frac{p_B^{\ominus}}{p_A^{\ominus}} \tag{1}$$

式中，$\beta_{B(A-B)}$为二元合金A-B的分离系数，其数值越大或越小表明A、B分离的可能性和程度越大，其值为接近1或等于1则难于分离；γ_B、γ_A分别为二元合金中组元B和A的活度系数；$p_B^{\ominus}$和$p_A^{\ominus}$为纯物质B和A的蒸气压。

Ag-Bi、Ag-Zn和Bi-Zn二元系的活度如图2所示[2]。由图2可见，Ag-Bi和Ag-Zn二元系对理想溶液的偏差不是很大。在727℃真空蒸馏Ag-Bi二元合金，按试样组成计，N_{Bi}将由0.9降至0，$\gamma_{Bi(Ag-Bi)}$由1.098升至1.448再降至1；N_{Ag}由0.1升至1。$\gamma_{Ag(Ag-Bi)}$由1.836降至0.849再升至0.93；$\frac{\gamma_{Bi}}{\gamma_{Ag}}$之值由0.6升至1.7再降至1.07。就是说，在恒温条件下合金组成发生变化，其$\frac{\gamma_{Bi}}{\gamma_{Ag}}$值变化不大。随着真空蒸馏温度的升高，其合金将趋于理性溶液，γ将趋于1，则$\frac{\gamma_{Bi}}{\gamma_{Ag}}$也将趋于1。因此，高温时$\beta_{Bi(Ag-Bi)}$之值主要决定于$\frac{p_{Bi}^{\ominus}}{p_{Ag}^{\ominus}}$，即$\beta_{Bi(Ag-Bi)}$值主要决定于物质本性和温度。粗略计算时可以认为：

$$\beta_{Bi(Ag-Bi)}=\frac{p_{Bi}^{\ominus}}{p_{Ag}^{\ominus}}=f(T) \tag{2}$$

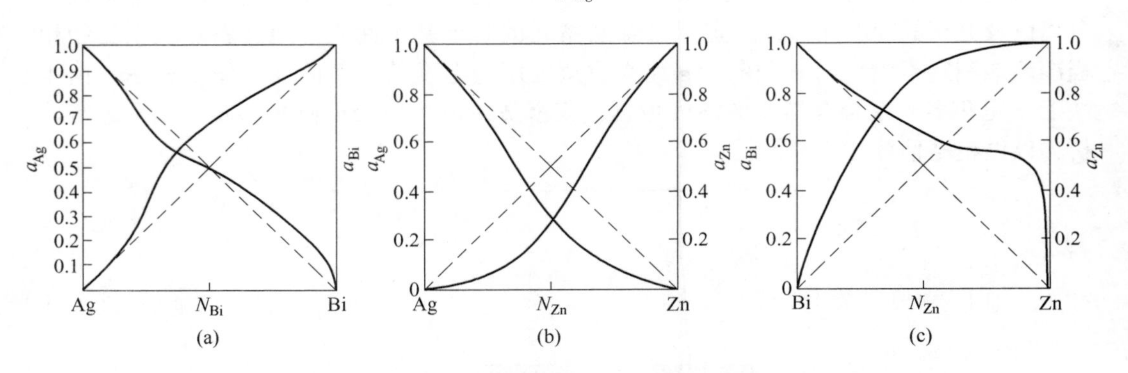

图2 铋银锌壳中各组元在二元合金中的活度图

（a）Ag-Bi系，727℃；（b）Ag-Zn系，750℃；（c）Bi-Zn系，600℃

按式（2）计算得：

727~1147℃ $\beta_{Bi(Ag-Bi)}=10^9\sim10^3$

600~1000℃ $\beta_{Zn(Ag-Zn)}=10^8\sim10^4$

420~700℃ $\beta_{Zn(Bi-Zn)}=1.18\times10^2\sim1.51\times10^2$

计算表明，在所研究的温度范围内

$$\beta_{Zn(Ag-Zn)}>\beta_{Bi(Ag-Bi)}>\beta_{Zn(Bi-Zn)}$$

即铋银锌壳中 Zn 和 Bi 都能较好地与 Ag 分离，同时温度升高 β 将下降，仅 Zn 与 Bi 的分离稍差一点。三元或多元系的铋银锌合金中，尽管组元间存在着相互作用，但活度系数变化不会很大。除极稀溶液外，它们对合金组元分离影响不大。根据二元系的活度系数的计算，它们对 β 的影响程度最多也不会超过一个数量级。从 Bi、Zn 与 Ag 的分离角度来讲，由于 Bi-Zn 二元系有较大的分层，组元活度具有较大的正偏差，在 Ag-Zn 二元系和 Ag-Bi 二元系中，Bi 和 Zn 是有利 Zn、Bi 与 Ag 分离的。这可由 Ag-Bi-Zn 三元相图上出现较大的分层区得到证明。

因此，在一定的蒸馏温度和真空度条件下，铋银锌合金中的 Bi 和 Zn 将大量进入气相而与 Ag 分离。从而可能制得富银合金或粗银。Bi、Zn 蒸气分别在不同的冷凝器上冷凝得到粗铋和粗锌，或者在同一锌冷凝器上冷凝得 Bi-Zn 合金。从热力学角度考虑，真空蒸馏铋银锌壳的适宜蒸馏炉温，冷凝温度和真空度如图 1 剖面线所示区域。当真空度为 133. 3~533. 2Pa 时，图 1 中 1 区为 Zn 冷凝条件，2 区为 Bi 冷凝条件，3 区为铋银锌壳真空蒸馏 Bi 和 Zn 的条件；当真空度为 666. 5~1333Pa 时，4~6 区分别为 Zn、Bi 冷凝条件和铋银锌壳中 Bi、Zn 的蒸馏条件；如果真空度升高或降低，则相应的区域下移或上移。根据蒸发和冷凝的热力学条件，在一定真空度下，蒸馏温度应尽量控制在远离 Ag 和 Bi、Zn 蒸气压曲线的位置（温度条件）为宜。其具体温度要使 $\beta_{Bi(Ag-Bi)}$ 和 $\beta_{Zn(Ag-Zn)}$ 值尽可能地大，同时还要考虑动力学条件，使易挥发组元迅速挥发逸去和难挥发组元不挥发或少挥发（即挥发速率尽量小）。这就保证了在选择的温度条件下 p_{Ag} 极小而不挥发或少挥发；Zn、Bi 蒸气压都处于远离平衡的未饱和状态，促使 Zn、Bi 不断挥发。同样道理，2（或 5）区既是冷凝 Bi 的条件又是保持 Zn 呈蒸气而不冷凝为液相的条件，即 Bi 和 Zn 蒸馏分离的条件。1（或 4）区是气态 Zn 冷凝为液态 Zn 的条件。真空度为 13. 33 ~ 133. 3Pa 时，合适的蒸馏温度为 900 ~ 1050℃，Bi 冷凝温度 500 ~ 600℃，Zn 冷凝温度为 420~450℃。

由上分析可见，随着真空度的提高，相应的蒸馏和冷凝温度将下降，这有利于提高合金的分离程度。为得到液态冷凝锌，其冷凝温度范围相当小，难于控制。如果直接将 Bi、Zn 冷凝为铋锌合金，则冷凝温度范围就比较大，由于形成溶液更有利于 Bi 和 Zn 蒸气的冷凝。

2 铋银锌壳真空蒸发速率

前面讨论铋银锌壳真空蒸馏的热力学，它只解决了可能性及其分离的限度，它所研究的是平衡状态。可能性并不等于现实性，要把可能性变为现实，要用真空蒸馏法分离 Ag、Bi、Zn，必须研究铋银锌壳真空蒸馏的动力学。限于条件，我们就真空蒸发铋银锌壳中 Bi 和 Zn 的蒸发速率做了初步测定，为真空蒸馏铋银锌壳大型试验提供必要的数据。

按纯 Zn、Bi 和 Ag 的最大蒸发速率[4]，其最大蒸发速率 W_v，与温度 T_k 的关系如图 3 所示。图 3 中曲线表明，在恒温条件下

$$W_{vZn} \gg W_{vBi} \gg W_{vAg}$$

随着温度升高 W_v 增加很快，且

$$\frac{dW_{vZn}}{dT} > \frac{dW_{vBi}}{dT} > \frac{dW_{vAg}}{dT}$$

因此，提高温度有利易挥发组元 Zn 和 Bi 迅速挥发。

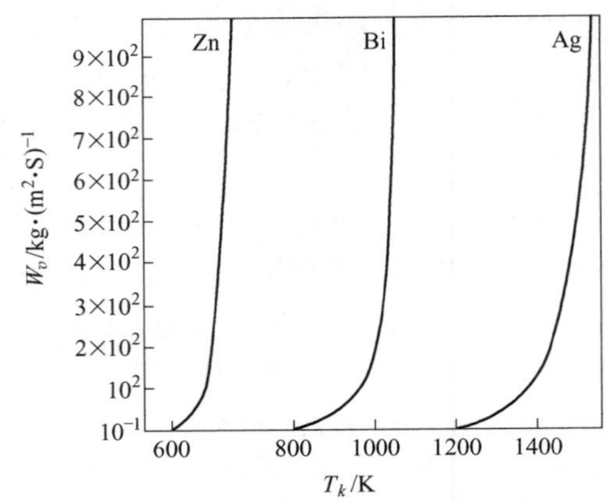

图 3　纯 Zn、Bi、Ag 在真空中的最大蒸发速率与温度 T_k 关系

根据计算，温度从 900℃升至 1140℃，纯 Bi 和 Ag 的挥发速率之比为：

$$\frac{W_{vBi}}{W_{vAg}} = 10^3 \sim 2.2 \times 10^3$$

这就预示着用真空蒸馏分离 Bi、Zn 和 Ag 在动力学上是具备条件的，但合金中组元的蒸发速率与纯金属的蒸发速率并不一样。

为考查铋银锌壳的蒸发，采用 PCT-1 型热分析仪对试样进行热分析，于真空度 266.6Pa 的条件下做差热曲线（DTA）和热重曲线（TG）如图 4 所示。热重曲线和差热曲线表明，铋银锌壳在 560℃左右明显地开始挥发，此温度接近 Zn 在 226.61Pa 时的沸点。随着温度上升，Zn 的挥发量缓慢增加，当温度升高到 610~700℃范围时，热重曲线上出现近似水平的直线段，即挥发速率很小且基本不变。当温度高于 700℃时，随着温度升高挥发速率急剧增大。图 5~图 8 分别为铋银锌壳在真空中加热到 700℃、

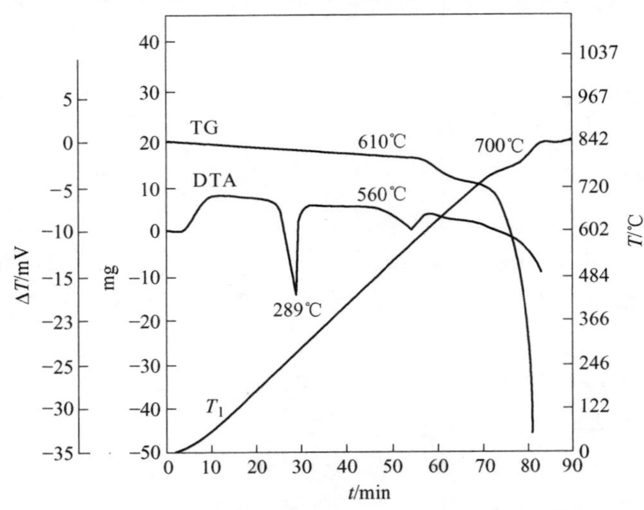

图 4　铋银锌壳在真空（266.6Pa）下的热分析曲线

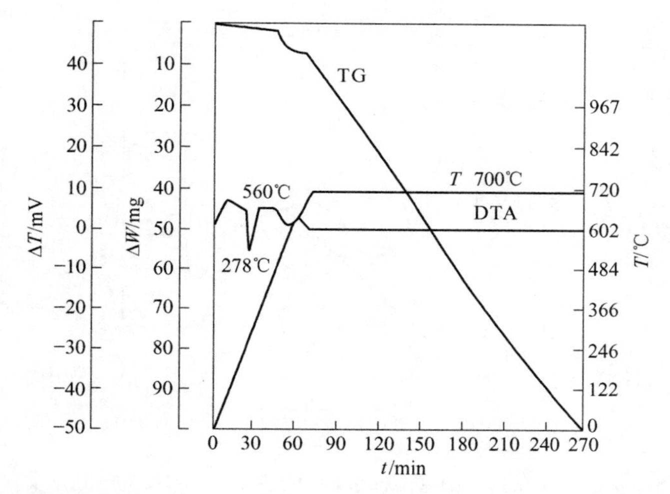

图 5　铋银锌壳在真空中（266. 6Pa）的热分析曲线和 700℃时的恒温蒸发曲线

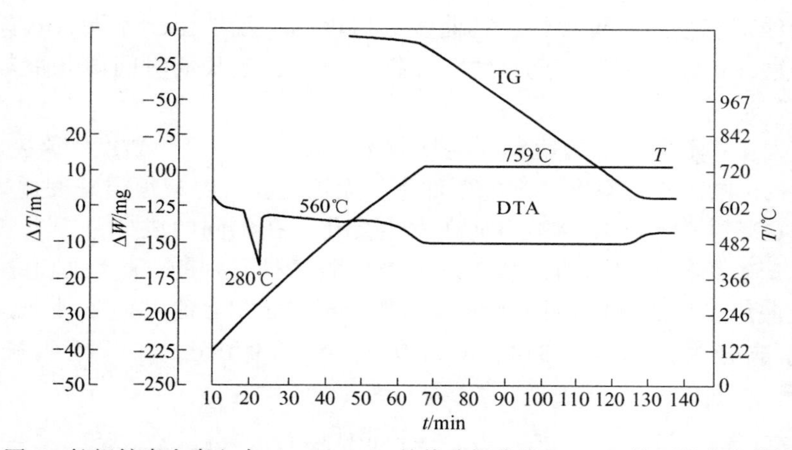

图 6　铋银锌壳在真空中（266. 6Pa）的热分析曲线和 759℃的恒温蒸发曲线

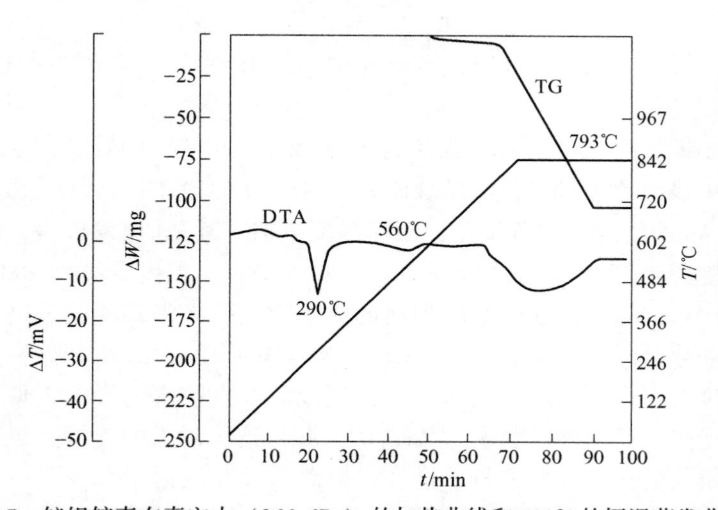

图 7　铋银锌壳在真空中（266. 6Pa）的加热曲线和 793℃的恒温蒸发曲线

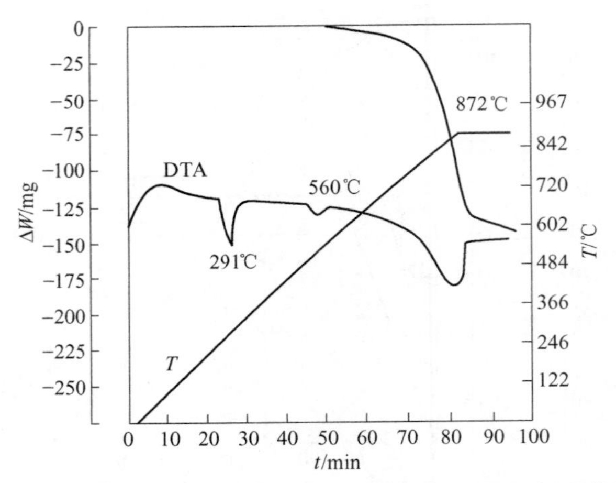

图 8 铋银锌壳在真空中（226.6Pa）的热曲线和 872℃恒温蒸发曲线

759℃、793℃和 872℃不同温度的热分析曲线和恒温蒸发曲线。这些曲线的前半段对图 4 中的曲线都有很好的再现性，其曲线的后段因恒温的温度不同，其挥发速率各异。但恒温蒸发曲线几乎都接近直线，即挥发速率在较长的时间内几乎都没有大的变化。

铋银锌壳在真空中蒸发的速率与纯物质不一样，它不仅受温度和真空度的影响，而且受浓度的影响。在真空度一定的条件下，无论是在升温或恒温蒸发过程中，随着蒸发的进行，熔体中组元成分不断地在发生变化，在不同的成分范围内各组元的蒸气压和蒸发速率是各不相同的，其挥发的先后顺序是有别的，这就是上述热重曲线和恒温蒸发曲线变化规律的原因。在真空度 266.6Pa 左右的实验条件下，按所研究的铋银锌壳成分为：$N_{Zn}=0.314$，$N_{Bi}=0.6$，$N_{Ag}=0.086$。在开始明显挥发温度 560℃时：

$$p_{Zn}=226.61\text{Pa}$$

$$p_{Bi}=3.999\text{Pa}$$

$$W_{v[Zn]} \gg W_{v[Bi]}$$

式中，p_{Zn}，p_{Bi}，$W_{v[Zn]}$，$W_{v[Bi]}$分别表示溶液中 Zn、Bi 的蒸气压和 Zn、Bi 的最大蒸发速率。

因此，开始挥发的主要是 Zn，而不是 Bi。当温度升至 610℃时，按图 4 热重曲线失重计，熔体中残留的 Zn 量与 Ag 结合成分解温度为 631℃的包晶化合物 $AgZn_3$，在溶液中将使 Zn、Ag 的活度产生负偏差，因而温度增加，其 Zn 挥发极慢，随着 $AgZn_3$ 逐渐变成分解温度为 661℃（熔点约为 680℃）的 Ag_2Zn_3，温度升高到 700℃时，Ag_2Zn_3 已分解和熔化。这就是说温度的影响和活度的影响几乎抵消，这就是热重曲线上出现近似水平线段的原因。当温度高于 700℃时，$p_{Bi}=399.9\text{Pa}$，Bi 也开始剧烈蒸发，随着温度增加，温度对组元挥发速率的影响远比组成对挥发速率的影响大得多。故挥发速率急剧增大。上述组元的挥发顺序为 Zn、Bi、Ag，这为后来的连续多级真空蒸馏炉各级蒸发盘内残留物的化学成分分析所证实。恒温蒸发曲线近于直线关系主要表明熔体中 Bi 的挥发速率变化不大。如果不考虑少量 Zn 的影响（事实上 Zn 的存在有利于 Bi 的挥发)，在恒温蒸发曲线失重的浓度范围内，N_{Bi}由 0.88 降至 0.68，其 N_{Bi}变化不大，随 N_{Bi}的下降 γ_{Bi}增大（如图 1 所示），故其挥发速率基本不变。

按恒温蒸发曲线测得的 Zn 和 Bi 的挥发速率。W_{vZn+Bi}气温度 T(K) 的关系如图 9 所示。其变化规律类似于纯金属。图 9 中 1145K 时挥发速率与曲线相差甚远，这主要由于实验中试样量所限，在试验过程中当温度升到 1145K 时，试样中的 Zn、Bi 已挥发得差不多了，于恒温时挥发物质所剩无几，测定的挥发速率是偏低的。由于设备所限，更高的恒温蒸发曲线也就无法做了。

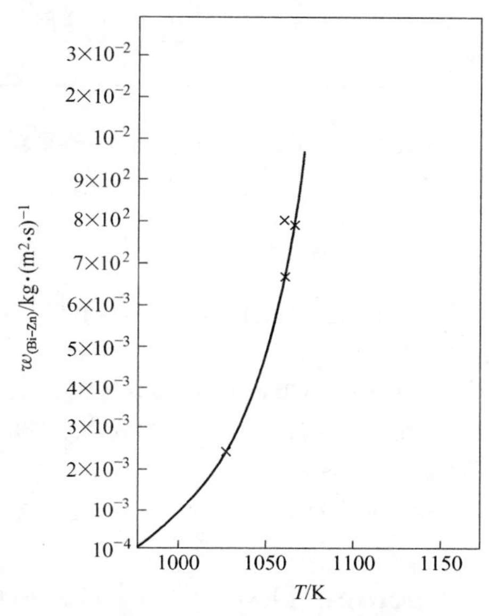

图 9　铋银锌壳中 Bi 和 Zn 在真空（226.6Pa）中挥发速率与温度的关系

将图 3 和图 9 进行比较，在同温条件下，合金中组元的挥发速率比纯物质的挥发速率低得多，除了浓度的影响外，本实验的真空度远比图 3 所示曲线的真空度低得多。根据图 9 所示的挥发速率数据和曲线的走向可见，蒸馏温度低于 850℃时蒸发速率是较低的，没有实际的生产意义。要使真空蒸馏有实际生产意义，从动力学考虑蒸馏温度必须控制在 850℃以上。

3　真空蒸馏铋银锌壳试验

根据铋银锌壳的有关物化性质和上述规律的探讨，做了千克级的真空蒸馏铋银锌壳的试验。设备为内热式真空蒸馏炉，加热方式为单电柱，在开式无溢流口的石墨盘中装入铋银锌壳，进行间断作业，其实验结果如表 1 所示。由表 1 所列数据表明，在一般机械泵所能达到的真空度范围内，在 870℃～1050℃的温度范围内真空蒸馏铋银锌壳是可以将 Ag、Zn、Bi 分离，以制取富银合金或粗银的，铋和锌也可以分别冷凝得到粗铋和粗锌。蒸馏温度太低，挥发速率小，周期长，能耗大，不能将 Bi 较好地挥发分离；温度太高，所有元素挥发速率增大，Ag 将部分进入气相，降低 Ag 的直收率。

表1 真空蒸馏铋银锌壳的实验结果

编号	样重/kg	真空度(133.3Pa)	时间/h	温度/℃	挥发率/%	平均挥发速率/kg·$(m^2 \cdot h)^{-1}$	银合金成分/%			粗Bi成分/%			粗Zn成分/%
							Bi	Ag	Zn	Bi	Ag	Zn	
1号	0.5	0.2~0.7	2	840	32	2.0	—	—	—	—	—	—	由于冷凝度未控制好，大部分冷凝为固相，并有部分蓝粉未做分析
2号	1.5	0.2~0.7	1.5	870	40	14	89.74	9.54	0.8	—	—	—	
3号	2	0.2~0.7	1.5	900	76	35.7	70.88	22.96	3.42	99.31	0.06	0.6	
4号	2	0.2~0.7	4	980	93	—	16.26	80.74	2.02	98.41	0.1	0.49	
5号	2	0.2~0.7	2	1020	91.5	—	29.6	67.5	2.83	99.12	0.06	0.21	
6号	2	0.2~0.7	2	1050	92	—	—	—	—	—	—	—	

在间断的千克级真空蒸馏试验的基础上，又进行了连续真空蒸馏的工业规模试验，试验取得了令人满意的效果[5,6]。

参 考 文 献

[1] 汪立果，铋冶金［M］. 北京：冶金工业出版社，1986：99~105.
[2] 戴永年，赵忠. 真空冶金［M］. 北京：冶金工业出版社，1988：89~226.
[3] Kubaschewski O，Alcock C B. Metallurgical Thermochemistry［M］. Pergamon Press，1979.
[4] 日本真空技术株式会. 真空手册［M］. 北京：原子能出版社，1986.
[5] 戴永年. 真空蒸馏铋银锌壳连续出料的研究［J］. 1988，7.
[6] 戴永年. 铋银锌壳真空提取 Ag、Bi 和 Zn［P］. 1988.

Study on Law of Vacuum Distillating Bismuth-Silver-Zinc

Abstract The thermodynamics of vacuum distillating bismuth-silver-zinc crust is briefly analysed and calculated here. The condition of distillation and condensation is determined when vacuum distillation extract silver, bismuth and zinc. The evaporation rate of bismuth-silver-zinc crust in the vacuum is measured with the thermoanalyse apparatus, and the law for the change of thermogravimetric curve and constant temperature evaporation curve is analysed. Through vacuum distillation experiments, the temperature of suitable vacuum distillation is obtained, which 870~1050℃. Rich silver alloy (or crude silver), crude bismuth and crude zinc are extracted.

Keywords bismuth-silver-zinc crust; vacuum distillation

粗金属及合金真空蒸馏时各元素的分离*

摘　要　讨论了粗金属及合金能否使用真空蒸馏的判断方法，导出$\rho_A/\rho_B=\beta_A \cdot a^*/b$为A-B系气、液两相的平衡关系，分离系数$\beta_A=\gamma_A \cdot \rho_A^{\ominus}/(\gamma_B \cdot \rho_B^{\ominus})$为较完全的判断标准，用$\rho_A/\rho_B$值计算，绘出气相和液相平衡时的成分图应用M. Oltte导出的方程式进一步解决粗金属中各个杂质元素挥发量（Y_i）之间的关系，$1-x/100=C=(1-Y_i/100)^{1/\alpha_i}$。由实践的$Y_i$计算$\bar{\alpha}_i$，$\beta_i^{\ominus}$进而得到$\gamma_i^{\ominus}$，得到各种杂质的正确的挥发顺序，这些结果可指导真空蒸馏粗金属或合金时实施条件（温度、真空度、蒸馏炉型、蒸馏次数、产物成分控制）的确定。

关键词　分离；真空蒸馏；合金；金属

有色金属的粗金属用真空蒸馏法精炼，分离杂质有许多优点，金属回收率高，杂质以金属状态回收，流程简单，环境保护好，作业费用较低，设备不复杂等。因此，近年来应用日趋广泛。

有色金属的粗合金，也在研究和应用真空蒸馏法来分离各种合金元素，应用范围也在迅速扩大。

在日益扩大真空蒸馏的研究和应用范围的形势下，提出了一些问题：什么样的杂质可以由粗金属中排除，哪些合金可以用真空蒸馏法分开，本文试图解决这些问题，并与实践数据结合分析粗锡和铅锡合金真空蒸馏中的一些有用的数据。

1　粗金属及合金中各元素可蒸馏分离的判断

1.1　纯物质沸点或蒸气压的判断

通常人们比较粗金属及合金中各种元素在纯粹状态时的沸点高低，或相同温度下它们的蒸气压（$p_i^{\ominus}$）大小，例如某些元素的沸点，即蒸气压为1atm时的温度见表1，由此而确定Pb-Zn合金或粗铅含锌都可以用真空蒸馏分开锌，因为铅和锌的沸点相隔833℃，差距很大，同理，Sn-Pb或粗锡含铅。Zn-Cd合金或粗锌含镉等类似的物质也可以用蒸馏法分开组分。

表1　一些金属元素的沸点

元素	Hg	As	Cd	Zn	Tl	Bi	Sb	Pb	In	Ag	Sn
沸点/℃	357	603	765	907	1460	1564	1675	1740	2073	2200	2623

另一方面可以计算出相同温度下两种元素A、B的$p_A^{\ominus}$、$p_B^{\ominus}$若有$p_A^{\ominus} \neq p_B^{\ominus}$则也可判断A-B可以蒸馏分离。

---

* 本文原载于《昆明工学院学报》1989年第4期。

这种判断没有考虑到合金元素原子间的作用力不同，而对某些物料时无能为力，甚至得到不合实际的结果。例如，对 Pb-Sb、Pb-Bi、Sn-As-Pb 等合金就是如此，Pb-Sb 合金在富铅端（粗铅，Pb>90%）蒸馏时铅优先挥发，而在富锑端（粗锑，Sb>90%）锑优先进入气相，粗锡中含砷和铅时并非砷优先挥发，而是铅先进入气相。

1.2 实际蒸气压的判断

即判断时不仅考虑到 $p_A^\ominus$ 和 $p_B^\ominus$ 之值，还应注意到每个组元的活度 a_i（或活度系数 γ_i），以及它们的百分含量（含 A 为 a^*，B 为 b）或摩尔分数 N_A 和 N_B，也就是 A 和 B 形成溶液后的实际蒸气压 p_A 和 p_B。因

$$p_i = \gamma_i N_i p_i^\ominus \tag{1}$$

其中 N_i 的变化范围很大，可以为几个数量级，γ_i 同样有大幅度的变化，例如

Pb-Zn 系（650℃）	Cu-Zn 系（500℃）
富铅端 $\gamma_{Zn}^\ominus = 7.94$	富铜端 $\gamma_{Zn}^\ominus = 0.014$
富锌端 $\gamma_{Pb}^\ominus = 34.6$	富锌端 $\gamma_{Cu}^\ominus = 0.018$

锌在这两个二元系中的 $\gamma_{Zn}^\ominus$ 相差两个数量级。

γ_i 和 N_i 的变化影响 p_i 很大，判断元素分离时用 p_i 当然比 $p_i^\ominus$ 对更为完全。

1.3 用分离系数 β_i 判断

再考虑到各种物质的相对分子质量不同，实际蒸气压相同时，气体中物质的质量也会有差别，这由一简单的例子可以看出，在 0℃，133.3Pa，22.4L 的气体，氢为 2g，CO_2 为 44g，相差 22 倍。

因此气体中的某物质 i 的含量，用蒸气密度 ρ_i 表示

$$\rho_i = \frac{M_i p_i}{RT} \tag{2}$$

式中，ρ_i 为单位体积内物质 i 气体的质量，与相对分子质量 M_i，实际蒸气压 p_i，气体温度 T 有关，R 为气体常数，将式（1）代入式（2）

$$\rho_i = \frac{\gamma_i N_i M_i p_i^\ominus}{RT} \tag{3}$$

比较 A-B 系合金气体中 A、B 的蒸气密度，即得

$$\frac{\rho_A}{\rho_B} = \frac{\dfrac{\gamma_A N_A M_A p_A^\ominus}{RT}}{\dfrac{\gamma_B N_B M_B p_B^\ominus}{RT}} = \frac{\gamma_A N_A M_A p_A^\ominus}{\gamma_B N_B M_B p_B^\ominus} \tag{4}$$

将摩尔分数 N_A、N_B 换算成质量百分数 a^*、b，得：

$$\frac{N_A}{N_B} = \frac{a^* M_B}{b M_A} \tag{5}$$

若气，液两相中 A 和 B 的相对分子质量相同，可得

$$\frac{\rho_A}{\rho_B}=\frac{a^*}{b}\cdot\frac{\gamma_A}{\gamma_B}\cdot\frac{p_A^{\ominus}}{p_B^{\ominus}} \tag{6}$$

令
$$\beta_A=\frac{\gamma_A}{\gamma_B}\cdot\frac{p_A^{\ominus}}{p_B^{\ominus}} \tag{7}$$

式（6）成为
$$\frac{\rho_A}{\rho_B}=\beta_A\cdot\frac{a^*}{b} \tag{8}$$

此式左边 ρ_A/ρ_B 是两组分在气相中的含量比，右边 a^*/b 为液相中的含量比。式（8）即为两相成分间的关系，两相中某成分 A 的分布取决于 β_A，而有三种情况：

$\beta_A>1$ 时，$\rho_A/\rho_B>a^*/b$，蒸馏时 A 在气相中富集，B 在液相中的浓度提高。

$\beta_A<1$ 时，$\rho_A/\rho_B<a^*/b$，与上一情况相反，B 在气相中富集，而 A 在液相中的浓度提高。

这两种情况都能使 A，B 分别在气相和液相中富集。

$\beta_A=1$ 时，$\rho_A/\rho_B=a^*/b$。气相与液相成分相同，不能用蒸馏的方法使 A，B 分开。

β_A 就成为判断 A-B 能否用蒸馏方法分开的关键数值，在此称为“分离系数”。

式（8）可见 β_A 是两相中成分的倍数，β_A 与 1 相差越大。则两相成分悬殊也越大，蒸馏分离效果越好。

1.4 对合金的判断

以 Pb-Sn 合金为例，在 1000℃和 1100℃时，$\beta_{Pb}-N_{Pb}$的关系图如图 1 所示[2]，β_{Pb}受合金成分和温度的影响而变动在 $10^3\sim10^4$ 范围内。表明气相两相中的铅锡比相差千倍至万倍，决定此合金真空蒸馏时铅和锡可以分别在气相和液相中富集，提纯，一次蒸馏分离效果较好。

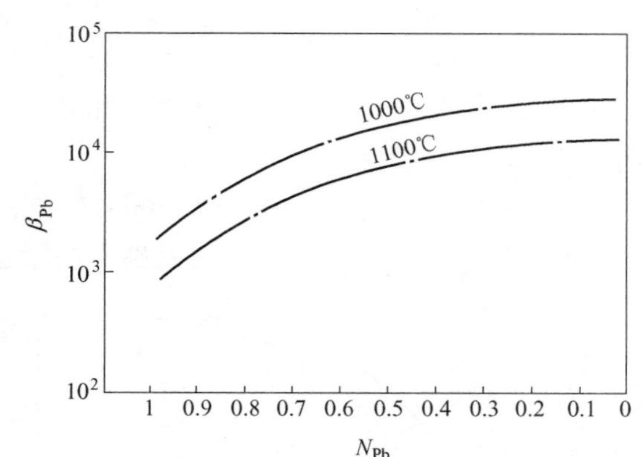

图 1 1000℃和 1100℃，Pb-Sn 系气液相平衡的 β_{Pb}值

1.5 对粗金属的判断

一种以 B 为基的粗金属，杂质是 A。实际上是商量 A 在大量 B 中形成的稀溶液，而有

$$\gamma_B=1$$
$$\gamma_A^{\ominus}=\text{常数}$$

式（7）成为

$$\beta_A^\ominus = \gamma_A^\ominus \cdot \frac{p_A^\ominus}{p_B^\ominus} \tag{9}$$

适用于粗金属中杂质 A。

以粗锡为例，应用[1]的数据，得到各种杂质与锡组成的二元系 Sn−i 的 $\gamma_i^\ominus$。计算出 $\beta_i^\ominus$ 值列于表 2。

表 2　1000℃时 Sn−i 系中少量 i 的 $\beta_i^\ominus$ 值

i	Cu	Ag	In	Bi	Sb	Pb	As
$p_i^\ominus/p_{Sn}^\ominus$	9.3×10^{-2}	6.2×10	2.3×10^{2}	1.4×10^{4}	1.42×10^{5}	3.3×10^{4}	1.29×10^{9}
$\gamma_i^\ominus$	0.317	0.187	1.241	1.356	0.411	2.195	
$\beta_i^\ominus$	2.948×10^{-2}	1.16×10	3.85×10^{2}	1.898×10^{4}	3.84×10^{4}	7.23×10^{4}	

表 2 中的数据说明粗锡真空蒸馏时因 $\beta_{Cu}^\ominus<1$，铜留在残液中。

$\beta_i^\ominus>1$ 的杂质有 Ag、In、Bi、Sb、Pb。可以挥发，与锡分离。再按 $\beta_i^\ominus$ 的大小而有此顺序，挥发由难到易。

2　馏出物与合金成分的关系

物料真空蒸馏时，气、液两相成分的关系很重要，是蒸馏作业必需的数据，可据以估计一次作业的分离效果。

气体中含 A 的量为

$$\frac{\rho_A}{\rho_A + \rho_B} \times 100 = A\%_{气}$$

即

$$\frac{1}{1 + \rho_A/\rho_B} \times 100 = A\%_{气} \tag{10}$$

如前所述，得到 ρ_A/ρ_B 之后分别在不同的 a^* 和 b 时，由式（6）得到 $A\%_{气}$，则能绘出 a^*-$A\%_{气}$的关系图，即 $A\%_{液}$-$A\%_{气}$图。

研究 Pb−Sn 系合金真空蒸馏时绘制了 1000℃和 1100℃时气液两相平衡成分（以 Sn%表示）如图 2 所示，此图能直接看到气液相含锡差别大的定量关系，若原料（液

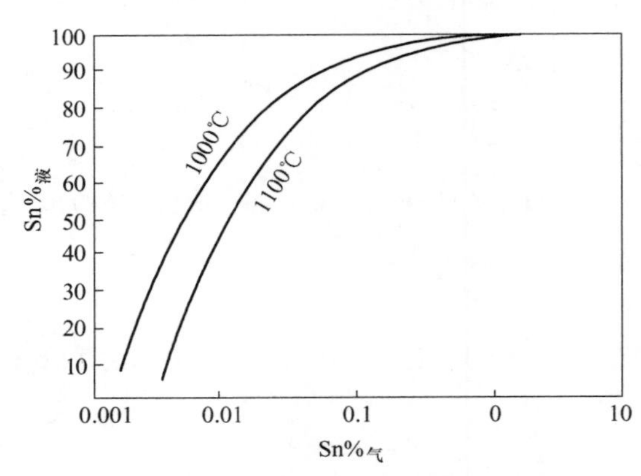

图 2　Pb−Sn 系气、液平衡成分关系

相）含锡仅为一般焊锡（含锡约65%）蒸馏时铅优先挥发，挥发出来的铅中含锡仅0.01%左右，蒸馏温度较高时（1100℃）含锡稍高，约为0.02%，当液相含锡为90%，蒸发出来的铅会达到0.1%~0.2%。

粗锡中各种杂质在气液两相中的平衡成分也可应用式（9）、式（10），绘制图3。由图3中可见Pb、Bi、In和Ag在粗锡真空蒸馏时的分布，并有了定量的数值。

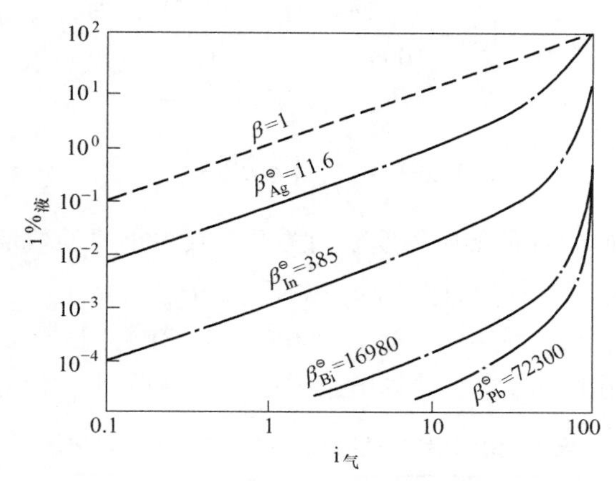

图3　1000℃时Sn-i系气、液相平衡成分

可见，这种图对粗金属和合金真空蒸馏无疑是具有重要意义的，我们研究Pb-Ag、Pb-Sn等合金及粗金属真空蒸馏时，这种图起着指导作用。

3　粗金属中各种杂质元素挥发量的关系

以B为基体的粗金属中含有若干种杂质1、2、3、…，而各自有其分离系数$\beta_1^{\ominus}$、$\beta_2^{\ominus}$、$\beta_3^{\ominus}$、…和活度系数$\gamma_1^{\ominus}$、$\gamma_2^{\ominus}$、…M. Olette[4]应用Langmuir的方程式引入蒸馏系数$\alpha_1\alpha_2$，…，并得到B和杂质i的挥发率分别为X与Y_i有如下关系：

$$Y_i = 100 - 100\left(1 - \frac{X}{100}\right)\alpha_i \tag{11}$$

$$\alpha_i = \frac{\gamma_i}{\gamma_B} \cdot \frac{p_i^{\ominus}}{p_B^{\ominus}} \cdot \sqrt{\frac{M_B}{M_i}} \tag{12}$$

由于式（11）在导出过程中，积分时假定α_i为常数，故只能在此条件下应用。粗金属中的杂质于此情况，例如粗锡，则得

$$\alpha_i = \gamma_i^{\ominus} \cdot \frac{p_i^{\ominus}}{p_{Sn}^{\ominus}} \cdot \sqrt{\frac{M_{Sn}}{M_i}} \tag{13}$$

考虑式（9）后

$$\alpha_i = \beta_i^{\ominus} \cdot \sqrt{\frac{M_{Sn}}{M_i}} \tag{14}$$

由式（11）求X，得

$$X = \left(1 - \sqrt[\alpha_i]{1 - \frac{Y_i}{100}}\right) \times 100 \tag{15}$$

对于各种杂质 Pb，Bi，…将有

$$X=\left(1-\sqrt[\alpha_{Pb}]{1-\frac{Y_{Pb}}{100}}\right)\times 100=\left(1-\sqrt[\alpha_{Bi}]{1-\frac{Y_{Bi}}{100}}\right)\times 100=\cdots$$

从而得到

$$1-\frac{X}{100}=\left(1-\frac{Y_{Pb}}{100}\right)^{\frac{1}{\alpha_{Pb}}}=\left(1-\frac{Y_{Bi}}{100}\right)^{\frac{1}{\alpha_{Bi}}}=\cdots=C \qquad (16)$$

对一种杂质可得

$$\log\left(1-\frac{Y_i}{100}\right)=\alpha_i\log C \qquad (17)$$

式（16）为粗金属中各种杂质挥发率的关系，其中重要的数值是 α_i 和 Y_i，实验中得到各种杂质的挥发率，从而可计算出 α_i 以及 $\gamma_i^{\ominus}$，$\bar{\alpha}_{Bi}$。

例如，真空蒸馏粗锡，实验[3]得到 1200℃，1. 33Pa，蒸馏 2～15min 后杂质的含量。取 $\gamma_{Pb}^{\ominus}=1.2$。应用上列各式，计算出杂质铋的 α_{Bi} 和其平均值 $\bar{\alpha}_{Bi}$ 列于表 3。

表 3　由粗锡中铅和铋的挥发率求得 α_{Bi} 和 $\bar{\alpha}_{Bi}$

挥发时间/min	2	3	5	7	10	15
Y_{Pb}	20. 1	76. 55	93. 16	78. 4	99. 77	99. 95
Y_{Bi}	61. 21	70. 91	91. 92	96. 77	99. 84	99. 84
α_{Bi}	2.036×10^3	2.24×10^3	2.43×10^3	2.158×10^3	2.75×10^3	2.202×10^3
$\bar{\alpha}_{Bi}$			2.303×10^3			

将 $\bar{\alpha}_{Bi}$ 值代入式（17），计算出铋的挥发率 $Y_{Bi计}$ 与实验值 $Y_{Bi实}$ 很接近，见表 4。

表 4　$Y_{Bi计}$ 与 $Y_{Bi实}$

挥发时间/min	2	3	5	7	10	15
$Y_{Bi计}$	65. 72	72. 31	90. 66	97. 42	99. 53	99. 88
$Y_{Bi实}$	61. 21	70. 91	91. 92	96. 77	99. 84	99. 84

将粗锡中各种杂质的 $\bar{\alpha}_i$ 得到之后，即可得到 $\beta_i^{\ominus}$ 与 $\gamma_i^{\ominus}$，见表 5。

表 5　粗锡中集中杂质 i 的 $\beta_i^{\ominus}$、$\gamma_i^{\ominus}$ 和 $\bar{\alpha}_i$（1200℃）

i	Bi	Sb	Pb	As
$p_i^{\ominus}/p_{Sn}^{\ominus}$	3.894×10^4	1.778×10^4	2.85×10^3	8.536×10^7
$(M_{Sn}/M_i)^{1/2}$	0. 7536	0. 57	0. 757	1. 028
$\bar{\alpha}_i$	2.303×10^2	2.501×10^2	2.60×10^3	1.295×10^3
$\gamma_i^{\ominus}$	7.8×10^{-2}	2.468×10^{-2}	1. 2	1.475×10^{-5}
$\beta_i^{\ominus}$	3.05×10^3	4.38×10^2	3.419×10^3	1.295×10^3

注：据［5］取气态物质的 $M_{As}=1.5\times74.92$，铋为单原子，锑为 3 原子分子，由表 5 的数据可计算得粗锡中杂质砷和锑的挥发率与实验值极为接近，见表 6。

表 6　$Y_{As实}$、$Y_{Sb实}$ 与 $Y_{As计}$、$Y_{Sb计}$

挥发时间/min	2	3	5	7	10	15
$Y_{As实}$	47.2	55.49	71.69	80.25	95.06	98.35
$Y_{As计}$	45.24	51.43	73.71	87.25	95.14	97.73
$Y_{Sb实}$	9.49	8.57（?）	22.96	28.89	46.66	58.52
$Y_{Sb计}$	10.98	13.02	22.73	32.85	44.24	51.86

注：（?）指文献［3］中的数据可能不准。

表 5 中得到的砷、锑、铋的活度系数，其中 $\gamma_{As}^{\ominus}$ 尚未有人研究过。$\gamma_{Sb}^{\ominus}$ 和 $\gamma_{Bi}^{\ominus}$ 与文献［1］有较大出入，见表 7。

表 7　粗锡中 As、Sb、Bi 的 $\gamma_i^{\ominus}$ 比较

i	Bi	Sb	As
$\gamma_i^{\ominus}$(本文)，1200℃	7.8×10^{-2}	2.468×10^{-2}	1.475×10^{-5}
$\gamma_i^{\ominus[1]}$	1.356(326℃)	4.11×10^{-1}(677℃)	—

这种差别的原因，一是文献［1］所列的数据属于单纯的二元系，没有其他杂质的影响，而本文计算值是实践数据[3]为计算基础。其中已包括了几种杂质同存，相互作用后的结果，此值当然不同于[1]者。而本文计算的值更为准确，二是实践问题，如测定方法，准确性等产生的影响。

根据本计算所得的 $\beta_i^{\ominus}$ 值，按大小顺序排列，得到各种杂质挥发的先后为：

Pb、Bi、As、Sb、In、Ag

仅按纯物质沸点高低的顺序为：

As、Bi、Sb、Pb、In、Ag

二者有较大的区别，而前者更接近实际。

4　结论

（1）一种金属物料是否可以用真空蒸馏分离或提纯的判断，对粗金属 B 中的杂质 i，应该用 $\beta_i^{\ominus}=\gamma_i^{\ominus}\cdot p_i^{\ominus}/p_B^{\ominus}$，对合金 A-B 则应用 $\beta_A=\gamma_A p_A^{\ominus}/(\gamma_B p_B^{\ominus})$。只要 $\beta_i^{\ominus}$ 或 β_A 大于 1，i 或 A 即可挥发富集于气相，小于 1 则滞留于蒸馏残留合金中，等于 1 则不能蒸馏分开。

这种判断比较使用 $p_i^{\ominus}$ 或 p_i 判断更为全面。

（2）粗金属中各种杂质蒸馏时挥发率的关系是 $\log\left(1-\frac{Y_i}{100}\right)=\alpha_i\log C$ 式，在实践中有重要意义，用纯二元系和粗金属蒸馏实践的这两种数据计算的结果又一定的差距。原因是前者未包含杂质共存时的相互作用，用后者校正后的 $\gamma_i^{\ominus}$ 和 $\beta_i^{\ominus}$ 更为准确。

（3）得到的 $\gamma_i^{\ominus}$、$\beta_i^{\ominus}$ 和 $\bar{\alpha}_i$ 以及气相液相平衡成分图对实践有较大意义，补充了基础数据，又可以预计产品质量，决定设备结构和蒸馏制度。

参 考 文 献

［1］Hultgren R, et al. Selected values of the thermodymic properties of binary alloys［J］. 1973.

[2] Dai Yongnian, He Aiping. Vacuum distillation of lead-tin alloy [J]. 1987.

[3] Pearce S C. Lead-Zine-Tin. 1980: 754~768.

[4] Olette M. Physical chemistry of process metallurgy [C] //Proceedings 4th International Conference on Vacuum Metallurgy Section Ⅰ, 1973: 29.

[5] Nesmeyanov A N. Vapor pressure of the chemical elements [J]. 1963.

Separation of Various Elements in Crude Metal or Alloy during Vacuum Distillation

Abstract The feasibility of vacuum distillation of crude metal or an alloy was discussed. The equilibrium relationship between vapor phase and Liquid phase in A-B system···$\rho_A/\rho_B = \beta_A \cdot a^*/b$ has been derived. The separation coefficientis $\beta_A = \gamma_A \cdot \rho_A^{\ominus}/(\gamma_A \cdot \rho_B^{\ominus})$ is a judgment criterion. By calculation ρ_A/ρ_B, the equilibrium composition diagram of vapor phase and liquid phase was drawn. By use of the equation derived by M. Olette, the relationship among the volatilization amounts of various impurities in a crude metal (Y_i) was further solved. $1-x/100 = C = (1-Y_i/100)^{1/a_i}$. From Y_i value obtained in practice, $\bar{\alpha}_i$, $\beta_i^{\ominus}$ and then $\gamma_i^{\ominus}$ can be calculated. The correct volatilization order of various impurities was obtained. These results can be applied to determine the practical conditions (temperture, vacuum degree, type of distillation furnace, times of distillation and control of product composition) in distillation of a crude metal or an alloy.

Keywords separation; vacuum distillation; alloy; metal

Thermodynamic Behavior of Lead–Antimony Alloy in Vacuum Distillation*

Abstract The distribution of metals in Pb–Sn alloy during vacuum distillation was calculated. The composition curve of vapor–liquid phases determined by this work is different from those of other researchers. The curve intersects the diagonal at *C*. The compositions of vapor and liquid at *C* are identical. The antimony content of vapor on the left of *C* is less than that of liquid, and the vapor on the right–side of *C* contains more antimony. These characteristics can be applied to the elimination of antimony from crude lead or the elimination of lead from crude antimony. The position of *C* moves rightwards with temperature increment. The discrepancy among the compositions of *C* suggested by different authors was explained.

Keywords thermodynamic properties; vacuum distillation; alloys, antimony base alloys; antimony; lead

1 Introduction

Jamesonite ($Pb_4FeSb_6S_{14}$) is one of important antimony–containing minerals. Ore dressing can not separate lead from antimony. Smelting produces Pb–Sn alloy. Vacuum distillation is a better approach to separate antimony from lead in alloy, but the method has not been used commercially and less research into it has been conducted.

There are three questions about vacuum distillation of Sb–Pb alloy:

(1) Is it feasible? (2) Is it possible to produce antimony and lead? (3) What kind of furnace and operation is required?

We have been engaged in this research work since 1980. At present, the first two questions have been answered, and the last one is nearing the solution. This work expounds the main points of questions 1 and 2 briefly.

2 Feasibility and Limitation of Vacuum Distillation of Pb–Sb Alloy

The relationships of the vapor pressure of pure antimony and lead ($p^{\ominus}_{Sb}$, $p^{\ominus}_{Pb}$ mmHg) to temperature (T, K) are:[1]

$$\log p^{\ominus}_{Sb} = -6500T^{-1} + 6.37(903.5\text{K} \sim \text{boiling point}) \quad (1)$$

$$\log p^{\ominus}_{Sb} = -10320T^{-1} + 10.59(500 \sim 90.5\text{K}) \quad (2)$$

$$\log p^{\ominus}_{Pb} = -10130T^{-1} + 0.985\log T + 11.16(600\text{K} \sim \text{boiling point}) \quad (3)$$

These relationships can be shown in Fig. 1.

* 本文合作者有 Chen Feng, He Zikai；原载于《昆明工学院学报》1989 年第 3 期。

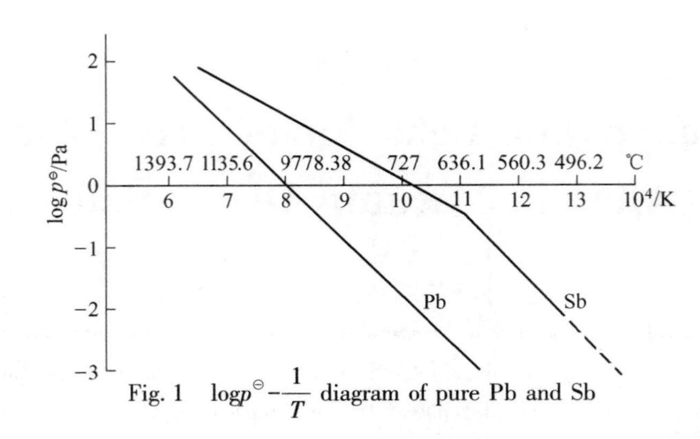

Fig. 1 $\log p^{\ominus}-\frac{1}{T}$ diagram of pure Pb and Sb

Fig. 1 indicates that there is a vapor pressure different between Pb and Sb. Let $p_{Sb}^{\ominus}/p_{Pb}^{\ominus}$ represent this difference, we obtain

$$\log(p_{Sb}^{\ominus}/p_{Pb}^{\ominus}) = -190T^{-1} + 0.985\log T - 0.57(600 \sim 903.5\text{K}) \tag{4}$$

$$\log(p_{Sb}^{\ominus}/p_{Pb}^{\ominus}) = 3630T^{-1} + 0.985\log T - 4.79(903.5 \sim 1860\text{K}) \tag{5}$$

Its values at different temperature are shown in Fig. 2.

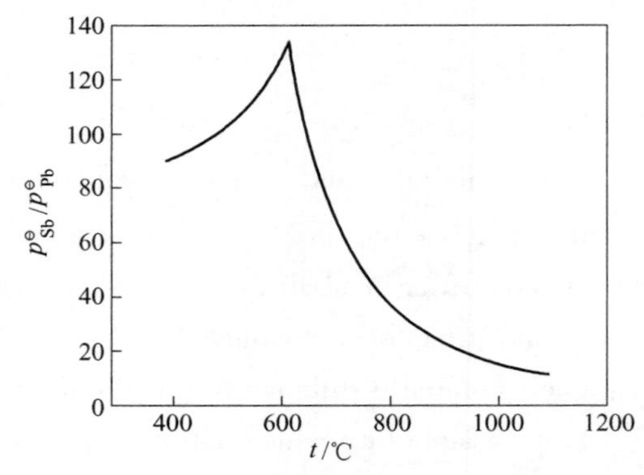

Fig. 2 $p_{Sb}^{\ominus}/p_{Pb}^{\ominus}-t$(℃) diagram Pb-Sb system Bec. %

Fig. 2 points out that the value of $p_{Sb}^{\ominus}/p_{Pb}^{\ominus}$ at antimony melting point (635.5℃) reaches the maximum 138, and after then it decreases with temperature rise $p_{Sb}^{\ominus}/p_{Pb}^{\ominus}$ is 37.82 at 800℃, and it is only 8.8 at 1100℃, researchers investigated the activities of components in Pb-Sb system, and the relationship of activity (a_i) with mole fraction (N_i) at 632℃ is shown in Fig. 3, Fig. 4 and Table 1[3,5].

Table 1 Relationships of N_{Pb} to γ_i, γ_{Sb}/γ_{Pb} at 632℃ and β_{Sb} at 800℃ in Pb-Sb system

N_{Pb}	1	0.9	0.8	0.7	0.6	0.5	0.4	0.3	0.2	0.1	0
γ_{Sb}	0.779	0.817	0.952	0.885	0.914	0.939	0.961	0.978	0.990	0.998	1.000
γ_{Pb}	1.000	0.996	0.990	0.978	0.961	0.939	0.914	0.885	0.852	0.817	0.779
γ_{Sb}/γ_{Pb}	0.779	0.818	0.861	0.905	0.951	1.000	1.105	1.051	1.162	1.222	1.284
β_{Sb}(800℃)	29.6	31	32.7	34.4	36.1	38	39.9	42	44.2	46.4	48.8

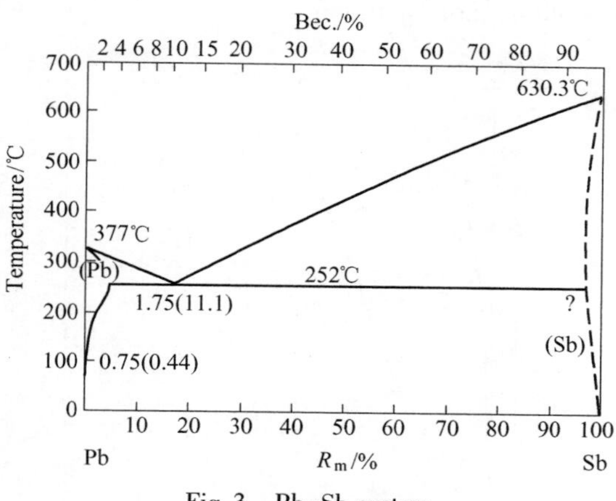

Fig. 3 Pb–Sb system

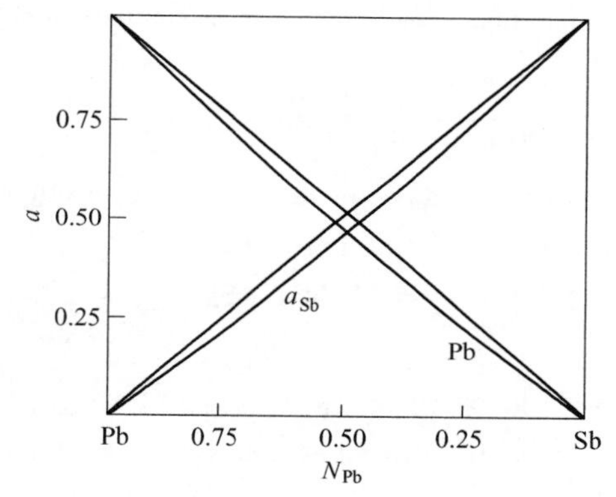

Fig. 4 a–N diagram of Pb–Sb system (632℃)[5]

Table 1 indicates that the activity coefficient ratio γ_{Sb}/γ_{Pb} varies with mole fraction and its value is between 0.779 and 1.284. In the range of 700 ~ 900℃ γ_{Sb} and γ_{Pb} vary slightly[5], and the effect of temperature on γ_i is negligible.

The separation coefficient β in equation (6) can be used to determine the possibility of separating Sb from Pb by vacuum distillation[4].

The vapor density ratio ρ_{Sb}/ρ_{Pb} decides the composition of vapor the distillation product.

$$\beta_{Sb} = \frac{\gamma_{Sb}}{\gamma_{Pb}} \cdot \frac{p_{Sb}^{\ominus}}{p_{Pb}^{\ominus}} \tag{6}$$

$$\frac{\rho_{Sb}}{\rho_{Pb}} = \beta_{Sb} \cdot \frac{a^*}{b} \tag{7}$$

Where a^* and b are the Sb and Pb contents in condensed phase, and ρ_{Sb} and ρ_{Pb} are the Sb and Pb densities in vapor respectively. The last line in Table 1 is the β_{Sb} values obtained.

According to Table 1, it is obvious that β_{Sb} always is greater than 1, so that vacuum distillation may concentrate antimony in Pb–Sb alloy of any composition into vapor phase. The relationship of vapor and liquid phase compositions can be calculated by equation (8), and the results are shown as curve 1 in Fig. 5. The curve indicates that the distillate vapor from Pb–Sb alloy of any composition contains more antimony.

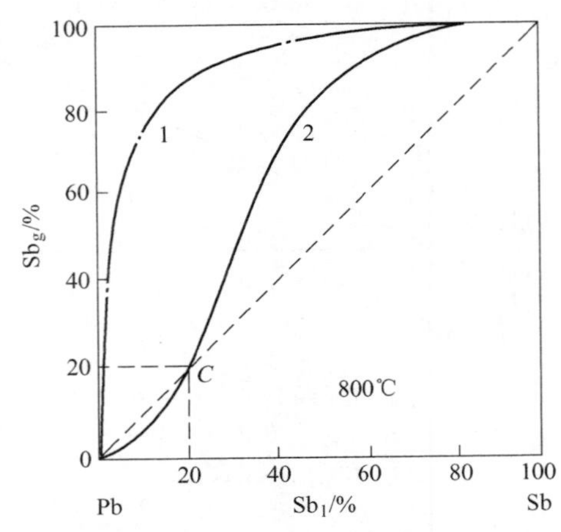

Fig. 5 Vapor-liquid equilibrium compostion diagram of Pb-Sb

$$\frac{1}{1 + \rho_{Pb}/\rho_{Sb}} \times 100 = Sb\%_{vapor} \tag{8}$$

But, not all experiments have the same result. According to our experimental date, we got curve 2 in Fig. 5 which differs greatly from curve1.

Curve 2 intersects the diagonal ($\beta_{Sb} = 1$) at C($Sb\%_{liquid} = 22$), and c devides the curve into three situations.

At any point on the right-side curve of c, $Sb\%_{vapor} > Sb\%_{liquid}$ and $\beta_{Sb} < 1$, or $Pb\%_{vapor} > Pb\%_{liquid}$, so that lead may concentrate in vapor phase to get relatively pure lead.

At c, $Sb\%_{vapor} = Sb\%_{liquid}$ and $\beta_{Sb} = 1$, the compositions of vapor and liquid phases are the same, so that lead and antimony can not be separated from each other.

The situation of every section of curve 2 agrees with the results of some researchers.

W. J. Kroll said in his paper[7]: "…The boiling temperature reaches a maximum at a certain composition (about 75%Pb). At this maximum in the curve the metal and the metal vapor have the same composition and a separation of the two metals beyond this point is impossible."

He affirmed that Pb=75%and Sb=25%at c, and it is impossible to separate two metals beyond c (Pb>75%).

As to the left-side of c, Ц. Н. Нуртаиеб et al.[8] investigated vacuum distillation of Pb-Sb alloy containing antimony 0.1%, 1% and 5% at 1000℃, 1050℃, and 1100℃ respectively. In all experiments, Sb content in the lead volatilized decreased markedly, and Sb content in remaining alloy increased.

Table 2 indicates that on the left-side of c, the less the antimony in the staring alloy, the more lead concentrates in vapor phase to condense into relatively pure lead. So, crude lead can be purified by distillation and separation from antimony. The investigation of vacuum refining lead also verified this relationship[9]: when crude lead containing 0.22% Sb was distilled at 1080℃ and under 0.2~0.3mmHg pressure, the antimony content in lead vapor was so small that it couldn't be examined for by analysis.

Table 2

Sb in starting alloy/%	distil. temp. /℃	Sb in distillate/%	Sb in remaining alloy/%
0.1	1000	<0.003	0.109
5	1000	0.013	0.358
		0.36	5.363
0.1	1100	2.70	12.12
		0.005	0.111
5	1100	0.025	0.285
		0.59	5.405

We carried out a lot of experiments on the right-side of *c*. When starting alloy contained Sb 90% and Pb 10%, residual gas pressure was 0.3mmHg and distillation time was 20minutes, we got the result shown in Fig. 6. The distillate amount increased with temperature rise. Table 3 indicates that the vapor differs from the liquid very much in composition, consequently it is feasible to produce relatively pure antimony with Sb-Pb alloy on the right-side of *c* by distillation.

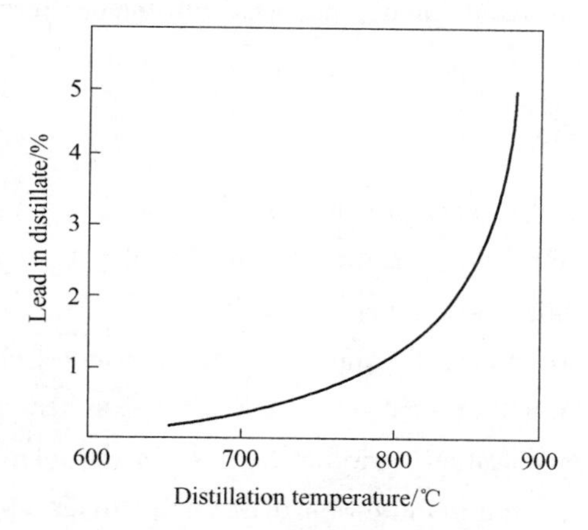

Fig. 6 Lead in distillate vs. temperature

To sum up, the conditions shown by curve 2 in Fig. 5 are correct.

Table 3

Distillation temperature/℃	700	800
Volatization amount of Sb/%	40	82
Lead in distillate/%	0.4	0.8

On the basis of curve 2 in Fig. 5 and in respect that the effect of temperature on activity coefficient of component in Pb-Sb alloy between 700～900℃ is very slight, a set of curves from 600 to 900℃ were calculated and shown in Fig. 7. We can see that the position of intersecting point *c* of every curve with the diagonal is different, e. g. at 900℃, the composition of *c* is Sb 34%, but the position of *c* moves leftwards with temperature decrement. At 600℃, *c* almost coincides with the origin of coordinates, and Sb content is nearing zero.

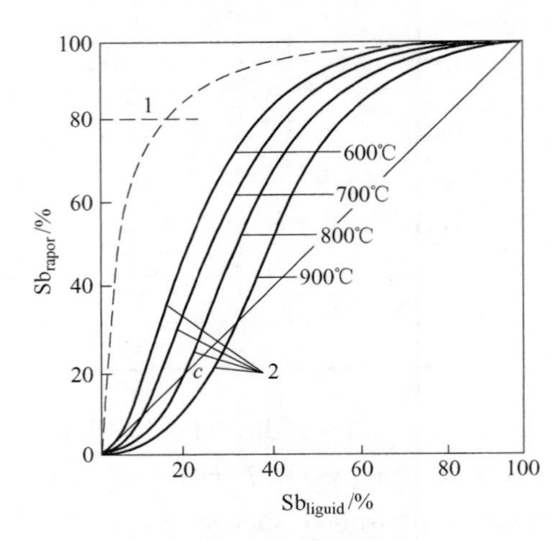

Fig. 7 Vapor–liquid equilibrium composition of Pb–Sb system

Thus, it can be explained that the Sb content of c obtained by different authors is not the same. The position of c is not fixed, and it changes with temperature adopted by the researchers.

3 Concluding Remarks

(1) At same temperature, the vapor pressure of pure lead differs from that of pure antimony, which is one of the basis of vacuum distillating Pb–Sb alloy to separate the two metals. The difference at 600℃ is 14 times greater than at 1100℃.

(2) After Pb and Sb form alloy, the forces among their atoms change so that the behavior of molten alloy deviates from that of ideal solution. Some researchers obtained the relationship of component activity with concentration, and on the basis of the relationship they calculated the composition curves of vapor–liquid equilibrium. The curves intersect the diagonal ($\beta_{Sb}=1$) at c. Antimony in the alloy on the right–side of c volatilizes prior to lead so that antimony may be purified. Lead in the alloy on the left–side of c volatilized prior to antimony, so that lead may be purified. c is the composition of one of the final products of distilling alloy on both sides of c.

(3) Calculations show that the position of c is relevant to temperature, and it moves rightwards with temperature rise. At 900℃, the composition of c is about 34%Sb. c moves leftwards with temperature drop. At 600℃, c almost coincides with the origin. As researchers chose different experimental temperatures, their compositions of c were different.

(4) Curve 1 in Fig. 5 differs from our curve 2 very much, and the reason should be investigated.

(5) The regularity obtained in this work is helpful to control eliminating lead from crude antimony or eliminating antimony from crude lead by vacuum distillation.

References

[1] Kubaschewski O, Alcock C B. Metallurgical Thermochemistry [M]. 5th Edition. 1979.

[2] Hansen M. Constitution of binary alloys [J]. 1958.

[3] Hultgen R, et al. Selected values of the thermodynamic properties of binary alloys [J]. 1973.

[4] Dai Yongnian, Zhao Zhong. Vacuum Metallurgy [M]. Beijing: Metallurgical Industry Press, 1987.

[5] Тульдин И Т, Розловсйй А А. Цветная Металлургия. 1972: 80~82.

[6] Zhang Xiaojin. Dept. of Metallurgy, Kunming Inst. of Tech., graduation thesis, 1983.

[7] Kroll W J. Trans, Electrochem. Soc., 1945 (87): 571~587.

[8] Нуртаиеб Ц Н, Есюцин В С, Терликаеб М А. Комлхекное исдоллъэооание минералбното сыръя [J]. 1983 (12): 41~45.

[9] Нуртанб Д Н, Есюдин В С. Прочессы цветной метналлургии лрн ниэких давленияф [J]. 1983.

[10] Chen Feng, He Zikai, Dai Yongnian. Separation of Pb-Sb alloy by vacuum distillation (I) [J]. Journal of Kunming Inst. of Tech., 1984 (3): 108~116.

锑铅合金的真空蒸馏分离*

摘　要　概括了锑铅合金真空分离的研究结果，确定了 Pb-Sb 系相图中富铅端蒸馏挥发提纯铅、富锑端挥发提纯锑、c 点为共沸混合物的基本规律性。在 750~850℃下工艺实验的结果与理论研究的基本一致。扩大实验已达到日产几百千克级。由粗锑及 Sb-10Pb 合金可得精锑（约 Pb 0.1%，Sb 99%），及成分接近 c 点的残留合金。

关键词　锑铅合金；真空蒸馏；分离系数

1　前言

由于锑矿石含铅，生产得到的粗锑往往含铅，其含量由千分之几到百分之几。当原料为脆硫铅锑矿（Jamesonite，$Pb_4FeSb_6S_{14}$，Pb : Sb = 1.134）时，只能产出铅锑合金。要得到较纯的锑只有由粗锑或锑铅合金中分离出铅。但采用火法精炼除铅是有困难的[1]，用湿法电解分离法在技术上可行，但成本高、技术复杂、流程长、金属回收率低。

用真空蒸馏法分离铅曾认为在经济上不合算[1,2]。而我们的研究表明，此法能较好地分离出精锑，并得到少量 Pb-Sb<50%合金。作业中只耗电，不加任何试剂，流程简单，物料只需经过短时间处理，是较合理而经济的方法[2~7,9].

2　Sb-Pb 系合金蒸馏时的性质

真空蒸馏此类合金时，其元素的挥发性取决于元素的实际蒸气压 p_1。它与纯元素的蒸气压 $p_i^\ominus$ 有关。蒸馏分离合金中两元素的可能性和分离程度，一般可用分离系数 β_i 来表示[2]：

$$\beta_i = \gamma_1 \cdot p_1^\ominus / (\gamma_2 \cdot p_2^\ominus) \tag{1}$$

式中，γ_i 为元素 1、2、…的活度系数；β_i 为气液两相中两元素含量比值的倍数。

因而

$$\frac{\rho_1}{\rho_2} = \beta_1 \cdot \frac{a_1}{b_2} \tag{2}$$

式中，ρ_1 及 ρ_2 分别为元素 1、2 在气相中的蒸气浓度；a_1 及 b_2 分别为元素 1、2 在液相中的含量。纯锑及纯铅蒸气压 $p_{Sb}^\ominus$ 及 $p_{Pb}^\ominus$ 与温度 T 的关系为：

当 T=227~630.5℃时

$$\lg p_{Sb}^\ominus = -10320T^{-1} + 10.59 \tag{3a}$$

当 T=630.5℃~沸点时

$$\lg p_{Sb}^\ominus = -6500T^{-1} + 6.3 \tag{3b}$$

当 T=337℃~沸点时

---

* 本文合作者有：张国靖；原载于《中国有色金属学报》1991 年第 1 期。

$$\lg p_{Sb}^{\ominus} = -10130T^{-1} - 0.985\lg T + 11.16 \tag{3c}$$

纯锑的蒸气压在固态转化为液态时有明显的变化，如图 1 所示。而且形成了这样的情况：$p_{Sb}^{\ominus}/p_{Pb}^{\ominus}$之比首先随着温度的升高而增大；然后，在锑的熔点（630.5℃）处有极大值约 140。高于此温度，其值迅速下降，至 1100℃时为 10，如图 2 所示。

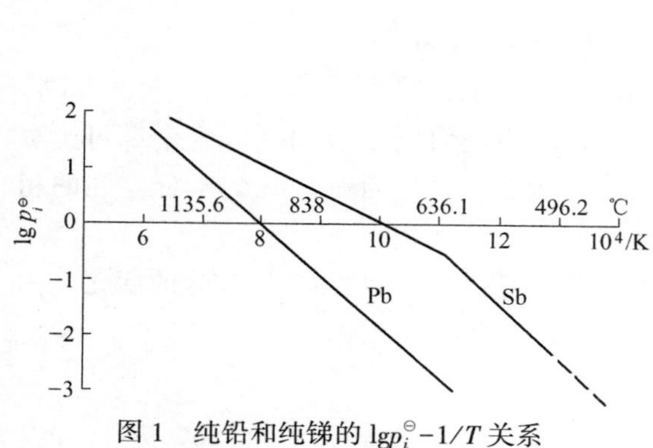

图 1　纯铅和纯锑的 $\lg p_i^{\ominus}-1/T$ 关系

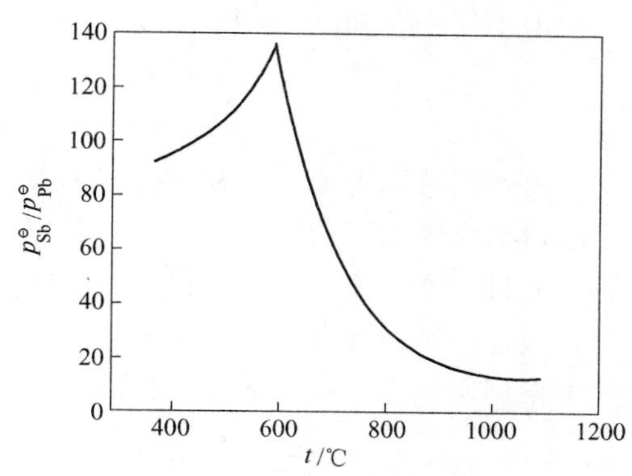

图 2　Pb-Sb 系的 $p_{Sb}^{\ominus}/p_{Pb}^{\ominus}-t$ 关系

由图 2 所示 Pb-Sb 系热力学性质的关系可知，Pb 和 Sb 均呈小的负偏差。由此可计算出 632℃时的 γ_{Sb}/γ_{Pb}值变动在 0.779~1.284 之间，见表 1。

表 1　Pb-Sb 系中 N_{Pb}-γ_{Sb}/γ_{Pb}-β_{Sb}，800℃的关系值

N_{Pb}	1	0.9	0.8	0.7	0.6	0.5	0.4	0.3	0.2	0.1	0
$\frac{\gamma_{Sb}}{\gamma_{Pb}}$	0.779	0.813	0.861	0.905	0.951	1.000	1.051	1.105	1.162	1.222	1.284
β_{Sb}(800℃)	29.6	31	32.7	34.4	36.1	38	39.9	42	44.2	46.4	48.4

假定 800℃时 Pb-Sb 系 $\gamma_{Sb}/\gamma_{Pb}-N_i$ 关系仍遵循图 3 之关系，则可得到β_{Sb} 800℃值，并列入表 1 中。

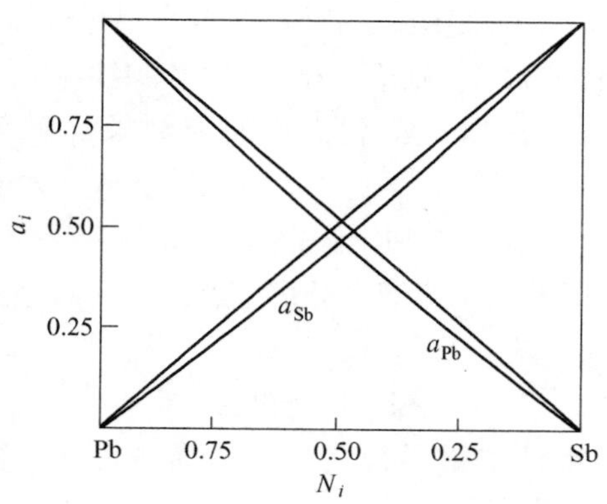

图 3　Pb-Sb 系的 a_i-N_i 关系（632℃）

表 1 的数据表明β_{Sb}，800℃随 N_{Pb}而变化，而且总是大于 1 由式（2）可见，气相中含锑量（Sb_g%）总大于液相中的含锑量（Sb_l%），即

$$\frac{\frac{\rho_{Sb}}{\rho_{Pb}}}{\frac{a_{Sb}}{b_{Sb}}} = \beta_{Sb} > 1$$

由于气相含 $Sb_g\%$应为

$$Sb_g\% = [\rho_{Sb}/(\rho_{Sb} + \rho_{Pb})] \times 100$$

或

$$Sb_g\% = [1/(1 + \rho_{Pb}/\rho_{Sb})] \times 100 \tag{4}$$

由上式可算得图 4 的 $Sb_g\%$-$Sb_l\%$平衡图，它表明任何成分的 Pb-Sb 合金都可用蒸馏法得到含锑更高的蒸气和锑较少的液态合金。因此，含铅百分之几到千分之几的粗锑，通过蒸馏应能得到含铅很少的精锑。

通过一系列计算，可得到图 5[6]，它表明不同温度时气液两相平衡成分的变化。由此可根据所处理原料的成分，找出蒸馏温度和产品质量之间的关系。

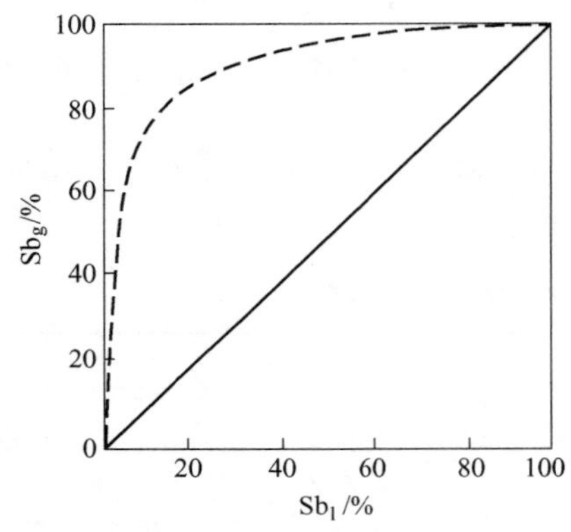

图 4　800℃时 Pb-Sb 系中 $Sb_g\%$-$Sb_l\%$平衡图

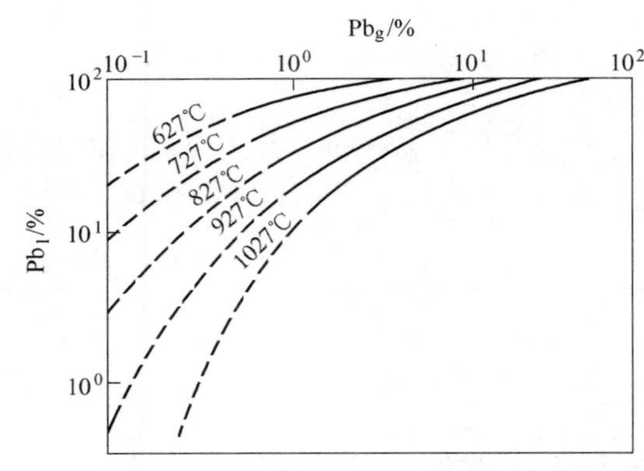

图 5　Pb-Sb 系平衡 $Pb_g\%$-$Pb_l\%$关系

例如，粗锑含 Pb 1%，在 827℃时蒸馏，得到的冷凝物含铅在 $10^{-1}\% \sim 10^{-2}\%$范围内，Pb 含量降低 1 至 2 个数量级若温度升高至 927℃；得到的冷凝物含铅在 $10^{-1}\% \sim 10^{0}\%$之间，仅比原料低约 1 个数量级。另外，原料含铅量升高，冷凝物含铅量也增加。若要求产品达到 $10^{-1}\% \sim 10^{-2}\%$Pb，则应严格控制蒸馏温度。

当原料含铅高达 $10^{1}\% \sim 10^{2}\%$时，我们的研究结果（见图 6）表明：在 800℃和 $Sb_l\% = 22\%$时出现：

$$Sb_g\% = Sb_l\%$$

此时为共沸混合物，即不能用蒸馏法分离 *c* 点合金的两个元素。

c 点右侧为富锑端合金，有

$$Sb_g\% > Sb_l\%$$

蒸气中锑得到富集，粗锑或铅锑合金可用蒸馏法提纯。得到的产物一种是精锑，另一种是成分位于 *c* 点附近的合金。

c 点左侧为富铅合金，在曲线对角线下方有

$$Sb_g\% < Sb_l\%$$

蒸馏时铅在气相物质中富集，含锑的粗铅用蒸馏法可得到纯铅；残留物中锑得到

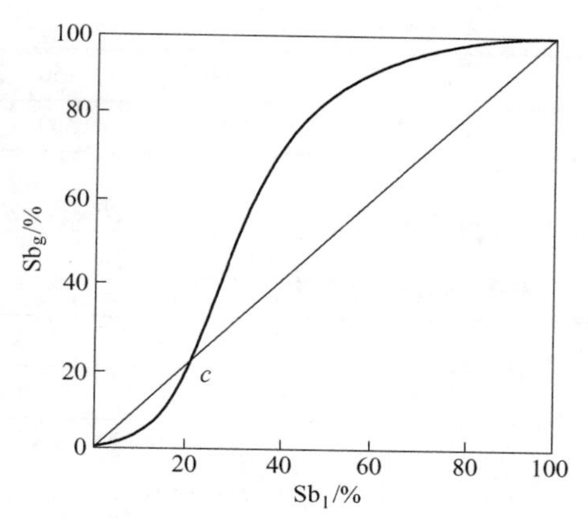

图 6 Pb-Sb 系 800℃的 $Sb_g\%-Sb_l\%$平衡[10]

富集，成分在 c 点附近。

c 点位置与 β_{Sb}有关，也与温度有关，没有一个固定位置。

在 600~900℃范围内假定活度系数变化不大，则可由计算得到图 7[7]。

可见是 β_{Sb}是随温度及合金成分而变化的。温度升高 β_{Sb}减小，在液相含 Sb 80%时 β_{Sb}有一极大值。增加或减少 Sb_l 都会减小 β_{Sb}值。

考虑了 β_{Sb}的变化后，可得到图 8 的 $Sb_g\%-Sb_l\%-t$ 关系图[7]。

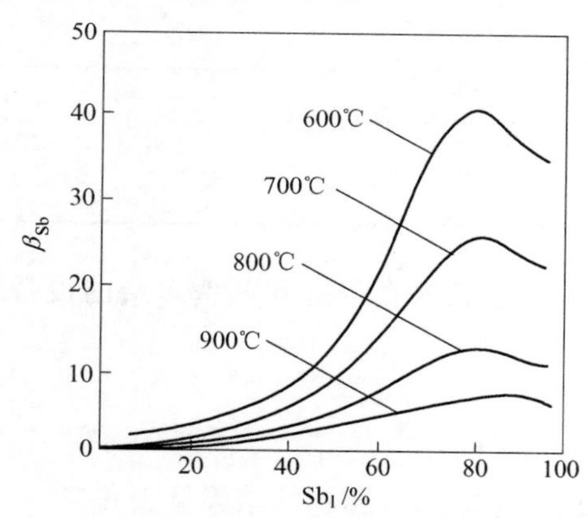

图 7 Pb-Sb 系的 $\beta_{Sb}-Sb_l\%-t$ 的关系[9,10]

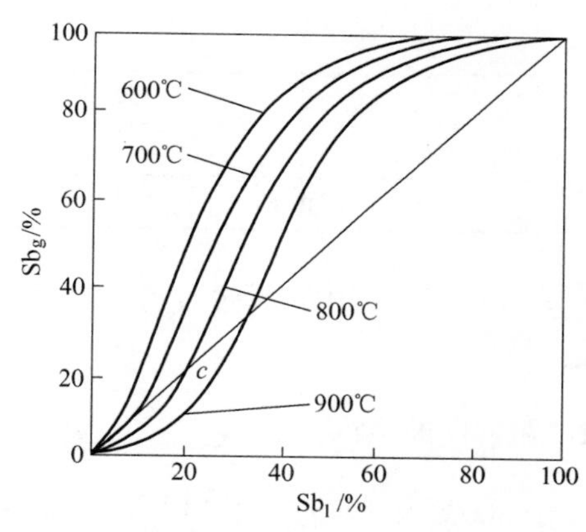

图 8 Pb-Sb 系中 $Sb_g\%-Sb_l\%-t$ 的关系

从图 6 中 c 点的位置变动情况看温度升高，c 点向右移，即向 $Sb_l\%$增高的方向移动，使铅锑分离的情况恶化；温度降低，c 点向左移，即向 $Sb_l\%$减少的方向移动铅和锑的分离情况转好，共沸混合物含锑降低。

3 试验结果与讨论

在实验室条件下进行了纯锑的挥发性、间断作业和连续性作业的工艺条件、设备结构等一系列研究。

3.1 纯锑的挥发

根据式（3）算得纯锑的蒸气压 $p^{\ominus}_{Sb}$与温度 t 的对应关系见表 2。

表 2　$p_{Sb}^{\ominus}$-t 的关系

t/℃	650	700	750	800	850	900	950
$p_{Sb}^{\ominus}$/Pa	28. 4	65. 2	138. 4	273. 3	509	890. 1	1513. 6

在 66. 7Pa 压力下测定的锑挥发速率 ω_{Sb} 与温度 t 的关系，列于表 3[9]。

表 3　ω_{Sb}-t 的关系（66. 7Pa 压力下）

t/℃	650	713	740	780	814	873	915
ω_{Sb}/g·(cm^2·min)$^{-1}$	0. 13	0. 29	0. 59	0. 75	0. 88	1. 03	1. 13

挥发速度 ω_{Sb} 受压力 p 影响，已测得之值列于表 4。

表 4　p-ω_{Sb} 的关系　　(g/(cm^2·min))

p/Pa	13. 3	26. 7	40	53. 32	66. 7	80	93. 3	106. 6	120
ω_{Sb}(650℃)	0. 29	0. 29	0. 24		0. 13			0. 04	
ω_{Sb}(720℃)	0. 69	0. 69		0. 58	0. 39		0. 32		
ω_{Sb}(800℃)			1. 07	1. 07	1. 03	0. 91			0. 58

压力降低到一定值而 ω_{Sb} 不变的临界压力 p_{crit} 与温度 t 的关系见表 5。

表 5　锑的 p_{crit}-t 关系

t/℃	650	720	800
p_{crit}/Pa	26. 7	45. 3	61. 3
$p_{Sb}^{\ominus}$/Pa	28. 0	89. 3	273. 3

表 5 可供生产中选择最佳作业压力，避免采用过高的真空度和耗费多余的设备与能量。

3. 2　粗锑间断蒸馏作业

于 800℃及 40Pa 压力下以每次 40g 料量处理 Sb-10%Pb 粗锑的结果见表 6[4]。

表 6　真空蒸馏的 Sb-10%Pb 粗锑

蒸馏时间/min	冷凝金属组成/%			锑挥发率/%	残留合金质量及 Sb，Pb 的质量分数		
	Sb	Pb	As		质量/g	Sb/%	Pb/%
10	98. 64	0. 38	0. 84	77. 02	12. 2	68. 35	31. 67
20	98. 01	0. 81	1. 13	86. 70	8. 50	49. 27	48. 80
30	96. 95	1. 53	0. 64	93. 10	5. 80	32. 80	69. 71
40	96. 00	1. 90	0. 40	95. 70	4. 50	33. 60	64. 90
50	95. 68	2. 91	0. 80	96. 70	4. 20	28. 90	71. 37

由表 6 可知，随着蒸馏时间延长，锑的挥发率加大冷凝合金中含铅量由 0. 38%增

加到 2.91%同时残留合金中含铅量由 31.67%增至 71.37%。

蒸馏温度变化，对锑的挥发量以及所产锑中的含铅量有明显影响。如图 9 所示，由 700℃升至 800℃，锑的蒸发量增加约 40%，所产锑中含铅量由 0.3%增至 1%若温度升到 800~900℃，锑的挥发量仅由 80%升至 92%，而其含铅量由 1%升至 4%。这种变化的规律性与前面的分析是一致的。由此可以选定蒸馏温度为 800℃，以便获得较高的锑挥发量，和得到含铅量较低的锑。

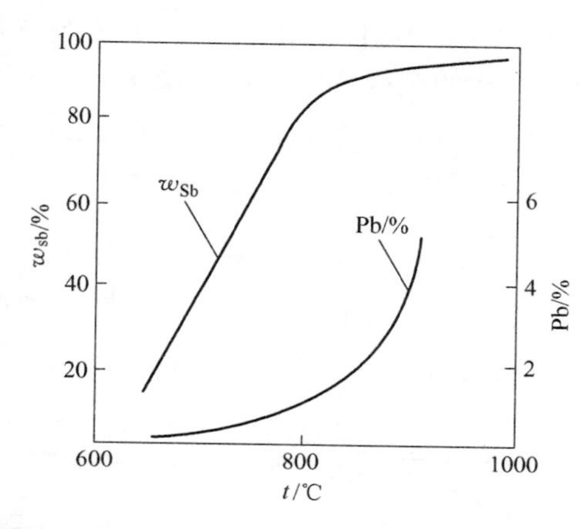

图 9 蒸馏温度（t）对锑挥发率 ω_{Sb} 和冷凝合金含铅量 Pb%的关系[4]

（原料合金：Sb-10%Pb；料重 40g，蒸馏条件：20min，40Pa）

经过四级间断真空蒸馏[3]可将粗锑精炼成精锑。其原料及产品的成分见表 7。

表 7 粗锑和经四级蒸馏精炼锑的成分

品种	Sb	As	S	Pb	Fe	Cu	杂质总和
粗锑/%	81~94	0.2~0.6	0.96~0.48	0.02~0.3	3~7.1	—	6~19
精锑/%	>99	0.08~0.17	0.12~0.31	0.026~0.18	0.003	0.003	0.23~0.67

由上可见，粗锑用真空蒸馏可达到较好的精炼效果。但一次蒸馏不易达到要求，需要多级蒸馏。

3.3 锑铅合金真空蒸馏

曾用纯铅和纯锑配成各种成分的物料，每次 70g，在 4Pa 及 800℃条件下挥发 1h，而后分析其成分，得表 8[7]。

表 8 Pb-Sb 合金物料和馏出物成分变化[7]

原料含 Sb/%	0	4.91	11.30	18.8	24.66	40.56	53.91
馏出物含 Sb/%	0	2.44	7.13	19.26	22.09	63.33	82.89
锑挥发速率/g·$(cm^2 \cdot min)^{-1}$	0	0.002679	0.00404	0.0206	0.04491	0.2440	0.5270
铅挥发速率/g·$(cm^2 \cdot min)^{-1}$	0.1936	0.1093	0.0859	0.08631	0.1584	0.1378	0.1075

续表 8

原料含 Sb/%	67.98	74.68	76.53	83.73	89.78	100	
馏出物含 Sb/%	93.53	96.06	97.70	99.44	99.64	100	
锑挥发速率/g·(cm^2·min)$^{-1}$	0.8533	1.5270	2.3296	4.1960	6.5678	10.11	
铅挥发速率/g·(cm^2·min)$^{-1}$	0.0458	0.06144	0.04029	0.02701	0.01582	0	

用这些数据作图，便得到图 7 中的曲线 2。图中 c 点左侧线段可用于粗铅真空精炼除锑；右侧线段则表示粗锑除铅的规律。用于精炼锑除铅时，产品含铅量将遵循前述的规律，每经一次蒸馏含铅量可降低 1 个数量级左右（见表 6~表 8），故用多级蒸馏比较合理。因此，我们作了多级蒸馏实验[5]，所用原料为

组分	Sb	Pb	As	Cu	Ag	Bi	Fe	Zn	S
含量/%	90.84	8.05	0.75	0.034	0.014	0.1	0.011	0.01	<0.03

得到各级物料的含 Sb、Pb 数值，作图 10 和图 11。

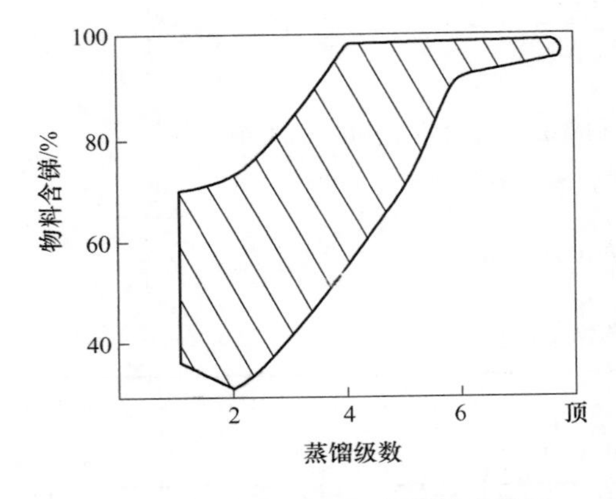

图 10 多级蒸馏时各级物料的含锑量
（温度：650~750℃）

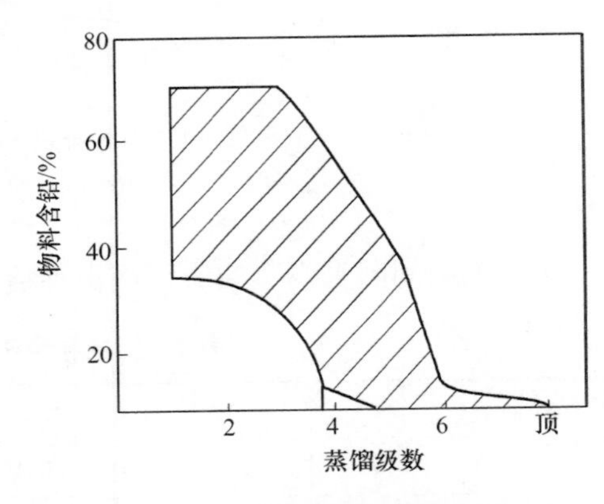

图 11 多级蒸馏时各级物料的含铅量
（温度：650~750℃）

在 650~750℃ 真空蒸馏此合金时，在塔柱上方（6 级以上）富集锑，蒸发盘中物料含 Sb 约 99%；同时，含铅量降低到 1% 以下。锑铅分离效果好。在塔柱下端，合金含锑量降低到约 30%，含铅量相对提高到 30%~60%，这些结果与图 6 c 点右侧富锑线段的规律完全一致。

此外，我们完成了多级连续真空蒸馏含铅锑的试验，规模达到每天几百公斤。炉型和作业条件以及效果已确定下来。产品锑的纯度达到 99% 以上，含铅量降到 0.16% 以下金属的回收率大于 91.8%；电耗约 2.7kW/kg；作业条件：温度低于 750℃，真空度-99Pa。

4 结论

经过我们近 10 年的工作，弄清了锑铅合金及粗锑真空蒸馏分离铅、提纯锑的基本

规律及可以达到的分离程度和限度，这些规律经小型（几十克），扩大型（千克级）和再扩大型（百千克级）的大量工艺实验反复验证。肯定了含少量铅（百分之几以下）的粗锑用真空蒸馏除铅的可能性。

本文得到云南省科委的科学基金和工业技术研究费的支持，也得到广西矿务局研究费及实际试料的支持。谨致谢意。

参考文献

[1] 赵天从．锑［M］．北京：冶金工业出版社，1987.
[2] 戴永年，赵忠．真空冶金［M］北京：冶金工业出版社，1988.
[3] 李淑兰，戴永年．有色冶炼［J］．1988（10）：25~30.
[4] 陈枫，贺子凯，戴永年．昆明工学院学报．1984（3）：108~115.
[5] 张国靖，刘永成，戴永年．昆明工学院学报．1989（6）：68~76.
[6] 戴永年，陈枫，贺子凯，张小金．W-Ti-Re-Sb 88 国际学术会议论文集，1988：578~583.
[7] 张小金．昆明工学院，1983.
[8] Нурапнев Д Н，Цир. Комплексное Иепопbзоввние Минерально-Сырьвеои，1983（12）：41~45.
[9] 丘克强，戴永年，王承兰，等．中国真空学会真空冶金专业委员会第三届学术研讨会文集，1988.
[10] 张小金．昆明工学院，1983.

银锌壳真空蒸馏*

摘　要　回顾、比较了近百年来银锌壳处理方法的发展情况。可以看出由常压冶金转向真空冶金，效果有明显改善。文章指出已有的方法都只是脱锌，应当再进一步脱铅。因此该研究所进行了由小型到工业规模的试验研究，达到第一段脱锌，第二段脱铅，产出粗锌、粗铅和粗银，使银锌壳处理流程简化，消耗减少，劳动条件改善，有利于环境保护。文中指出此方法有推广应用的价值。

1　前言

在国外，粗铅总量的80%左右都经过火法精炼，其主要的一步是加锌除银：将粗铅中的贵金属提取到银锌壳中，再处理银锌壳以回收银和金，长期以来，粗铅中含银量都很可观，因而成为重要的产银原料。因此，银锌壳处理已成为铅火法精炼厂的主要过程。

近年来，我国已开始建立粗铅火法精炼的生产装置，银锌壳处理也提到日程上来。昆明工学院真空冶金研究所自1986年开始研究这个问题[1]，提出了脱锌、脱铅，得到粗银的方案。1987年该研究所承担了试验研究工作，采用了真空蒸馏脱锌，脱铅，产出粗银（含Ag约70%）[2,3]，粗铅和粗锌。还试验了结晶提银的新方法[1]，试验达到工业试验的规模。总的说这项试验是成功的。用真空蒸馏产粗银、粗铅和粗锌，在国外铅厂中还很少办到，该所研究成的流程较短，设备用量较少。

本文将介绍国外处理银锌壳的工艺流程，并与我们所研究的结果相比较，以供我国选择较佳方案，当然也可供国外铅厂改造之用。

2　银锌壳处理的现行方法

古代用灰吹法由粗铅中分离银，将铅氧化成渣而残留下银。1833年巴丁生（Pattinson）发明分步结晶法，经过多次结晶得到含银8.5~14g/t的铅，和含Ag 1.8%的铅银合金，此法可免去大量铅氧化。1850年出现了帕克斯（Parkes）法，往铅中加入一定量的锌，生成锌-银（金）-铅合金浮到铅面上，即称为银锌壳，富集了几乎全部银（金），这种方法出现后几乎被所有的火法炼铅厂使用，直到现在仍然是如此。

银锌壳的成分各厂有所不同，列于表1。

表1　各厂所产银锌壳的成分[5,6]　（%）

项　目	Ag	Zn	Pb	Au	Cu
工厂1	10.69	10.7	76.54		3.3
工厂2	3.4	22.0	75.5	0.015	

* 本文原载于《中国有色金属学报》，1991，1（1）：39~44.

续表 1

项　目	Ag	Zn	Pb	Au	Cu
费雷伊堡厂	4.0	40	54	0.015	2.0
瑞拖尔堡厂	2.6	20.0	60		
压榨后的壳	10	30	60		
连续脱银壳	15~20	60~65	15~20	0.016~0.019	0.4
在盐层下熔析富集后壳	25	65	8~10		

表 1 中数据说明银锌壳的主要成分是 Ag-Zn-Pb 合金，以及少量其他金属，处理银锌壳的目的在于分开这三种金属，成为单体物质，以供应用。

银锌壳经过熔析，分出较多的铅，就得到一个含银较高的富银合金，然后可分为两部分：脱锌和脱铅，之后就得到粗银。

脱锌，较早是使用罐子蒸馏，在 1898 年就有报道[4]，在罐子中装料，罐外燃料燃烧供热达 1200℃，罐内达到 1000~1100℃，锌蒸气由罐口进入冷凝器（450~500℃），凝结成液体锌，回收率 65%~90%，副产蓝粉约 1%，浮渣 5%~10%，产出铅-银合金，含 Ag 4%~10%，Pb 80%~85%，Zn 0.5%~1.0%。

这种方法达到了分离锌的目的，在以后使用的设备上有所改进，例如罐子的容量有所增大，燃料由煤改为煤气，操作上有些机械化等，故此设备迄今仍被使用，联邦德国斯托贝格炼铅厂就在应用它，联邦德国专家根据我国某厂的规模曾建议采用这个设备。

苏联 1954 年在生产中使用电弧炉蒸锌[8]，后面接飞溅冷凝器冷凝锌蒸气，炉子功率为 400kW，炉底面积 2.9m^2，炉腔高 1.8m，三个石墨电极 ϕ200mm，石墨转子转速为 500~900r/min，冷凝室 2.7m×1.0m×0.5m，造渣时渣型 SiO_2 40%~45%，CaO 20%~30%，Na_2O 25%~35%，料中混入 1%~2%的焦屑，炉顶下温度为 1000~1100℃，相电压为 100~120V，电流为 1500~2000A，熔池深 450~500mm，其中铅为 150~200mm，炉内正压 10~59Pa，加料时提高到 200~246Pa，渣子 7~10 日一换，日处理银锌壳 3~4t/m^2，电耗 600kW·h/t，电极耗 5kg/t。熔炼的原料和产品的成分列于表 2。

表 2　电熔炉熔银锌壳的原料和产品成分

项目		产率/%	成分收率							
			Pb		Zn		Au		Ag	
			含量/%	收率/%	含量/%	收率/%	含量/g·t^{-1}	收率/g·t^{-1}	含量/%	收率/%
加料	银锌壳	100	65.08	100	22.69	100	457	100	86167	100
	焦屑	2.2	—							
产出	含银铅	74.7	86.07	98.81	1.53	5.0	604.5	98.83	114505	99.28
	冷凝锌	19.7	1.52	0.46	98.22	85.5	25.8	1.12	2185	0.50
	氧化物	1.5	4.46	0.10	7.43	5.0	15.0	0.05	1803	0.03
	尘、损失	6.3	—	0.63	—	4.5	—	—	—	0.19

这两种常压下的蒸锌作业，对锌而言都得到较高的回收，较好地达到蒸馏出锌，

得到 Pb-Ag 合金。同时，Ag 和 Au 都以高的回收率进入合金。

用真空炉蒸锌的第一个工业用炉是 1957 年发表的称为 Leferrer 真空炉[9]，炉内用石墨棒电阻体加热。炉内作业温度为 750~800℃，功率为 100kW，残压为 1333Pa，处理料量为 850~2000kg/d，每炉作业时间为 14h，冷凝器内温度为 450℃，物料成分见表 3，能耗为 800~850kW · h/t，损失银 1.3%、锌 10%。这种炉子推广以后，显示出用真空蒸馏法有优越性。此外，有人研究用真空感应电炉来处理银锌壳。

表 3　Leferrer 炉处理银锌壳

项　目		料量/kg	Pb		Ag		Zn	
			含量/%	回收/%	含量/%	回收/%	含量/%	回收/%
加料	银锌壳	1000	8	100	25	100	65	100
	铅	300						
产出	银锌合金	650	57	97.5	38	98.8	1.75	0.17
	锌	630	1.8	2.98	0.15	0.38	98	94.95
	蓝粉	20						
	浮渣		3			0.15	94	

1985 年发表了合波金真空炉（Hoboken vacuum retort）的工业生产情况。炉子为一个 450kW 的感应电炉，内衬石墨，冷凝器为耐火材料衬里，用油封旋转泵抽空，工作压力为 1000Pa，加料 3.5t，系高品位银锌壳（含 Ag 28%~30%），作业周期：熔化—蒸馏—出料，共 12~14h，产品是锌和银合金（含 Ag 65%~70%），炉内物料有电磁搅拌，有利于蒸馏进行。

以上四种炉子的数据对照于表 4。

表 4　蒸馏银锌壳的四种方法的指标及数据

项　目	常压蒸馏	电热法	真空电阻炉	真空感应炉
作业方式	间断	半连续	间断	间断
工作压力/Pa	常压	常压	1333	1000
工作温度/℃	外 1200 内 1000~1100	内 1000~1100	内 750~800	
装银锌壳量/kg	4660	4560	1950+490Pb	1950(含 Ag 25~30g)
每炉装料/t	0.5~0.7	$4t/(m^3 \cdot d)$	0.85~2t/d	3.5
产 Pb-Ag 合金/kg	3230	3040	1120	660
Pb-Ag 合金含银/kg	4~10	11.4	38	65~70
合金灰吹产氧化铅/kg	2900	2700	900	360
每吨银锌壳得氧化铅/t	0.6223	0.592	0.3688	0.186
能耗（处理物料）	重油 180~270L/t 或焦占料重 50%~70%	600kW · h/t	800~850kW · h/t	

表 4 说明，四种方法都是脱锌，产出锌和铅银合金，过程由常压转入真空之后作

业温度降低，由1000~1100℃降至750~800℃；产出的合金含银升高，而使下一步灰吹产氧化铅减少，按每吨银锌壳计，产氧化铅由0.6223t降到0.186t。

比较四种方法后，应当认为真空炉优于常压设备，真空炉中又应以真空感应炉为优。

但是据联邦德国专家介绍，真空感应炉的装置较贵，规模较大。

我们认为，银锌壳处理由常压发展真空，充分证明真空条件有利于锌的挥发，分离锌快，完全，不氧化，因此，真空炉将逐步代替常压的蒸馏罐、电弧炉等。但是，目前处理银锌壳的真空炉还应进一步发挥真空条件的优越性，在锌挥发之后继续将铅挥发出去，铅成为金属分出，不再经过氧化成氧化铅，而后又还原成金属铅这些过程，以缩短流程，减少金属损失，节约加工费。

根据我们多年的研究和生产实践经验，在真空中分开铅和银是能办到的[11~13]，工业实践证明其经济上也是合理的。

3 我们研究所的试验工作

在我们确定需要研究以弄清这个问题之后，我们做了一些小型试验，并扩大到工业规模。由于国内没有火法精炼铅的工厂，我们用的银锌壳原料是专门制作的，由于制作中物料反复下锅，氧化较严重，产出的物料含氧化物很多，在金属锭中夹大量渣。因此在此料进真空炉之前需要分开氧化物，在研究工作中采用盐层覆盖熔化。

熔化后得到的合金质量3650kg，仅为原料量的71%，去夹杂氧化物占29%，所得的合金成分为：

Ag/%	Pb/%	Zn/%
1.69	93.34	3.99
1.086	91.74	2.82

3.1 真空蒸馏脱锌[2]

在炉型方面我们做了许多工作，而后选定了一种效果较好的炉型，投入上述试料。

真空炉为连续进料，实验温度700~950℃，炉内残压666.3~1333Pa，进料炉用盐层覆盖。

实验中连续作业13h，处理合金1781kg，达到日处理量3288kg，电耗（生产合金）470kW·h/t，盐耗5kg/t。

金属回收，银回收率大于99%，锌回收率大于98.8%。

产粗锌成分：Zn 98.5%，Pb 1.48%。

产Pb-Ag合金成分：

Ag/%	Pb/%	Zn/%
约1.7	约96	微~0.25

脱锌率约99%。

从而顺利地分离了锌，得到的铅-银合金做下一步的原料。

3.2 真空蒸馏脱铅[3]

为完成Pb-Ag合金分离，我们实验了一种真空炉，每日可挥发铅4t，于1983年7月建成，连续进料，处理了上述试料，其成分为：

Pb/%	Zn/%	Ag/%
97.20	0.05	1.65

作业温度1020℃，炉内残压26.6~53.2Pa，进料速度110~150kg/h。得到的产品产量、成分分别见表5和表6。

表5 产品产量

进料/kg	产出/kg		
	冷凝铅	残留合金	渣
3054	2948	43.31	30.90

表6 各产品的成分

成分	Pb/%	Ag/%	Au/g·t^{-1}
冷凝铅	99.16	0.19	4.5
残留合金	16.40	68.97	1860
渣	60.22	2.12	48

炉子的实际处理量为3.3t/d，电耗725kW·h/t。

各种金属的总回收率为：

Pb/%	Ag/%	Au/%
99.45	99.1	96.7

冷凝铅含铅已达99.19%，由于含Ag 0.19%，Au 4.5g/t，将来在生产上可以再回炉蒸馏一次，也可返回加锌除银作业，则Ag和Au都可以回收回来。

渣实际上是金属表面包裹着薄层氧化物，可经还原熔炼后返回加锌除银工序。

可见这一作业铅可以不经氧化而分离出来，成为金属铅，若经二次蒸馏则含Ag、Au、Fe等都可以达到精铅的含量水平。

4 结论

银锌壳处理，自帕克斯法问世后即成为粗铅精炼中的一个重要环节，近一百年来，处理方法有一些进展，重要的一个变化是由常压蒸馏脱锌改变成真空蒸馏脱锌，这一步使炉内作业温度由1000~1100℃降低到750~800℃，减少了每吨银锌壳产出的氧化铅量，使其由0.592~0.6223t降至0.186~0.3688t，改善了一些作业指标，逐步代替常压蒸馏，但未接触到铅挥发分离，而需要用氧化铅的方法分离。

由于在真空下有利于物质的挥发，昆明工学院真空冶金研究所研究了真空蒸馏银锌壳，第一次蒸馏分离锌，第二次分离铅，得到粗银、粗铅和粗锌，试验由小试验到工业试验，达到了这个目的。粗铅和粗锌可以返回粗铅加锌除银的作业中，粗银可经短时间灰吹后电解产银、金产品。

此工业实验的设备和效果都比较好，可用于生产，它具有流程简单、消耗少、各项技术经济指标较高、劳动条件好、利于环境保护等优点。

可以预计，若工厂使用这项研究成果，在设备、技术上的投资将大大低于进口所需之数，在生产费用上也将是经济的，国内一些粗铅厂用真空蒸馏粗铅生产出极板铅或电缆铅都有经济上的盈余，何况是处理价值很高的银锌壳。

若需将连续作业真空炉改为间断作业炉，以适应物料熔点可能较高的问题，则需在炉型上再做一些工作，有了上述的基础，也不难实现。

参 考 文 献

[1] 戴永年．银锌壳处理方法探讨［J］. 1989.

[2] 黄治家，等．真空蒸馏铅银锌壳脱锌（工业试验报告）［R］. 1989.

[3] 贺子凯，等．银锌壳真空脱铅的工业试验报告［R］. 1989.

[4] 李曼玲，等．铅银合金凝析分离的初步研究［J］. 1989.

[5] Ижиков Д М Ч. 炼锌学［M］. 傅崇说，译．北京：高等教育出版社，1954.

[6] 东北工学院有色重金属冶炼教研室．铅冶金学［M］. 1960.

[7] H. O. H. Metallurgy of Lead. 1988.

[8] Смирнов М П. Рафинирование свинча переработка продуктов［J］. 1977：164~169.

[9] Leferrer V F. Vacuum dezincing of Parkes' process zinc crusts［J］. Trans AIME，1957：1450~1460.

[10] Barrett K R，Knight R P. Lead bullion refining and precious metal recovery［J］. Extraction Metallurgy，1985：683~708.

[11] 贺子凯，王承兰，戴永年．铅银含量（贵铅）真空蒸馏的研究［J］. 有色冶炼，1984（4）：16~20.

[12] 罗予祥，等．昆工科技，1982（2）：1~8.

[13] Цветные Металлы. 1983（7）：17~18.

有色金属真空冶金进展*

摘　要　回顾了近三十年来有色金属真空冶金方面的一些进展，简要说明其作用和应当注意发展的若干方面。

关键词　真空冶金；真空蒸馏；真空碳还原

自古以来，人类冶炼金属都是在大气中进行，几千年的常压冶金对人类作出极为重大的贡献，生产了许多种金属和金属材料，数量巨大。

直至19世纪末，一些冶金专家开始设想真空冶金，如发明转炉炼钢的Bessemer在1865年就想将炼好的钢进行真空浇铸，直至20世纪才实现了他的设想，真空冶金才走上日益发展的道路，许多种金属的各种真空冶炼设备相继出现。

有色金属的真空冶金的发展还要晚一些，如1935年Kroll提出从铅中除锌用真空法，1947年得到实现。有些金属的提纯，如锑、锌、镉、铋……都在实验研究后以小规模进行，在工业规模的生产中则极为少见[1]。

直至20世纪50年代，我国有色冶金工厂都没有采用真空冶金及设备，厂里找不到真空泵，没有什么重有色金属用真空冶金的方法提炼，仅在某些实验室中少量地处理着几种金属。

真空技术发展深入、完善，真空设备的生产普及，成为真空冶金前进的基础。20世纪70年代以后，有色金属冶金中出现了一些真空过程，如炼锡厂的Pb-Sn合金真空蒸馏技术及设备出现[2]，有效地分离了铅和锡，并创造了较好的经济效益，迅速推广到各个炼锡厂。90年代研究出卧式真空炉处理热镀锌渣和硬锌[3~5]，它有效地分离锌和铁，应用于一些工厂。处理了热镀锌渣，产出合格的锌（含Fe<0.003%）；使硬锌中的Ge、In、Ag富集约10倍；生产出含Fe$<3\times10^{-4}$%的高纯锌，经济效益好，对环境无污染。至今，全国30多个工厂使用了这两系列的技术和设备。随之在真空中铅-银分离、粗硒蒸馏、粗镉蒸馏等技术在工厂中实施。许多有色冶金工厂考虑到这项技术的特点，想到使用它来解决存在的问题。近来更出现了在真空中还原金属化合物，制造超细的金属和化合物粉末，改变物件的表面特性，制造新合金材料等研究工作，已获得了很好的结果。

可见，真空技术已在有色冶金领域开始显露其作用，应用范围在扩大，将来会产生越来越大的作用。

1　粗金属及合金的真空蒸馏分离

1.1　Pb-Sn合金真空蒸馏分离

1977年研制成功内热式多级连续蒸馏真空炉处理焊锡[1~3]，它依据纯铅和纯锡两

---

* 本文合作者有：杨斌，马文会，陈为亮；原载于2004年全国真空冶金与表面工程学术研讨会会议论文集。

元素的蒸气压 p_{Pb}^*、p_{Sn}^* 在相同的温度下有较大的差别

$$\log(p_{Pb}^*/p_{Sn}^*) = 5370T^{-1} - 0.985\log T + 2.93 \tag{1}$$

p_{Pb}^*/p_{Sn}^* 在 1000℃时为 10^4 左右，1300℃时为 10^3 左右，铅-锡系状态图表明，不存在化合物，活度系数 $\gamma_{Pb}>1$[1]。再则，虽然铅的沸点为 1740℃，在 1000℃时 p_{Pb}^* 已达 186Pa，在 1~10^1Pa 的真空中铅已可挥发。以戴永年等人研制成功的真空炉中以大于 1000℃的温度使铅蒸发与锡分开，分别产出铅和锡，处理物料过程仅消耗电约 500kW · h/t，作业成本很低，仅为工厂原用的氯化物电解法的 15%~20%。真空冶金过程对环境无污染（电解法有污染），占地面积、占用人员都较少，金属回收率高（大于 99%），因而得到迅速推广，几年内就广泛地用于各炼锡厂，全国的炼锡厂由过去（70 年代以前）没有真空炉，变成今天都已建真空炉的局面，进一步完善了炼锡的流程。

真空蒸馏 Pb-Sn 合金，仅为一物理过程，铅蒸发，锡留下，铅蒸气冷却成为金属铅，直接产出金属锡和金属铅。与化学过程不同，不要化学试剂，不生成化合物，免去化合物再处理的复杂过程。真空冶金的这些特点，有着较强的竞争力。

Pb-Sn 合金真空蒸馏的成功，翻开了有色冶金中应用真空技术的新的一页，人们看到重金属被称为“贱金属”，价值不高，也可以应用真空冶金技术，取得较好的经济效益，而且对环境无污染。在有色冶金已有的作业中这样无污染的过程还很少，真空冶金无污染或污染极少，可谓难得。

此时，人们自然提出另一个问题，哪些粗金属和合金可以用真空冶金处理？

1.1.1 合金分离的可能性判断

铅锡合金由于 p_{Pb}^* 与 p_{Sn}^* 在一定温度下相差大，二者之比在 1000℃时约为 10^4，易于看到它可蒸馏分离，但当合金组分的活度系数，$\gamma<1$ 时，就不同了。Sn-Sb 系和 As-Sn 系就是这样。

经过热力学分析，提出用分离系数 β 来判断合金或粗金属组分用蒸馏法分离的可能性[1,2]。对两个组分（1，2）的体系有：

$$\beta = \frac{\gamma_1}{\gamma_2} \cdot p_1^* / p_2^* \tag{2}$$

当 $\beta<1$ 或 $\beta>1$ 都可以分离 1，2 两种元素，$\beta>1$ 时元素 1 在气相富集，$\beta<1$ 时元素 1 在液相富集，蒸馏都可以分开两元素，只有当 $\beta=1$ 时，蒸馏出的气相和凝聚相成分相同，而不能分离两元素。

对于 Pb-Sn 合金 $\beta \gg 1$，蒸馏法能很好地分开 Pb 和 Sn。

式（2）可见，β 与活度系数 γ 有关，γ_i 和组分 i 的浓度有关，同时又受温度影响，纯组分物质 i 的饱和蒸气压 p_j^* 决定于温度，因此组分的浓度和温度是 β 的影响因素。

β 判据比过去只用 p_i^* 的大小估计蒸馏分离的可能性要确切，不致出现例外和失误。因为式（2）中除了只 p_j^* 项之外还有 γ_i 项。γ_i 之值一般都不等于 1。

1.1.2 气-液相平衡成分图[1]

定量地估计真空蒸馏时合金组分分离的程度、产品的成分是重要的，1982 年作者提出气-液相平衡成分图则可达此目的。对 A-B 二元系作图，气相成分 A_g 和 B_g，液相成分 A_l，B_l，用质量分数表示为：

气相中 $A_g + B_g = 1$

液相中 $A_l + B_l = 1$

对气相有
$$A_g = \frac{\rho_A}{\rho_A + \rho_B} = \frac{1}{1 + \rho_A/\rho_B}$$

ρ_A、ρ_B 为气相中组分的蒸气密度。则有[1]

$$\frac{\rho_A}{\rho_B} = \beta \frac{A_l}{B_l} \tag{3}$$

则得气相物质中组分 A 的质量分数

$$A_g = [1 + B_l/(\beta A_l)]^{-1} = [1 + (B_l/A_l) \cdot (\gamma_B/\gamma_A) \cdot (p_B^*/p_A^*)]^{-1} \tag{4}$$

求在某一作业温度 t 时的值，用 γ，p^* 及一系列 B_l/A_l，则可作出 A_g-A_l 关系图，即 A-B 系的气-液相平衡成分图。

对 Pb-Sn 系如图 1 所示[3]。

如图 1 所示，当蒸馏温度分别为 1000℃和 1100℃时，气相物质含锡量很少，甚至当液相含锡已近 0.99（即 99%），气相物质含锡仍小于 10^{-2}（即小于百分之几），与工厂生产得到含 Sn<0.5%（即 5×10^{-3}）相符。

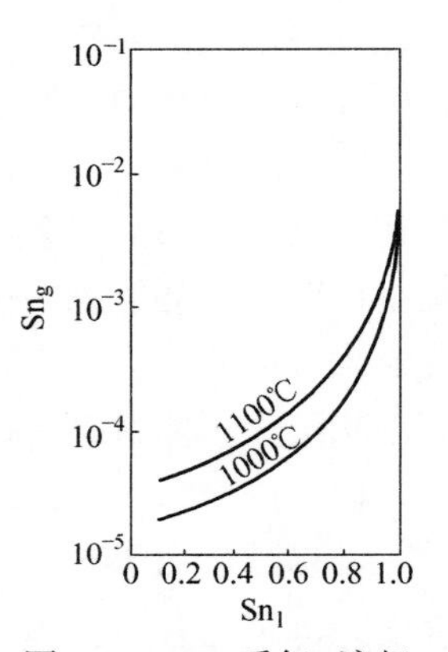

图 1　Pb-Sn 系气-液相平衡成分图
（$Sn_l+Pb_l=1$，$Sn_g+Pb_g=1$）

气-液相成分图可指导合金和粗金属真空蒸馏时选择技术条件和原料成分，以达到所需的产品。

至今，我们研究过的许多合金体系，已计算出气-液相平衡成分图，有益于实践，在真空冶金中有重要作用。

1.1.3　金属在真空中的挥发性[13]

金属、合金蒸馏，若在大气中进行，有两个困难：一是要在高于物料沸点的温度下进行，一般金属沸点较高，就需要高的温度；二是大气中的氧气会在蒸馏温度下使金属氧化。故传统冶金中除少数金属沸点较低者，如 Zn、Cd、Hg 等，其他金属很少使用蒸发法。

真空中空气已很稀薄，氧气极少，所以氧化作用基本上不存在。气体压力很低：

空气压力/atm	1	10^{-1}	10^{-2}	10^{-3}	10^{-4}	10^{-5}
氧分压/atm	0.209	2.09×10^{-2}	2.09×10^{-3}	2.09×10^{-4}	2.09×10^{-5}	2.09×10^{-6}
压力/Pa	27.8	2.78	2.78×10^{-1}	2.78×10^{-2}	2.78×10^{-3}	2.78×10^{-4}

金属的蒸发温度相应降低了。金属的蒸发、蒸馏就能够实现。例如，铅的沸点是 1740℃，在真空中蒸发铅，1000℃左右 $p_{Pb}^* = 1.86\times10^2$ Pa，在 10^1 Pa 的真空中，铅已能较快挥发。蒸发的铅蒸气在较低温处又冷凝成为液体铅。

T/℃	800	900	100	1100	1200
p_{Pb}^*/Pa	7.23	4.22×10^1	1.86×10^2	6.55×10^2	1.93×10^3

真空对金属蒸发有促进作用，但研究表明，并不是真空度越高越好[13,14]，如图 2 所示，许多金属的 ω-p 曲线都有此形状，故此图有典型性。p 为系统中的气体压力。ω 为金属蒸发速率（$g/(cm^2 \cdot s)$）。曲线右段，随压力增大，ω 减小，压力越大，ω 趋向于较低值。

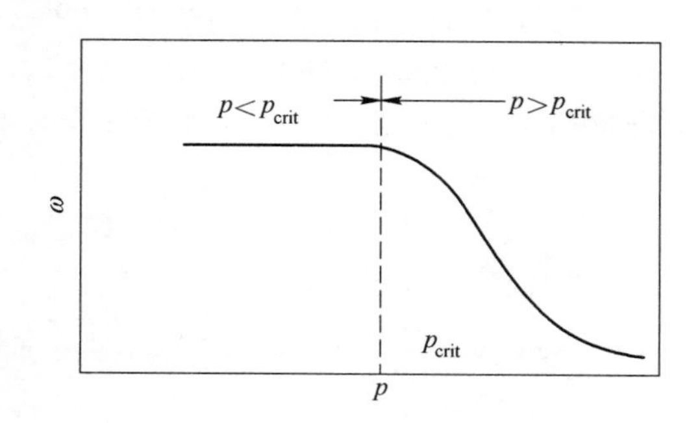

图 2　金属蒸发的 p-ω 曲线

p 减少，在曲线左边一段，到 p 小于临界压 p_{crit}，为水平线，ω 成为常数，ω 不再因 p 减少而增大。左右两段线的切线交点的压力为 p_{crit}，即临界压力。研究得到曲线右段受压力的影响，可表示为[13]

$$\log\omega = a - bp \tag{5}$$

各种金属有自己的 a、b 常数值。

可见，金属或合金的真空蒸馏，系统内气体压力降低就增大了金属的蒸发速率，压力降到 p_{crit} 以下，ω 不再增大。曾测定了 Pb、Sb、Zn、Cd 等金属在真空中的挥发曲线[12]。许多金属在 p_{crit} 时的 ω 比常压下大 10^2 倍左右。

由此也可确定真空蒸馏的适宜真空度，即系统内的气体压力略小于 p_{crit}，对 Pb-Sn 合金约为 10Pa。

1.1.4　*内热式多级连续蒸馏真空炉处理铅-锡合金*

1958 年小型试验完成，当时，国内外都没有工业规模的真空炉可以处理铅锡合金。因此，研究重点在于工业炉型研究，经过多年工作，探索过几种结构的炉型，比较其指标、作业方式，之后于 1976 年作者提出“内热式多级连续蒸馏真空炉”（见图 3）又经过一年多试验、改进，于 1977 年试验成功 400kg/d 的炉子，再放大到 2t/d，在云

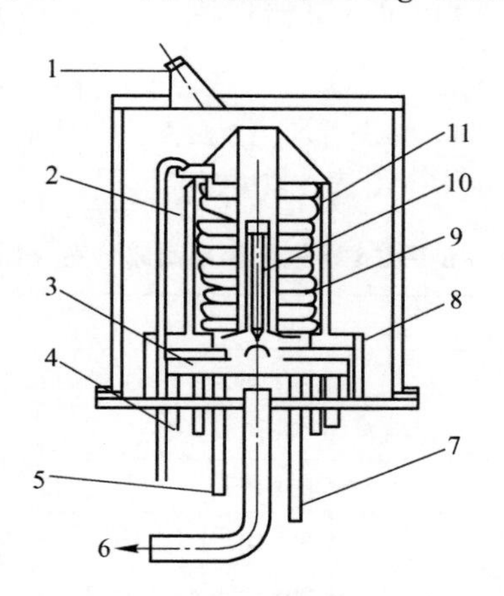

图 3　内热式多级连续蒸馏真空炉示意图

1—观察孔；2—进料管；3—底座；4—电极；5—排铅管；6—抽真空；
7—出锡管；8—集铅盘；9—蒸发盘；10—发热体；11—冷凝罩

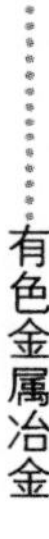

锡公司试验，1979年鉴定，达到的指标是：锡直接回率大于99%，电耗约500kW·h/t，作业成本120元/吨（1980年计算），与原用电解法相比，节约加工费85%，基建费和占地面积都少约80%，而且变有污染为无污染。使锡冶金流程有了改变。1980年以后，推广约40台应用于20余个工厂。

以后，此炉又用于粗铅分离锡（个旧鸡街铅厂），锡-锑合金分离（广西南丹炼锡厂）。还可用于铅-银分离、铋-银分离等过程。

1.2 锌-铁合金（热镀锌渣、硬锌）真空蒸馏和提取高纯锌[4]

1.2.1 热镀锌渣真空蒸馏

钢铁件热镀锌时产生的浮渣即热镀锌渣，还有锌精炼时产生的硬锌，实质上是锌-铁合金，前者一直缺乏适当的处理方法，20世纪80年代曾有人研究过，用加剂法和真空蒸馏法，均未得到含Fe<0.003%的锌。

1990年我们又开始研究，做了不同规模的试验，最后完成了工业试验，研制成了卧式真空炉，现已用于生产。

工作中，计算了Zn-Fe系的气-液相平衡成分图（见图4），表明在900℃左右时，当液相含铁甚至高达90%时，蒸发出的气态物质含铁仅约10^{-8}（即亿分之几），比起厂方要求的3×10^{-5}低3个数量级，表明真空蒸馏提锌的可能性。

工厂中的工业试验得到含Fe 0.00004%（即质量分数为4×10^{-7}）[5]，满足了工厂的要求。

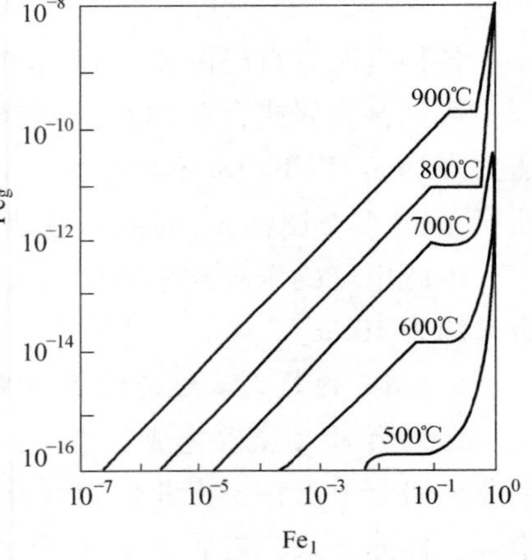

图4 Zn-Fe系气-液平衡成分图
($Zn_s+Fe_s=1$，$Zn_l+Fe_l=1$)

1.2.2 硬锌真空蒸馏

硬锌中含有Zn 75%~85%，Ge 0.2%~0.5%，In 0.4%，Ag 0.4%，在真空蒸馏时，锌能挥发出来，冷凝成金属锌，结果与热镀锌渣相似。处理硬锌主要在于富集锗，用式（4）可计算锗在挥发锌中的含量。

$$Ge_g = [1 + (Zn_l/Ge_l) \cdot (\gamma_{Zn}/\gamma_{Ge}) \cdot (p^*_{Zn}/p^*_{Ge})]^{-1} \quad (6)$$

将有关的数据代入式中可计算得表1中数值。

表1 Ge-Zn系Zn端气液相平衡成分图（质量分数）

Ge_l		10^{-3}	$10^{-2.5}$	10^{-2}	10^{-1}
Zn_l		0.999	0.9968	0.99	0.9
Zn_l/Ge_l		999	315.2	99	9
Ge_g	900℃	3.32×10^{-12}	1.05×10^{-11}	3.35×10^{-11}	3.69×10^{-10}
	1000℃	2.17×10^{-11}	6.88×10^{-11}	2.19×10^{-10}	2.41×10^{-9}
	1100℃	1.07×10^{-10}	3.39×10^{-10}	1.08×10^{-9}	1.18×10^{-8}
	1200℃	4.25×10^{-10}	1.34×10^{-9}	4.29×10^{-9}	4.73×10^{-8}

说明，蒸馏硬锌时，得到的锌蒸气中含锗仅 10^{-8} ~ 10^{-12}，即亿分之几到万亿分之几，极其微小，几乎全部残留在渣中。

小型试验到工业试验，产出的锌中含锗 10^{-5}，回收进入渣中的锗占 97%以上，结果与上述计算相符。但若原料中含一些氧，则因 GeO 的蒸气压比 Ge 大 10^7 倍左右。而导致部分锗挥发，使锗在渣中的富集减少。

硬锌中的铟和银有类似情况，集中在渣中。

硬锌真空处理于 1997 年工业化，产出锌。渣中富集锗、铟、银都在 10 倍，直接回收率都在 97%。韶关冶炼厂建 2.5t 真空炉 5 台。3 年来效益已上亿元。

1.2.3 蒸馏等级锌产高纯锌（含 Fe<3×10^{-4}%）

社会上需要高纯锌，含 Fe<3×10^{-4}%。若用湿法生产，流程长，消耗多，成本高。1999 年真空冶金研究所提出了技术和设备，在工厂试验。

图 4 表明，若原料含 Fe<10^{-1}（质量分数），在 900℃ 时气相物质（锌）含 Fe<10^{-9}，即 10^{-7}%，比 3×10^{-4}%小很多。

由此可见，用真空蒸馏等级锌，各种级别锌中含铁都在千分之一以下（即 0.1%以下）（见表 2），若在蒸馏时蒸去一些锌后，液体锌中含铁比原料中升高 10 倍，达到千分之几，蒸出的锌含铁仍在 10^{-7}%。

表 2 各种牌号锌中含铁量

锌牌号		Zn-0	Zn-1	Zn-2	Zn-3	Zn-4	Zn-5
含铁	质量分数	10^{-5}	3×10^{-5}	10^{-4}	2×10^{-4}	3×10^{-4}	7×10^{-4}
	含量/%	0.001	0.003	0.01	0.02	0.03	0.07

采取措施防止操作的设备和工具带铁进炉，可保证蒸馏出锌的纯度。

生产实验得到合格产品，设备和技术达到生产方的要求，随即转入生产。

1.2.4 卧式真空蒸馏炉及其技术

为了在工业上实现真空蒸馏硬锌、热镀锌渣和制取高纯锌，而国内、外都缺少较好的设备和技术，我们在 1990~1999 年研究了卧式真空蒸馏系列设备及其技术。

卧式真空蒸馏炉的示意图如图 5 所示。

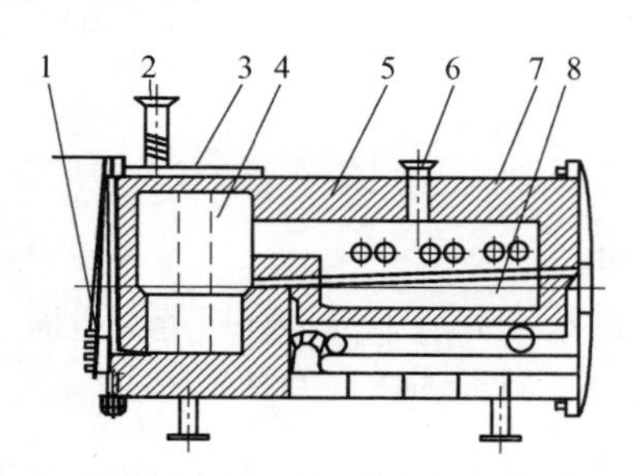

图 5 真空炉设备示意图

1—放锌口；2—炉壳水套；3—抽气管；4—冷凝墙；5—砌体；6—测量孔；7—电热体；8—加料车

研究中，针对物料和作业目的的不同，从而调整其结构尺寸和材料。对硬锌需要提高锗等元素在渣中的富集度，对热镀锌渣则要尽可能提高锌的回收率和保证产锌含

Fe<0.003%，而制取高纯锌，则要锌中含 Fe<3×10^{-4}%。对这些不同目的，炉子的结构和材料，作业制度有所区别。

研制成功的设备和技术分别用于韶关冶炼厂、武钢实业公司冶炼厂、水口山铅锌厂，经济效益好，对环境没有污染，为我国新增了一种设备和技术，而且有出口的前景。

此炉处理上述物料的主要指标为：耗电 1500～2000kW·h/t，锌回收约 80%，Ge、In、Ag 回收各为约 97%，制取高纯锌时产锌含 Fe<3×10^{-4}%，处理热镀锌渣时产锌含 Fe<0.003%。作业温度约 1000℃，工作残压 10Pa，作业周期 12～14h。

1.3 铅银合金和铋银合金的真空蒸馏

长时期以来由铅银合金或含银金的粗铅提银多用灰吹法，将铅氯化，残留下金属银，这个方法使大量铅（占 99%）成为氧化物，氧化物又要再还原熔炼成铅，耗费很多。

在真空中蒸馏铅银合金能顺利地分开铅和银，并直接得到金属铅和粗银[26]。

计算得到的 Pb-Ag 系气-液相平衡成分图（见图 6）表示液态在不同成分范围的情况，表明在 1200℃时有：

Ag_l	10^{-3}	10^{-4}	10^{-5}	10^{-6}
Ag_g	10^{-5}	约 10^{-6}	约 10^{-6}	约 10^{-7}

得到产物之一为铅，含银可达 10^{-6}～10^{-7}，银富集在残留合金中。

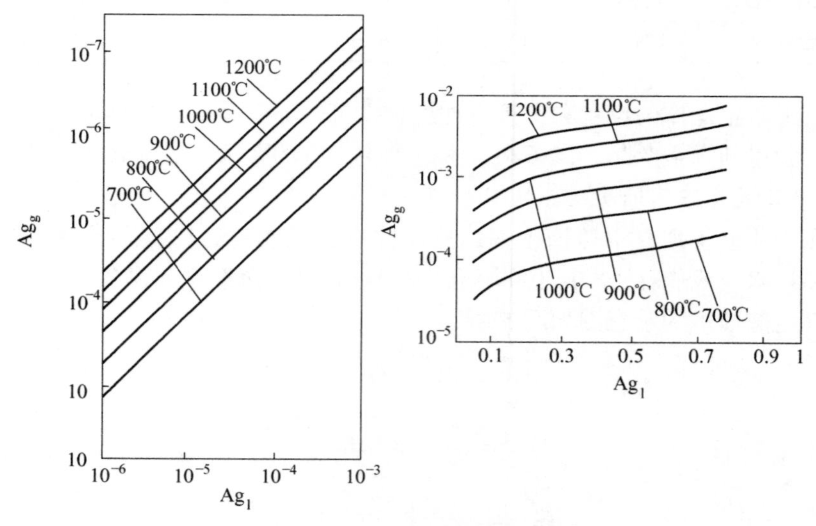

图 6 Pb-Ag 系气-液相平衡成分图

（$Pb_l+Ag_l=1$，$Pb_s+Ag_s=1$）

当原料 Ag_l 为 0.1～0.8 时（见图 6(b)），气相物质含 Ag 10^{-2}～10^{-3}（质量分数），可能把铅和银分开，得到金属铅和粗银。

应用我们已有的工业型真空炉实现了这一作业。

铋银合金中铋的性质与铅相近，用真空蒸馏法分开铋和银的工作已经做了许多[6,7]。得到了含 Ag<5×10^{-4}%的铋和富银合金。富银合金再蒸馏，得到粗银。

这些项目已可做工业试验，有可能超过工业现行的加锌除银法。

1.4 粗铅的真空蒸馏

云南一个厂生产的粗铅含锡很高（$10^{-2}\sim10^{-1}$），传统方法除锡是氧化法（直接氧化或碱性氧化），氧化渣处理方法流程比较冗长，故使用真空蒸馏法处理。

Pb-Sn 系气-液相平衡成分图（见图 7）表明，在 1000℃左右对此种粗铅真空蒸馏，当原料含 $Sn<10^{-1}$时，得到的气态物质含锡约 10^{-6}，合乎 1 号和 2 号铅的含锡量（$10^{-4}\sim10^{-5}$）。锡被留在残留合金中，成金属状态便于回收。

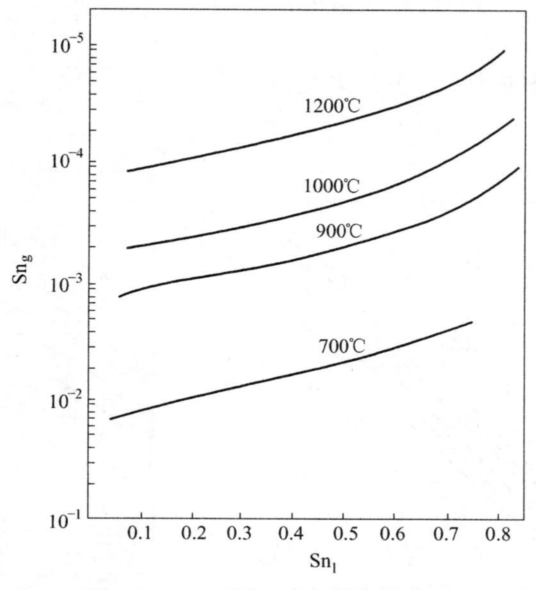

图 7 Pb-Sn 系气-液相平衡成分图

（$Pb_l+Sn_l=1$，$Pb_s+Sn_s=1$）

粗铅蒸馏时，其中的银、砷、铜、铁、锑等元素都留在残留合金中。

曾有人提到一个问题：粗铅蒸馏要大量蒸发铅，耗电量必定很大，经济上是否合理？经过计算，若热效率为 100%，耗电（产铅）274kW · h/t，若热效率降低，耗电量相应增加为：

真空炉热效率/%	30	50	60	70	80	100
吨铅耗电/kW · h	913	548	456	391	342	274

苏联在处理量为 100kg/h 左右的真空炉上得到的电耗（产铅）为 470kW · h/t，则其热效率应为 58.3%，这些数据就解答了问题，耗电（产铅）470kW · h/t 对铅厂来说是可以承受的，考虑到伴生金属便于回收，基建费用较少，对环境基本无污染，这个方法是有其特点的。个旧市鸡街铅厂用几台真空炉处理了大量含锡粗铅。

1.5 锑-铅合金的真空蒸馏[8,9]

锑矿中常常含铅，冶炼作业中分离这两种元素至今仍是难题，国外也有此问题，国内对此问题未能很好解决，因而国内曾生产“高铅锑”（Sb 约 90%，Pb 约 10%）。

我们自 1982 年起研究此课题。对 Pb-Sb 合金来说，实际中有两种情况，一为含铅粗锑，含铅在 0.5%~10%，包括“高铅锑”；二是含铅高达百分之几十的铅锑合金。

对“高铅锑”的真空蒸馏获得了较好的结果。用文献［10］的活度系数 γ，与摩尔分数 N 关系数据计算得图 8（对角线为 $Sb_l=Sb_g$），如图 8 所示，富锑端蒸馏时 $Sb_l<Sb_g$，锑和铅分别富集在气相和液相中。

较详细的情况如图 9 所示，其结果受温度和原料成分的影响。

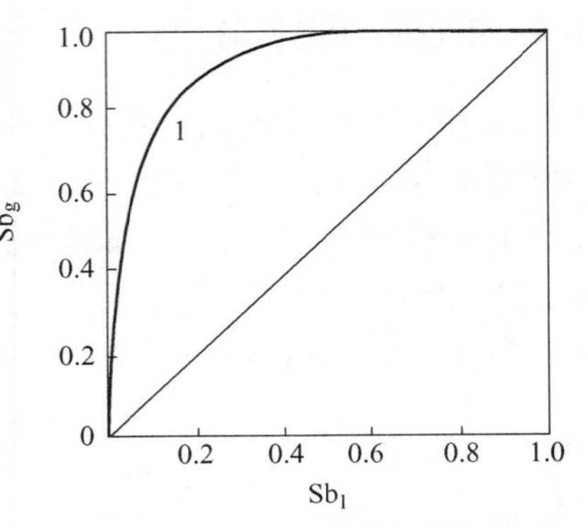

图 8　Pb-Sb 系的气-液相平衡成分图

（$Pb_l+Sb_l=1$，$Pb_g+Sb_g=1$）

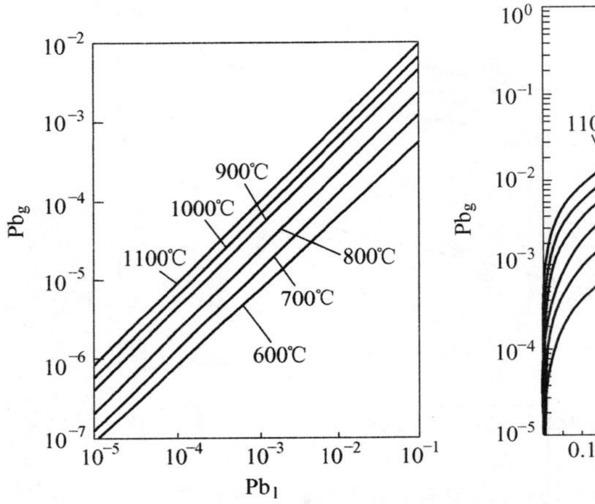

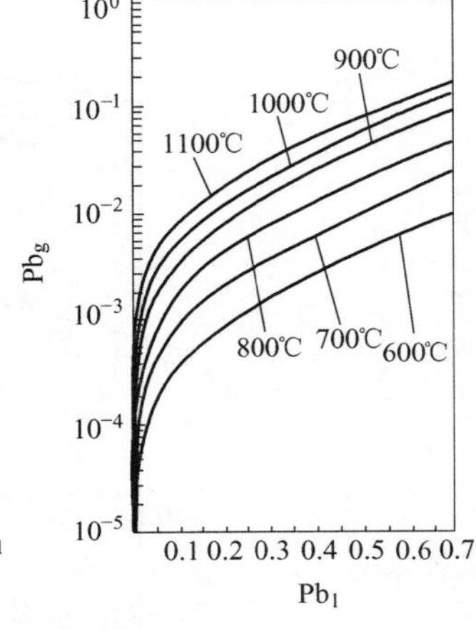

图 9　Pb-Sb 系气-液相平衡成分图

（$Pb_g+Sb_g=1$，$Pb_l+Sb_l=1$）

若原料含 Pb 较少，如若小于 10^{-1}，则右图示得到的气相成分 Pb_g 更低一些，为 10^{-2}~10^{-3}（质量分数）。

高铅锑能够真空蒸馏得到含铅很少的锑。于是，人们就提出问题，炼脆硫铅锑矿得的粗合金（Pb 约 60%，Pb 约 40%），是否可以用真空蒸馏来分离铅锑呢？

对 Sb-Pb 系全组成范围研究后得到图 10 的曲线 2[11]，表明曲线 1 和 2 在图右侧（富锑区），二者相近；往左（含锑在液相中降低时），二线是距离逐渐加大；线 2 与对角线（$Sb_l=Sb_g$ 线），相交于 C 点，在 C 点左侧线 2 位于对角线之下（$Sb_l<Sb_g$）。

C 点左边部分的合金，蒸馏时气体中铅得到富集，表明含锑的粗铅可蒸馏分离锑。

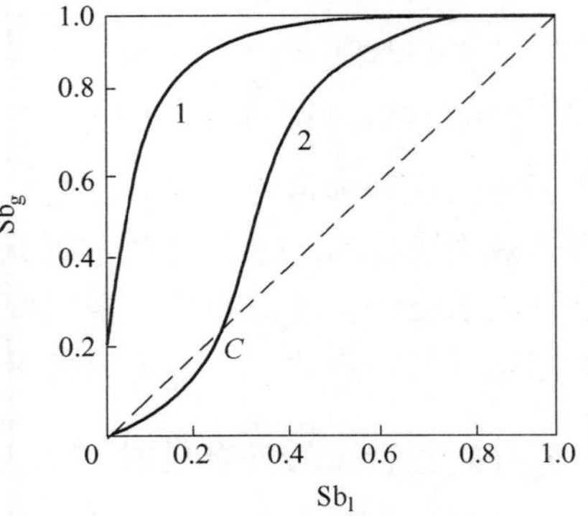

图 10　Pb-Sb 系气-液相平衡成分图[11]

线 2 与线 1，存在着显著的不同，大量实验数据与线 2 相符[1]。

线 2 表明真空蒸馏法只能在 C 点右侧（富锑的部分），起到提纯锑的作用，在 C 点左侧（富铅区）则不能选择蒸馏出锑，气相中是铅得到富集。

C 点的成分是共沸物 $Sb_l = Sb_g$。不能用蒸馏法分开两元素。

线 1 和线 2 差别的原因值得探讨。在我们研制的半工业真空炉进行了实验，得到了上述规律的肯定的结果。

真空蒸馏高铅锑可得到含 Pb 0.2%的精锑。粗 Pb-Sb 合金不宜用真空蒸馏法处理。

1.6 其他粗金属精炼与合金分离

粗镉真空精炼，在国外许多人研究过[1,15]，并已用于生产，产 Cd 99.995%产品，很有成效。

粗镉中含有的杂质元素的沸点和蒸气压力差别较大：

元素 i	Cd	Zn	Tl	Pb	Cu	Ni
沸点/℃	767	907	1473	1750	2563	2914
p_i^*(450℃)/Pa	587	52.5	6.48×10^{-3}	2.9×10^{-4}	2.4×10^{-13}	7.2×10^{-19}

蒸馏时能很好的与镉分离。

我国有若干锌厂有镉原料，真空精炼是较好的选择，需要创造新型炉以适应需要。

粗锌真空精炼，曾有人做过一些研究[1]，得到肯定的结果，但迄今未看到生产的报道，由于锌的熔点较低（420℃），沸点也较低（907℃），在真空中精炼的温度将有所降低，锌的蒸发速度加快，比在常压下精炼为优。

但因常压下粗锌精馏精炼的方法和设备都比较成熟，大量用于生产，因而人们对真空精炼锌缺少重视，故进展很慢。

我们做了一些工作[16]，还应该继续进行扩大试验。

锰铁真空蒸馏提取锰[17]，得到肯定的效果和一些规律，流程短，可能明显降低成本，值得进行扩大试验。

银锌壳真空蒸馏[27]研究了含 Ag 1%~1.67%、Pb 1.7%~93%、Zn 2.8%~3.99%的银锌壳得到铅（Pb 99.16%、Ag 0.19%、Au 4.59g/t）和残留合金（Pb 16.4%、Ag 68.97%、Au 1860g/t），物料耗电 725kW·h/t，金属收率为 Pb 99.45%、Ag 99.1%、Au 96.7%。

可见，过程直接产出金属铅和粗银，仅消耗电，耗量不大，流程简单，是一种可取的方法。

2 矿石和冶金中间产物的真空处理

化合物、矿石及冶金中间产物也能用真空中加热蒸发使它们的组分分开，可以使某些化合物热分解部分蒸发。砷钴矿分离砷[18]有一种含砷很高的钴矿，成分为：

元素	Co	As	Fe	Ni	Au	Ag
含量/%	10	57	7.2	2.1	13g/t	88g/t

工厂用电炉熔炼，使砷成 As_2O_3 挥发，脱砷率达到 60%，产物经破碎、沸腾焙烧，再使砷成 As_2O_3 挥发，又去掉 90%的砷。

我们用真空蒸发分解法，在真空度为 27Pa 左右，不同的温度下，一次作业去除砷，950~1050℃为 87%~90%，1100℃时为 92%~98%，砷挥发出来后冷凝成为粗元素砷，纯度为 90%左右，钴产物已能满足后处理的要求。

结果较好，可以进行扩大试验。

2.1 铜锌精矿分离[19]

某地的铜精矿：

元素	Cu	Zn	Fe	S	Bi	Cd	In	Pb
含量/%	10.7	8.34	32.2	32.2	0.18	0.1	0.02	0.14

含锌达 8%左右，直接熔炼冰铜，锌分散于渣、冰铜中，回收锌困难。我们研究在真空中加热处理，得到如图 11 的结果，处理后铜精矿已熔化成冰铜，成分为 Cu 约 14%、Fe 约 50%、Zn 约 0.09%，锌挥发了 98%左右。

挥发物冷凝后含有 Zn 33.2%、Bi 2.29%、Cd 0.59%、In 0.036%。

可见，锌分离较完全，并集中到冷凝物中。同时，Bi、Cd、Pb、In 等也同时挥发，富集到冷凝物中，便于综合回收。蒸馏残余物成为很纯的冰铜。可做扩大试验。

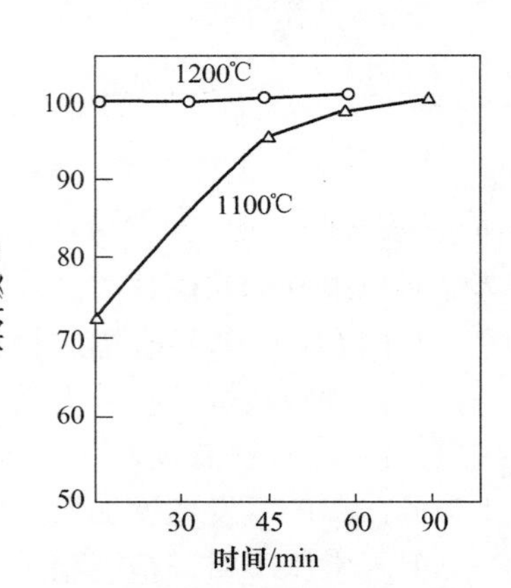

图 11 时间对锌挥发的影响

（残压：187~800Pa）

2.2 锡-砷-铅合金（碳渣）真空蒸馏[20]

凝析法精炼粗锡得到的浮渣称为“碳渣”，实际上是一种 Sn-As-Pb 合金含有些铁，其成分为：As 12%~14%，Pb 11.1%，Sn 66.5%，Fe 0.7%。这种料曾用焙烧脱砷，因料易熔而氧化不完全。送去熔炼，形成大量砷在锡生产过程中循环。

我们用真空挥发砷，当残余气体压力为 40Pa 左右时，1000℃以上，砷可由料中挥发 90%以上，同时铅挥发 95%以上，产物为：粗锡，含砷微量；粗砷，含砷 80%~90%；粗铅，含铅 80%~90%。

砷即可以和锡较完全的分离，得到粗砷由锡生产系统中排出，经重蒸馏后成为元素砷产品，实验规模已做到约 3 千克/次，下一步可进行半工业试验。

2.3 铜炉渣真空处理[21]

当前炼铜厂抛弃的铜炉渣含铜为 0.3%~2%，没有再回收。由于每年的抛渣量达数万吨到数十万吨，这一部分铜，其总数达到每年数百至数千吨。

经过在真空中沉降，液态渣中悬浮的冰铜粒表面的气泡被排除，冰铜的密度比渣高，乃沉下去，在底部聚集、回收，表层渣含铜量减少 1/2~2/3，可使随渣丢弃的铜减少 1/2~2/3。

实验效果明显，需进行大型实验工作。

3 金属氧化物在真空中还原

一些金属氧化物还原后产物有一些或全部在反应温度下成为气体，这样的反应在真空中能够更顺利地进行[1]，反应时的还原剂可以是碳，也可能是某种金属，而分别称为碳还原或金属热还原，这样的金属有硅、铝等。

反应：$$MO+X = M+XO_{气}$$

在真空中进行，系统内的残压 $p=10^{-m}$ atm，则反应的自由能变化与标准值之差，可得到：

$$\Delta G - \Delta G^{\ominus} = -4.576mT$$

表明系统内真空度越高（m 值大），反应自由能位降低，使反应易于进行[2]。

氧化镁还原[25]的皮江法（1944 年开始）就是此类还原，用 Si-Fe 作还原剂在真空中作用，使过程在 1150℃时进行，这个方法可以用还原剂还原焙解白云石，代替电解法，免于消耗大量电能，但此法用的硅、高 Ni-Cr 合金罐都较贵，罐子容量和寿命有限，致使此种还原方法的特点和经济效益减弱。

国外研究了镁热法（Magnetherm Proccss），法国于 20 世纪 60 年代试验成功。这种方法将炉渣熔化，间断地流出，金属镁液也间断放出，加料可以不断地加入，这个方法使能耗大为降低，也不用合金罐，使生产率增大，成本降低，但仍用 Fe-Si 作还原剂。

Knapsack-Griesheim 硅热法，炉渣成固体排出，作业连续[14]。

碳热法（1941 年，美国），规模达到数万吨每年，此方法在常压下用碳还原出镁，迅速冷却成镁粉，镁粉再蒸馏成镁锭，这个方法是碳作还原剂，价廉，在电弧炉中还原，急冷法是防止还原的逆向反应。但产出镁粉，过程中要求较高的技术条件，防止镁粉剧烈氧化，甚至爆炸。

针对我国热还原法的状况，值得改变皮江法，试用其他方法，甚至对国外的方法加以改造，创造出好的方法，使镁的生产费用降低，效益提高。

氧化镁碳还原[29,30]，因为反应产生的物质都是气态

$$MgO+C \longrightarrow Mg_{g}+CO_{g}$$

在真空中进行，将使反应易于进行，或使反应温度降低，可由热力学计算得到。此反应的自由能变值为

$$\Delta G^{\ominus} = 154900 + 7.37T\log T - 96.45T(\mathrm{cal})$$

在非标准状态下
$$\Delta G = \Delta G^{\ominus} + RT\ln(p_{Mg} \cdot p_{CO})$$

反应在平衡时，$\Delta G=0$，则上式为

$$-\Delta G^{\ominus} = RT\ln(p_{Mg} \cdot p_{CO})$$

若系统不漏入外界气体，产出 Mg_g 和 CO 各 1mol，系统的压力 $p_{系}$ 为

$$p_{系} = p_{Mg} + p_{CO} = 2p_{系} = 2p_{Mg}$$

则得
$$-\Delta G^{\ominus} = RT\ln p_{Mg}{}^{2} = 2RT\ln p_{Mg}$$

$$p_{Mg} = 1.01 \times 10^{5} \times 10^{[(-154900-7.37T\log T+96.45T)/(9.15T)]}(\mathrm{Pa})$$

可以计算产生的p_{Mg}与温度T的关系：

T/℃	800	1000	1200	1400	1600	1800	1876
p_{Mg}/Pa	2.2×10^{-3}	5.9×10^{-1}	3.3×10^{1}	7.11×10^{2}	7.8×10^{3}	5.4×10^{4}	1.01×10^{5}

这些数值表明，在常压下，必须到1876℃，反应的p_{Mg}方达到1atm，若在真空中，残压为10^2Pa，则在1300℃，p_{Mg}就达到真空环境中的压力，反应即可进行。

因此碳还原在真空中能够降低作业温度，只要解决了镁蒸气冷凝成液态金属的控制条件，作业即可进行。

应当集中于真空碳还原氧化镁的研究工作。

氧化锌、氧化锂等在真空中还原，可以充分利用金属的沸点低（Zn 906℃，Li 1342℃）易于在还原成金属后气化，使过程易于在真空中进行，也是值得实践的。

4 真空中制备金属粉末

超细粉末材料被称为21世纪材料，它的性能优越，成为许多新技术产品的原材料，近年来研究制备粉末成为一个热点。

金属气体的分子很小，其分子直径以埃计，为10^{-10}m，相当于约0.1nm数量级。气体在冷却过程中，这些气体分子不断在聚集、长大，如果设法控制其聚集的程度，就可以得到人们需要的粒度，如100nm~1μm称为超微粉末，它已比气体分子直径大10^3~10^4倍。

因此，在真空中使金属气化、冷凝制粉是一种重要的制粉途径[23]。

真空中用金属锰制锰粉[22]。曾经研究在真空中蒸发锰、冷却锰蒸气成金属锰粉，在1100~1300℃和残压为1.310^{-2}~667Pa时，得到1051~44μm的粉末。

这样的粉末不像磨细锰块制的粉，磨的介质材料会混入锰粉而降低纯度，也还具有真空中冷却气体成粉的特点，如粉料不含其他气体、粒度较细等。

锌在真空中蒸发，改变真空度、温度和气体的冷却速度，得到了粒径为250~500nm的超微锌粉[23]。

用稻壳制各氮化硅超微粉[24]，用廉价的稻壳制成无定型SiO_2细粉，在真空中还原氮化，制成超微粉Si_3N_4，平均粒度为0.5~1.3μm。

可以看到，在真空中气化金属，控制冷凝的条件，或在真空中进行化学反应，以产生超微粉末，是一种有前途的方法，将在超微粉末材料工业应用中起作用。

5 结语

冶金中应用真空技术，将冶金过程由常压下作业改变为真空中进行，是半个世纪以来发生的新事物，使冶金作业的环境以至作业条件发生了大的变化，以前不能进行的作业，在真空中可以实现，如金属蒸馏：以前能做的有些事，在真空中可以进行得更好，如减少以至消除对环境的污染。

但是，真空冶金的应用时间还太短，在深度和广度方面都还研究不足，设备种类和完善程度都有待增强。

同时，冶金产品在社会上的要求数量不断增加，品种同益繁多，甚至特殊要求的产品也在增加。

已有的一些传统冶金技术和设备需要改造、革新，冶金过程要求现代化、无污染、高效益。

在这样的形势下，真空冶金将会日益发展[28]，在冶金工业的发展中。它会日益扩展其作用。可以预计，新的真空冶金过程和设备将会涌现。

参考文献

[1] 戴永年，赵忠．真空冶金［M］．北京：冶金工业出版社，1988.

[2] 戴永年，等．焊锡真空脱铅扩大试验［J］．云南冶金，1987（2）．

[3] 戴永年，等．铅-锡合金真空蒸馏［J］．昆明工学院学报，1989（3）：16~27.

[4] Dai Y N，et al. Zinc vacuum distilling recovery from dipping galvanizing［J］．Residue，33rd Annual Conference of Metallurgists of CIM. Toronto. Ontario，1994.

[5] 武钢实业公司，昆明工学院真空冶金研究所．武钢实业公司冶炼厂锌渣提纯产品评定会纪要［R］．1992.

[6] Ding W，et al. Vacuum distillation of crude bismuth to remove silver deeply［C］//2nd Intern. Symp. on Met. Proc. for 2000 and Beyond，2000.

[7] 邓智明．粗铋真空蒸馏脱银新工艺研究［D］．昆明：昆明工学院，1994.

[8] Dai Yongnian，et al. Thermodynamic behavior of lead-antimony alloy in vacuum distfllation［C］//W-Ti-Re-Sb’88. International Conference，1988：578~583.

[9] 戴永年，等．铅锑台金的真空蒸馏分离［J］．中国有色金属学报，1991，11（1）：10.

[10] Hultgren P，et al. Selected values of the thermodynamic properties of binary alloys［J］．1973.

[11] 张小金．昆明工学院毕业论文，1983.

[12] a. 杨斌．金属铅真空蒸馏基本规律的研究［D］．昆明：昆明工学院，1990.
b. 夏丹葵，等．纯锌蒸发规律研究［J］．有色金属，1992，11（1）：4.
c. 陈燕．金属镉真空蒸馏基本规律的研究［D］．昆明：昆明工学院，1989.
d. 蔡晓兰，等．金属锑真空蒸馏基本规律的研究［C］//全国锑业发展专题讨论会论文集，1991.

[13] 戴永年，等．金属在真空中的挥发性［J］．昆明工学院学报，1994，12（19）：26~32.

[14] Winkler O，Bakish R. 真空冶金学［M］．上海：上海科学技术出版社，1980.

[15] Menge R. Schenker G. 西德诺尔登电锌厂的镉真空蒸馏精炼［J］．有色冶炼，1987（6）：19~25.

[16] 刘日新．粗锌真空精炼研究［D］．昆明：昆明工学院，1993.

[17] Deng Z，et al. Extracting manganese from ferromanganese by vacuum distillation［C］//2nd Intern. Syrup. on met. proc. for2000 and Beyond，1994.

[18] Cao Mingyan，et al. Dearsenication from cobalt-arsenic concentrat by vacuum distillation［J］．Transaction of Nonferrous Metals Society of China，1994，4（2）．

[19] 陈枫，等．铜锌精矿的真空挥发分离［J］．有色金属，1984（13）：8~42.

[20] 戴永年，等．锡-砷-铅合金（碳渣）真空蒸馏［J］．昆明工学院学报，1979（3）：47~65.

[21] 王学文．铜炉渣真空热处理的研究［D］．昆明：昆明工学院，1990.

[22] 李金华．真空蒸馏电解锰制取金属锰粉的工艺研究［D］．昆明：昆明工学院，1991.

[23] 钟胜．超微粒子制备研究［D］．昆明：昆明工学院，1994.

[24] 王华．用稻壳制备氮化硅超微粉的研究［D］．昆明：昆明理工大学，1996.

[25] Winkler O，Bakish R. Vacuum Metallurgy［M］．1971.

[26] 贺子凯，等．铅银合金真空蒸馏提银［J］．有色金属，1990，42（1）．

[27] Dai Yongaian. Treating zinc crust by vacuum distillation［C］//1992 TMS Annual Meeting. San Diego. California U. S. A. Marehl-5，1992.

[28] Dai Yongnian. Vacuum metallurgy：an important direction on refroming conventional nonferrous merallurgy［C］//Proceedings of the Second Intern. Symp. on Met. Proc. for the Year 2000 and Beyond，San Diego CA，1994.

[29] Dai Yongnian. Separation of various elements in crude metal of alloy during vacuum distillation［C］//Proc. of the Intern. Symp on Met. Proc. for the Year 2000 and Beyond. Las Vegas. Nevada.，1989.

[30] 钟胜．氧化镁真空碳热还原研究［D］．昆明：昆明理工大学，1998.

[31] 戴永年，杨斌．有色金属材料的真空冶金［M］．北京：冶金工业出版社，2000.

有色金属真空冶金炉研究进展*

摘　要　在简要阐述有色金属真空冶金基本原理的基础上，详细介绍我们所研制的有色金属真空冶金炉的特点及应用情况，并以内热式多级连续蒸馏真空炉为例，讨论和分析了真空炉的热平衡及最优控制研究。简要地提出了将来在真空冶金炉热工及过程控制研究方面可开展的一些工作。

关键词　真空炉；真空蒸馏；热工及过程控制

随着真空技术的发展和真空设备的普及，真空冶金已成为提高有色金属资源综合利用及其材料制备的重要手段，广义的真空冶金即低于大气压力“稀薄气氛”中的冶炼过程。而通常真空冶金真空度在 0.1～100Pa。真空冶金广义包括真空蒸馏、真空分离、真空还原、真空脱气、真空烧结、真空焊接、真空镀膜、真空热处理等[1]。

20 世纪 70 年代以后，有色金属冶金中出现了一些真空处理过程，如焊锡厂的 Pb-Sn 合金真空蒸馏技术及设备的成功应用[2]，90 年代研究出卧式真空炉处理热镀锌渣和硬锌[3,4]，2002 年锂的真空冶炼炉成功实现工业化生产，2004 年粗铟真空提纯真空炉也正常运行。本文结合自行研制的真空冶金炉，简要介绍有色金属真空冶金炉的热过程分析及控制系统研究。

1　有色金属真空冶金的基本原理

1.1　合金分离的可能性判断[5]

经过热力学分析，提出用分离系数 β 来判断合金或粗金属组分用蒸馏法分离的可能性。对两个组分（1，2）的体系有：

$$\beta = \frac{\gamma_1}{\gamma_2} \cdot p_1^* / p_2^* \tag{1}$$

式中，γ_i，p_i^* 分别为组分 i 的活度系数和纯物质饱和蒸气压。

γ_i 既与组分 i 的浓度有关，又受温度影响；而纯组分物质 i 的饱和蒸气压 p_i^* 则决定于温度。$\beta>1$ 时元素 1 在气相富集，$\beta<1$ 时元素 1 在液相富集。这两种情况下，蒸馏可以分开这两元素。当 $\beta=1$ 时，蒸馏出的气相和凝聚相成分相同，不能分离两元素。

1.2　气-液相平衡成分图

利用气-液相平衡成分图[5]，可定量估计真空蒸馏时合金组分分离的程度以及产品的成分对 A-B 二元体系，以 A_g 和 B_g 表示气相成分的质量分数，A_l、B_l 表示液相成分

* 本文合作者有杨斌，马文会，杨部正，陈为亮；原载于《全国能源与热工 2004 学术年会论文集》。

的质量分数，ρ_A、ρ_B 为气相中组分的蒸气密度，则气相物质中组分 A 的质量分数：

$$A_g = \left(1 + \frac{B_1}{\beta A_1}\right)^{-1} = \left[1 + \frac{B_1}{A_1} \cdot \left(\frac{\gamma_B}{\gamma_A}\right) \cdot (p_B^* / p_A^*)\right]^{-1} \tag{2}$$

用某一温度下 γ_i，p_i^* 的值及一系列的 B_1/A_1，可作出 A_g-A_1 关系图。气-液相成分图可指导合金和粗金属真空蒸馏时选择技术条件和原料成分，以达到所需的产品。

1.3 金属在真空中的挥发性[6]

大气中进行金属和合金的蒸馏有两个困难：一是要在高于物料沸点的温度下进行，通常需要高的温度；二是大气中的氧气会在蒸馏温度下使金属氧化。故传统冶金中只有少数沸点较低的金属如 Zn、Cd、Hg 等采用蒸发法。在真空中，氧化作用基本上不复存在，而且使得金属的蒸发温度也相应降低，这样金属的蒸发、蒸馏就能够实现。例如，铅的沸点是 1740℃，在真空中蒸发铅，1000℃左右 $p_{Pb}^* = 1.86 \times 10^2$Pa，在 10Pa 的真空中，铅就能较快挥发。

真空对金属蒸发有促进作用，但并不是真空度越高越好。研究表明，许多金属的 ω-p 曲线都有如图 1 所示形状的曲线。其中 p 为系统中的气体压力，ω 是金属蒸发速率（g/(cm^2·s)）。金属或合金的真空蒸馏，系统内气体压力降低就增大了金属的蒸发速率，但压力降到临界压力 p_{crit} 以下，ω 不再增大。由此可以确定真空蒸馏的适宜真空度，即系统内的气体压力略小于 p_{crit}。已经测定了 Pb、Sb、Zn、Cd 等金属在真空中的挥发曲线[7]。

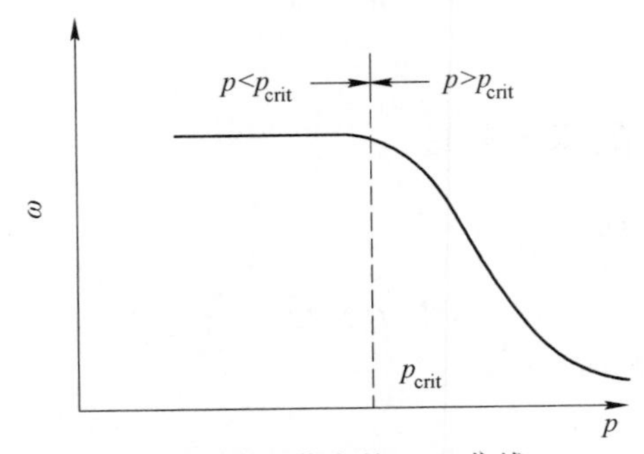

图 1　金属蒸发的 p-ω 曲线

2 粗金属及合金的真空蒸馏分离真空炉

2.1 内热式多级连续蒸馏真空炉

内热式多级连续蒸馏真空炉由发热体、蒸发盘、冷凝罩、进出料管、供电及控制系统、水冷系统、抽真空系统等组成，如图 2 所示。待炉内抽真空后，熔融状态的物料利用压差自动进入真空炉内，物料流经蒸发盘不断进行真空蒸馏，易挥发的金属在冷凝罩上冷凝成液态金属，经汇流盘流出真空炉，不易挥发的金属则沿蒸发盘后流出真空炉，实现了粗金属及合金的真空蒸馏分离过程。这种真空炉的最大优点是实现连续化生产，可以用来处理 Pb-Sn 合金物料，此外还可用于粗锡、锡-锑合金分离、铅-银分离、铋-银分离等过程。

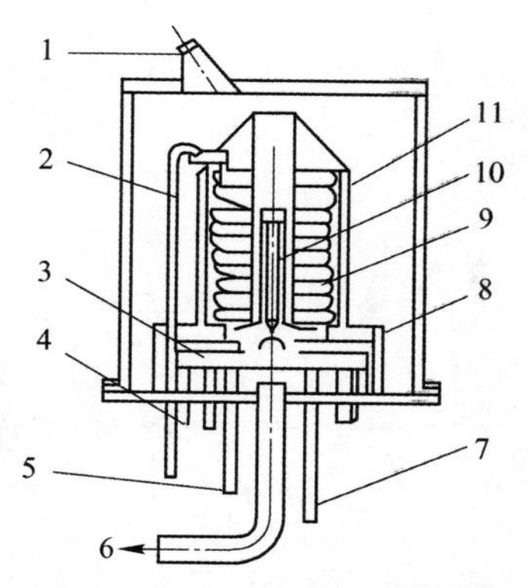

图2　内热式多级连续蒸馏真空炉示意图

1—观察孔；2—进料管；3—底座；4—电极；5—排料管；6—抽真空；
7—排料管；8—汇流盘；9—蒸发盘；10—发热体；11—冷凝罩

对于 Pb-Sn 体系，$\beta \gg 1$，其气-液相平衡成分如图 3 所示。气相与液相含锡相差 $10^2 \sim 10^5$ 倍，受温度影响，用真空蒸馏法能很好地分开 Pb 和 Sn。真空蒸馏 Pb-Sn 合金仅为一物理过程，铅蒸发，锡留下，铅蒸气冷却成为金属铅，直接产出金属锡和金属铅。不要化学试剂，不生成化合物，免去化合物再处理的复杂过程。处理物料过程仅消耗电约 500kW · h/t，作业成本仅为氯化物电解法的 15%～20%，对环境无污染，占地面积、占用人员都较少，金属回收率高（大于 99%）。全国的炼锡厂现在都已使用这种真空炉。

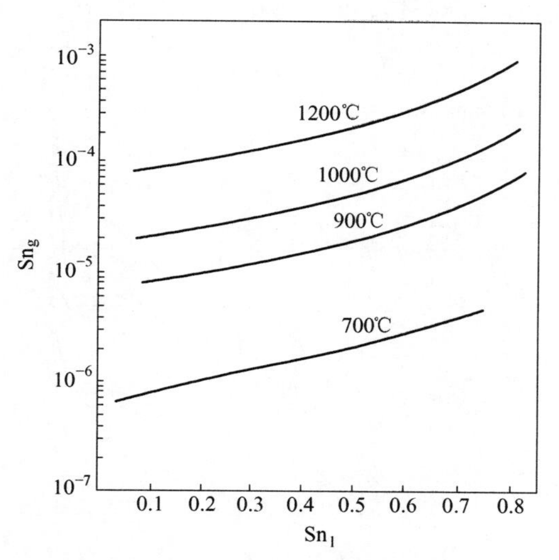

图 3　Pb-Sb 系气-液相平衡成分图

（$Sn_l + Pb_l = 1$，$Sn_g + Pb_g = 1$）

2.2　卧式真空炉

卧式真空炉由发热体、蒸发室、冷凝室、进出料口、供电及控制系统、水冷系统、抽真空系统以及炉体等组成，如图 4 所示。这类真空炉需先将物料投入炉内，然后再抽真空，在蒸馏室内易挥发的金属气化经引导装置到冷凝室冷凝，当冷凝的金属量到一定容量后由放料口排出液态金属进行浇铸，不易挥发的残留物经炉冷却后从进料口排出。这类真空炉采用间隙式操作，主要处理一些高熔点合金或腐蚀性大的金属，如热镀锌渣和硬锌等物料。

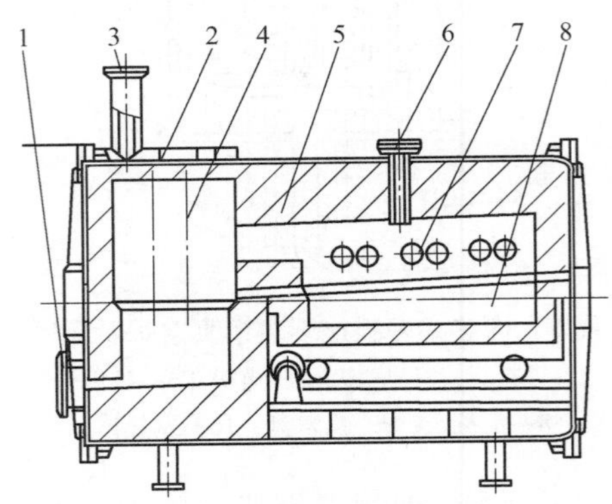

图 4　真空炉设备示意图

1—放料口；2—炉壳水套；3—抽气管；4—冷凝墙；5—砌体；6—测温孔；7—电热体；8—加料车

如 Zn-Fe 体系，其气-液相平衡成分图，如图 5 所示，表明真空蒸馏提取锌是完全可能的热镀锌渣和硬锌实质都是锌-铁合金。为了在工业上实现真空蒸馏硬锌、热镀锌渣和制取高纯锌。根据原料和目的的不同，可以调整其结构尺寸和材料。研制成功的设备和技术分别用于韶关冶炼厂、武钢实业公司冶炼厂、水口山铅锌厂以及鞍山、宣威、贵阳等地，经济效益好，对环境没有污染，为我国新增了一种设备和技术，且有出口的前景。

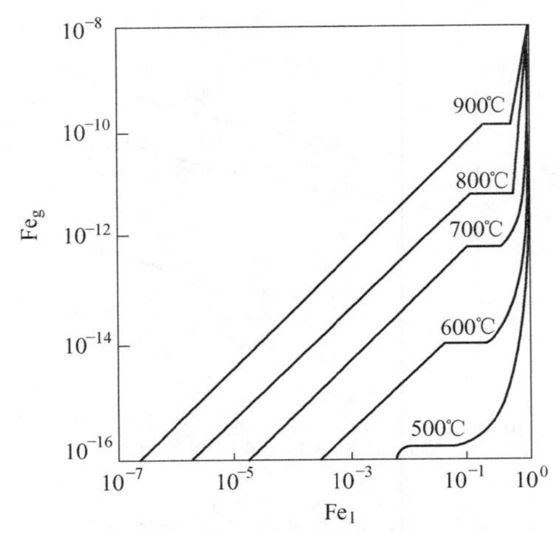

图 5　Zn-Fe 体系气-液平衡成分图

（$Zn_g+Fe_g=1$，$Zn_l+Fe_l=1$）

对硬锌需要提高锗等元素在渣中的富集度，对热镀锌渣则要尽可能提高锌的回收率和保证产锌含铁小于 0.003%，而制取高纯锌，则要锌含铁小于 $3\times10^{-4}\%$。对钢铁热镀锌时产生的热镀锌渣进行真空蒸馏，工业试验得到含铁仅 0.00004%的锌[4]。处理锌精炼时产生的硬锌，计算表明硬锌蒸馏时，锌蒸气中含锗仅 $10^{-8} \sim 10^{-12}$，锗几乎全部残留在渣中。小型试验到工业试验，产出的锌中含锗 10^{-5}，回收进入渣中的锗占 97%以上，与上述计算相符。硬锌中的铟和银也有类似情况，集中在渣中。硬锌真空处理于 1997 年工业化，产出锌，渣中富集锗、铟、银都在 10 倍，直接回收率都在 97%。此外，用真空蒸馏等级锌，各种级别锌中含铁都在 1‰以下。

3 真空炉传热过程分析及最优控制研究

本文以内热式多级连续蒸馏真空炉为例分析真空炉的传热过程以及真空炉的最优控制。

3.1 真空炉传热过程分析

根据真空冶金原理及内热式多级连续蒸馏真空炉的特点，我们做几点假设：

（1）蒸发盘和炉体的蓄热量忽略不计；

（2）虽然易挥发产物冷凝过程所释放的热量被冷却水带走，但是这部分热量为生产过程的有效热，本文所指的冷却系统带走的热量不包括这部分；

（3）分离二元合金所需要的键能忽略不计；

（4）假定炉内蒸发盘区域温度分布是均匀的；

（5）假定物料进入炉内迅速就能达到真空炉操作温度；

（6）由于冷凝罩与蒸发盘间的距离小，保证了各蒸发盘的铅蒸气不互相交流，免除了高铅合金蒸发盘的铅蒸发气向低铅合金蒸发盘中反凝，所以不考虑蒸发迁移过程。真空炉的热平衡系统如图 6 所示，以环境温度为基准，在系统达到稳态生产时，可建立系统热平衡方程：

$$Q_{物料} + Q_{电} = Q_{气化} + Q_{冷凝} + Q_{残物} + \sum Q_{损} \tag{3}$$

式中，$Q_{物料}$ 为待处理物料带入的物理热，kJ；$Q_{电}$ 为实际供给的电能，kJ；$Q_{气化}$ 为易挥发金属从入炉到气化所需要的热，kJ；$Q_{冷凝}$ 为挥发金属从入炉到气化所需要的热，kJ；$Q_{残物}$ 为残留物带出的物理热，kJ；$\sum Q_{损}$ 为炉体散热损失以及冷却系统带走的热量（不包括 Q 气化部分）。

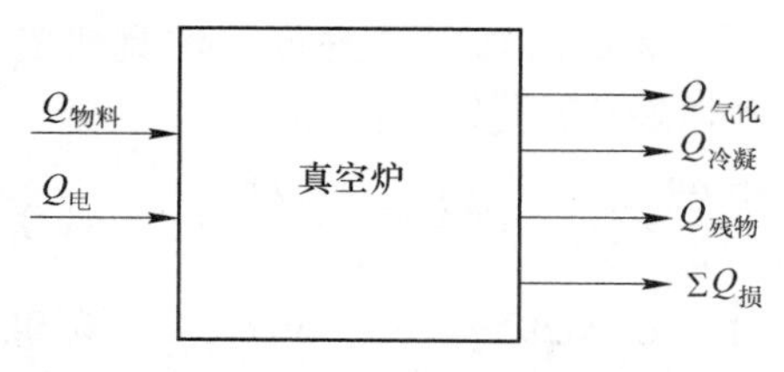

图 6 真空炉热平衡示意图

待蒸发的组分达到熔体表面时，发生该组分的蒸发，由液相变为气相。合金元素的蒸发可分为一般蒸发、沸腾蒸发及分子蒸发三种。在真空中，合金含铅 5%的铅锡合金其真空度小于 81.31Pa，在 1200℃沸腾。在实际生产过程中，真空度约为 40Pa，温度为 1200℃，所以应属于分子蒸发[8]。对各级蒸发盘而言，以第 i 级蒸发盘为例其热平衡方程为：

$$Q_{分} = Q_{i电} - Q_{i辐} \tag{4}$$

式中，$Q_{分}$ 为第 i 级蒸发盘的分子蒸发热，kJ；$Q_{i电}$ 为第 i 级蒸发盘区域的电发热，kJ；$Q_{i辐}$ 为蒸发盘及物料对冷凝罩的辐射热，kJ。

生产过程中由于金属铅蒸气蒸发（少量锡蒸发），使合金总量减少，成分也在不断变化，蒸发速率也随之改变，在最后几级中蒸发量几乎为零，因此实际过程比较复杂，这就对生产过程的传热分析和自动化控制增加了难度。

我们所研制的真空炉采用三层冷凝罩，为分析简化起见，我们将三层冷凝器作为一个冷凝整体进行考虑。同时根据前面的假设，即不考虑蒸发迁移过程，因此假定蒸发盘蒸发的金属就在蒸发盘所对应的冷凝区域进行冷凝，即将每一级从蒸发盘蒸发到冷凝带冷凝可以看成是封闭系统。则冷凝过程的热平衡方程为：

$$Q_{i蒸金} + Q_{i辐} = Q_{i冷凝} + Q_{罩辐} \tag{5}$$

式中，$Q_{i蒸金}$ 为第 i 级蒸发盘所蒸发金属降低到排出金属温度时所释放的热，kJ；$Q_{i辐}$ 为第 i 级蒸发盘及物料对冷凝罩的辐射热，kJ；$Q_{i冷凝}$ 为第 i 级蒸发盘所蒸发金属排出时所带物理热，kJ；$Q_{罩辐}$ 为冷凝罩向炉体的辐射热，kJ。

如果知道最初加入蒸发盘的物料的组成及温度，由式（4）和式（5）可以依次推算出每一级蒸发盘里的合金的组成和温度，实现真空炉的最优化生产控制提供依据和参考。结合蒸发过程和冷凝过程的热平衡方程，就可以得到整个真空炉系统能量平衡方程，这与式（3）是一致的。

理论上每吨焊锡真空蒸镏分离需耗电 160kW·h，而实际生产中需耗电 500～600kW·h，真空炉的热效率为 30%左右。真空炉内的冷凝罩既起到冷却金属的作用，同时也起到保温的作用，因此增加冷凝罩的层数，可以降低炉侧的热损失，提高炉子的热效率，但是增加冷凝层数，必将影响金属的冷凝和生产状况，因此还需要进一步对真空炉内传热及传质过程的研究是非常必要的。另一方面，炉体热损失部分包括炉顶、炉侧和炉底三部分，如果炉子规模小，炉侧热损失在整个炉体热损失中所占比例下降，导致炉子的热效率降低，因此提高真空炉的生产规模可以提高炉子的热效率，说明深入地开展真空炉节能研究对进一步降低生产过程的能耗是十分有潜力的。

3.2 真空炉生产过程最优控制

冯丽辉[9] 对内热式多级连续蒸馏真空炉进行了仿真研究，建立了输入输出模型，示意图如图 7 所示，相应的动态辨识模型为：

$$A(q)A_{\mathrm{Pb}}(t) = \frac{B_1(q)}{G_1(q)}F(t - nk_1) + \frac{B_2(q)}{G_2(q)}P(t - nk_2) + \frac{C(q)}{D(q)}V(k) \tag{6}$$

$$\begin{cases} A(q) = 1 - 0.00295q^{-1} + 0.6697q^{-2} - 0.0663q^{-3} \\ B_1(q) = -0.0327q^{-1} + 0.0259q^{-2} - 0.1751q^{-3} \\ B_2(q) = -0.7458q^{-1} + 0.6044q^{-2} \\ G_1(q) = 1 + 0.2598q^{-1} + 0.0282q^{-2} - 0.66411q^{-3} \\ G_2(q) = 1 + 0.9940q^{-1} + 0.2827q^{-2} \\ C(q) = 1 + 0.9769q^{-1} \\ D(q) = 1 + 0.1068q^{-1} \end{cases}$$

式中，F 为进料量，kg/h；P 为入炉电功率，kW；A_{Pb} 为待处理物料中的含 Pb 量,%；T 为温度，K。

图 7　真空炉输入-输出示意图

经过仿真研究，发现在某一进料速率下，$A_{Pb}(k)$ 随最佳入炉电功率 $P^*(k)$ 的波动而发生变化，且电功率 $P^*(k)$ 增加时粗锡中的含铅量 $A_{Pb}(k)$ 随之减少，或反之，完全符合入炉电功率增加，炉内温度升高，铅蒸发也随之增多而使粗锡中的含铅量随之减少的规律。当 $P^*(k)$ 达到稳态时，$A_{Pb}(k)$ 也随之趋于稳定并产出符合质量要求的产品（粗铅和粗锡）将优化控制计算出的最佳入炉电功率 P^* 与实际入炉电功率 P（云锡冶炼厂生产台账记录值）相对照，见表 1。可以看出：P^* 较 P 更为合理，即进料量 F 增加，P^* 也随之增加；进料量 F 减少，P^* 也随之减少，也说明实行最优控制操作对提高产品质量，降低能耗有着重要的作用。

对于卧式真空炉的传热传质过程分析与自动化控制有待于进一步研究。

表 1　达稳态时的最佳入炉电功率计算值 P^* 与实际值 P 的比较

编号	进料量/kg · h^{-1}	实际功率 P/kW	最佳入炉功率 P^*/kW	铅含量/%
1	414. 25	91. 16	89. 1569	7. 42
2	430. 25	91. 52	95. 0807	6. 05
3	419. 65	95. 18	92. 8112	5. 14
4	411. 37	95. 20	91. 1708	5. 91
5	428. 85	95. 10	94. 7617	5. 41
6	419. 25	95. 68	92. 9394	5. 61
7	420. 50	95. 66	92. 9394	5. 86
8	425. 85	94. 98	94. 0794	5. 55
9	430. 63	95. 26	95. 1753	5. 71
10	426. 37	95. 17	94. 2391	4. 07

4　结语

随着有色金属真空冶金应用范围的逐步延伸，对研究热效率高、实现自动化控制的真空炉就显得越来越重要。作者认为在真空炉研制方面，将来可以从以下几个方面开展：

（1）加强真空炉热工及过程控制系统的研究。真空炉作为工业炉窑的一种，由于生产过程是在真空条件下进行，因此研究真空炉内的传热传质规律及机理对进一步提高真空炉的热效率至关重要，且为实现自动化控制奠定理论基础，如提纯硒真空炉的优化研究。

（2）加强新型真空炉的研制。目前我们开展了一些具有一定原创性冶金新工艺的研究，并取得了一些明显的进展，如用真空碳热还原 MgO、真空条件下利用歧化反应制备金属铝以及真空条件下金属钛冶炼新工艺。这些研究从工艺技术上看都可行，下一步重点是研制适合这些新工艺的高性能的新型真空炉。

（3）开发适合高纯材料制备的新型真空炉。现在我们正在尝试利用真空冶金法来实现从工业级硅生产可直接用于太阳能电池制造的多晶硅的研究，其中一个关键的问题就是研制开发新型真空炉，以降低高纯硅的生产成本，加速太阳能电池行业的发展。

但是，真空冶金的应用时间还太短，在深度和广度方面都还研究不足，特别是在真空炉内的传热传质机理研究方面远远不足，严重影响了真空炉自动化水平的提升。衷心希望从事工业炉窑热工及过程控制研究的专家学者加入高效率新型真空冶金炉研究领域，共同促进真空冶金技术的发展和应用。

参考文献

[1] 李正邦．真空冶金新进展［J］．真空科学与技术，1999（19）：175~185.

[2] 戴永年．焊锡真空脱铅扩大试验［J］．云南冶金，1987（2）．

[3] Dai Yongnian. Zinc vacuum distilling recovery from dipping galvanizing residue［C］//33rd Annual Conference of Metallurgists of CIM，1994 August，Toronto，Ontario：20~25.

[4] 武钢实业公司，昆明工学院真空冶金研究所．武钢实业公司冶炼厂锌渣提纯产品评定会纪要［R］．1992.

[5] 戴永年．赵忠．真空冶金［M］．北京：冶金工业出版社，1998.

[6] 戴永年，杨斌，马文会，等．有色金属真空冶金进展［J］．真空，2004，41（3）：5~8.

[7] 杨斌．金属铅真空蒸馏基本规律的研究［D］．昆明：昆明工学院，1990.

[8] 虞冠敏，戴永年．内热式多级连续蒸馏真空炉传热过程分析［J］．昆明理工大学学报，1997，22（2）：36~38.

[9] 冯丽辉．10t/d Sn-Pb 真空脱铅炉的最优控制算法研究［J］．控制工程，2002，9（4）：76~78.

Progress in Vacuum Furnace of Non-ferrous Metals Metallurgy

Abstract Characteristics and applications of vacuum furnace for non-ferrous metals metallurgy developed by authors were introduced in detail on the base of brief explanation on basic principle of vacuum metallurgy of non-ferrous metals. Thermal equilibrium and the optimum control were analyzed and discussion using continuous multi-stage internally-heated vacuum distillation furnace as an example. At last，some research work could be considered such as thermal engineering and process control in vacuum furnace was proposed in the future.

Keywords vacuum furnace；vacuum distillation；thermal engineering and process control

有色金属真空冶金进展*

摘　要　回顾了30年来有色金属真空冶金在理论和实践方面的一些进展，包括粗金属及合金（如Pb-Sn合金、锌-铁合金、铅银合金以及铋银合金等）的真空蒸馏分离、粗金属的精炼、矿石和冶金中间产物的真空处理以及金属氧化物在真空中的还原等，并说明其作用和应当注意发展的若干方面。

关键词　真空冶金；真空蒸馏；真空碳还原

真空技术的发展和真空设备的普及成为真空冶金前进的基础。20世纪70年代以后，有色金属冶金中出现了一些真空过程，如炼锡厂的Pb-Sn合金真空蒸馏技术及设备出现，20世纪90年代研究出卧式真空炉处理热镀锌渣和硬锌[1~3]。随之在真空中铅-银分离，真空炼锂，粗硒蒸馏，粗镉蒸馏等技术应用于生产。本文简要回顾了近30年来有色金属真空冶金的一些进展，并说明其作用和应当注意发展的若干方面。

1　真空冶金的基本原理

1.1　合金分离的可能性判断[4]

经过热力学分析，提出用分离系数β来判断合金或粗金属组分用蒸馏法分离的可能性[1,4]。对两个组分（1，2）的体系有：

$$\beta = \frac{\gamma_1}{\gamma_2} \cdot \frac{p_1^*}{p_2^*} \tag{1}$$

式中，γ_i、p_i^* 分别为组分i的活度系数和蒸气压。

γ_i既与组分i的浓度有关，又受温度影响；而纯组分物质i的饱和蒸气压p_i^*则决定于温度。$\beta>1$时元素1在气相富集，$\beta<1$时元素在液相富集。在这两种情况下，蒸馏可以分开这两种元素。当$\beta=1$时，蒸馏出的气相和凝聚相成分相同，不能分离两种元素。

1.2　气-液相平衡成分图

利用气-液相平衡成分图[4]，可定量估计真空蒸馏时合金组分分离的程度以及产品的成分。对A-B二元体系，以A_g和B_g表示气相成分的质量分数，A_l、B_l表示液相成分的质量分数，ρ_A、ρ_B为气相中组分的蒸气密度，则气相物质中组分A的质量分数：

$$A_g = \left[1 + \frac{B_l}{\beta A_l}\right]^{-1} = \left(1 + \frac{B_l}{A} \cdot \frac{\gamma_B}{\gamma_A} \cdot \frac{p_B^*}{p_A^*}\right)^{-1} \tag{2}$$

* 本文合作者有：杨斌，马文会，陈为亮，代建清；原载于《昆明理工大学学报（理工版）》2004年第4期。

用某一温度下 γ，p^* 的值及一系列 B_1/A_1，可作出 A_g-A_1 关系图。气-液相成分图可指导合金和粗金属真空蒸馏时选择技术条件和原料成分，以达到所需的产品。

1.3 金属在真空中的挥发性[5]

大气中进行金属和合金的蒸馏有两个困难：一是要在高于物料沸点的温度下进行，通常需要高的温度；二是大气中的氧气会在蒸馏温度下使金属氧化。故传统冶金中只有少数沸点较低的金属，如 Zn、Cd、Hg 等采用蒸发法。在真空中，氧化作用基本上不复存在，而且使得金属的蒸发温度也相应降低，这样金属的蒸发、蒸馏就能够实现。例如，铅的沸点是 1740℃，在真空中蒸发铅，1000℃左右 $p_{Pb}^* = 1.86\times10^2$Pa，在 10Pa 的真空中。铅就能较快挥发。

真空对金属蒸发有促进作用，但并不是真空度越高越好[5,6]。研究表明，许多金属的 ω-p 曲线都有如图 1 所示形状的曲线。其中 p 为系统中的气体压力，ω 是金属的蒸发速率（g/(cm^2·s)）。金属或合金的真空蒸馏，系统内气体压力降低就增大了金属的挥发速率，但压力降到 p_{crit} 以下，ω 不在增大。由此可确定真空蒸馏的适宜真空度，即系统内的气体压力略小于 p_{crit}。已经测定了 Pb、Sb、Zn、Cd 等金属在真空中的挥发曲线[7~10]。

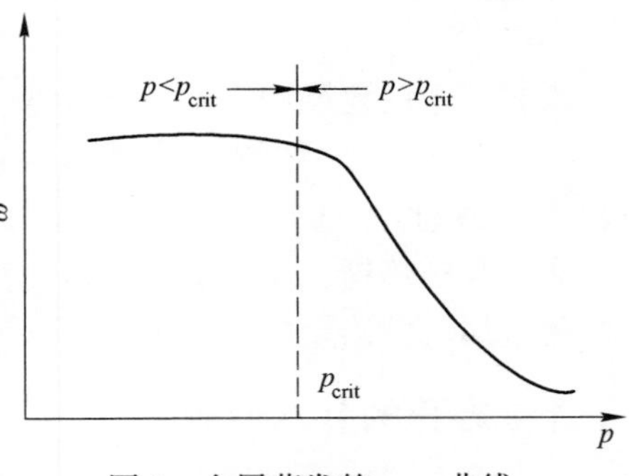

图 1 金属蒸发的 p-ω 曲线

2 粗金属及合金的真空蒸馏分离

2.1 Pb-Sn 合金真空蒸馏分离

对于 Pb-Sn 体系，$\beta\gg1$，其气-液相平衡成分如图 2 所示。用真空蒸馏法能很好地

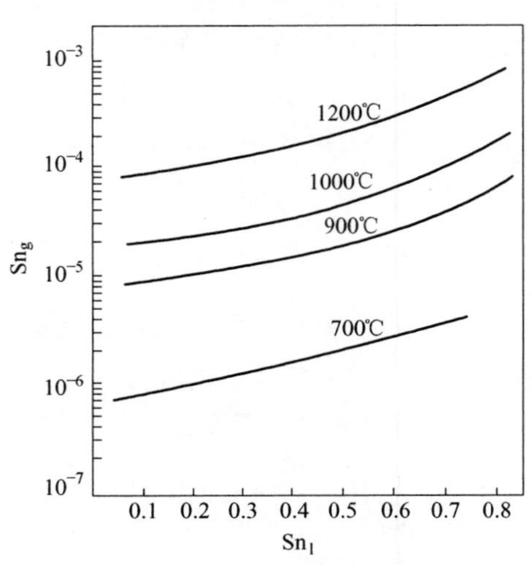

图 2 Pb-Sn 系气-液相平衡成分图

($Sn_l+Pb_l=1$，$Sn_g+Pb_g=1$)

分开 Pb 和 Sn。真空蒸馏 Pb-Sn 合金仅为一物理过程，铅蒸发，锡留下，铅蒸气冷却成为金属铅，直接产出金属锡和金属铅。不要化学试剂，不生成化合物，免去化合物再处理的复杂过程。我们研制的处理焊锡用的内热式多级连续蒸馏真空炉[1,4,11]，如图 3 所示。过程仅消耗电（约 500kW · h/t），作业成本仅为氯化物电解法的 15%～20%，对环境无污染，占地面积、占用人员都较少，金属回收率高（大于 99%）。全国炼锡厂现在都已使用这种真空炉。此种真空炉还可用于粗铅分离锡、锡-锑合金分离、铅-银分离、铋-银分离等过程。

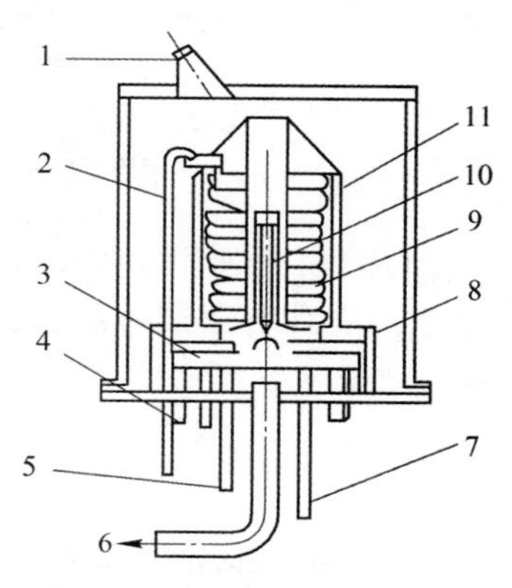

图 3　内热式多级连续蒸馏真空炉示意图

1—观察孔；2—进料管；3—底座；4—电极；5—排铅管；6—抽真空；
7—出锡管；8—集铅盘；9—蒸发盘；10—发热体；11—冷凝罩

2.2　锌-铁合金（热镀锌渣、硬锌）真空蒸馏和提取高纯锌[2]

Zn-Fe 体系的气-液相平衡成分图（见图 4）表明真空蒸馏提取锌是完全可能的。热镀锌渣和硬锌实质都是锌-铁合金。为了在工业上实现真空蒸馏硬锌、热镀锌渣和提取高纯锌，我们研制了卧式真空蒸馏系列设备及其技术。其中卧式真空蒸馏炉如图 5 所示。根据原料和目的的不同，可以调整其结构尺寸和材料。研制成功的设备和技术分别用于韶关冶炼厂、武钢实业公司冶炼厂、水口山铅锌厂以及鞍山、宣威、贵阳等地，经济效益好，对环境没有污染，为我国新增了一种设备和技术，且有出口前景。

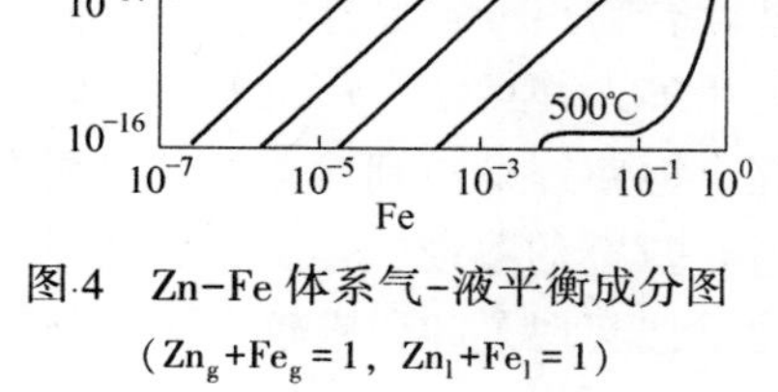

图 4　Zn-Fe 体系气-液平衡成分图

($Zn_g+Fe_g=1$, $Zn_l+Fe_l=1$)

对硬锌需要提高锗等元素在渣中的富集度，对热镀锌渣则要尽可能提高锌的回收率和保证产锌含铁小于 0.003%，而制取高纯锌，则要锌含铁小于 3×10^{-6}。对钢铁热镀锌时产生的热镀锌渣进行真空蒸馏，工业试验得到含铁仅 0.00004%的锌[3]。处理锌精炼时产生的硬锌，计算表明硬锌蒸馏时，锌蒸气中含锗仅 10^{-12}～10^{-8}，锗几乎全部残留在渣中。小型试验到工业试验，产出的锌中含锗 10^{-5}，回收进入渣中的锗占 97%以上，与上述计算相符。硬锌中的铟和银也有类似情

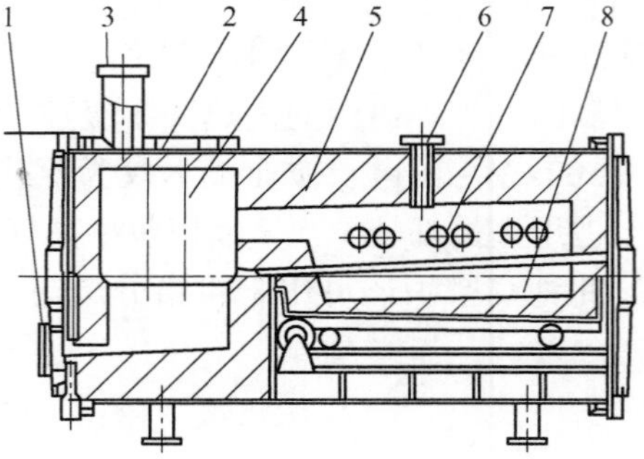

图 5　真空炉设备示意图

1—放锌口；2—炉壳水套；3—抽气管；4—冷凝墙；5—砌体；6—测温孔；7—电热体；8—加料车

况，集中在渣中。硬锌真空处理于 1997 年工业化，产出锌，渣中富集锗、铟、银都在 10 倍，直接回收率都在 97%。此外，用真空蒸馏等级锌，各种级别锌中含铁都在 1‰ 以下。

2.3　其他粗金属精炼与合金分离

在真空中蒸馏铅银合金能顺利地分开铅和银，并直接得到金属铅和粗银[12]。应用已有的工业型真空炉已经实现了这一作业。铋银合金中铋的性质与铅相近，用真空蒸馏法分开铋和银的工作已达到可以进行工业试验的阶段[13,14]，得到了含 $Ag<5\times10^{-6}$ 的铋和富银合金。富银合金再蒸馏，得到粗银。对含锡粗铅的真空蒸馏，铅蒸发，而锡留在残留合金中，成金属状态便于回收。Pb-Sb 合金可分为两类，一类为含铅粗锑，含铅在 0.5%~10%，包括“高铅锑”；另一类为含铅高达百分之几十的铅锑合金。在我们研制的半工业真空炉进行的试验表明，真空蒸馏高铅锑可得到含 Pb 0.2%的精锑，粗 Pb-Sb 合金不宜用真空蒸馏法处理。此外，粗镉、粗锌的真空精炼，锰铁真空蒸馏提取锰，以及银锌壳真空蒸馏等方面[15~17]，我们也做了一些研究。

3　矿石和冶金中间产物的真空处理及金属氧化物在真空中的还原

化合物、矿石及冶金中间产物也能用真空中加热蒸发使他们的组分分开，或使某些化合物热分解部分蒸发。例如，我们用真空蒸发分解法，由砷钴矿分离出纯度 90% 的粗砷，并且钴产物也能满足后处理的要求[18]。真空中加热处理铜锌精矿，可以较为完全地使锌集中到冷凝物中，蒸馏的残余物为很纯的冰铜[19]。对锡-砷-铅合金（炭渣）真空的蒸馏，得到了含微量砷的粗锡、含砷 80%~90%的粗砷、含铅 80%~90%的粗铅，实现了砷和锡较完全的分离[20]。对铜炉渣的真空处理，可使随渣丢弃的铜减少 1/2~2/3[21]。

有些金属氧化物还原后的产物在反应温度下部分或全部为气体，这样的反应在真空中可以更顺利地进行，根据还原剂的种类可分为碳还原或金属热还原。以氧化镁碳还原为例[22,23]：

$$MgO + C \longrightarrow Mg(g) + CO(g)$$

因为反应产物都是气态，在真空中将使反应更易于进行，反应温度降低。热力学计算表明，常压下必须得到1876℃，p_{Mg}才达到1.10×10^5Pa，若在残压为10^2Pa真空下，在1300℃反应就可进行。除了应集中研究真空碳还原氧化镁外，对氧化锌、氧化锂等在真空中的还原的研究也很有意义。

另外，在真空中使金属气化，控制冷凝条件，或在真空中进行化学反应，以制备超细粉末也是一种很有前途的制粉途径[24]。

4 结语

应用真空技术，将冶金过程由常压下作业改变为真空中进行，使冶金作业的环境和作业条件发生了很大的变化，以前不能进行的作业，在真空中可以实现，如金属蒸馏；以前能做的有些事，在真空中可以进行得更好，如减少以至消除对环境的污染。

但是，真空冶金的应用时间还太短，在深度和广度方面都还研究不足，设备种类和完善程度都有待增强。真空冶金将会日益发展，新的真空冶金过程和设备将会涌现。

参考文献

[1] 戴永年，等．焊锡真空蒸馏脱铅扩大试验［J］．云南冶金，1978（2）．

[2] Dai Y N，et al. Zinc vacuum distilling recovery from dipping galvanizing residue［C］//33rd Annual Conference of Metallurgists of CIM，Toronto，Ontario，1994.

[3] 武钢实业公司，昆明工学院真空冶金研究所．武钢实业公司冶炼厂锌渣提纯产品评定会纪要［Z］．1992.

[4] 戴永年，赵忠．真空冶金［M］．北京：冶金工业出版社，1988.

[5] 戴永年，等．金属在真空中的挥发性［J］．昆明工学院学报，1994，12（6）．

[6] Inkler O，Bakish R. 真空冶金学［M］．上海：上海科学技术出版社，1980.

[7] 杨斌．金属铅真空蒸馏基本规律的研究［D］．昆明：昆明工学院，1990.

[8] 夏丹葵，等．纯锌蒸发规律研究［J］．有色金属，1992，11（1）：5~9.

[9] 陈燕．金属镉真空蒸馏基本规律的研究［D］．昆明：昆明工学院，1989.

[10] 蔡晓兰，等．金属锑真空蒸馏基本规律的研究［C］//全国锑业发展专题讨论会论文集，1991.

[11] 戴永年，等．铅-锡合金真空蒸馏［J］．昆明工学院学报，1989，（3）：16~27.

[12] 贺子凯，等．铅银合金真空蒸馏提银［J］．有色金属，1990，42（1）：73~78.

[13] Ding W，et al. Vacuum distillation of crude bismuth to remove silver deeply［C］//2nd Inter. Symp. On meet. Proc. for 2000 and Beyond.

[14] 邓智明．粗铋真空蒸馏脱银新工艺研究［D］．昆明：昆明工学院，1994.

[15] 刘日新．粗锌真空精炼研究［D］．昆明：昆明工学院，1993.

[16] Deng Z，et al. Extracting manganese from ferromanganese by vacuum distillation［C］//2nd Inter. Symp. On Meet. Proc. For 2000 and Beyond，1994.

[17] Dai Yongnian. Treating zinc crust by vacuum distillation［C］//1992 TMS Annual Meeting，San Diego. California. U. S. A.，1992.

[18] Cao Mingyan，et al. Dearsenication from cobalt-arsenic concentrat by vacuum distillation［J］．Transaction of Nonferrous Metals Society of China，1994.

[19] 陈枫，等．铜锌精矿的真空挥发分离［J］．有色金属，1984，（1）：38~42.

[20] 戴永年，等．锡-砷-铅合金（碳渣）真空蒸馏［J］．昆明工学院院报，1979，（3）：47~65.

[21] 王学文．铜炉渣真空热处理的研究［D］．昆明：昆明工学院，1990.

[22] Dai Yongnian. Separation of various elements in crude metal of alloy during vacuum distillation [C] // Proc. of the Intern. Symp on Met. Proc. for the year 2000 and Beyond. Las Vegas, Nevada, 1989.
[23] 钟胜. 氧化镁真空碳热还原研究 [D]. 昆明：昆明理工大学，1998.
[24] 钟胜. 超微粒子制备研究 [D]. 昆明：昆明工学院，1994.

Advances on Vacuum Metallurgy of Nonferrous Metals

Abstract The development of Vacuum Metallurgy (VM) on nonferrous metals in the past thirty years is briefly reviewed, which includes the separation of crude metals or alloys via vacuum distillation, vacuum refining of crude metals, vacuum treatment of ore intermediate products in metallurgical industry, and vacuum reduction of metal oxides. In addition, the future of VM to be applied in the new fields is also discussed.

Keywords vacuum metallurgy; vacuum distillation; vacuum carbon reduction

我国有色冶金发展初探*

摘　要　随着经济的高速增长，我国有色冶金事业得到了快速发展，科技的进步对冶金材料工业提出了更高要求。本文对我国有色冶金现状及发展方向进行了探讨。

关键词　有色冶金；科技进步；发展

1　近期有色冶金的发展

我国经济在快速增长，各行业建设需要的大量金属材料推动着有色金属材料的生产持续增长，2005 年，我国 10 种有色金属总产量达到 1917.01 万吨，同比增长 17.48%，连续 5 年占世界首位。有色金属价格不断升高，有色冶金业呈现欣欣向荣的发展趋势，这种发展趋势还会随着我国经济的发展而继续增大。

在火法冶金技术设备方面，这期间出现了一些新设备：矿石焙烧的沸腾炉、熔炼的闪速炉、白银炉、奥斯麦特炉、炼铅的 QSL 炉及其改进炼锌的 ISP 鼓风炉、烟化炉……使一批传统设备逐渐退出，如反射炉、平罐炼锌炉、多膛焙烧炉等。在湿法冶金技术方面，如萃取、离子交换、堆浸、膜技术、生物冶金等都取得长足的进步，尤其是生物冶金更是成了一个热点，在铜、铀、金、钴的工业生产上已经得到成功的应用。这些新设备和新技术应用于生产之后，工业生产效率大大提高，有色金属生产品种和数量大幅增加，规模不断扩大，经济效益和社会效益都明显增加。

2　新时代对有色冶金提出的新要求

以前，冶金的目的基本上是冶炼矿石，炼成金属，按金属的等级牌号生产金属，以金属锭供应社会。生产计划也就是一定牌号的某种金属的数量，经久不变。

现在，新的科技进步：信息技术发展、机械制造业发展、自动化的研究、航空航天的发展、可再生能源的出现……对冶金材料工业提出了新的要求。

传统的冶金技术有些方法已经发明数十、数百年，现代化使其机械化、电气化，而其基本方法变化不大，面对新形势，传统的冶金技术、设备要发展、要改造。现在，科学技术包括自动化、信息化方面已有很大进步。把先进的科学技术用以改造传统产业已经很重要，值得研究。例如，镁的传统生产用硅（硅铁）还原，用合金罐生产，由于硅和合金罐都较贵而成本不低，能否不用硅，不用合金罐，而用碳质还原剂，研制真空炉来代替，以改善过程、降低成本；铝，现在广泛应用的方法是矿石先制成 Al_2O_3，再经熔盐电解成金属铝，流程长，能耗大，成本高，能否不用电解的方法，而利用铝的低价化合物不稳定、易发生歧化反应的特点，研制新的真空设备和技术，以降低成本和能耗；又如硅的提纯技术，工厂用三氯氢硅精馏提纯，氢还原，产多晶硅，

* 本文原载于《山西冶金》2007 年第 1 期。

设备要求密封，系统控制不易，而且还原不完全，副产品的处理量大，技术复杂，总成本高，能否研究新的方法解决这些问题；现在电子工业、半导体工业需要多种高纯金属，生产方法常先制成氯化物、精馏，再还原，设备规模不大（石英塔），但生产成本昂贵，能否改用真空冶金或其他方法，以增大生产规模，降低生产成本；再如，矿石成分多样，冶炼中的综合回收利用以及其生产流程都需要研究，如矿中伴生的铟、镓、锗、铊、锶、硒、碲、砷和半金属等的回收方法。类似这些例子在传统冶金技术中颇为多见，都值得考虑改造。过程信息化、自动化更是较普遍存在的问题，需要解决。传统方法承担着现有的生产任务，但存在的问题是流程长、能耗高、成本高、对环境有污染。这些都是今后冶金工业发展值得考虑的问题。

3 金属和矿产品要向深加工、多产品方面发展

传统冶金的目的是用矿石冶炼成金属，以等级品牌金属供社会使用。有的地方甚至销售精矿、矿石。这种现象目前已有很大改变，但仍有部分工厂不同程度地存在。

社会发展、工业化发展，各行业都出现新产品，提高产品的性能，增大其技术含量，价格明显升高，经济效益和社会效益都大大提高。例如，钛矿，选出的钛精矿每吨价值几百元，加工成钛白粉每吨就升值上万元，增值十多倍，若制成海绵钛每吨就达到 20 多万元，比钛精矿增值上百倍，再加工成钛材，有明显增值，再制成成品供社会使用，则又会升值。现在各地情况不一，有的地方卖矿，有的卖钛白粉。进一步深加工，大有发展空间。类似钛系列的情况，其他金属也存在，如：铜、铝、镁、铅、锌、镍、钴都有同样的情况。产品的加工深度增加，经济价值提高，对社会的贡献增大，几乎无一例外都是这样。

我国 13 亿人口，各行业市场都很大，需要的物品多，而且日益向高端发展，这就使冶金企业业主不能停留于目前自己已有的产品，要向深加工方面发展，向增加产品的品种、提高产品的技术含量、提高产品质量等方面努力。

4 高新技术产品要求新材料、新技术、新设备

电子工业需要高纯金属 99.99%、99.999%，…，99.99999%，99.9999999%，生产这样的金属用传统的设备已经无法满足，需要发展新设备、新技术，否则就要进口。进口新技术和产品价格很高，而且有的技术用高价还买不到，常常被限制转让，再说，尖端技术是买不到的。这种例子很多，例如，发展信息产业和新能源、太阳能电池产业需要的多晶硅（99.9999%~99.99999%），目前我国自己生产的很少，需要量每年 3000 多吨，其中大约 90%要靠进口，每吨约 60 万元。而我们现在大量生产的工业硅（$w_{Si}=98\%$）出口价格每吨仅约几千元；又如氯化法生产钛白粉的技术引进也遇到困难。面对这种情况就要我们一方面设法引进国外技术，另一方面也要自己研究新技术、新设备。

现在社会上需要的新产品、新材料非常多，这就给冶金工业提出更高的要求，也是重大的机遇。

近半个世纪以来，随着信息产业的不断发展，信息化成为国家发展的重要方面，无论是民用、国防都与之密切相关。相机、手机、摄像机、U 盘、可控硅、电脑、电

视机……全球每年数千亿美元的产值，而这些电子产品都需要用到芯片，多晶硅和单晶硅则是制造芯片的基础。信息材料就是信息化的基础，而硅又是使用最多的信息材料，因此生产这些硅材料成为国家发展的基础，其生产方法就属于化学冶金和物理冶金。达到多晶硅的大规模生产，成为科技人员迫切的任务。

石油等能源即将枯竭，人类寻找替代能源又是一项重要任务。对太阳能的利用在各个国家成为热点，有效利用太阳能，以硅片为基础的光伏电池也需要多晶硅、单晶硅的硅片。

替代汽车用油的重要方向之一是电动车，要为电动车研发高能电池。半个世纪以来锂电池由实验室走向工厂，第一步钴酸锂电池大量用于家电：手机、照相机、笔记本电脑……由于钴资源少而贵，不宜用于车的动力电池，因而转向锰酸锂电池，锰的资源较多，价格也低些。近期又出现磷酸铁锂，它的资源更丰富，安全性能也更好，价格较低。现在需要继续研究它们，结合研究新的车型，以提高其性能。使之能满足电动车需要。

用半导体发光二极管照明替代目前的照明设备，降低大量能耗，又是现今国内外的一个热点，并已出现许多新产品，如，照明灯耗电极微，而寿命长达 10^5h。若用这种灯代替全国照明灯的1/4，就能节约三峡发电站的发电量。这种灯的基本材料是砷化镓，用高纯砷、高纯镓制成，制备这些高纯元素和化合物，需要使用一些专门设备和特殊技术。

目前，高新技术产品在全球迅猛发展，品种多、门类广、数量大，日新月异。它的发展基础都需要新材料，各种各样特殊成分的材料，不同纯度、不同性质的各种功能材料，这些材料的生产方法有很多是化学冶金和物理冶金的方法，需要研究发展新的方法、设备、技术，用以制造所需要的新材料。

5 结语

总而言之，当前冶金中需要做的事，已经不仅是生产金属锭了，产品要深加工，多产品生产；发展新材料、新技术；改造传统方法、设备；要机械化、信息化、自动化……这些事与传统的产业有很大的不同，企业要考虑生产的问题多了，大大超出了传统的范围。我们要大力进行研发、经营，主动地抓住这种机遇，满足社会发展的要求，与时代发展同步。

真空冶金发展动态*

摘　要　结合研发和生产实践，从真空蒸馏、真空还原提取以及真空冶金在高新技术材料制备领域的应用等角度阐述了真空冶金的最新发展动态，提出了真空冶金未来应进一步深入研究的内容和方向，从而表明了真空冶金在二次资源再生、金属的提取以及高新技术产品的研发等领域有广阔的应用前景。

关键词　真空冶金；真空蒸馏；真空还原；高新技术；发展动态

人类冶金已有数个世纪的历史，随着冶金技术的不断发展，经历了火法冶金、湿法冶金、电冶金等一系列冶金工艺的发展。近半个多世纪以来，随着科学技术的进步，一些精细冶金技术开始崭露头角，比如真空冶金、生物冶金、等离子冶金以及微波冶金等。

真空技术开始用于冶金工业，是1883年美国人 Roman H. Gordm 获真空铸钢专利，真空脱气后的钢水铸件没有气孔和裂纹，质量和成品率大幅度提高，经济效益显著增长。后来，真空技术在冶金中的应用不断扩大，从钢铁冶金扩展到有色金属冶金，从粗金属到高纯金属材料；同时真空冶金技术也发展了真空熔炼、真空提取、真空精炼、真空烧结、真空热处理以及真空镀膜等。

1967年，R. F. Bunshah 在国际真空冶金会议上，将真空冶金定义为："在压力从低于大气压到超高真空范围内，金属和合金的熔炼、加工与处理，以及对于这些金属和合金的性质和应用的研究。"现在看来，真空冶金的发展已超出了这个定义的范围。实际上，在低于大气压下进行的冶金物理化学过程都属于真空冶金的范畴。

1　真空蒸馏分离及提纯

真空蒸馏分离及提纯是基于各种金属及其化合物的饱和蒸气压的不同以及物质在真空中易于汽化，低沸点的金属及其化合物优先挥发，从而达到彼此分离、提纯的目的。

1.1　二元合金分离判据[1,2]

设A-B二元合金，其蒸发的金属气体单位容积中各组分的分子数（即蒸气密度）分别为ρ_A和ρ_B，合金中两组分的活度系数分别为γ_A和γ_B，以及A、B纯物质饱和蒸气压分别为p_A^*和p_B^*，则存在以下关系：

$$\frac{\rho_A}{\rho_B}=\frac{A_1}{B_1}\cdot\frac{\gamma_A}{\gamma_B}\cdot\frac{p_A^*}{p_B^*}$$

* 本文原载于《真空》2009年第1期。

式中，A_l、B_l 分别为液体合金中 A 和 B 元素的含量（质量分数）。

令 $\beta=\frac{\gamma_A}{\gamma_B}\cdot\frac{p_A^*}{p_B^*}$，则有：

$$\frac{\rho_A}{\rho_B}=\beta\cdot\frac{A_l}{B_l} \tag{1}$$

式中，ρ_A/ρ_B 分别为气相中 A 和 B 的含量比；A_l/B_l 为液相中两元素的含量比。

根据式（1）我们可以得出：当 $\beta>1$ 或 $\beta<1$，气相和液相的成分都不一样，可以用蒸馏法使 A 集中在一相，而另一相中 A 减少，达到 A 与 B 分离；当 $\beta=1$，则两相成分相等，不能用蒸馏法分开 A 与 B。因此，把 β 称为分离系数，用它可以判断合金能否分离。

例如：1000~1100℃时，Pb-Sn 合金的 $\beta=10^3\sim10^4$，$p_{Pb}^*=10^2$Pa，表明用蒸馏法可以使 Pb、Sn 分离。

1.2 二元合金分离程度判据——气-液相平衡成图[1,2]

设 A-B 二元合金的气相元素成分 A_g 和 B_g，液相成分为 A_l 和 B_l，以质量分数表示，有：

$$A_g+B_g=1,\ A_l+B_l=1$$

$$A_g=\frac{\rho_A}{\rho_A+\rho_B}$$

$$A_g=1+\frac{B_l}{A_l}\cdot\frac{\gamma_B}{\gamma_A}\cdot\frac{p_B^*}{p_A^*}$$

取一系列 A_l 值，绘成在一定温度下的 A_g-A_l 曲线，得到气液相平衡成分图。

这些数据表明液相中组分 A_l（或 B_l）的变化和与之平衡的气相中这些数据表明液相中组分 A_l（或 B_l）的变化和与之平衡的气相中 A_g（或 B_g）含量的关系，其差值大小可反映 A 和 B 分离的程度。

1.3 真空蒸馏回收锌的实践

1.3.1 从热镀锌渣中回收锌

金属锌广泛应用于国民经济的各行各业，我国 2005 年金属锌的消费量达到 323.7 万吨，其中用于热浸镀锌的量达到 118.8 万吨，镀锌消耗占我国锌消费量相当大的比例，近几年来随着我国汽车工业、制造业等的快速发展，用于镀锌的金属锌消费比例正在日益扩大。

我国几大钢厂镀锌板每年数十万吨，各种电线铁塔元件、管子镀锌都是热镀锌产品，在钢件热镀锌时产生用锌量约 1/10 的渣，我国每年产生热镀锌渣约 9 万吨，其中含锌约 8 万吨[3]，处理回收其中的锌很重要。热镀锌渣的一般成分如表 1 所示。

表 1 热镀锌渣的一般成分

元素	Zn	Fe	Pb	Al	其他
质量分数	0.93	3×10^{-2}	5×10^{-3}	10^{-2}	$(1\sim4)\times10^{-4}$

根据热镀锌渣的成分，回收其中的金属锌，使其再生并用于热镀钢板，关键是实现锌与铁的分离，利用真空蒸馏分离二元合金的相关理论，对于 Zn-Fe 系计算 β_{Zn}。

在 1000℃时
$$\beta_{Zn}=\frac{\gamma_{Zn}}{\gamma_{Fe}}\cdot\frac{p_{Zn}^{*}}{p_{Fe}^{*}}=3.6\times10^{9}$$

$\beta_{Zn}=3.6\times10^{9}\gg1$，表明可以很好的实现 Zn 与 Fe 的分离，Zn 将在气相中富集。同时，计算气相和液相中平衡的铁含量，得到不同温度下 Zn-Fe 系气液相平衡成分图，如图 1 所示。

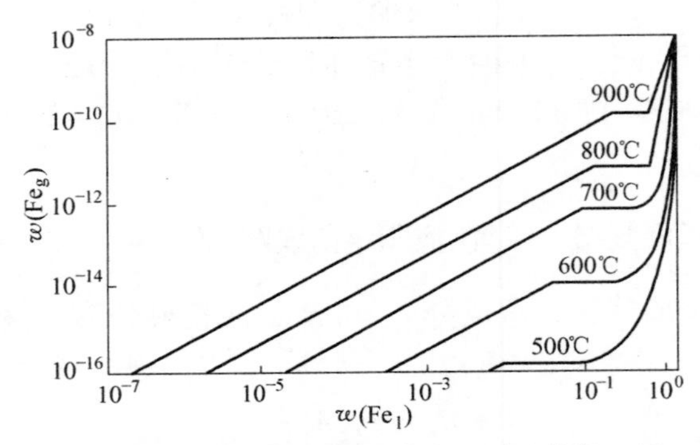

图 1　Zn-Fe 系气液相平衡成分（质量分数）图

由图 1 看出，气相物质含铁 900℃时 $w(Fe_g)\approx10^{-10}$，远低于热镀锌再生对铁的要求（Fe<0.003%）。

昆明理工大学研发的热镀锌渣真空蒸馏回收锌技术和装备在我国几大钢铁企业实现了产业化应用，同时应用于分离锌-锡合金[4]、锌-镍及 Zn-Al-Sn 合金等二次资源。

1.3.2　真空蒸馏含铟、锌物料

火法炼锌工业实践表明原料中约 90%的铟进入粗锌，粗锌常压精馏精炼时，95%的金属铟富集在蒸馏残留物中，这种蒸馏残留物富含铟，物料占粗锌量的 10%。我国年产约 3 万吨这种含铟锌的物料，其中含锌约 2.4 万吨，含铟约 60 吨（以含量 0.2%计）。但长期以来缺乏清洁高效的铟冶金技术，稀缺的铟资源利用率低，造成了严重的资源浪费和环境污染。根据 In-Zn 系气液相平衡成分图（见图 2），在 1000℃以下，In_g 和 In_l 相差 $10^4\sim10^5$ 倍，蒸发出的锌含铟仅 10^{-5}。因此，采用真空蒸馏技术，铟集中在蒸馏残余物中，铟、锌分离的程度较好。

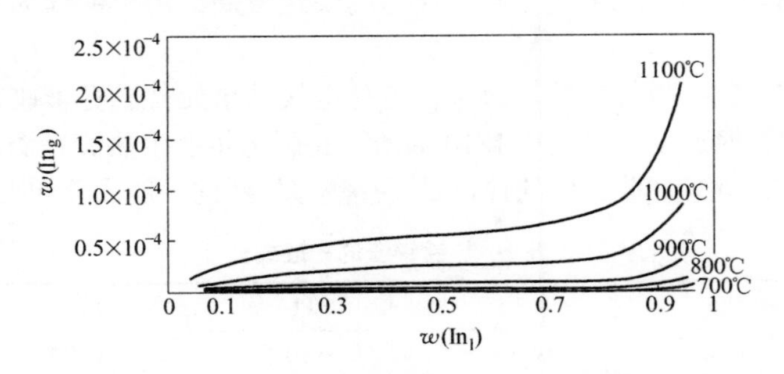

图 2　In-Zn 系气液相平衡成分（质量分数）图

昆明理工大学以真空冶金技术为核心，研发了从富铟渣中提取精铟的清洁冶金新技术及装备，并实现了产业化应用，该技术及配套装备已在几个工厂成功应用，锌的直收率大于80%，锗、铟等稀贵金属可富集约10倍，金属的回收率大于97%，大大高于其他方法[5]，大幅降低加工费用，经济效益明显提高，已生产出99.993%以上的金属铟，如图3所示。

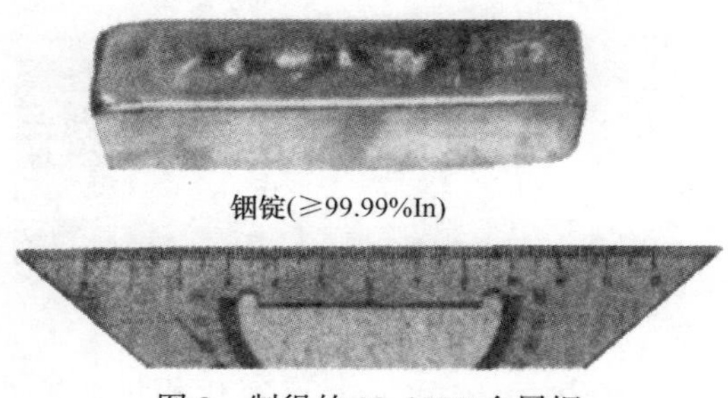

图3　制得的99.993%金属铟

2　真空还原提取冶金技术

另外，利用真空蒸馏技术可以提纯有色金属及其相关材料，如真空蒸馏品牌锌生产低铁锌（含 Fe<3×10^{-4}%）；真空蒸馏制备精铟、精硒、精锂等[5~7]；真空蒸馏与其他提纯技术联合制备高纯铟、高纯锑等高纯金属材料等。

从热力学的角度分析，真空环境将有利于一切体积增大的物理化学过程。因此，一定真空条件将促使反应（2）类型的金属提取过程在较低的温度下顺利进行。

$$MeO + X \longrightarrow Me(g) + XO(g/s) \tag{2}$$

2.1　氧化镁的真空碳热还原

目前工业化应用的硅热法炼镁是用硅铁在真空条件下还原含氧化镁的矿物提取金属镁，其反应如式（3）所示。该方法还原剂价格较昂贵，且反应在易损合金罐中进行，生产规模受到限制，生产成本较高。

$$2MeO + Si \longrightarrow 2Mg(g) + SiO_2(g) \tag{3}$$

昆明理工大学自20世纪90年代开始研发氧化镁真空碳热还原提取金属镁的新工艺和装备，其依据的反应如式（4）所示。热力学计算表明，该反应常压下的反应温度高于2100K，而当环境压力小于10Pa后，其反应温度可降至约1400K。目前该工艺已完成阶段性的实验室小试[8,9]，成功制得条状金属镁，如图4所示，同时新型的连续化实验和扩试装备已在试制中。与硅热法相比，该方法具有还原剂成本低廉，规模易于扩大，生产效率高等优点。

$$MgO + C \longrightarrow Mg(g) + CO(g) \tag{4}$$

2.2　直接由铝土矿真空歧化反应提取金属铝[10]

当前工业化的炼铝方法主要是由铝土矿先制备出 Al_2O_3，再将 Al_2O_3 熔融电解制得金属铝，其流程长，能耗高。据统计，2005年我国电解铝和氧化铝能耗占全年有色金

图 4　真空碳热还原法制得的镁条[9]

属行业总能耗的 69%，约占全国发电量的 5%，氟化物排放近 3 万吨，CO_2 排放量近 3000 万吨[11]。昆明理工大学真空冶金国家工程实验室开发了在真空条件下用碳热还原铝生成低价卤化物（或硫化物）经歧化反应从铝土矿直接炼铝的真空炼铝新工艺，成功得到金属铝样品，其铝样品如图 5 所示，依据的主要反应如式（5）和式（6）所示。

高温下　$$Al_2O_3(s) + 3C + AlCl_3 \longrightarrow 3AlCl(g) + 3CO(g) \tag{5}$$

低温下　$$AlCl(g) \longrightarrow Al(l) + AlCl_3(g) \tag{6}$$

图 5　真空歧化法制得的铝珠

该歧化法制备金属铝具有以下特点：

（1）有望解决铝土矿制备氧化铝过程中工艺复杂、流程长、污染严重的问题；

（2）能够降低生产能耗；

（3）该工艺过程是在密闭系统内进行，对环境污染小；

（4）铝土矿中的其他杂质成分理论上只会存在于渣中，有利于得到较高纯度的金属铝；

（5）对铝土矿的适用性强，可解决目前我国铝土矿资源铝硅比低（小于 5）的问题；

（6）该方法还可以采用高岭土、黏土等作为原料，从而扩大了原料范围。

2.3　真空热还原炼锂的研究[7]

传统的炼锂工艺使用无水氯化锂电解制锂，昆明理工大学在国内较早开始研究由碳酸锂真空分解、还原提取金属锂的新工艺及其装备研究，其依据的基本反应如式（7）、式（8）所示。

$$Li_2CO_3 \longrightarrow Li_2O+CO_2 \tag{7}$$

$$Li_2O + X \longrightarrow 2Li(g) + XO(g) \tag{8}$$

X 可以为 C、Si、Si-Fe 等作为还原剂，得到的粗锂再真空蒸馏提纯生产精锂，该工艺已实现产业化应用，生产的精锂产品如图 6 所示。

图 6　制得的锂锭

3　真空冶金在高新技术材料制备中的应用

真空冶金现在也广泛应用于许多高新技术材料的制备中，其中包括真空蒸法制备纳米/微米粉体、真空镀膜、制备薄膜材料。

真空冶金国家工程实验室现在在研制真空综合法制备多晶硅[12~14]。该方法的原则工艺流程如图 7 所示。

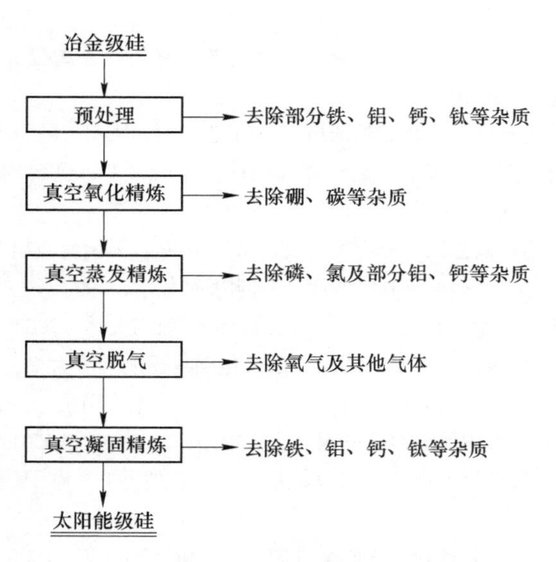

图 7　真空综合法制备多晶硅的原则流程

该技术具有明显的特点和优点：

（1）该技术路线以真空冶金新技术为主体。

（2）投资少。1000t/a 生产线预计需投资约 1.6 亿~3.5 亿元。

（3）设备简单、安全性好。预处理后的精炼过程都是在一套多功能的真空装备内完成，辅助系统少，安全性也较高。

（4）电耗和生产成本低。只需将硅进行一次熔融凝固处理，与两次熔融凝固处理工艺相比其电耗和生产成本要低。

（5）环境污染小。真空冶金过程是在密闭系统内完成的，对环境污染小，能实现清洁生产，符合建设循环型经济社会的要求。

目前，试验样品纯度达到（即 99.9999%，6N），已建成年处理 20t 超冶金级硅的预处理车间。

4 结束语

真空冶金可以完成许多常压下难于实现的冶金物理化学过程，能够减轻环境负荷，改善工作条件，提高经济效益，因此越来越多的材料制备过程引入了真空技术。

在进一步扩宽真空冶金应用范围的同时，应加快真空冶金基础理论的研究，真空中热场的分布、真空状态下各种物理的、化学的反应规律、热力学和动力学研究等。

可以预见，真空冶金在未来的二次资源再生、金属的提取以及高新技术产品的研发领域会有更加广阔的应用空间。

参考文献

[1] 戴永年，赵忠．真空冶金［M］．北京：冶金工业出版社，1988：112~117.

[2] 戴永年，杨斌．有色金属材料的真空冶金［M］．北京：冶金工业出版社，2000：208~218.

[3] 徐宝强，杨斌，刘大春，等．真空蒸馏法处理热镀锌渣回收锌［J］．有色矿冶，2007，23（4）：53~55.

[4] 杨部正，赵湘生，戴永年，等．废弃锌锡合金真空蒸馏富集锡分离锌［J］．昆明理工大学学报（理工版），2006，31（3）：15~18.

[5] 刘大春．从铟锌复杂物料中提取金属铟的新工艺研究［D］．昆明：昆明理工大学，2008.

[6] 万雯，杨斌，刘大春，等．用真空蒸馏法提纯粗硒的研究［J］．昆明理工大学学报，2006，31（3）：26~28.

[7] 杨斌，戴永年．真空冶炼法提取金属锂的研究［M］．昆明：云南科技出版社，1999.

[8] 钟胜．氧化镁真空碳热还原研究［D］．昆明：昆明理工大学，1999.

[9] 李志华．真空中煤还原氧化镁的研究［D］．昆明：昆明理工大学，2004.

[10] 王平艳．真空碳热还原氯化法炼铝的研究［D］．昆明：昆明理工大学，2006.

[11] 杨进欣．我国有色金属行业节能降耗路在何方［J］．有色冶金节能，2007，（3）：4~6.

[12] 马文会，等．一种制备太阳能级多晶硅的方法：中国，ZL 200710066017.7［P］.

[13] 马文会，等．太阳能级硅供求现状及制备新技术研究进展［J］．电子信息材料，2006，1（1）：63~72.

[14] 马文会，等．太阳能级硅制备新技术研究进展［J］．新材料产业，2006，（10）：12~16.

Developmental Trends of Vacuum Metallurgy

Abstract The latest developmental trends of vacuum distillation, vacuum reducing extraction and other new/high - tech processes for material preparation in relation to vacuum metallurgy are surveyed combining R&D with productive applications, thus giving a proposal to the future R&D of vacuum metallurgy. It is revealed that the vacuum metallurgy has broad prospects in such application fields as the secondary renewal of resources, extraction of metals and R&D of new/high-tech products.

Keywords vacuum metallurgy; distillation; reduction; new/high-tech; developmental trend

粗硅精炼制多晶硅*

摘　要　现今太阳能光伏产业蓬勃发展，推动了多晶硅的生产和应用，冶金法精炼粗硅（MG-Si）制太阳能级多晶硅（SOG-Si）的研究和产业化得到国际重视。20余年来做了大量工作，有一些已具较好的效果，达到百千克的规模。本文把一部分研究概括分析，以得到一些规律和基本认识。

关键词　太阳能级多晶硅（SOG-Si）；等离子熔炼；电子束熔炼；定向凝固；真空冶金

我国1957年开始生产工业硅（粗硅，Si>98%，又称冶金级硅），以后发展很快。至今全国生产能力已近200万吨/年，供应60多个国家和地区。由硅石（硅矿）到工业硅，价值有数十倍左右的提高（见表1），但它还只是作为工业原料，价值不是很高。若将它精炼提纯，则随着其纯度的提高，它对高技术产业贡献增大，价值大幅提高。当纯度达到99.9999%(6N)左右可作为太阳能电池材料，价值达到约10^6元/吨。它是硅石中硅价值的上千倍，是工业硅的数十倍。如再制成单晶硅硅片，就要达到数千倍。

表1　硅产品价值

产品	硅矿	工业硅	多晶硅	单晶硅	硅片	芯片
价格/元·t^{-1}	约10^2	约10^4	约10^6	约10^6	约10^7	10^2美元/片
硅价格倍数	1	约10^2	约10^4	约10^4	约10^5	更大

由表1可见硅的精炼是很重要的。

硅的精炼至今在国际上通用的是西门子法，近称改良西门子法。此法将硅氯化后制成三氯氢硅，经精馏、氢还原制成多晶硅，可以将工业硅提纯至9N~11N，用于切硅片，制电子产业的芯片。此法成本较高、基建费较高、电耗比较多，但由于其产品的高纯度，至今它仍是不可替代的方法。

近20多年来国内外研究冶金法（又称物理法）制多晶硅。它包含冶金精炼金属的一些过程：氧化造渣、挥发、真空挥发、定向结晶（定向凝固）。研究至今将进入批量生产，已研制成约6N硅可用于太阳能电池，其生产成本较低、耗电较省、基建投资较少、建设周期短、生产环境友好。研究在逐步扩大规模，预计近期可进入批量生产。

这里对冶金法的若干过程，特别是能够除去杂质达到SOG-Si要求的过程进行阐述、分析，求得一些规律和基本认识。

1　粗硅氧化造渣除杂质

在工业硅中常有Ca、Al、Ti、Fe几种杂质，它们和硅与氧有较大的亲和力，生成

* 本文合作者有：马文会，杨斌，刘大春，徐宝强，韩龙；原载于《世界有色金属》2009年第12期。

氧化物的吉布斯自由能与温度的关系见图 1，可以看到它们亲和力大小的顺序为：$\Delta G_{CaO}<\Delta G_{Al_2O_3}<\Delta G_{TiO}<\Delta G_{SiO_2}<\Delta G_{FeO}$。

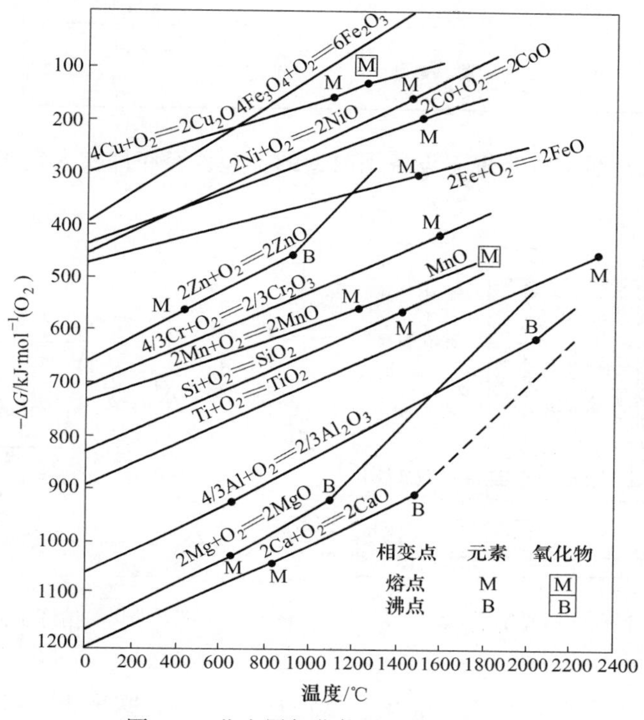

图 1　一些金属氧化物的 Ellingham 图

以此为基础，人们用氧化的方法将粗硅中位于硅前几种杂质 Ca、Al、Ti 等氧化形成氧化渣而与硅分离。一部分硅也被氧化成 SiO_2 进入渣，顺序中末位是 FeO，所以当有硅存在时，Fe 不会氧化而留在硅熔体中。形成的炉渣成分是 $CaO-Al_2O_3-TiO-SiO_2-Na_2O$。

为了降低炉渣的熔点，加入 Na_2O，甚至再加萤石（CaF_2）。有的工厂得到的渣主要成分见表 2。

表 2　渣的主要成分[1]

渣型	SiO_2	CaO	Na_2O	Al_2O_3
含量/%	55~70	20~45	8~15	若干

我国的一些炼硅就是用这个方法使工业硅中的 Ca、Al 氧化除去绝大部分[1,2]，从而提高硅的纯度，铝的去除率约为 70%，钙的去除率约为 88%，吹炼前后 Ca、Al 分别位于表 3。

表 3　吹炼前后杂质含量

序号	杂质 Al/%		杂质 Ca/%	
	吹炼前	吹炼后	吹炼前	吹炼后
1	1.14	0.56	0.8	0.171
2	0.726	0.218	0.63	0.07

续表 3

序号	杂质 Al/%		杂质 Ca/%	
	吹炼前	吹炼后	吹炼前	吹炼后
3	0.4~0.5	~0.15	0.3~0.7	<0.03
4	0.25	<0.1	0.2~0.3	<0.02

他们用纯氧或富氧空气吹炼，设备用改造的抬包，经底部吹入空气，如图 2 和图 3 所示[2]。

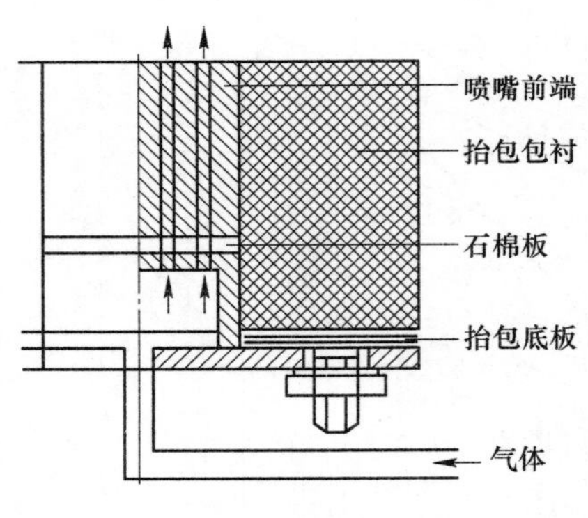

图 2　抬包吹氧喷嘴系统

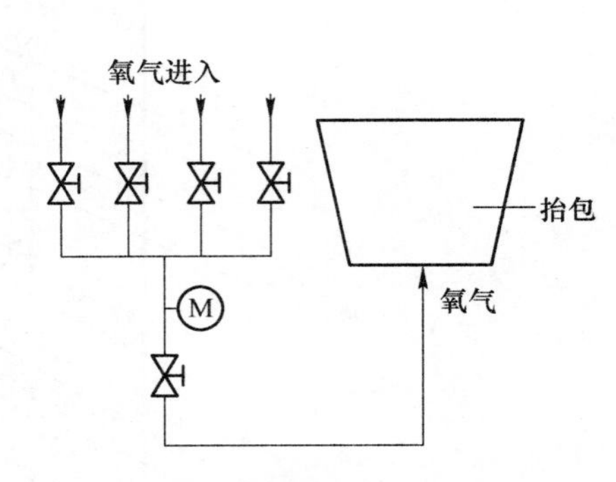

图 3　吹氧精炼工艺图

吹入压缩空气和氧气，气体流量（标态）$4 \sim 10m^3/h$，吹炼 30~45min 后结束精炼，保温镇定 5~10min，实现渣与熔硅的分离，然后扒渣、浇铸，吹炼的成本约 65 元/吨[2]。

可见，用氧或富氧空气吹炼硅氧化杂质造渣可以有效地使 Al 和 Ca 由约 1%降至 0.1%~0.02%，去除率达到70%~90%，吹炼时间仅 30~50min，抬包寿命 20~30 炉次。

但没有报道杂质能降到更低的含量，其他杂质如 B、P 在过程中的变化没有考查。这可能因为抬包没有加热条件，吹炼后变冷，不能继续延长吹炼时间。

2　真空中挥发除杂质

硅和几种杂质元素的沸点见表 4。

表 4　元素的沸点

元素	P	Ca	Al	Fe	Si	Ti	B
沸点/℃	431	1494	2520	2862	3267	3289	4002

其中，P、Ca、Al 和 Fe 的沸点低于 Si 的沸点，在高温下它们比 Si 先挥发，而 Ti 和 B 的沸点高于 Si，它们比 Si 难于挥发。应用这种性质挥发硅中的杂质，人们做了许多工作。

1990 年铃木吉哉[3]的实验考查了在不同温度下，压力 0.027Pa，经过 60min 后，几种杂质的挥发率，得到的结果见表 5。

表 5　杂质的挥发率

温度/℃	1450	1550
除 Al 率/%	27～30	55～65
除 Fe 率/%	50～65	55～80
除 P 率/%	70～80	73～82

他所用的工业硅的成分为含 Si 98%，Fe、Ca、Al 约 0.1%；C、Mn、Ti 约 0.01%；P、B 约 0.001%。实验结果表明能将三种杂质除去一部分，其中 P 由 $32\times10^{4}\%$ 降至 $(6\sim7)\times10^{4}\%$。显然除杂的程度还不够高。

徐云飞等人[4]的实验采用功率为 20～26kW 的电子束炉，温度达到 3500℃以上，熔炼时间为 20min，熔炼空间的真空度是 $(1.2\sim8.3)\times10^{-3}$Pa，得到表 6 的结果。

表 6　熔炼前后杂质含量　　（%）

元素	Fe	Al	Ca	Ti	P	B	Si
熔炼前	0.5721	0.4870	0.0885	0.0410	0.244	0.0023	98.8066
熔炼后	0.3168	0.1157	0.0086	0.0222	0.00042	0.00022	99.5056
去除率	44.63	76.24	90.21	45.83	98.28	4.35	

由于温度和真空度都较高，各种杂质的去除率有所增加。这些杂质去除率的高低与其沸点的高低顺序大致相同。

P 的沸点为 435℃，其在硅中的含量只有 0.0244%，从而降低它的蒸气压力，降低了挥发性。有研究认为工业硅中 P 与杂质形成磷酸盐，降低了它的挥发性，因此尽管熔炼温度达到 3500℃以上时能提高去除率，但未能使其含量降到低于 $1\times10^{4}\%$。若要使 P 的含量降到 $1\times10^{-4}\%$以下势必要加上其他方法。

J. C. S. Pires[5]用一台 80kW 的电子束炉熔炼 280g MG-Si，纯度含 Si 99.91%，粒度 150～200μm，真空度为 10^{-3}Pa。熔炼后缓慢减少供电功率以缓冲结晶，得到圆片状料块切片见图 4，料块切片的不同部位杂质含量见表 7。

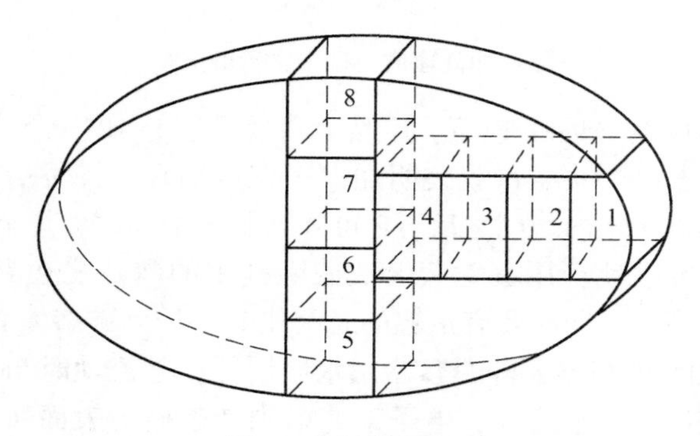

图 4　分析样位编号

表 7　不同部位杂质含量　　（%）

位置	1	2	3	4	5	6	7	8
Al	0.074×10^{-4}	0.044×10^{-4}	0.23×10^{-4}	0.95×10^{-4}	1.9×10^{-4}	0.32×10^{-4}	28×10^{-4}	235×10^{-4}
Cu	0.004×10^{-4}	0.005×10^{-4}	0.008×10^{-4}	0.008×10^{-4}	0.037×10^{-4}	0.017×10^{-4}	2.2×10^{-4}	32×10^{-4}
Fe	0.038×10^{-4}	0.027×10^{-4}	0.039×10^{-4}	0.53×10^{-4}	0.31×10^{-4}	0.09×10^{-4}	40×10^{-4}	170×10^{-4}
Ti	0.001×10^{-4}	0.001×10^{-4}	0.006×10^{-4}	0.01×10^{-4}	0.006×10^{-4}	0.002×10^{-4}	1.2×10^{-4}	5.2×10^{-4}
B	9.8×10^{-4}	10×10^{-4}	12×10^{-4}	11×10^{-4}	11×10^{-4}	13×10^{-4}	17×10^{-4}	16×10^{-4}
O	15×10^{-4}	10×10^{-4}	12×10^{-4}	11×10^{-4}	12×10^{-4}	8×10^{-4}	12×10^{-4}	36×10^{-4}
C	32×10^{-4}	23×10^{-4}	17×10^{-4}	120×10^{-4}	76×10^{-4}	25×10^{-4}	66×10^{-4}	162×10^{-4}
P	0.36×10^{-4}	0.28×10^{-4}	0.49×10^{-4}	1.1×10^{-4}	5.5×10^{-4}	0.74×10^{-4}	1.4×10^{-4}	1×10^{-4}

这是经电子束熔炼及缓冷两个作业的结果。8 个位置冷却的时间先后不同，1 是最先冷的位置，含磷仅 $0.36\times10^{-4}\%$；5 是最后冷凝的位置，含磷高达 $5.5\times10^{-4}\%$。

8 个数据中含磷量低于 $1\times10^{-4}\%$的有 4 个，出现的作业是在电子束的高温高真空熔炼后缓慢冷却结晶。表明硅在电子束熔炉的高温高真空下，P 挥发很多，再经定向凝固使其含磷量在半数硅中达到 $1\times10^{-4}\%$以下。

Yuge 等[6] 在 2001 年采用同样的方式做过研究，其作业步骤是：工业硅→电子束熔炼→定向凝固→酸浸→等离子熔炼→第二次定向凝固。与上述方法不同的是增加了酸浸、等离子熔炼、第二次定向凝固等三道作业工序。在其一定的设备下做了不同加料量的研究，得到图 5 的结果。

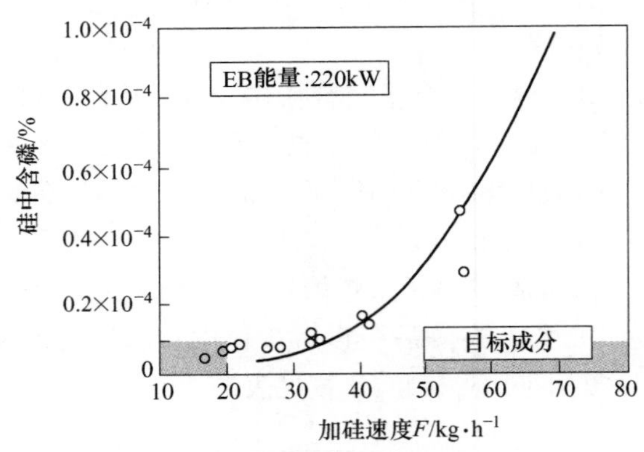

图 5　加硅速度与硅中含磷的关系

曲线表明，加料量在 35kg/h 以下，产品含磷量低于 $1\times10^{-4}\%$；加料量在 25kg/h 以下，产品含磷低于 $0.5\times10^{-4}\%$。这就表明在电子束熔炼真空挥发后加上定向凝固、酸浸、等离子熔炼、第二次定向凝固之后，P 可降到低于 $1\times10^{-4}\%$甚至 $0.5\times10^{-4}\%$。

上述四个研究研究表明：用真空蒸馏法脱除硅中的磷是能达到 $1\times10^{-4}\%$以下的，需要的条件是真空和高温，同时要有足够的时间使 P 扩散到硅熔体表面。

真空除杂在 3000℃的高温，硅的容器用水冷铜器。硅流动时与铜器接触的一层冷却凝结，熔硅在这层固态硅上流动，电子束照射到液态硅的表面所产生的高温不致使下面的固体硅层与铜作用。

3 氧化挥发除杂

前面说到的氧化造渣除杂考查了 Al、Ca 的含量下降，并没有考查 B、P 的变化。Al、Ca 的含量可以达到 0.02%~0.1%，尚未满足太阳能级硅的要求。

文献［3］考查了硼的一些氧化物的蒸气压与温度的关系，如图 6 所示，用以由工业硅中氧化挥发硼，计算结果表明在 2227℃以下，各种硼氧化物的蒸气压由高到低的顺序为：$BO>BO_2>B_2O_3>B_2O_2>B_2O$。多数达到 1~100Pa，已有相当程度的挥发性。

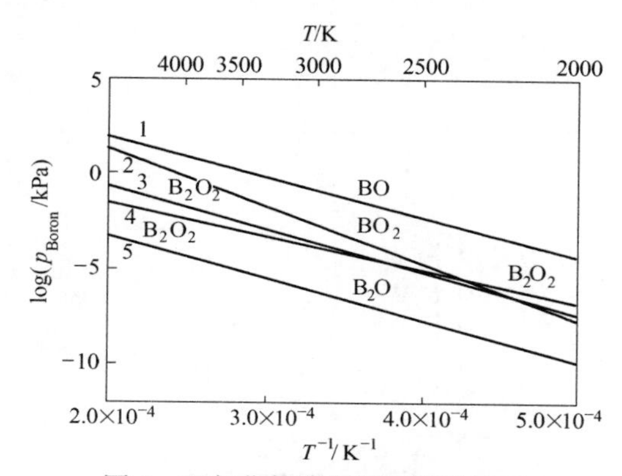

图 6 硼氧化物蒸汽压与温度关系

（硼的活度系数为定值 0.0001，PO_2 为反应 $Si+O_2 = SiO_2$ 决定）

他的实验采用 Ar 等离子焰，分别加入 O_2 或 CO_2，考查了硅中 B 的去除率和 Si 的损失，实验结果如图 7 所示，数据列于表 8。含硼量由 $28\times10^{-4}\%$ 减少到（2~4）× $10^{-4}\%$，可见 O_2 和 CO_2 在 0.1%~0.7%时可以使硅中的硼除去一些，除去率随 O_2 和 CO_2 增加而增高，同时 Si 的损失也加大。

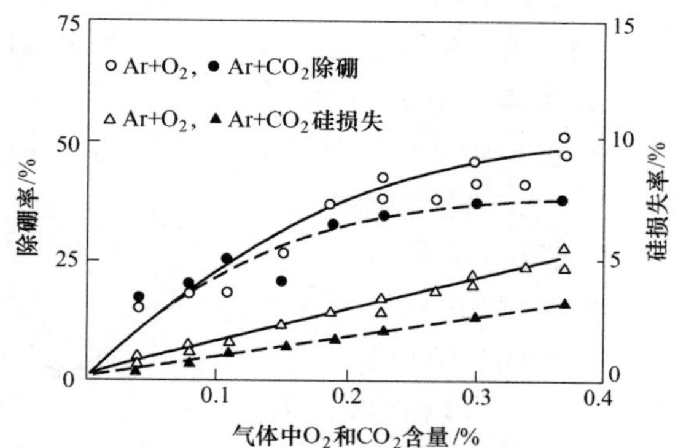

图 7 等离子体气中含 O_2 和 CO_2 量与除硼效果和硅损失的关系

表 8 B 的去除率和 Si 关系 （%）

项目	Ar+O_2/%				Ar+CO_2/%				
	0.1	0.2	0.3	0.4	0.1	0.2	0.3	0.4	0.7
除 B 率/%	20	28	47	68	24	30	35	35	83
硅损失率	1.5	2.5	4	5	1	2	2.5	3.5	24

这项研究表明，用等离子 $Ar+O_2$ 或 CO_2 吹炼可以一定程度上除B，但当 CO_2 增到0.7%时，硅的挥发损失达到24%，除硼达到83%。加熔剂20%含有CaO、BaO、SiO、CaF_2 可提高除B率约10%，达到约85%；不加则除B率为65%~75%。

可见，用等离子 $Ar+O_2$ 或 CO_2 可以除去一些B，但达不到低于 $1\times10^{-4}\%$ 的程度。

1993年Yuge等[7]用Ar等离子焰中加入 O_2、H_2O 和 SiO_2 粉吹炼硅。采用石英坩埚装料500g，300kW等离子焰，Ar 15L/min，吹炼时间为30min，所用设备见图8。

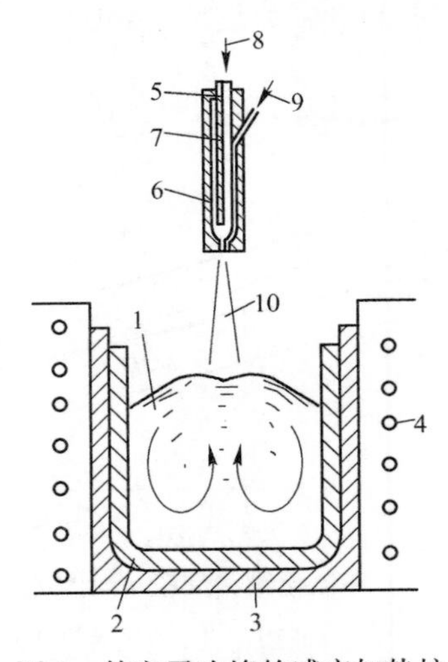

图8　等离子吹炼的感应加热炉

1—熔融硅；2—石英坩埚；3—绝热衬；4—感应加热线圈；5—等离子焰；6—阳极；7—阴极；8—惰性气体；9—混合气体、氧、SiO_2 粉；10—等离子焰喷口

当采用 $Ar+0.1\%O_2$ 吹炼时，B由 $16\times10^{-4}\%$ 降到 $8\times10^{-4}\%$；改为水蒸气时，加3% $H_2O_{气}$，B由 $17\times10^{-4}\%$ 降低到 $3.1\times10^{-4}\%$；加4.5% $H_2O_{气}$，B由 $17\times10^{-4}\%$ 降低到 $1.0\times10^{-4}\%$；加9% $H_2O_{气}$，B由 $13\times10^{-4}\%$ 降低到 $1.0\times10^{-4}\%$；加3% $H_2O_{气}$ 和每升气体（标态）0.6g SiO_2，B由 $17\times10^{-4}\%$ 降低到 $1.1\times10^{-4}\%$。

实验表明用水蒸气代替 O_2，除B的效果明显提高，使硅中的B降到接近 $1\times10^{-4}\%$ 的程度；加0.6g/L SiO_2 粉也能起到氧化除B的作用。加 H_2O 和 SiO_2 粉除B的作用与时间的关系如图9所示。加 H_2 和 H_2O 气体的等离子焰吹炼时得到的结果如图10所示。

从热力学研究的图11[8]中可以看出，硼化物在气体中的物质的量由多至少得顺序是：$BOH>BO>BH_2>B_2O_2>B$。物质的量最多的是BOH，计算值与实验相符，硼的挥发主要以此种形式。在1577℃时，BOH挥发比BO大十倍，说明水汽强化硼的挥发除杂作用大于 O_2 及 CO_2，实验中硼能够降到低于 $1\times10^{-4}\%$。

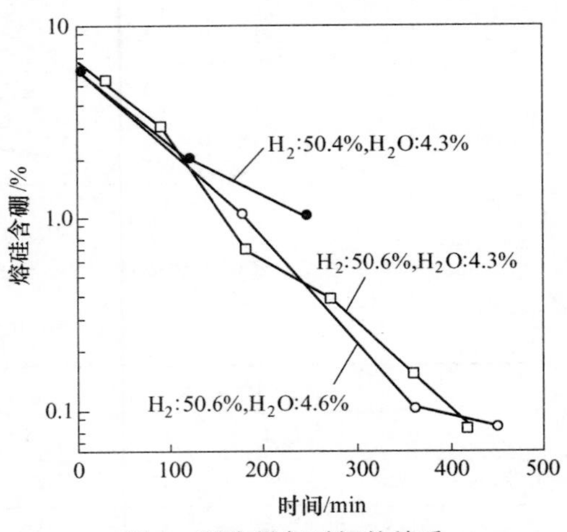

图9　硼含量与时间的关系

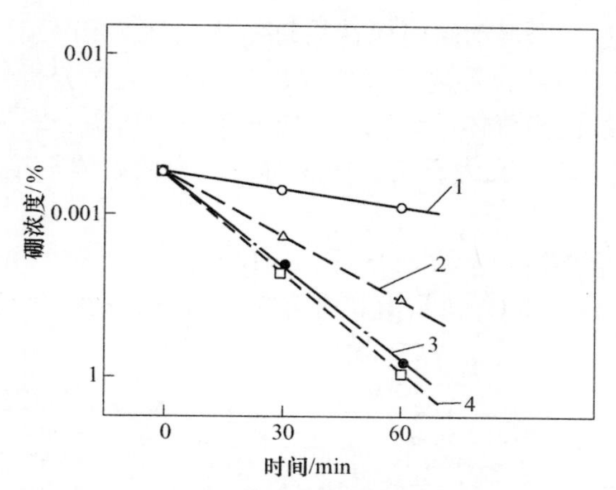

图 10　等离子焰吹炼时硼的含量变化

1—控制；2—H_2O 3%；3—H_2O 3%+SiO_2 0.6g/L；4—H_2O 45%

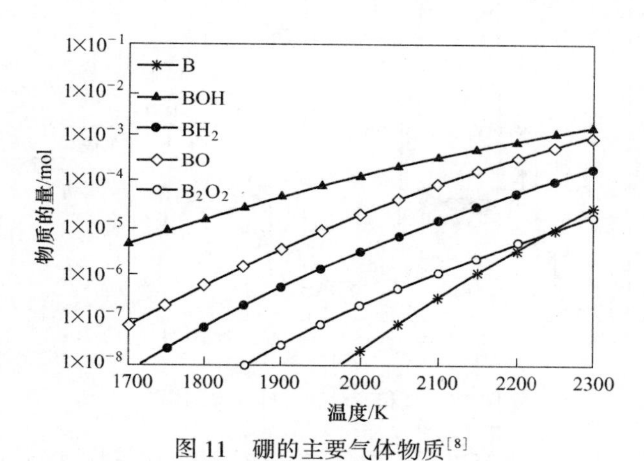

图 11　硼的主要气体物质[8]

另一个实验[8]用两端感应加热等离子吹炼，结构示意如图 12 所示。实验所用的等离子焰流速 90L/min，中间管流速 10L/min，喷嘴流速 5L/min，等离子体功率 25kW，

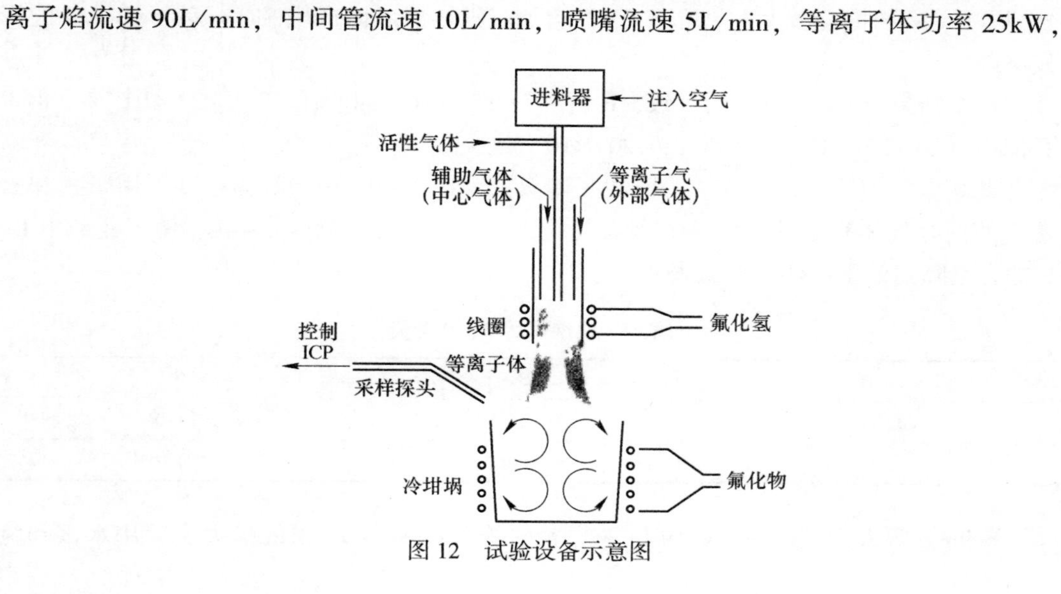

图 12　试验设备示意图

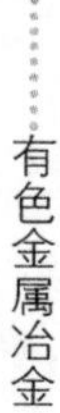

喷嘴离坩埚 5cm，通过一个自动阀门保持熔炼室内的压力稍大于大气压（10^5Pa），排出的气体取样后引入感应耦合等离子气体（ICP）进行光谱分析（OES）。这样就可以在化学反应过程中连续测定气体的组成。感应的频率和功率分别为 7kHz 和 120kW，坩埚装料 10kg，水冷铜坩埚座底为石英，作业时电磁力使熔体不接触壁，仅由底部石英衬支撑。

所用的反应气体有两段：一段是 H_2 流量 1L/min 和 O_2 流量由 0 增至 0. 5L/min；另一段是 H_2 流量 0. 5L/min 和 O_2 流量由 0 增至 0. 5L/min，得到气体中的 B/Si 及 Si 的谱线如图 13 所示。

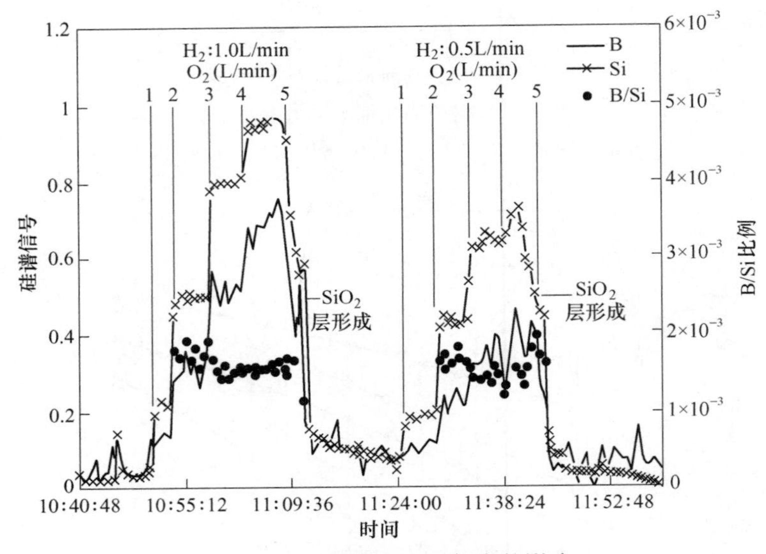

图 13　氧和氢对硼、硅挥发的影响

从图 13 中可以看出，当等离子体中只有 H_2 时，B、Si 很少挥发；在 H_2 中加入 O_2 且量逐渐增加时，B、Si 的挥发都增加；当 O_2 增加到与 H_2 的比值接近 H_2O 中的氢氧比时，B、Si 的挥发最大；此后若 O_2 再增加，则熔硅表面产生 SiO_2 膜层，B、Si 的挥发突降。

这个结果与文献［7］的一致，B 由（7~15）$\times10^{-4}$%降到（0. 5~2）$\times10^{-4}$%。但 P 只能由（24~20）$\times10^{-4}$%降到（9~20）$\times10^{-4}$%。

龚炳生[9]使用真空感应炉，惰性气体保护，在 1850~1950℃的温度下用氢气和水蒸气的混合气体吹炼硅。水蒸气和氢气的比例为 1~1. 5，吹炼 2~4h，使工业硅中 B、P 的含量降到低于 1×10^{-4}%见表 9。

表 9　吹炼前后 B、P 含量　　（%）

元素	B	P
工业硅	50×10^{-4}	45×10^{-4}
吹炼后	$\leqslant1\times10^{-4}$	$\leqslant1\times10^{-4}$

Schmid 等人[10]用氢-氧焰加上 SiO_2 粉吹炼；Yuge 等人[13]的扩大实验用水汽和氢

喷吹熔硅的表面以除去 B 和 C；HEM 法[21,22]用 H_2O，H_2、Cl_2 等喷吹工业硅后再做定向凝固使 B 由 $20\times10^{-4}\%$降至（0.68~0.58）$\times10^{-4}\%$。

用等离子气加反应气体（H_2O、H_2、O_2、CO_2 等）吹炼成为硅除杂的方法，在研究和试生产中很多人使用，脱杂的效果和规律都一致。由于吹炼时间较长，为了补充热量，有的就加上感应加热[6~10,21]，设备就成为等离子感应加热器，有的用 H_2、O_2 等离子焰吹炼、加热。

使 B 氧化挥发过程中，杂质 Al、Ca、O、C 也除去一些，但未达到低于 $1\times10^{-4}\%$的程度。

4　定向凝固（结晶法）提纯硅

含有杂质 Fe、Al、Ca、Ti、P、B、O、C 等的粗硅，在容器中熔融，而后由底部冷却缓慢的结晶，晶体向上生长，杂质在下面的晶体和上面的液体中分配不均。在晶体中的浓度 C_g 和在液体中的浓度 C_1 之比定义为分凝系数 k_0，即 $k_0=C_g/C_1$。

工业硅中一般含 Fe、Ca、Al 各数千分之一，含 C、Mn、Ti 各数万分之一，含 P、B 各数十万分之一。

少量 Fe 在硅中由 Fe-Si 二元系相图 Si 端，假定粗硅的成分为 X，如图 14 所示，冷却到 d 点温度，则按图晶体含铁 d_{Fe}，液体为 b_{Fe}。

$$k_0 = d_{Fe}/b_{Fe}$$

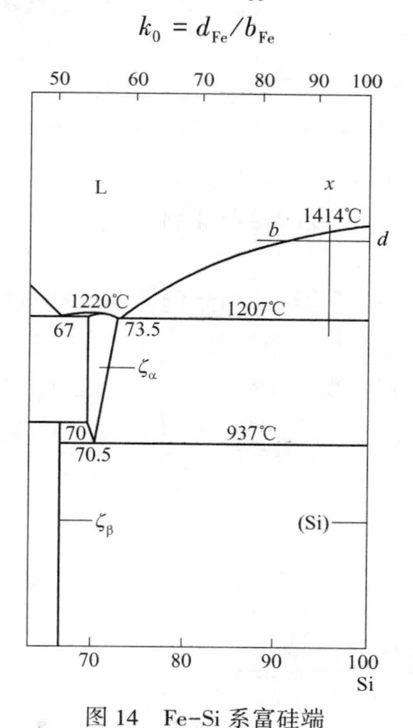

图 14　Fe-Si 系富硅端

图 14 中可以读出 d_{Fe}略大于零，约 $0.03\times10^{-4}\%$，$b_{Fe}=87\%$，则 $k_0=0.03/870000=3.4\times10^{-8}$。

k_0 的值决定于 Fe-Si 系的性质、原料含铁高低、冷却速度的大小。

k_0 若很小则晶体硅很纯，硅与杂质分离很好；反之若 k_0 值大，则 Si 与杂质分离不好，所以可用 k_0 的值来比较结晶过程对一种杂质的分离的程度。文献［11］引用硅中各种杂质的 k_0 值见表 10。

表 10 硅中杂质的分离系数

元素	B	P	O	As	Al	Ca	Fe	Cu	Ti[12]
k_0	0.8~0.9	0.35	0.5	0.3	2×10^{-3}	8×10^{-3}	8×10^{-6}	4×10^{-4}	2×10^{-6}

表 10 中 Al、Ca、Fe、Cu 的 k_0 值很小，在结晶分离硅中这几种杂质分离较好。

在 Fe-Si 相图中，Si 端部固溶体线与 Si 100%的纵坐标线十分接近，在图中看不出来而重合在一起，表示杂质在硅结晶中含量很少，晶体和共存液体的杂质含量有很大差别，液体含杂质很高。晶体在下，液体在上，完全冷凝后上下两层成为含铁相差很大的两个相。若干实验甚至半工业实践中得到此规律，见表 11。

表 11 铁在两相中的含量

项目	高纯硅/%	高铁硅/%	比值	数据来源
Fe 含量	0.03×10^{-4}	170×10^{-4}	1.765×10^{-4}	文献［5］
	$<1\times10^{-4}$	$>7000\times10^{-4}$	1.43×10^{-4}	文献［6］
	$<0.1\times10^{-4}$	$>50\times10^{-4}$	2×10^{-4}	文献［6］
	$<1\times10^{-4}$	5179×10^{-4}	1.93×10^{-4}	文献［13］

杂质元素与 Si 组成的二元系相图[16]中如 Al-Si、Ti-Si、Ca-Si、Fe-Si 在 Si 端的固溶体线几乎与 Si 100%的纵坐标线重合，如图 15 所示。这几种杂质与 Fe-Si 系一样，富硅端熔体冷却结晶时，一方面得到很纯的硅晶体，另一方面得到含杂质很高的液体。

实验[5]中 280g 粗硅先经电子束熔炼再缓慢冷却，在试料冷凝的先后顺序不同的部位得到杂质含量不同，三种杂质的最高与最低的数值见表 12 和表 7。表 7 中数据表明在先冷却的部位，它们的含量都低于 $1\times10^{-4}\%$，而在后冷却的部位含量就很高。

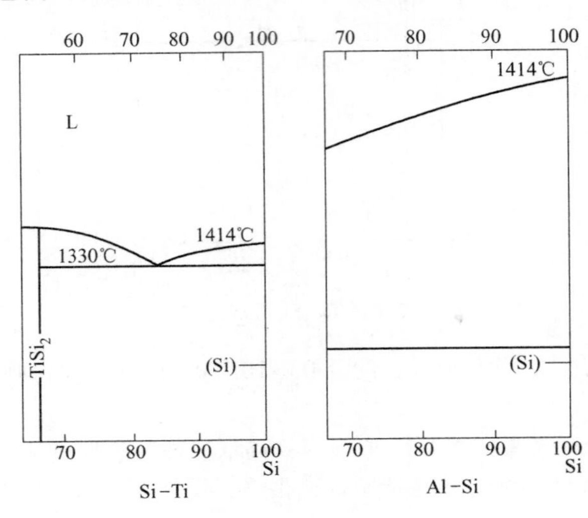

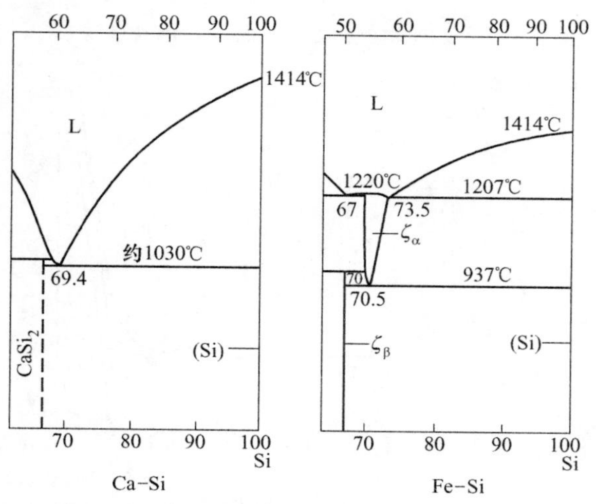

图 15 Si-Ti、Al-Si、Ca-Si、Fe-Si 系富硅端

表 12 不同冷凝部位的杂质含量

元素	最低含量/%	最高含量/%	比值
Al	0.049×10^{-4}	235×10^{-4}	1.87×10^{-4}
Fe	0.027×10^{-4}	170×10^{-4}	1.588×10^{-4}
Ti	0.001×10^{-4}	5.2×10^{-4}	1.923×10^{-4}

在另外的实验[6]中，试料的规模为 100~300kg。在电子束熔炼后第一次定向凝固得到如图 16 所示的结果。得到的料块经过破碎、酸洗再经等离子熔炼第二次定向凝固得到如图 17 所示的结果。定向凝固就是由硅锭的底部先冷却，然后逐渐往上，它们的冷却速度分别为 0.6mm/min 和 0.18mm/min。

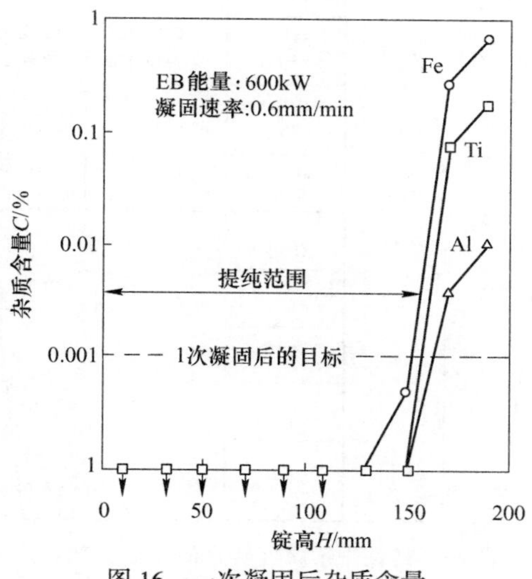

图 16 一次凝固后杂质含量

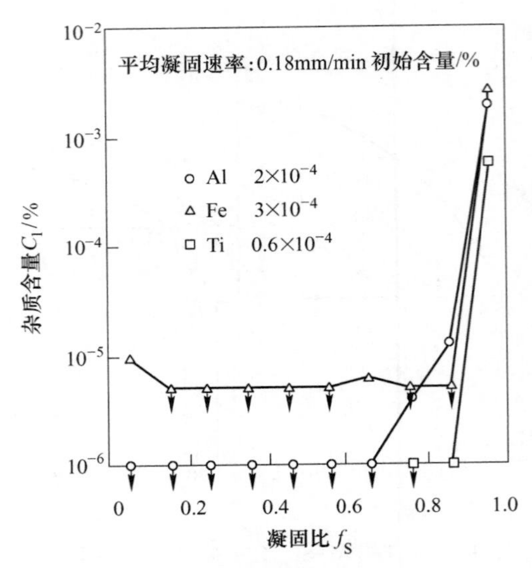

图 17　二次凝固后杂质含量

第一次定向凝固时，自锭子底部到 120mm 高的这一段中，Fe、Ti、Al 含量都低于 $1\times10^{-4}\%$；锭高于 120mm 后，三种杂质的含量都升高，Al 约 0.01%、Ti 约 0.1%，Fe 约 0.08%。上下两种产品接线分明，杂质含量悬殊，下面部分达到太阳能级的要求。

第二次定向凝固时，由于杂质已在前面除去一些，此时的杂质含量也较低，仅有 Al $2\times10^{-4}\%$、Fe $3\times10^{-4}\%$、Ti $0.6\times10^{-4}\%$。当凝固比小于 0.8 时，三种杂质含量都低于 $0.1\times10^{-4}\%$；当凝固比小于 0.6 时，杂质含量低于 $0.01\times10^{-4}\%$；当凝固比大于 0.8 时，杂质含量明显提高达到 Al>$20\times10^{-4}\%$，Fe>$30\times10^{-4}\%$，Ti>$6\times10^{-4}\%$。上下两部分含杂质不同的界线明显，下部分 Ti、Al 低于 $0.01\times10^{-4}\%$，超过了 SOG-Si 的要求。

实验[13]做了 20kg 和 150kg 定向凝固硅锭，测得杂质的分布如图 18 所示，图中

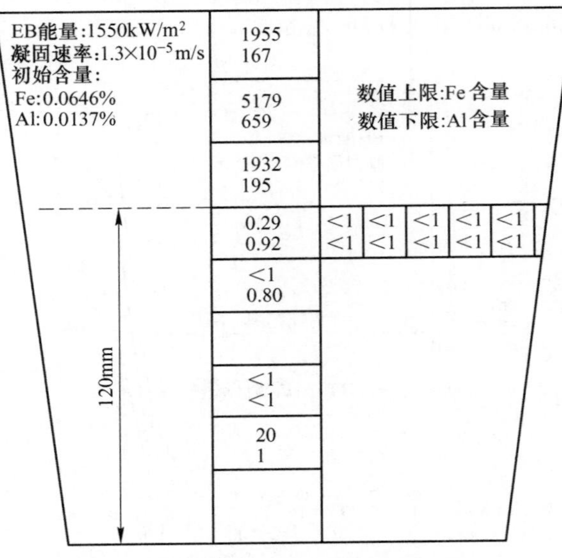

图 18　硅锭中杂质含量分布（规模 20kg）
（上数：Fe 含量；下数：Al 含量）

120mm 以下的 4 格中，Fe、Al 的含量都低于 $1\times10^{-4}\%$，在往下的两格和右侧边部的一格则 Fe、Al 含量略高。在 120mm 以上则杂质含量都很高，Al 最高达 0.0659%，Fe 高达 0.5179%，锭中间的一部分 Fe、Al 含量已达到太阳能级硅的要求。150kg 的锭子的杂质分布规律与 20kg 锭子的情况相同。

该研究还对锭子切面 A、B、C 三部分做了显微组织观察如图 19 所示。（A）为树枝状结构区，是杂质 Fe 和 Al 含量很高的部分，此区下面部分为准柱状结构。（C）为柱状结构，是杂质含量最低的部分已达到要求低于 $1\times10^{-4}\%$，但其边部（Ⅱ）硅杂质稍多。（B）是（A）和（C）的交界部分，显示界线很清楚，线上为准柱状结构，线下为柱状结构，表明杂质含量不同则显微组织有异。

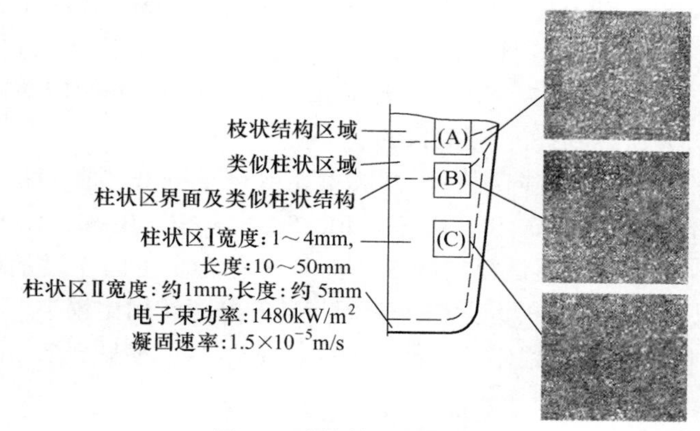

图 19　硅锭的显微组织图

综上所述，由相图、硅锭切面杂质分布数据和硅锭剖面显微结构的研究都表明定向凝固可以将 Fe、Al 和 Ti 除到低于 $0.1\times10^{-4}\%$ 的程度，把它们集中到硅锭的后冷凝部分。

显然，定向凝固的冷凝速度是重要的条件，它需要充足的时间让液体中的硅原子扩散到固-液界面并结晶到固体 Si 上。若时间不够，将不足以完成此过程。固体硅结晶向上生长，成为向上的柱状结构，残余的杂质则会有一些汇聚在柱与柱之间的晶界面上形成 $FeSi_2$ 质点。

上述实验中曾用过的冷凝速度有：1.3×10^{-5}m/s；0.18mm/min，0.6mm/min；20～150kg 硅锭，0.78mm/min。另几个实验中 Fe、Al 的先后含量列于见表 13。

表 13　冷凝速度与杂质含量的实验值

凝固速度	Fe/%				Al/%		数据来源
	之前	之后			之前	之后	
1.2×10^{-2}m/h（0.2mm/min）	3168×10^{-4}	$<1\times10^{-4}$			1157×10^{-4}	420×10^{-4}	文献［4］
12cm/h（2mm/min）	13.8×10^{-4}	顶	中	底			文献［14］
		19×10^{-4}	16.8×10^{-4}	2.18×10^{-4}			
模底强制通水定向凝固	1857.8×10^{-4}	615×10^{-4}			1975.7×10^{-4}	408.2×10^{-4}	文献［15］

可见，冷凝速度较小的如 0.6mm/min、0.78mm/min、0.18mm/min 和 0.2mm/min 产纯硅中杂质 Fe、Al 都低于 $1\times10^{-4}\%$，而冷凝速度较大的如 2mm/min，产纯硅的纯度低，Fe、Al 含量较高。因此，定向凝固提纯硅，冷凝速度在 1mm/min 以下，效果较好。

由 Si-X 系相图估计可用定向凝固除去的杂质。上面所说的杂质与硅组成的二元相图的特点是 Si 端固溶体线与 100%Si 的纵坐标线十分接近，而相图上绘成重合线，也就是固溶体中杂质含量极微。由这个特点看其他杂质元素与硅形成的二元系具有此特点的都有可能用定向凝固的方法把杂质分开。由合金相图[16]中可以找到如下的一些：Ag-Si、Al-Si、Am-Si、Au-Si、Ba-Si、Be-Si、Bi-Si、Ca-Si、Cd-Si、Ce-Si、Co-Si、Cr-Si、Cu-Si、Fe-Si、Ga-Si、Gd-Si、In-Si、Li-Si、Lu-Si、Mg-Si、Mo-Si、Mn-Si、Nb-Si、Ni-Si、Os-Si、Pb-Si、Pd-Si、Pt-Si、Pu-Si、Re-Si、Rh-Si、Sb-Si、Sc-Si、Sm-Si、Sn-Si、Sr-Si、Ta-Si、Te-Si、Th-Si、Ti-Si、Tm-Si、V-Si、W-Si、Y-Si、Yb-Si、Zn-Si、Zr-Si。共有 47 个元素，若粗硅中含有这些元素都应该可以用定向凝固的方法使之与 Si 分开，达到提纯 Si 的目的。

另一方面，有些元素用定向凝固的方法不能或难于分开，它们是：S-Si、Tl-Si、U-Si、Hf-Si、O-Si、P-Si、As-Si、H-Si、Ru-Si、Ge-Si、B-Si、C-Si。因为它们在冷却结晶时，先结晶的物质不是很纯的 Si，而是一种合金。已作过的研究中，C、O、B 就在分不开或只能部分分离的元素中，它们与硅的分离作用比较小。

在文献［5］的实验中得到样品各部位的含量见表 14，参见表 7。

表 14 不同部位杂质含量 (%)

位置	部位							
	1	2	3	4	5	6	7	8
B	9.8×10^{-4}	10×10^{-4}	12×10^{-4}	11×10^{-4}	11×10^{-4}	13×10^{-4}	17×10^{-4}	16×10^{-4}
O	15×10^{-4}	10×10^{-4}	12×10^{-4}	11×10^{-4}	12×10^{-4}	8×10^{-4}	12×10^{-4}	26×10^{-4}
C	32×10^{-4}	23×10^{-4}	17×10^{-4}	120×10^{-4}	76×10^{-4}	25×10^{-4}	66×10^{-4}	162×10^{-4}
P	0.36×10^{-4}	0.28×10^{-4}	0.49×10^{-4}	1.1×10^{-4}	5.5×10^{-4}	0.74×10^{-4}	1.4×10^{-4}	2×10^{-4}

对某一种元素在样品的各部位中最高和最低含量差别仅在一个数量级以内，因此这类杂质要与其他方法组合除去。

5 酸浸

有研究[17]表明冶金级硅中含有 Si_2Ca、Si_2Al_2Ca、$Si_3Al_5Fe_4Ca$、Si_2FeTi、$Si_{2.4}Fe$、Si_2Al_3Fe、$Si_7Al_3Fe_5$ 等化合物。由 Si-Ca 相图可见熔硅冷却时还可能有 $CaSi_2$，由 Fe-Si 系冷凝还可能由 $FeSi_2$ 相，它是一种很脆的相，是一种复杂的金属化合物[18]，元素含量是：Si 28%，Fe 25%，Ti 30%，Mn 0.5%～2%，V 1%～3%，P 0.5%～1.5%。这种颗粒有的又富集了 Fe 而有磁性，可以用磁选的方法将它们分开一些。还有细粒夹杂物，当归磨细后夹杂物露出，用酸浸就能溶出，使硅得到提纯。

在不同规模的实验研究中有以下例子。

研究[19]由工业硅制多晶硅使用了如下的方法：工业硅→粉碎→60～100℃强酸浸→

真空感应炉熔炼→再粉碎→二次纯酸浸出→真空熔炼铸锭。其中有两次酸浸，所用的酸有：盐酸、硝酸、氢氟酸、高氯酸，用其中一种或几种，第二次要用纯酸。

所用的真空感应炉的真空度为 0.05~10Pa，得到的硅中杂质的含量见表 15，电阻率不小于 2Ω，达到了太阳能级硅的要求。

表 15　杂质的含量　（%）

元素	P	B	Fe	Al	Ca	Mg	Zn	Ag	Ti
含量	$\leqslant 0.5\times10^{-4}$	$\leqslant 0.3\times10^{-4}$	$\leqslant 0.5\times10^{-4}$	$\leqslant 1\times10^{-4}$	$\leqslant 1\times10^{-4}$	$\leqslant 1\times10^{-4}$	$\leqslant 1\times10^{-4}$	$\leqslant 0.1\times10^{-4}$	$\leqslant 0.5\times10^{-4}$

研究[20]考察了两次酸浸除去杂质的情况。浸出前的磨细试用两种材质的磨具：磨具钢和玛瑙，结果表明前者会使其中的 Fe、Cr 带入硅粉中。故采用玛瑙作磨具，硅粉粒度用 50μm(280 目) 筛子过筛，粒度分布见表 16。

表 16　磨粉的粒度分布

粒级间隔/μm	0~2	2~5	5~10	10~20	20~30	30~40	40~50	50~60
累积百分数/%	40	55.5	67.8	86.9	93.7	95.2	99.5	100

经过两次酸浸后，硅粉含 Fe 量由 8×10^{-5}%降到低于 5×10^{-6}%，含 Cr 由 7.3×10^{-5}%降到 5.2×10^{-5}%。得到的硅粉与进口硅粉中所含杂质含量接近，浸出提高了硅粉的纯度（见表 17），而成本则由 2000 美元/千克降到了 1352.3 元/千克。

表 17　硅粉杂质含量对比　（%）

元素	Fe	Cr	Cu	Ni	Al
研制硅粉	$<5\times10^{-6}$	52×10^{-6}	$<5\times10^{-7}$	$<10\times10^{-6}$	$<1\times10^{-6}$
进口硅粉	$<5\times10^{-6}$	40×10^{-6}	$<5\times10^{-7}$	$<10\times10^{-6}$	$<1\times10^{-6}$

归纳起来，粗硅中的一些杂质可以用酸浸等方法除去一些，浸出硅的粒度在 50μm（280 目）以下，经过酸浸之后再熔化铸锭。酸浸能将 Fe 由 8×10^{-5}%降到低于 5×10^{-5}%，酸浸除铁效果很好，能将 Fe 排除硅的精炼流程，不在其中循环，该方法已经在一些研究工作中得到应用。

6　结语

经过 20 余年国际上的研究，许多方法都有一定的成效，这里阐述的方法对杂质各有针对。电子束熔炼的真空中 P 的挥发去除较好；在硅抬包底部吹氧和压缩空气，包内造渣或不加熔剂使粗硅中大量的 Al、Ca、Ti 等杂质大部分除去；等离子焰中加入 H_2O、O_2、CO_2、H_2 等气体将粗硅中 B 除到 0.1×10^{-4}%，同时又除去了一部分 Al、Ca、Ti 等杂质；定向凝固使许多杂质含量都低于 0.1×10^{-4}%甚至 0.01×10^{-4}%；酸浸法将 Fe 去除到几十万分之一，结合结晶法可使之开路排除。

这些方法可谓各具特色，共同使粗硅达到太阳能级硅的要求。

把这些方法组合起来，实施得当。文献方法［6，13］和文献方法［21，22］做到了产出 SOG-Si 达到百千克级的规模。

但是技术上仍存在一些难题，使文献方法［7，12］都未投入到规模生产，能耗和纯度尚未尽人意，有待继续研究，取长补短，创造快速、低耗、低成本的方法。继续提高技术，研究深度除杂达到电子级的要求是冶金法研究的重任。

冶金法是没有限制的，马丁法也属于冶金法。

参考文献

[1] 张芙玉，彭友胜，等．工业精制试生产［J］//工业硅科技新进展［M］．北京：冶金工业出版社，2004：254~259.

[2] 陈德胜．利用纯氧精炼工业硅的生产实践［J］//工业硅科技新进展［M］．北京：冶金工业出版社，2004：260~262.

[3] Suzui K，Sakaguchi K. Gasjeous removeal of phosphorous and boron from molten silicon［J］. J. Japan. Inst. Metal，1990，54（2）：161~167.

[4] 徐云飞，等．冶金法制备多晶 Si 杂质去除效果研究［J］．特种铸造及有色合金，2007，27（9）：730~732.

[5] Pires J C S，et al. Profile of metallurgical-grade silicon samples purified in an electron beam melting furnace［J］. Solar Energy Material and Solar Cells，2003，79（3）：347~355.

[6] Mabe N Y，et al. Purification of metallurgical-grade silicon up to solar grade［J］. Prog. Photovolr-Res.，2001，（9）：203~209.

[7] Yuge N，Gaba H，et al. Method and Apparatus for Purifying Silicon：United States，5182091［P］. 1993-1-26.

[8] Alemany C，Trassy C，et al. Refining of metallurgical-grade silicon by inductive plasma［J］. Solar Energy Material and Solar Cells，2002，（72）：41~48.

[9] 龚炳生．光电级硅的制造方法：CN，ZL03150241. 5［P］．2007-2-14.

[10] Schmid，et al. Method and Apparatus for Purifying Silicon：United States，6368，403B1［P］. 2002-4-9.

[11] 梁连科，等．工业硅中杂质铁去除的理论分析［J］．东北工学院学报，1991，12（6）：573~577.

[12] 黄莹莹，等．精炼法提纯冶金硅至太阳能级硅的研究进展［J］．功能材料，2007，38（9）：1397~1399.

[13] Yuge N，Kazuhiro Hanazawa，et al. Removal of metal impurities in molten silicon by directional solidification with electron beam heating［J］.（J F E Steel Corporation），Materials Transaction，2004，45（3）：850~857.

[14] 朱建军，等．冶金级硅单向凝固过程中杂质分凝特性的研究［J］．太阳能学报，1989，10（4）：382~386.

[15] 吴亚萍，等．多晶硅真空感应熔炼及定向凝固［J］．特种铸造及有色合金，2006，26（12）：792~794.

[16] 戴永年．二元合金相图集［M］．北京：科学出版社，2009.

[17] Dubrous F，et al. 冶金硅的结构与性能［J］．铁合金，1991，（6）：46~52.

[18] 何允平，等．工业硅生产［M］．北京：冶金工业出版社，1989：205~206.

[19] 吴展平，等．太阳能级硅的制备方法：CN，101085678 A［P］．2007-12-12.

[20] 姚祖敏．电子工业用超纯超细硅粉的研制［M］．上海有色金属，1996，17（1）：28~32.

[21] Khatek C P，David B，Joyce，et al. A simple process to remove boron from metallurgical grade silicon［J］. Solar Energy Material and Solar Cells，2002，74：77~89.

[22] Khattak C P，et al. Production of Solar Grade Silicon by Refining Liquid Metallurgical Grade Silicon［R］. 2001.

Purification of Metallurgical-Grade Silicon to Muti-Crystalline Silicon

Abstract The rapid progress of solar energy industry has promoted the production and application of solar-grade silicon. Refining of metallurgical-grade silicon to solar-grade silicon and its industrialization has been paid more attention. In the past twenty years, researchers have done many work and received best results. The experimental capacity has been over hundred kilograms. In this paper, part of the research work are generalized and analysis to obtain some basic regulation and cognition.

Keywords solar-grade silicon; plasma smelting; electron beam smelting; directional solidification; vacuum metallurgy

粗硅的氧化精炼*

摘　要　冶金法精炼硅制多晶硅（6N，即 99.9999%），供太阳能电池使用，其成本可能较低而受到关注。冶金法中重要的一步是氧化法，它将粗硅中的杂质氧化成化合物的自由能（ΔG）位低的全部或部分除去，如 Al、Ca、Ti、B、C 等。氧化精炼硅用的方法有炉中吹炼、等离子吹炼；吹的气体有氩气、氮气、氧气、空气、H_2O、CO_2 和氢气等。本文将研究工作和工厂实践集中归纳，力图明晰氧化法精炼硅的规律，以利于进一步深入研究和生产实践。

关键词　多晶硅；氧化法；吹炼；等离子气；H_2/O_2 比

粗硅（工业硅或称冶金级硅）是电炉还原熔炼硅矿石的产品，其中含有来自矿石、还原剂及其他辅料中的多种杂质，如 B、P、Ca、Al、Fe、Ti、C、O 等，其总量约为 2%，Si 占约 98%。精炼硅时就要把杂质除去，提高硅的纯度。

20 世纪 70 年代，国际上开展了许多相关的研究和生产工作，力图由数量充足（年产数百万吨）、价格不高（仅约 1.2 万元/吨）的粗硅生产 6N 硅（即纯度为 99.9999%），即太阳能级硅供光伏产业使用。

已研究并部分生产的几个方法中冶金法（或称物理法）[1]受到人们的关注，由于此法着重将约 2%的杂质变成化合物或不同相态的物质除去。约 98%的硅保持不变，从而降低许多消耗（劳力、能源、辅料和机械设备等），其成本可能较低。冶金法对解决环保问题还比较容易。

冶金法中重要的一步是氧化法，它使若干种杂质氧化除去，这个方法已在工厂和研究中做了许多有效的工作[2]。本文力图将这些成果集中、分析，使其规律性明晰，而有助于生产和研究的深入进行。

氧化法在其发展过程中使用过空气吹炼（及压缩空气），氧气吹炼，Ar 等离子气吹炼，等离子气体中加氧、水汽、二氧化碳、氢、二氧化硅粉等进行吹炼，从而逐步提高了精炼效果。

实践中曾运用氯气吹炼，并取得好的效果[3]。由于吹炼时氯对环境有影响，本文不再阐述。

1　粗硅吹氧和空气氧化精炼

我国产工业硅的工厂很多都用抬包吹炼，吹氧、压缩空气，底吹，使电炉产出的硅的杂质除去一些，使硅纯度提高。

---

* 本文合作者有：马文会，杨斌，刘大春，栗曼，魏钦帅；原载于《昆明理工大学学报（自然科学版）》2012 年第 6 期。

他们用自制的喷嘴系统，由抬包底部吹氧[4]。2.5MW电炉熔炼的硅，每炉吹炼40~50min，对1.8MW电炉的每炉硅吹炼30~40min，喷嘴使用寿命为20~30炉次。

原来硅含铝约0.25%，精炼后降到0.1%以下；若含钙0.2%~0.3%时，精炼后达0.02%以下。当原硅中含铝增为0.4%~0.5%时，吹炼后为0.15%左右；当含钙0.3%~0.5%，有时甚至为0.7%，精炼后达到0.03%以下。精炼后的硅成分为：Si 99.70%、Fe 0.17%、Ca 0.06%、Al 0.06%。

吹炼后硅表面上形成薄层渣层。

另一个工厂[5]吹炼时选用SiO_2-CaO-Na_2O系合成渣（SiO_2 55%~70%、CaO 20%~45%、Na_2O 0.8%~15%），还加萤石作熔剂，用压缩空气底吹。认为吹炼时发生如下反应：

$$Si+O_2 = SiO_2$$

$$2Ca + (SiO_2) = Si + 2(CaO)$$

$$4/3Al + (SiO_2) = Si + 2/3(Al_2O_3)$$

部分硅氧化产生热量，供吹炼过程顺利进行，硅中的杂质Ca和Al氧化成氧化物CaO和Al_2O_3，进入渣中。渣熔点约为1100℃，流动性好，易于与硅分离。合成渣加入量为硅熔体的约12%，吹入压缩空气加氧气，气体流量（标态）分别为4~10m³/h，吹炼30~45min，硅面加盖稻壳等保温材料，镇定澄清5~10min后扒渣、浇铸硅块。

也可以不加渣，底吹压缩空气和氧气或无渣富氧底吹精炼，但吹的氧相对要多，硅的烧损量也相对较大。

以上两文献［4，5］所述的吹氧精炼硅的情况计入表1，表明：往熔硅中吹氧的压缩空气能将杂质Al和Ca氧化除去70%~92%，降到硅中含Al<0.1%、Ca 0.08%、Fe 0.35%（未降低）。每炉吹炼时间约45min，镇定约10min。杂质氧化后入渣。吹炼的成本仅65元/吨。

表1　精炼前后硅中杂质含量和去除率　（%）

杂质	Al	Ca	Fe
精炼前	0.5~1.1	0.5~0.9	—
精炼后	0.1~0.6	0.04~0.1	—
精炼后平均含量	<0.1	0.08	0.35
去除率	62~79	78~92	—
平均值	69.15	88.02	—

王新国[6]研究用100kW感应电炉吹炼，吹炼人工合成的硅含Ca、Al，加钠钙硅酸盐玻璃渣，底吹Ar气和压缩空气流量分别为2.5L/min和1.5L/min，温度为1550℃±30℃，得到的结果和引用Haaland等研究的结果绘于图1中，吹炼后硅中含杂质见表2[6]。

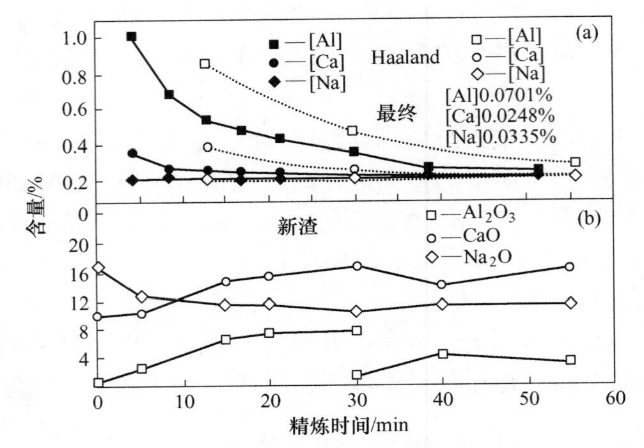

图 1　金属硅精炼过程体系成分随时间的变化情况[6]

（玻璃+底吹压缩空气）

（a）合金相；（b）渣相

表 2　不同气体吹炼后硅中杂质含量

吹入气体	吹炼后硅中的含量/%	
	Al	Ca
Ar+空气	0. 16	0. 034
去除率	83. 5	96. 4
压缩空气	0. 07	0. 024
去除率	93. 1	88. 7
Haaland 的数据	0. 07	0. 024

可见这些研究[7]与前面工厂生产达到一致的结果。硅中的残留 Al 较低（为 0. 07%），说明实践与工厂生产都得到相同的规律。

这些实践的结果与 Ellingham 图中各种氧化物生成自由能 ΔG 的位置的规律一致（图 2 中据文献［7］增加了 B 和 P 氧化物的线）。图 2 中可见，生成 CaO 的曲线位置最低，其次是 Al_2O_3，SiO_2 的曲线位置比 CaO 和 Al_2O_3 的高，CaO 和 Al_2O_3，比 SiO_2 先生成，因此硅中 Ca、Al 能优先氧化，氧化成 CaO 和 Al_2O_3 后与加入的渣料一起形成炉渣，文献［6］中所用是玻璃渣。吹炼扒渣后硅中的 Ca、Al 被大部分除去。

图 2 中可看出 FeO 生成的 ΔG-T 线位于 SiO_2 线以上。吹氧时硅中含的 Fe 不会氧化而留于硅中，吹炼之后硅中含铁量不会降低，反而因硅部分氧化，硅有减少，硅中含铁量会相应上升。

上述几家的实践数据和氧化物生成自由能（ΔG）的规律相符。粗硅中的元素生成 ΔG 由低往高的顺序在约 1420℃时为：

$$\Delta G_{CaO} < \Delta G_{MgO} < \Delta G_{Al_2O_3} < \Delta G_{TiO_2} < \Delta G_{SiO_2}$$

$$\Delta G_{SiO_2} < \Delta G_{MnO} < \Delta G_{P_2O_3} < \Delta G_{B_2O_3} < \Delta G_{FeO} < \Delta G_{CuO}$$

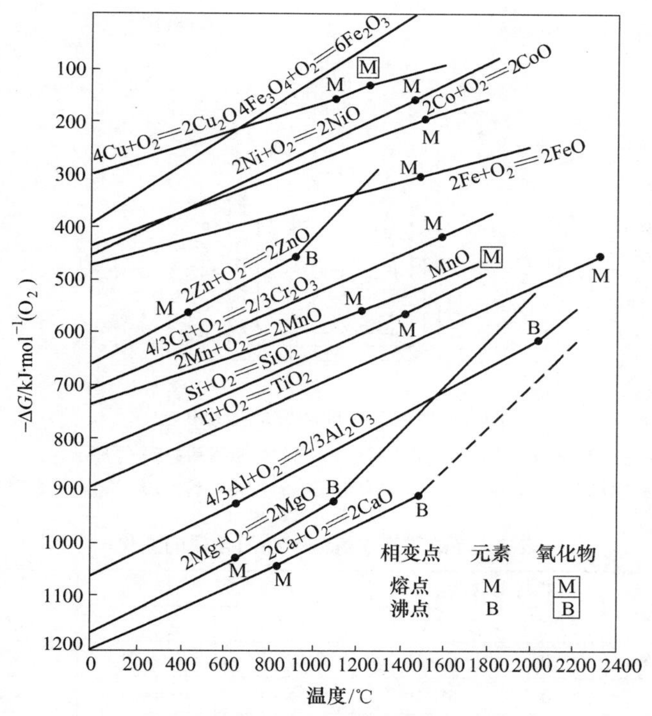

图 2　一些金属氧化物的 Ellingham[7]

顺序中在 SiO_2 之前的元素要优先氧化，即 Ca、Mg、Al、Ti 要优先于 Si 氧化，氧化以后与其他氧化物（包括加入的玻璃造渣剂）形成渣除去。顺序中在 SiO_2 之后的 Fe 不会氧化，存留于硅中。

氧化剂用的是空气、氧气、吹入硅熔体，温度在硅熔点以上，大于 1414℃。

已经达到吹炼后硅中含 Al 0.07%、Ca 0.024%、Fe 保持原状，其他元素 B、P、O、C 等未检测。

设备有用抬包底部加风管，有的用感应电炉加风管，抬包无加热设备，吹炼时间有限，感应电炉能加热，可以延长吹炼时间。

吹入反应气体到硅液中形成气泡，大量气泡的表面是气-硅反应面，反应面大，而且气泡起到搅动熔体的作用，加速了反应、强化了传热，最终加速了反应。

吹气量：空气（标态）4~10m^3/h，氧气（标态）4~10m^3/h，吹气时间 30~50min。

可见，无论是抬包或感应炉吹炼硅，除去一定量的 Al、Ca 是经济有效的。

2　氧化性等离子气吹炼粗硅

2.1　含氧的等离子气吹炼

近年来，许多研究者和工厂使用等离子气吹炼硅。这种吹炼火焰温度高可以使物体加热，在吹入低温气体时的吹炼过程温度不降低，必要时还可以提高。

含氧的等离子气吹炼硅时，可以使 B 和 C 氧化除去一些，在 Yuge 等人的工作[8]中用 Ar 气等离子气中加氧吹炼硅。设备如图 3 所示，得到如表 3 所列的结果。

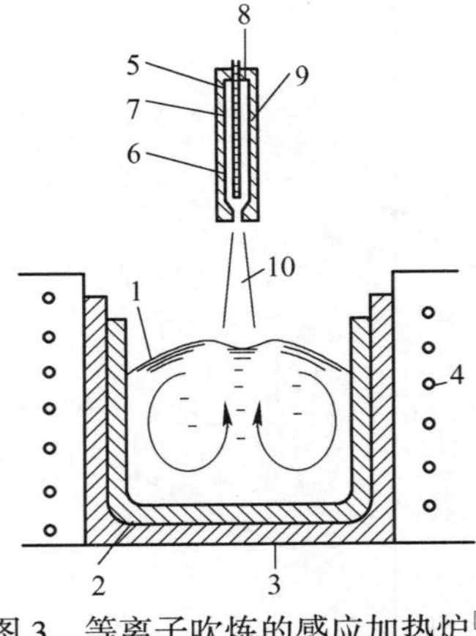

图 3　等离子吹炼的感应加热炉[8]

1—熔融硅；2—石英坩埚；3—绝热衬；4—感应加热线圈；5—等离子气；6—阳极；
7—阴极；8—惰性气体；9—混合水气、氧、SiO_2 粉；10—等离子气喷口

表 3　等离子气吹炼硅时杂质含量的变化

编号	等离子气的组成	精炼前含杂质		精炼后含杂质		精炼时损失硅 /%	等离子炉功率 /kW
		B	C	B	C		
6	大气压下 Ar 0.1%氧	16×10^{-6}	67×10^{-6}	8.0×10^{-6}	$<10\times10^{-6}$	4.5	15
8	0.1%氧加熔剂	17×10^{-6}	65×10^{-6}	5.5×10^{-6}	$<10\times10^{-6}$	7.0	14
9	0.1%氧	18×10^{-6}	62×10^{-6}	13×10^{-6}	20×10^{-6}	25.0	13

注：石英坩埚内径：800mm，原料：500g，1430℃，30kW 等离子炉，气体流量为 15L/min。

表中实践数据表明：

（1）含氧 0.1%的等离子 Ar 气能够使硅中杂质 B 和 C 除去一些，B 由原含 16×10^{-6}～18×10^{-6}降低到 5.5×10^{-6}～13×10^{-6}。其中，加熔剂的，除的多些、余留少（5.5×10^{-6}）；作业用功率大的（15kW），除的多些、余留的较少（8×10^{-6}）；用功率小的（13kW），余留的多（13×10^{-6}）。

（2）可以除去硅中的 C，使之由原来含碳 62×10^{-6}～67×10^{-6}，降低到 10×10^{-6}～20×10^{-6}。

（3）吹炼除去杂质的同时，硅的损失不少，达 4.5%～25%。作业功率大时（15kW）损失 4.5%，功率小时（13kW），硅损失较多（25%），二者相差 5 倍多。

铃木吉哉等人[9]用含 O_2 0.04%～0.4%的 Ar 等离子气吹炼硅，并作了含 CO_2 0.04%～0.71%的 Ar 等离子气吹炼硅，都能使硅中含 B 除去一些，结果如图 4 所示。

图 4 所示用 Ar 等离子气中加氧吹炼硅能把硅中含硼部分除去，去硼的程度（除硼率）随加氧量（质量分数,%）增多而增加，加氧到 0.35%时除硼率达约 47%，同时硅损失量也增加到约 5%。

当等离子气体 Ar 加 CO_2 时，除 B 率也随 CO_2 增加而增大，在约 CO_2 0.35%时除 B 率达到约 35%（比用 O_2 时略低），同时硅的损失达到约 3%（也较用 O_2 时低些）。作业条件：

硅中含硼：　　4×10^{-6}～28.3×10^{-6}

等离子气体成分：　　$Ar+O_2$(0.04%～0.4%)

　　$Ar+CO_2$(0.04%～0.71%)

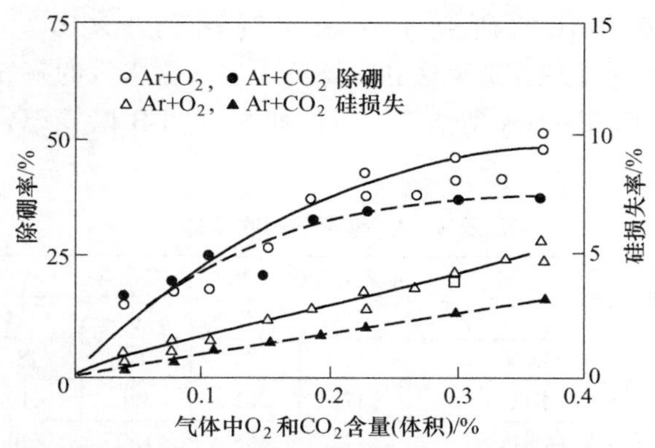

图 4　除硼率及硅损失率与等离子气中含 O_2 和 CO_2 的关系[9]

所用渣成分：

$$27\%CaO - 25\%BaO - 48\%SiO_2$$
$$27\%CaO - 25\%MgO - 48\%SiO_2$$
$$47\%CaO - 10\%BaO - 4\%CaF_2 - 39\%SiO_2$$
$$47\%CaO - 10\%BaO - 7\%CaF_2 - 36\%SiO_2$$
$$100\%CaF_2$$

可以看到这两个实验[8,9]得到很相近的结果，都说明用含 O_2 的 Ar 等离子气体吹炼硅能除去一些 B，可以达到硅中含 B 10×10^{-6}以下，但同时损失百分之几的硅，还表明用 CO_2 可代替 O_2 起到除 B 的作用。

吹炼时加熔剂[9]的除 B 率在图 5 所示中可以看出，它比不加熔剂要略高一些，数值约为 3%～5%。

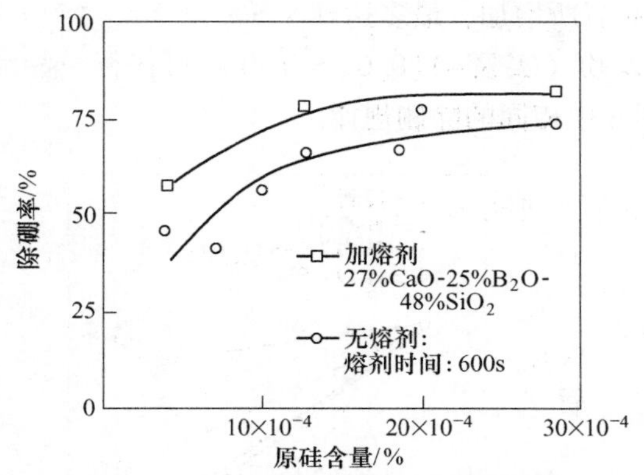

图 5　用 Ar+0.7%CO_2 等离子气体吹炼硅时加熔剂和不加熔剂的除 B 率与原硅中含硼的关系[9]

上述实践情况还可以看到硅中杂质 B 在吹炼氧化时应当成为氧化物溶入渣中，随渣排出。

2.2　含水汽的等离子气吹炼硅

精炼硅除 B，上述氧化法可以除去一些 B，效果也较明显，但余留在硅中大于 1×

10^{-6}。在 20 世纪 80 年代的研究工作未出现达到 1×10^{-6} 的程度。F. Schmid, P. Khattak[10] 在硅精炼时发现在造渣法和吹炼法中加入含水汽的氩气吹炼，得到明显的除 B 效果。Yuge[8]，C. Alemany 等人[9,11~15] 的研究查明 B 以气态化合物挥发，如表 4 和图 6、图 7 所示。

表 4　Ar 等离子气吹炼硅

实验编号	作业条件	吹炼前含量（$\times10^{-6}$）		吹炼后含量（$\times10^{-6}$）		精炼时损失硅/%	等离子炉功率/kW
		B	C	B	C		
1	大气层下 Ar 等离子气吹炼	17	72	12	18	2.0	14
2	加 3%（体积分数）水汽	17	63	3.1	<10	2.1	15
3	加 4.5%（体积分数）水汽	17	65	1.0	<10	3.5	15
4	加 3%（体积分数）水汽和 0.6g Si 粉/L	17	70	1.1	<10	2.5	16
5	加 9%（体积分数）水汽在大气压下	13	65	1.0	<10	2.7	15
7	加 3%（体积分数）水汽在 10^{-2} 大气压下	15	63	4.5	<10	5.0	13
		15	63	4.5	<10	5.0	13
2′	加 5%（体积分数）水汽在大气压下	16	65	5.0	<10	3.2	9
3′	加 3%（体积分数）水汽在 10^{-2} 大气压下	17	63	4.5	<10	5.1	10
4′	加 10%（体积分数）水汽在大气压下	15	70	1.5	<10	8.5	11

表 4 数据表明：

（1）在 Ar 等离子气体吹炼时（实验 1）B 由 17×10^{-6} 降为 12×10^{-6}，C 由 72×10^{-6} 降为 18×10^{-6}，硅损失 2.0%。

（2）在 Ar 等离子气中逐渐增加水汽，吹炼后硅中含 B 量逐渐减少，水汽增到 4.5%（体积分数）以上时，硅中含 B 降到约 1×10^{-6}；碳由约 65×10^{-6} 降到小于 10×10^{-6}；硅损失由 2.5%起有所增加，最多达到 8.5%。

（3）加入适量 SiO_2 粉（实验 4）(0.6g SiO_2/L) 可代替一些水汽同样达到硅中含 B 1.1×10^{-6}。从而得到图 6 中相同的除硼规律。

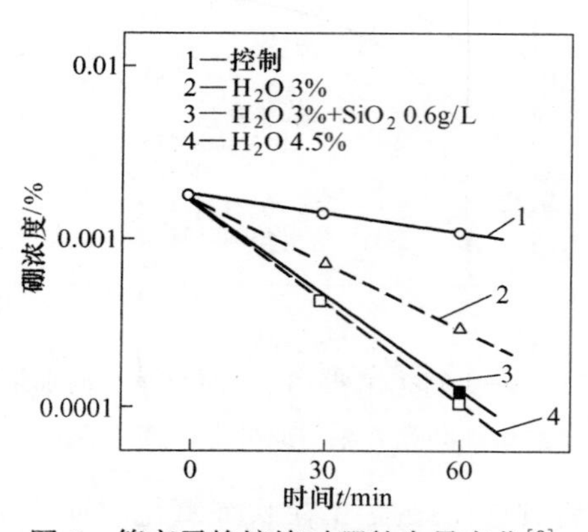

图 6　等离子焰熔炼时硼的含量变化[8]

图 6 中 4 条线[8]，最高的一条是只用 Ar 等离子气。此线随时间增长略向下斜，即含 B 有所下降，是由于熔硅中含有少量氧，形成 BO、CO、SiO 挥发。以下的三条线分别为：H_2O 3%；H_2O 3%+SiO_2 0.6g/L；及 4.5%H_2O 的线，每条线的斜率有所增加。

这些线用方程式表示：

$$-d[B]/dt = k[B] + C \tag{1}$$

式中，[B] 为 B 在硅中的浓度，$\times10^{-6}$；t 为时间，min；k 为速度常数；C 为常数。

三条线的斜度加大，是气体中含 H_2O 增多所致。

图 6 所示的规律，在其他实验中同样反映，如图 7 所示，各线的吹炼气体中的 H_2O 汽增加分别为：5.2%、5.0%、5.3%、7.2%，各有一条直线，各线在纵坐标上的交点应为各次实验用料含 B 不同。表明加水汽吹炼，硅中含硼量随吹炼时间延长而降低。

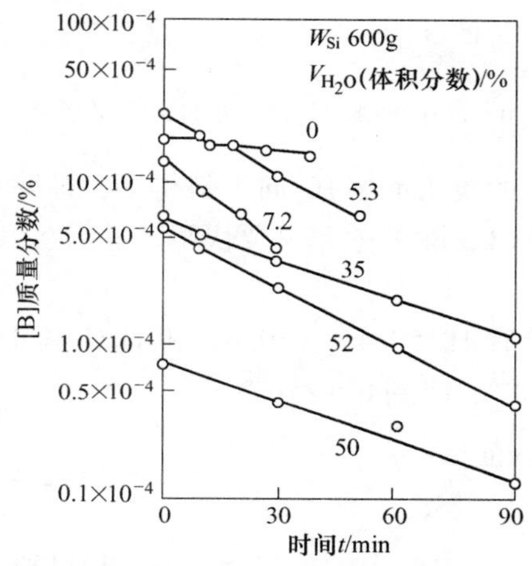

图 7　等离子气吹炼硅时含硼量的变化[11]

图 8 所示的实验[15]得到的 B 线，也说明吹炼时间延长，含硼降低，具体数值因所用气体成分、设备结构不同而异。

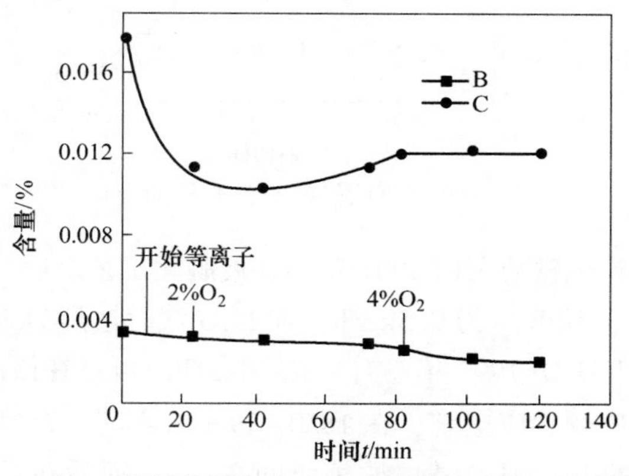

图 8　含 O_2 和 H_2 的等离子气在 1477℃吹炼硅时的硼和碳的含量[13]

2.3　含水汽及氢气的等离子气吹炼硅

在文献［16］的实验中，已扩大到 20kg 料，得到图 9，其中加 H_2O 8%的规律与图 6、图 7 相同。之外做了分别加入 H_2O 8%、H_2 37%和 H_2O 13%、H_2 37%两组。

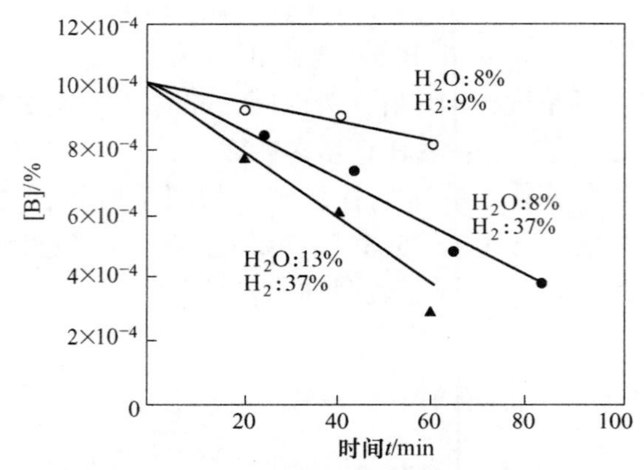

图 9　硅中含硼与等离子熔炼时间的关系[16]

比较这三条线，加 H_2 的线比不加 H_2 向下斜得多，即除 B 的速度加快。加氢量相同，水汽多的（最下一条线），除 B 效率又要快些。显示水汽再加氢以后有较好的脱 B 效果。

实验[17]等离子气体中有 H_2 50.4%~50.6%和 H_2O 汽 4.3%~4.6%，结果示于图 10。吹炼的硅中含 B 10×10^{-6}，降到 0.1×10^{-6}。

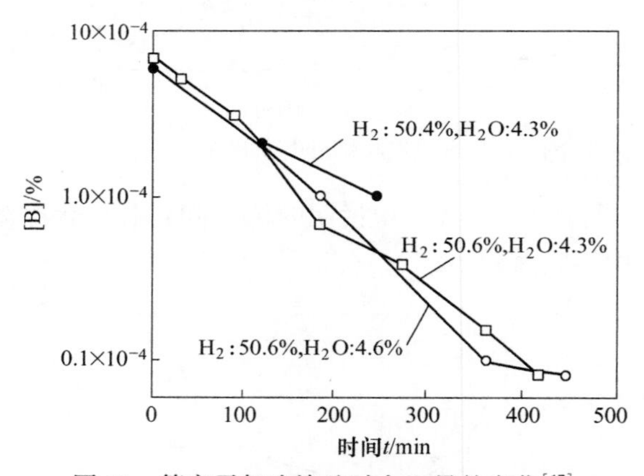

图 10　等离子气吹炼硅时含 B 量的变化[17]

作者还说明[16]川崎钢铁公司由 1991 年起开展脱硼工艺之后，由原料含 6×10^{-6}的 B 达到目标（0.2×10^{-6}），除 B 量为 0.5kg/h，加 H_2O 汽后达到 7kg/h（1986 年左右），后加 H_2，以后又加 H_2 和 H_2O（1997 年左右）达 20kg/h。可见在该厂加 H_2 有较大作用。

龚炳生[18]用真空中频感应电炉，在 1850~1950℃之间，在氮气保护下在硅熔体中通入 1∶(1.3~1.5) 的 H_2∶H_2O 汽，吹炼时间 2~4h，而后在真空负压室中进行由下往上的定向凝固，使原料硅中的 B 由 50×10^{-6}降低到 1×10^{-6}。

2.4　不同氢氧比的等离子气吹炼

C. Alemany[14]等人用以吹炼的等离子气中含有不同量的 H_2 和 O_2。实验用石英坩埚感应加热，装 10kg 料，坩埚的壁和底分别用铜和石英制成，作业时电磁矩力使熔池不与内壁接触，等离子气体的吹速为90L/min、中间管10L/min、喷料管5L/min，等离子气功率25kW。等离子气吹到冷坩埚料面上5cm。炉膛内压力用自动阀稳定在微大于大气压（10^4Pa），吹炼产生的气体引向炉外，并在线连续分析，其结果如图11所示。

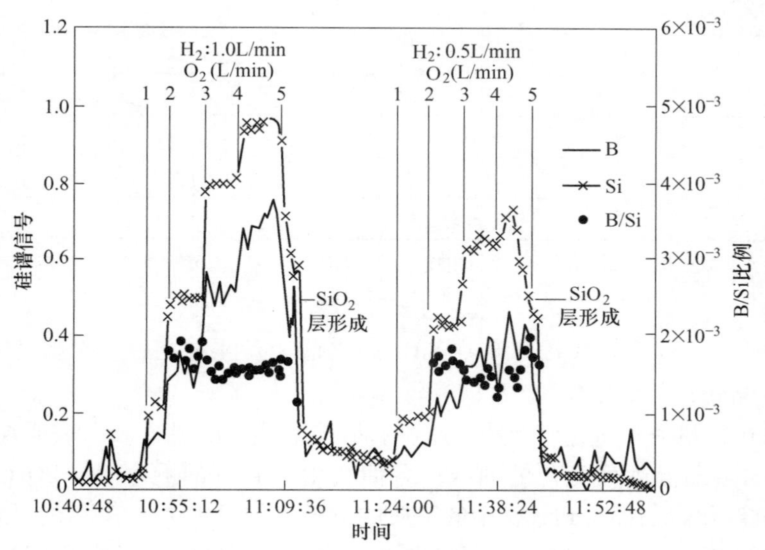

图11　氢和氧对硼、硅挥发的影响[14]

他们先在较小坩埚（内径120mm，3kg）系统研究除B机理，排出的气体用ICP-OES连续分析其成分，所用的反应气体为H_2、O_2或两者的混合气。

可见氢和氧吹到熔硅上使B和Si都成气体挥发到气相中。它们在气相中的量（信号）随气体中H_2和O_2的浓度而变。图中左右两部分的曲线形状大致相同。

两部分都由定速单纯的H_2开始，气体中B、Si都少，而后是固定氢量；逐渐加氧，挥发入气相的B和Si都增加；氧量越多，B和Si挥发到气相中越多，当氧量增加到0.4L/min，B和Si的挥发陡然下降，并观察到熔硅面上有一薄层膜出现。

这说明在实验条件下B是以气态物质除去的，这种挥发性B化物挥发快慢与气体中H_2/O_2比有关。

将吹炼气体中的成分计算成H_2/O_2(%，体积分数）比，见表5。并将上面说的各次实验用气体成分计算成H_2/O_2(%，体积分数）比，见表5，以比较所用气体成分和B、Si的汽化情况。

表5　实践［14、17、8、16、11、18］用等离子气中的H_2/O_2比值和B、Si挥发状况

等离子气成分	H_2/L·min^{-1}	1.0					0.5				
	O_2/L·min^{-1}	0.1	0.2	0.3	0.4	0.5	0.1	0.2	0.3	0.4	0.5
H_2/O_2(体积分数)/%		10	5	3.3	2.5	2	5	2.5	1.7	1.25	1
H_2O				2					2		
B/Si=常数[14]		—	—	—	—	现石英膜	—	—	—	—	现石英膜
B强挥发[14]		—	—	—	—	—	—	—	—	—	—

续表 5

等离子气成分	H_2/L·min^{-1}	1.0					0.5				
	O_2/L·min^{-1}	0.1	0.2	0.3	0.4	0.5	0.1	0.2	0.3	0.4	0.5
Si 强挥发[14]		—	—	—	—	—	—	—	—	—	—
[17]				35.6							
[8]				2							
[16]				15.7							
[11]				2							
[18]				3.3~3.8							

注：所用等离子气中反应气体成分：[8]H_2O；[11]H_2O 分别为：3.5%，5.3%，7.2%；[17]H_2 50.6%，H_2O 4.6%；[16]H_2 37%，H_2O 8%；[18]H_2：H_2O=1：(1.3~1.5)。

图 11 中，B、Si 高挥发段出现在 SiO_2 膜之前，在纯氢之后，吹炼气体中有 H_2 也有 O_2，可以说有氢也要有水汽，B 就能较强挥发出去。

作者[13]进行热力学研究以助选定作业的最佳条件，得到图 12，表明在气相中各种 B 化物存在的量随温度而变化的曲线，各曲线由上到下的顺序是：BOH、BO、BH_2、B_2O_2、B。这些化合物挥发到气相中的物质的量最多的是 BOH，第二的是 BO，但二者在 1527℃（1800K）时差距达约 1.5 个数量级，第三是 BH_2，它又比 BO 少一个数量级。所以最可能优先挥发的是 BOH，其次是 BO，而 BH_2、B_2O_2 及 B 就较少挥发了。

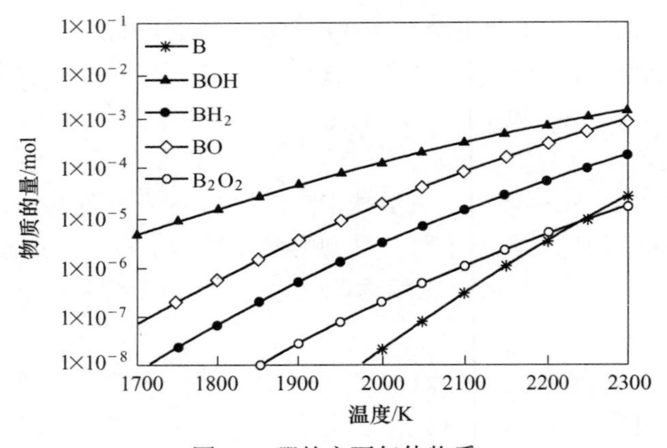

图 12　硼的主要气体物质

图 11 中所示的规律有 O_2 和 H_2 形成 BOH 较强挥发，与图 10 的规律相符。

至此也就可以看到，在等离子气吹炼硅除杂质的过程中，引入水汽使除 B 效果明显提高，而引入水汽再加氢气，又使除 B 的效果有提高，其原因在提高了生成 BOH 的条件。

表 5 可以看出，文献［8，11，14，18］的研究，用的气体中（H_2/O_2）比值（2.2，3.3~3.8）在比值 2~5 的 B、Si 高挥发区，但文献［16，17］用的气体（H_2/O_2）比值（15.7~35.6）在图 10 的低挥发区，却仍然得到较好的结果。这个问题需要今后更多的实践数据来充实。

图 11 和表 5 就可以帮助选择 B 强挥发的吹炼气体成分。

3 结语

（1）工业硅中的杂质 Ca、Al、Ti 等生成氧化物的 ΔG 较 Si 低，易于在 Si 之前氧化。工厂中已用吹氧、压缩空气的办法使之氧化成氧化物造渣，排出渣，硅得到提纯。此作业设备易制作，故成本低，仅达到约 65 元/吨。

工厂和研究人员都在此方面做了一些工作，Al、Ca 的去除率高达约 90%，但残留于硅中的还有 Al 约 700×10^{-6}、Ca 约 240×10^{-6}。

工业硅含 Fe，生成 FeO 的 ΔG 较 SiO_2 的生成值高，故氧化吹炼时 Fe 不会优先于 Si 氧化，而保留在 Si 中。硅氧化精炼不能除去 Fe。

（2）用 Ar 等离子气吹炼硅提纯 Si 时加入氧气，可以一定程度氧化除去 B，由 $16\times10^{-6}\sim18\times10^{-6}$降低到 $5.5\times10^{-6}\sim15\times10^{-6}$，同时还可以除去一些 C，由约 70×10^{-6}降到约 20×10^{-6}。

在等离子气中加入 CO_2 代替 O_2，可起稍低于 O_2 的除 B 效果。

（3）在 Ar 等离子气中加入 H_2O 汽吹炼硅，对除 B 有效，为一些研究和工业实践证实，可以使硅中含 B 量降低到 1×10^{-6}以下。

实验还表明引入 H_2O 汽时，加入少量 SiO_2 粉可以起到代替一些 H_2O 汽的氧化作用。

（4）实践得到在等离子汽中加入 H_2O 时再加 H_2 气，除 B 效果又得到提高，可以由 B 10×10^{-6}的硅降低到约 0.1×10^{-6}。有工厂实践加 H_2 和 H_2O 汽后明显提高了除 B 量。

（5）用 H_2+O_2 的等离子气连续吹炼硅并连续在线检测气体的成分得到的气体含 B、Si 和 B/Si 的曲线，示出适合 B、Si 挥发和 B/Si 为定值的（H_2/O_2）比值，便于作业选择操作条件，并说明 B 以气态 BOH 挥发为主。

参考文献

[1] 戴永年，马文会，杨斌，等．粗硅精炼制多晶硅［C］//中国工程院化工、冶金材料学部第七届学术会议论文．世界有色金属，2009（12）：35~39.

[2] Aratani F，Fukat M，Sakaguchi Y，et al. Production of SOG－Si by carbonthermic reduction of high purity silica［C］//Proceedings of the 9th E. C Photovoltaic Solar Energy，1989：462~465.

[3] 何允平，王恩慧．工业硅生产［M］. 北京：冶金工业出版社，1989：206~209.

[4] 陈德胜．利用纯氧精炼工业硅的生产实践［J］. 铁合金，2001（5）：26~27.

[5] 张芙玉，彭友威，王惠民，等．工业硅精制试生产［J］. 铁合金，2001（1）：22~24，30.

[6] 王新国．金属硅的氧化精炼［J］. 中国有色金属学报，2008，12（4）：827~831.

[7] Верятин У Д，Маширев В П，et al. Теромодинамический Свойства Неорганических Веществ. Атомздат. Масва，1965：439~441.

[8] Yuge N，Baba H，Aratani F. Method and Apparatus for Purifying Silicon：US，5182091［P］. 1993.

[9] Suzuki K，et al. Gaseous renoval of phosphorus and boron from moten silicon［J］. Japan Inst. Metals，1990，54（2）：161~167.

[10] Schmid F，Khattak P. Low cost silicon substrates by directional solidification［J］. Final Report，Crystal System，INC 1982：46，52.

[11] Sakaguchi Y, Yuge N, et al. Metallurgical purification of metallic grade silicon up to solar grade [J]. 12th European Photovoltaic Solar Energy Conference. Amoterdam the Netherlands, 1994 (4): 11~15.

[12] Baba H, Hanazawa K, Yuge N, et al. Metallurgical purification tor production of solar grade silicon from metallic grad silicon [J]. 13th European Photovoltaic Solar Energy Conference, 1995 (10): 23~27.

[13] Sakagkuchi Y, Yuge N, et al. Purification of metallic grade silicon up to solar grade by NEDOmelt purification process [J]. 14th European Photovoltaic Solar Energy Conference Barcelona Spain 30Hune, 1997 (4).

[14] Yuge N, Abe M, Hanazawa K, et al. Purification of metallurgical grade silicon up to solar grade [J]. Process In Photovoltaic Rearch and Applications, Prog · Photovoltaic. Res. Appl., 2001 (9): 203~209.

[15] Soiland A K, Tuset J K, Jenser, et al. Removal Carbon and Boron from Liquid Silicon by the Use of A Plasma Arc [R]. Dept. Mat. Tech. Norwegian University of Science and Technology. IMT - report 2004: 65.

[16] Nakamura N, Abe M, Hanazawa K, et al. Development of NEDO melt-purification process for solar grade silicon and wafers [C] //2nd World Conference Exribition on Photovoltaic Solar Energy Conversion 6, Vienna Austria, 1998 (7): 1193~1198.

[17] Alemany C, Trassy C, et al. Refining of metallurgical-grade silicon by inductive plasma [J]. Solar Energy Materials and Solar Cell, 2002 (72): 41~46.

[18] 龚炳生．光电极硅的制造方法：中国，ZL031502415 [P]. 2007.

Oxidation Refinement of Crude Silicon

Abstract The metallurgical method to refine silicon for making multi-crystalline silicon can meet the need of solar cell production. The method has drawn people's attention due to its low production cost. As an important part of the metallurgical method to refine silicon, oxidation method makes many impurities of crude silicon that has low oxidized free energy (ΔG) level be oxides to leave silicon, such as Al, Ca, Ti, B and C. Its apparatus includes furnaces with plasma jet over the surface of the silicon melt, and blowing gas from the furnace's bottom pipe. The reacting gases can be Ar, N_2, O_2, air, H_2O, CO_2 and H_2. In this paper the research works and plant production practices of refining silicon are collected to find the law of oxidation refining silicon for advanced research and production of 6N(99.9999%) silicon.

Keywords multi-crystalline silicon; oxidation method; blowing smelt; plasma gas; H_2/O_2 ratio

建议用风煤吹炉冶炼脆硫铅锑矿实验*

由于风煤吹炉（原烟化炉改进型）具有若干特点，有可能在冶炼脆硫铅锑矿时得到较好的结果，如减短流程、提高金属回收、节约一些成本，甚至改善环保状况，因此考虑建议实验。用厂中已有烟化炉作业，先在此设备做实验就比较容易实施，以快速地获得指标供分析比较，做进一步的发展。

风煤吹炉炼脆硫铅锑矿的实验流程如图 1 所示。精矿成分见表 1。

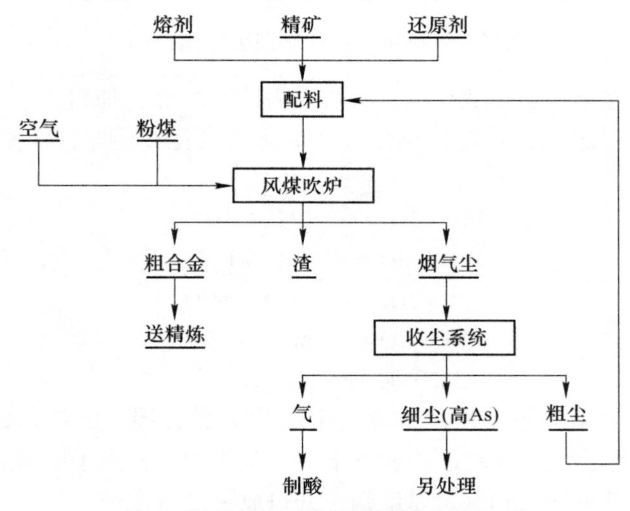

图 1　风煤吹炉冶炼脆硫铅锑矿的流程

表 1　精矿成分　(%)

成分	Pb	Sb	S	Zn	Cu	Sn	Bi
含量	20~30	15~25	20~25	2~4	0.5~1.2	0.5~0.8	0.2~0.6

吹炉的气氛控制在弱还原，使之达到：

（1）硫氧化成 SO_2 逸出去；

（2）Sb 硫化物生成 Sb_2O_3、Sb，部分挥发进入烟尘，部分进入金属相；

（3）Pb 硫化物生成 PbO、Pb，进入金属相及气相；

（4）Bi 和 As 大部分进入气相；

（5）Ag、Cu 绝大部分进入金属相，微量进入气相。

风煤吹炉的剖面结构图如图 2 所示。炉子风口为高压空气，与粉煤混合吹入炉内液渣层中。固定一定量的空气，增减粉煤量，则在单位时间内送入粉煤量增加，则还

* 本文写于 2013 年 12 月 22 日，三亚。

原强；减少煤则还原减弱，调节风煤比是此炉的重要操作。

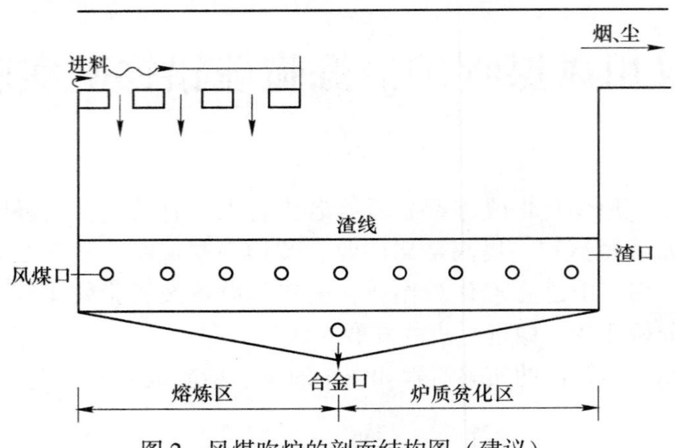

图 2　风煤吹炉的剖面结构图（建议）

炉内可用长熔池结构，炉宽一定，沿长度大约一半处，加料入炉，连续均匀分布，让料入炉后即反应、熔化，并进行氧化，使硫化物氧化、还原，使某些氧化物还原成金属，交互反应。

$$2MS+3O_2 = 2MO+2SO_2\uparrow$$

$$MS+2MO = 3M+SO_2\uparrow$$

$$3C+2O_2 = 2CO\uparrow+CO_2\uparrow$$

$$MO+CO = M+CO_2\uparrow$$

$$2MO+C = 2M+CO_2\uparrow$$

一些硫化物与氧化物相互作用，为使生成的金属分层，前半部的炉底向下倾斜，则液料层向中心增厚，使金属粒子按密度下沉，集于炉底，渣子则向后段炉流去。

金属集在炉中部炉底，到一定厚度则于开口放一定量出炉。

炉后半部不加料，而只吹风煤，使渣中 Pb、Sb、As、Bi、(Ag)、Zn 挥发起到贫化炉的作用，到末端完成贫化作业后，放渣出炉，这一段的渣内反应产生的金属必沉积炉底。

炉子作业中渣含金属是关键，若调节各种因素（风、煤、加料量、烟尘量、炉子结构等），使渣含 Pb、Sb 达到 1%以下。在目前应为近期目标，也是炉子后半部长度确定的基础。

炉前半部为熔炼炉，后半部为炼渣炉（烟化）。

炉尾顶部接排烟收尘系统，一般分粗收、细收和排烟气。

（1）粗收产物为部分细粉料，铅、锑氧化物粉粒，少量砷化合物。颗粒稍粗，此产物可回炉吹炼，回炉前先制粒，或加些粉煤制粒，则可返回炉内。

（2）细尘，一般含砷较高，视情况另行处理。

（3）收尘后的烟气以含 SO_2 为主，可送往制酸。由炉中部放出口放出的是粗合金，为主要产物。粗合金为熔炼产生的金属，沉落于炉底，渣层底部。合金（粗合金）可转到精炼、分离工序。

将原来三个炉子（沸腾炉、烧结炉、鼓风炉），用风煤吹炉代替。由脆硫铅锑精矿生产出粗合金，流程工序缩短。

原流程（见图3）和风煤吹炉（见图4）的指标比较（实验期中的数据）：占地，设备费用，能耗（风、煤、电），劳动力耗，金属回收率，渣含金属Sb、Pb、Ag、Bi、Cu、Zn，收尘效率，各种尘的成分，投资（以单位金属量计），总的评价，实施办法。

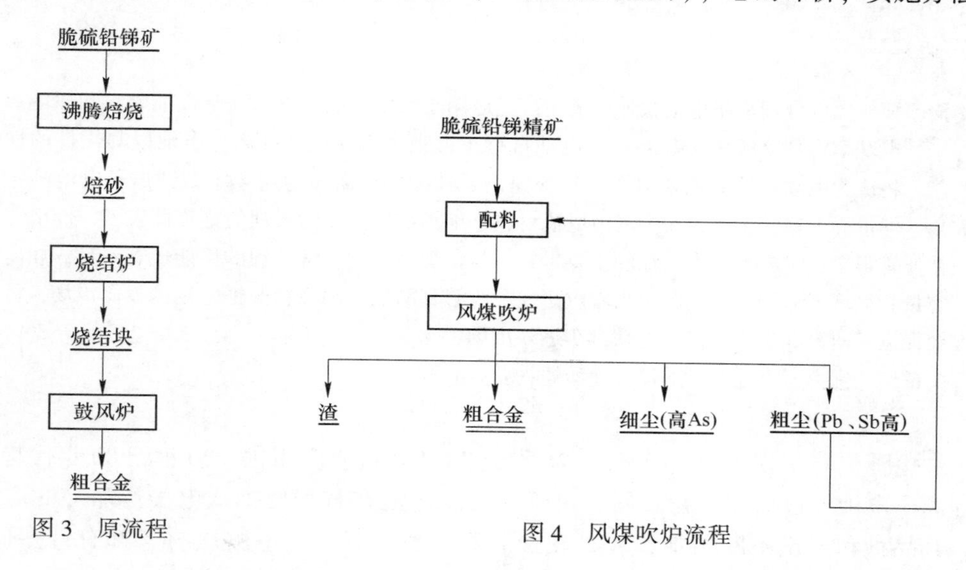

图3　原流程

图4　风煤吹炉流程

另外，原工厂已在处理脆硫铅锑精矿，并已有烟化炉（风煤吹炉），用厂里已有的烟化炉处理厂里已有的脆硫铅锑矿；以一个技术小队，进行专项工作和写出总结报告；作出评价，提出存在的问题，是否必要再作实验；对烟化炉作改造提出意见；建设风煤吹炉，试生产—完善改进—生产；交付生产；一年后做全面总结。

说明一些建议的基础来自许多生产实践，如烟化炉贫化锡炉渣，使渣含锡降到0.07%，奥氏炼锡炉在熔料中还原氧化锡成金属锡，烟化炉进料有精矿、炉渣，有硬头，它们有液态、固态、粗粉末。当初没有在风煤吹炉中炼过脆硫铅锑精矿，我们认为，脆硫铅锑矿是适合此炉的，可以做实验来检验，并发展之。

参考文献

[1] 欧家才．大厂脆硫铅锑矿火法冶炼工艺流程中存在的缺陷及解决方法［J］．2006年第八届全国锡锑冶炼及加工生产技术交流会论文集，2006：113~117.

[2] 邓崇进，安剑刚，陈家荣．脆硫铅锑矿火法冶炼工艺进展［C］//2006年第八届全国锡锑冶炼及加工生产技术交流会论文集，2006：103~107.

锂离子电池的发展状况*

摘　要　国内外锂离子电池快速发展，广泛应用于家电产品。汽车面临汽油紧张和环境污染，电动车将部分解决这些问题。电动自行车已被人们接受。锂离子电池以其优良的性能，将成为电动车的主要动力源。钴酸锂由于性能好，而成为当今小型锂离子电池的主角，但世界上钴储量少，作为动力电池材料，市场前景小。锰酸锂的锰资源较多，价格比钴便宜很多，可成为动力电池的主要材料。与钴酸锂相比，锰酸锂的性能还有不足，如比容量和循环寿命较低，因此应当着重研究，改善其品质。现在锰酸锂电池已投向市场，将会促进其研究和生产，推动电动汽车进入市场。

关键词　锂离子电池；钴酸锂；锰酸锂；动力电池

锂电池最早出现于1958年[1]，20世纪70年代进入实用化。20世纪80年代趋向研究锂离子电池，以后就日益发展。由于锂离子电池在各种便携式电子产品上的广泛应用，其品种和产量不断增加，各种正极材料、负极材料、电解质材料都有许多研究。1994年以后产量上升显著。从表1中可见，锂离子电池发展相当迅速。

表1　1994~2003年世界锂离子电池的产量及增长率

年份	产量/亿只	增长率/%	年份	产量/亿只	增长率/%
1994	0.12		1999	4.08	38.3
1995	0.33	175.0	2000	5.46	33.8
1996	1.20	264.0	2001	5.73	4.9
1997	1.96	63.3	2002	8.31	45.0
1998	2.95	50.5	2003	13.93	67.6

最近，锂离子电池又开始向动力电池发展，动力电池容量较大，可达十到数百安时，一个电动车要装数百千克的电池。将来电动车等交通工具使用电池，又将大大促进锂离子电池的发展。近10多年的应用，推动了其研究进步，大幅降低了它的成本，见表2。

表2　1994~2004年世界锂离子电池平均每只价格变化

年份	价格/美元		年份	价格/美元	
	LIB	LIPB		LIB	LIPB
1994	11.10		1997	9.00	
1995	10.50		1998	7.30	
1996	11.00		1999	6.30	

* 本文合作者有：杨斌，姚耀春，马文会，李伟宏；原载于《电池》2005年第3期。

续表 2

年份	价格/美元		年份	价格/美元	
	LIB	LIPB		LIB	LIPB
2000	5.30	7.30	2003	2.85	3.51
2001	4.00	6.50	2004	2.46	2.73
2002	3.60	5.00			

注：LIB 为液态锂离子电池，LIPB 为聚合物锂离子电池。

表 2 中数据说明，10 多年来，锂离子电池的价格降低了 78%，每只由 11.10 美元降到 2.46 美元。这种趋势使其应用更加广泛，生产量更加扩大。如电动车等交通工具应用它，则成本还会大大降低。

我国近年锂离子电池的生产发展很快，如图 1 所示。2000 年，我国锂离子电池产量约 0.2 亿只，占全球份额的 3.6%，与韩国相近，而日本达 5.12 亿只，占全球份额的 93.9%。到 2002 年，我国超过 1 亿只，2004 年达 7.6 亿只，占全球份额的 37.1%，仅次于日本（9.5 亿只，占 46.3%）。研究使用资源较多、价格较低的材料代替钴，又将使锂离子动力电池的价格大幅降低。

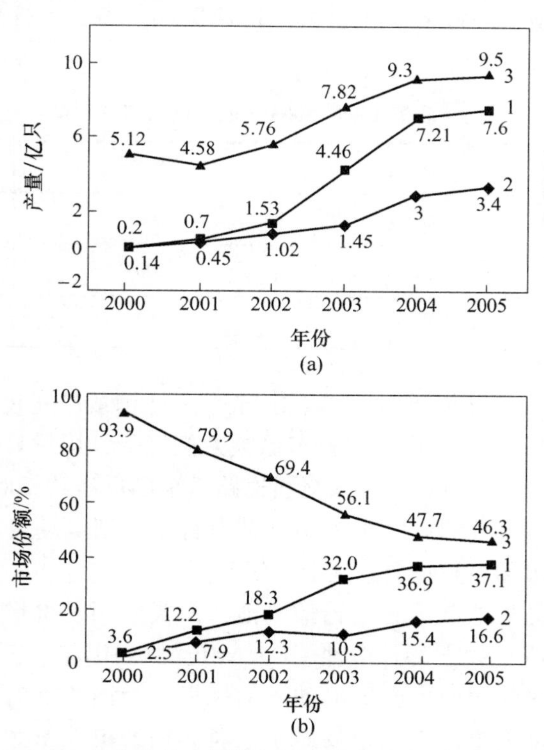

图 1　2000~2005 年中日韩三国锂离子电池产量（a）及市场份额（b）

1—中国；2—韩国；3—日本

1　石油供应和汽车污染将促使锂离子电池大发展

从 1893 年查·杜里埃（Duryea）兄弟制出第一台汽油发动机汽车至今，全球燃油汽车保有量达到几亿辆，而且还在迅速增加，但两大问题遏制着汽车的发展。

（1）日益增加的油耗量，日渐减少的自然资源，使其费用不断升高。两年前，约20美元/桶的原油现在已达到50多美元/桶，有人预测，不久将上升到约100美元/桶。油耗将成为汽车的限制条件。

（2）汽车对环境的污染已影响到人类的健康。有报道[2]称：大气污染成分的63%来自汽车。每1000辆汽车每天排放：CO 3000kg；氮氧化物50~150kg；碳氢化合物200~400kg；铅、酚、粉尘等有毒物质40~70kg。每天排放如此大量的有毒物质，将使环境恶化，并且严重影响人的健康。此外还有噪声污染等，都令人类生存的环境质量降低。

这两大问题使我国的电动汽车有了开始发展的前提，用其他能源代替石油成了不可不走的路。锂离子动力电池是当前的主要选择之一。随着技术进步，其价格降低，汽车上用锂离子电池将会实现。

2 电动自行车为锂离子电池进入市场开了路

用油交通工具存在废气污染，噪声尤为严重。电动自行车成为其有效的代替者，它不用油、无污染，所以一进入市场就得到迅速发展。表3为近年来我国电动自行车的发展趋势。

表3 我国1998~2003年的电动自行车数量

年份	数量/万辆	年份	数量/万辆
1998	5.54	2001	58
1999	12.6	2002	100
2000	27.6	2003	400

我国电动自行车数量每年增加1~3倍，至今累计销量已超过700万辆，市场容量已达60亿元，已有部分出口。电动自行车已被人们接受，用量日益增多，一些地区也调整了交通规则，允许电动自行车进入交通道路。全国已有约700家电动自行车企业。有人估计，若全国骑自行车的有一半改用电动自行车，则电动自行车的生产和规模还有很大的发展空间，市场容量将会达到上千亿元。

现在电动自行车的电池基本上是铅酸电池，主要原因是价格低廉。铅酸电池技术比较成熟，而其他电池（如锂离子电池、Cd/Ni电池、MH/Ni电池等）的价格是铅酸电池的数倍。人们通过使用而体会到电动车的优点，为锂离子电池装入电动自行车做了准备，也为锂离子动力电池进入市场做了准备。铅酸电池虽然价格低廉，但比能量小，一次充电行程短（和同样质量的电池相比），充放电次数少，使用周期短，车辆较重，希望使用其他更好的电池代替铅酸电池。

3 锂离子电池是重要的动力电池

当前研究较多的电池性能的比较见表4。

表 4 锂离子电池与其他电池的比较[2]

电池	工作电压 /V	质量比能量 /W·h·kg⁻¹	循环寿命 /次	充电时间 /h	月自放电 /%	产业化年份	价格 /元·(瓦·时)⁻¹
密封铅酸	2.0	30	200~500	8~16	5	1970	0.8~1.7
Cd/Ni	1.2	60	500	1.5	20	1950	
MH/Ni	1.2	70	500	2~4	30	1990	6
锂离子	3.6	100~150	500~1000	3~4	10	1991	3.3

从表 4 中可知：每瓦时的价格最低的是铅酸电池，锂离子电池价格为它的 2~4 倍；锂离子电池的工作电压高（3.6V），铅酸电池只有 2.0V；锂离子电池比能量为 150W·h/kg，是铅酸电池的 3~5 倍，故同样质量的锂离子电池，蓄能为铅酸电池的 3.5 倍；锂离子电池的充放电寿命长得多。

就电池的性能而言，锂离子电池比铅酸电池有明显的优越性，仅因其价格高而受限制。铅有一定的毒性，镉的毒性比铅更大。锂离子电池是动力电池的首选。价格问题，见表 2，随着技术进步，锂离子电池价格每年下降，有望缩小与铅酸电池的差距。

锂离子、MH/Ni 和 Cd/Ni 电池在 2000 年以后市场上竞争的情况（见图 2）可知：MH/Ni 电池 2000 年产量为 12.68 亿只，到 2004 年降到 6.0 亿只；Cd/Ni 电池由 12.96 亿只变化到 12.55 亿只，无增微降；而锂离子电池由 5.46 亿只提高到 19.51 亿只，大幅增加。这说明锂离子电池具有很强的竞争力。

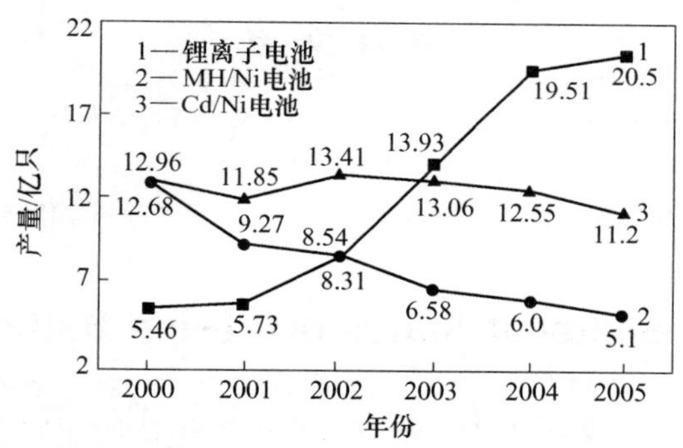

图 2 2000~2005 年世界锂离子、MH/Ni 和 Cd/Ni 电池的产量

在当前电动车动力电池中，锂离子电池有优势。当然，世界总是向前发展的，新的事物总是层出不穷，新的电池材料肯定会出现。比锂离子电池现有材料储能更多、性能更好的材料还在继续探索中，比如磷酸铁锂、钒酸锂、铁酸锂等。

4 $LiCoO_2$ 和 $LiMn_2O_4$

锂离子电池进入实用阶段的 10 多年，都是用 $LiCoO_2$ 作为正极材料，在手机、数码相机、笔记本电脑等便携式产品中使用，效果很好。后来相继研究了 $LiNiO_2$、$LiMn_2O_4$。

世界钴的资源不多，我国钴矿更是稀缺。只在其他金属矿中伴生少量钴（如镍矿、锌矿等），需要进口钴矿和金属钴，所以价格较高；而我国锰矿多，制成成品材料，$LiCoO_2$ 约为 28 万元/吨，$LiMn_2O_4$ 约为 5 万元/吨。

在动力电池大量使用中，$LiCoO_2$ 电池的成本会明显高于 $LiMn_2O_4$ 电池。若用前者，质量大、资源不足、价格高将成为阻碍因素。曾有报道：美国研制电动汽车，其电池价格约5万美元，成了一个难于被接受的价格。

虽然现在锂离子电池价格一年比一年低，但仍会是国内消费者难以接受的价格。$LiMn_2O_4$ 的价格约为 $LiCoO_2$ 的1/6，用以代替钴酸锂自然就成为发展的趋势。

动力电池则难使用 $LiCoO_2$，用 $LiMn_2O_4$ 较为合适，但 $LiMn_2O_4$ 的容量比 $LiCoO_2$ 小约10%~15%，充放电次数也要少一些，需要进一步研究改进。

5 锂离子电池和电动车的发展

电动车不耗油、无噪声、操作方便、不污染环境等优越性被直接感受。轿车每百千米耗油量约9~10L，改用电后消耗电约15kW·h，近期1L汽油与1kW·h电的价格比例40∶8，耗电价约是油价的1/5，这是个不小的差别。今后若油价再走高，耗油、电价差将进一步扩大。

不用油还可缓解社会上供油紧张的问题，缓解社会矛盾，是一个带战略性的问题。

电动车目前虽然存在行程较短、爬坡能力不足等问题，由于它有效地解决了汽车的两大问题，人们还是会逐渐改造它，使之完善。电动自行车曾促进了铅酸电池的生产发展和技术进步，以后还将促进锂离子电池生产的发展，$LiMn_2O_4$ 电池也将会得到不断发展。电动汽车一旦进入市场，往后的发展将是前途无量。

特别说明：本文所有图、表的数据均来源于新材料在线，2004年11月。

参考文献

[1] Walter A V S, Bruno S. Advancesin Lithium-ion Batteries [M]. New York: Kluwer Acadimic/Plenum Publishers, 2002.

[2] 郭炳焜，徐徽，王先友，等. 锂离子电池 [M]. 长沙：中南大学出版社，2002：13~20.

Development Status of Li-ion Batteries

Abstract Li-ion batteries used in the electronic devices developed rapidly worldwide in recent years. Electric vehicle (EV) would alleviate the problems of petrol lack and environmental pollution induced by cars. Electric bicycles bad been accepted by people. Li-ion battery would be the main power sources for EVs due to its excellent performance. The amount of Co storage in the earth was limited leading to small market potential as power battery cathode material for EVs, although $LiCoO_2$ had small properties and became a leading actor in small size Li-ion battery. The amount of Mn storage was abundant and the price of Mn was much cheaper than Co, which could be the main material of cathode material of Li-ion battery. Compared with $LiCoO_2$, $LiMn_2O_4$ had some disadvantages such as lower specific capacity and shorter cycle life, so related research of $LiMn_2O_4$ should be emphasized to improve its performance. Li-ion battery with $LiMn_2O_4$ sold in the market should be enhanced to related research and development to industrialize the EVs soon.

Keywords Li-ion batteries; $LiCoO_2$; $LiMn_2O_4$; power battery

建议

真空冶金改造某些传统技术

——有色金属工业可持续发展的一个新方向*

1 有色金属工业现状

我国具有有色金属的资源优势，如铜、锡、锑、钨、铅、锌、锗、铟、镍、稀土、铝等。现在生产的有色金属年产量已居全球前列，2001 年 10 种有色金属产量为 856. 5t，其中铜 142. 6t、铝 342. 5 万吨、铅 117. 2 万吨、锌 207. 8 万吨、镍 4. 95 万吨、锡 9. 16 万吨、锑 13. 4 万吨、镁 18. 6 万吨。

我国有色金属工业生产继续保持增长势头，但有色金属企业也存在着一些难题，主要表现在职工人数（在职与离职者）多，产品品种单调和技术含量低，效益不高，对环境有一定污染，一些企业处于经济困难之中，个别企业甚至濒临破产。总之，在现有技术水平下，我国有色金属工业总产量大幅提高，但是技术结构不合理使产品单一、经济效益不高，还处于工业原料供应者的被动地位。

我国有色金属工业较早与国际市场接轨，与国外竞争者相比，我国有色金属工业存在三大差距：部分主要有色金属资源不足，技术装备相对落后，在国际市场上处于原料供应者的地位。面对这种剧烈的国际竞争，我国要增强有色金属工业的竞争力和生存发展能力，单纯依靠扩大产量是不够的。因此，在当前形势下，要实现我国有色金属工业可持续发展的一个重要途径就是依靠科技。用高新技术改造传统产业，降低生产成本，提高产品质量，增加深加工程度，研究开发具有高科技含量和高附加值的新产品，提高生产管理水平，增强产品的市场竞争力和企业的经济效益。

在这种形势下，研究和开发适合我国有色金属工业可持续发展的新技术势在必行，其中有色金属材料真空冶金就是一种很有前途的新技术。

2 有色金属的真空冶金

真空冶金是在压力小于大气压下的冶金作业，一般真空冶金都在几千帕以下的压力下进行，大自然的空气对冶金过程的影响就十分微弱了，在真空中的物理和化学过程和在空气中不一样。真空冶金对环境无污染或极少污染，流程短，金属回收率高，占地少，消耗少，效益好；能完成一些常压冶金解决不了的问题，因此真空冶金具有它自身的特点：

（1）真空环境中气体压力低，对一切增容反应都有有益的影响，如对金属气化，产生气体的物理化学反应等；

（2）真空中气体稀薄，很少气体参加反应，如无氧气氧化金属，也没有氮气、氢

* 本文原载于《新材料产业》2002 年第 8 期。

气等气体与活泼金属作用；

（3）对环境极少污染，属“绿色冶金”技术。

有色金属材料的真空冶金研究始于20世纪20年代，以在真空感应电炉中熔炼Ni-Co合金起。经过世界各国科技工作者近几十年的努力，真空技术及其理论已在有色金属的熔炼与精炼、合金分离、化合物的还原以及高纯金属的制备等方面得到了广泛的应用，取得了较好的经济、社会和环境效益。

3 在改造和革新传统冶金技术中的应用

传统的有色金属的生产流程大都已发明了很长时间，如铜、锡、铅、锌、铝都是在一个世纪以前就发明的。反射炉炼锡始于16世纪，用鼓风炉炼锡已上千年；19世纪有平罐炼锌，20世纪30年代是竖罐炼锌；17世纪开始用反射炉熔炼铜，1880年用转炉吹炼冰铜；1886年冰晶石氧化铝电解炼铝，1888年拜耳法生产氧化铝；1830年用电解$MgCl_2$法制镁，20世纪40年代用热还原法制镁。这些方法都有较长的历史，有的生产流程长，设备形式陈旧，对环境有污染，生产中消耗多，生产率低，生产成本高，经济效益较低。

有色金属传统技术“老化问题”使20世纪80年代初日本炼铝工业100多万吨/年的生产能力在几年内几乎完全消失，镁的生产也全停下，大量金属的使用全靠进口。因此，创新、改造有色金属的传统产业在国内外都是不可忽视的重要问题。改造的目标是改革生产金属材料的方法、提高产品技术含量、降低消耗、不污染环境，经济效益高，充分满足社会发展对各种金属材料的需求。

人们常常认为传统技术是成熟的工艺，历经多年生产考验，不容易改造。但是事物总是发展的，不会永远停滞在一个水平上。应该研究新技术、新方法来改造传统技术。比如说炼镁，在国内上百家用皮江法的中小工厂都停产了，因为它有三大问题，使其生产成本降不下去。一是用高镍铬合金罐，生产1t镁要消耗约4000元的罐子；二是罐子容积小，限制了生产规模，多生产就要多个罐子，有点像已淘汰的平罐炼锌法；三是用硅铁作还原剂，每吨镁耗硅或硅铁要4000~6000元，三项之和就近万元，每吨镁生产费用约2万元，高出每吨镁的售价几千元，当然就无法生产下去了。是否可以设想研究在真空中用碳做还原剂（几百元一吨煤），代替硅或硅铁，用真空炉代替合金罐，真空炉规模大，寿命长，如果成功，就可大幅降低镁的生产成本，大大增强其竞争力，产生好的经济效益。经过几年的努力，此课题的研究已取得一些进展，我们利用自制的真空炉已成功地得到了呈粗纤维状垂直生长在冷凝面上的固态块状冷凝镁，结晶状态较好。1990年国外只得到金属镁粉。

又如炼铝，世界铝年产量约2000万吨，我国300多万吨，生产方法基本上是拜耳法生产氧化铝，霍耳-埃鲁特法电解生产铝。铝矿含Al_2O_3约60%，焙解后达到70%~80%，若能直接炼成金属铝，免去生产氧化铝这一步。简化流程则可以降低成本，约可降低1/3，竞争力就强了。目前我们正在对此课题进行研究，已获得初步研究成果。

再如炼锂，现在金属锂的生产方法仍然沿用1893年刚茨提出的氯化锂-氯化钾熔盐电解法。此方法的缺点是生产过程中放出毒性物质氯气，严重污染环境和腐蚀设备，理论上生产1kg金属锂会产出5.1kg氯气，此外，该法生产工艺流程长，生产成本高，生产的金属锂中钠、氮、氯等杂质的含量较高，如粗锂中主要杂质钠的含量一般为0.1%~0.8%。这些杂质高的金属锂既不宜在原子能工业中作反应堆冷却剂，也不宜用于制作高能锂电池的负极材料和航空工业用铝锂合金，传统的金属锂生产工艺急需改进。经过研究我们提出了真空炼锂法，已获得了国家发明专利。通过几年的实践，我们已实现了金属锂的连续真空精炼，得到了99.9%的金属锂产品。新工艺具有较强的竞争力。

此外，我们在20世纪80年代研制成功的真空法分离焊锡，代替了原来生产中使用的氯化物电解法，加工费用由每吨约1000多元降到约120元（1980年估计），设备费用降低3/4，对环境由有污染变为无污染，金属回收由96%提高到99.4%，经济效益明显提高，故几年中在国内外20多个工厂（包括巴西和玻利维亚）推广使用30多台，处理的物料已由焊锡扩大到含锑粗锡、粗锑及锑合金等。

一些炼锡厂产出许多Sb-Sn合金，工厂没有适当的处理方法，曾大量积压，我们研究并已用于生产的真空分离法，分别得到锡和锑，从而使厂里积存的锡锑合金得到顺利加工，解决积压资金、物料的问题，效果很好。

我们还用真空冶金方法分离铅-银合金，可以代替加锌除银法，分别直接得到铅和银，使常年存在的铅银分离问题得到更为先进、完全的处理。

以铅为基的铅锡合金，经研究后用于生产，处理了许多合金，有效地回收铅和锡。

我们研制的“卧式真空炉”用于处理火法炼锌生产过程中产生的硬锌，以改造“隔焰炉—电炉”流程。每吨约耗电1500kW·h，所产出的粗锌的品位在99%以上，同时也富集了有价金属锗、铟、银，富集倍数达到约10倍，真空炉的年处理能力是3600t硬锌，一年可回收约2000多吨粗锌，且多回收约3t锗、铟、银；Ge的回收率由60%提高到96%，In和Ag回收提高到97%，经济效益显著，不仅盘活了因物料积压的上亿元的资金，而且该技术安全可靠，操作方便，无“三废”污染，岗位粉尘及有害气体（铅、砷）的浓度远低于国家标准要求。此外，在冶炼厂用以处理热镀锌渣（含Fe 3%~5%，Zn 90%），产出的锌产品含Fe约0.003%，直收率大于82%。我们还用真空冶金技术于另一个厂用以处理精锌，产出的锌含Fe约2×10^{-4}%，这样低的含铁量用其他方法难以达到，且加工费很高。

目前我们也在进行某些方面的尝试，如国内目前没有掌握回收法金属镓生产技术，回收法金属镓产量为零。因此我们利用真空冶金技术实现从砷化镓残料中回收金属镓，得到了品位为99.95%以上的金属镓。

这几个例子说明对传统技术改造、革新有广阔的空间，能使其经济效益大大提高。我们要努力创新，研究使用新工艺、新技术，以改变有色金属行业的状况，再创辉煌。

有色金属传统技术的面是较广的，有色金属的品种多，生产方法各式各样，应该改革的地方自然很多，要改造、革新需要很多人长时间努力。

当然也会有人考虑到这工作太难，改造已有的流程谈何容易，改造用于生产行之有效的方法是难啃的硬骨头。但科学技术在不断进步，用于改造的办法就多了，只要对准目标，奋力创新，坚持努力，一定会有成效。

4　在研制高精尖产品中的应用

有色金属深加工，多品种产品能够明显的提高经济效益，已是人所共知的事实。

我国有色金属产量年年上升，2001 年产量已超过 800 万吨，而深加工的部分，增加相对缓慢。例如，冶金工厂副产品砷灰，成为污染环境之源，加工成工业纯白砷后两三千元一吨，而半导体制作需要元素砷，用于制砷化镓等，99.9999%砷每吨上百万元；又如工业硅价格约 6000 元/吨，而我国以及东南亚几国（日本除外）都缺多晶硅，多晶硅价格约 60 万元/吨，增值了 100 倍，单晶硅约 120 万元/吨，增值 200 倍；再如生产黄磷，约 7000 元/吨，而半导体工业要的 99.9999%红磷，价格上百万元一吨……这样的例子很多，可以做的项目是很多的。

随着高新技术的发展，需要具备各种性能的材料，有些材料关系着高新技术的成功。例如计算机硅芯片研制成功，出现了计算机直接影响信息产业，这样的材料当然是十分重要的。这类的研究一旦成功其经济效益是十分巨大的。

类似的金属材料和非金属材料也很多，如超细粉末材料的研究和应用，隐形材料就是一种超细粉末；还有各种功能材料、磁性材料、陶瓷材料……

还应当提到，许多金属的应用研究也是应当注意的，例如，我国生产的钨、锑、锡、稀土、镉、铅、锌……每一种金属都有其独特的性质，研究每种金属、合金、化合物的特性并加以应用，用来造福人类是有重要意义的，也有很好的经济效益。

其中很多高纯有色金属、超细粉末以及新型合金材料有些可以用真空冶金方法来提纯或制备，如高纯锑、超细氧化锌粉末、超细氮化硅微粉以及铝-镁和铝-锂合金等，该技术不仅可以大幅提高经济效益，而且还具有污染小、成本低、流程短等特点。

5 在有色金属再生利用中的应用

随着世界原生有色金属产量和消费量的持续增长，全球蓄积的废杂有色金属数量越来越多，从而推动废杂有色金属再生利用的发展。在人类日益重视经济可持续发展的情况下，今后世界再生有色金属的回收利用量将有可能占到全球有色金属消费量的 50%以上，有色金属再生利用前景广阔。据统计，在 2000 年世界再生铅产量达到 249 万吨，约占世界精炼铅产量的 38%；世界再生铝产量则达到 822 万吨，约占全球铝消费量的 25.6%。如果再加上在有色金属加工过程中直接回收利用的废杂有色金属，估计全球每年回收利用的废杂有色金属在 2000 万吨左右，约占世界有色金属消费量的 30%，再生有色金属已成为世界有色金属供应的重要来源。

最近几年来，随着我国有色金属消费量的大幅度增长，国内废杂有色金属的蓄积量也明显增加，促进了再生有色金属生产的发展。废杂有色金属的再生利用不仅可以节省自然资源和能源消耗，而且可以明显减少环境污染，改善生态环境。我国废杂有色金属再生利用发展也较快，2000 年在精炼铝产量中，有 4.9%是利用废杂原料生产的；在精炼铅产量中，有 9.3%是利用废杂原料生产的，在 783.81 万吨常用有色金属产量中，约有 8.5%是用废杂原料生产的。但是也存在不少问题，如技术落后、污染严重、金属回收率低、资源浪费大。

以金属铝、镁为例，铝、镁等在加工阶段产生废屑，这种废屑的再生利用费用影响制品的价格。日本铝的再生费用为 2 万~3 万日元/吨，而镁是其 4~5 倍。其中再生费用高的问题之一是镁屑收集运输费用，为了缩短运输距离，把熔炼设备设在废屑产生地附近为好。由于我们研制的真空炉的生产产量可大可小，而且投资省、污染小、金属回收率高，因此可以认为利用真空炉来进行有色金属的再生，值得研究和开发。

我们除了重视从废弃金属中回收金属外，还应对有色金属冶金或热处理加工过程中产生的中间渣的回收利用引起足够重视，这些渣若不能及时回收处理，不仅积压资金、增加产品的生产成本、降低企业的经济效益，而且还污染环境，对生态不利。为此，我们利用真空冶金技术在这方面做了很多工作，如处理热镀锌渣、硬锌、废料砷化镓等，并取得了明显的经济、社会和环境效益。

6 展望

有色金属材料的真空冶金作为实现我国有色金属工业可持续发展的一项新技术，在推动有色金属工业的发展，提升有色金属生产技术等方面起到了积极的作用，但是作为一门新兴学科，我们认为还有许多工作需要研究和完善，总的说来，有色金属材料的真空冶金可以从以下几个方面推广使用，开展研究和发展。

在已取得成果的方面推广应用，并继续改善和发展。例如，在合金真空分离方面有铅锡合金真空分离、铅银、铋银合金分离、锌铁合金（热镀锌渣）真空分离及硬锌分离锌和富集稀贵金属、锡-锑合金分离、高铅锑分离、锡-砷合金分离、镓-砷合金分离等，这些物料真空处理时已研究出基本设备和作业条件，可以在生产中实施，在实施中进一步完善改进和提高。

在金属真空提纯方面已可使用的如高纯锌（含 $Fe<2\times10^{-4}\%$）、精锂（99.9%以上）、高纯锑（大于99.9%）、精铋（含银小于 $5\times10^{-4}\%$）等。由于真空精炼具有流程短、无需使用高纯药剂、成本较低、效益较高，技术设备已可在生产中使用，当然这里未列举到的许多金属可以按需要开展研究试验，充分满足社会需求，发展真空冶金技术。

研究成果完善、继续发展的也是重要的方面。如镁的氧化物真空碳热还原制镁，低价化合物歧解法提取矿石中的铝等方法在取得初步成绩的基础上值得继续研究向产业化的方向努力，类似的新方法也应抓住苗头开展研究，不应为已有传统方法所约束，也不应为“难题”所阻挡。

由于在真空环境中物质易于气化，气体分子尺寸很小，气体凝聚过程控制调节即可以得到不同粒度和形状的粒子，是制备细粒材料的有效方法，这在纳米时代需要各种各样粉末材料，研究真空冶金方法来制备细粒物料，应当是有价值的工作。

在真空中使物体表面改变性质已经取得很好的结果，在真空中直接制备合金等也是可以研究开发的方面。

真空冶金技术的发展时间不长，只有几十年，各种过程在真空中都有特点，但研究尚不充分，基本原理有必要研究发展，许多物料在各种反应中受真空环境的作用，也还不够清楚，或是没有研究过的都需要研究。

创造新型有效的真空设备，以满足不同物料的性质，满足提取、提纯、分离、还原、分解，更是产业化中的重要工作，其中还涉及设备的结构类型，加热、传热、冷却等过程，涉及的理论也需要研究充实。

总之，有色金属有60多种，提取和加工技术的方法是大量的，再加上国家社会发展的需要又是日新月异，给真空冶金及其他作业带来广泛的需要，真空冶金技术面临巨大的任务。

关于加快西部矿产品开发及深加工的建议*

摘　要　概述了我国西部尤其是云南、青海两省矿产资源，提出应加大矿产品深加工的投入、高新技术开发、稀土产业、硅产业、二次资源回收利用以及盐湖镁资源的利用开发等；在矿产资源开发的同时必须注重环境保护，实现可持续发展和循环经济。

关键词　矿产品开发；深加工；可持续发展

西部是我国矿产资源最丰富的地区，在全国已有探明储量的156种矿产中，西部地区有138种，60%以上的矿产资源分布在这一地区，其保有储量潜在总值达61.9×10^{12}元[1]。矿产资源优势比较突出，分布集中，具备形成优势支柱产业的资源基础[2,3]。云南和青海又是西部12省中矿产资源十分丰富的省份。

云南矿产储量大，矿种全。至2000年底，共发现矿产142种，探明储量的矿产83种，保有资源储量排列居全国前3位的矿产有21种。有色金属是云南最大的优势矿产，被誉为中国的“有色金属王国”。锡、铅、锌、磷、铟等9种矿产的保有储量居全国第一位；铜、锑、镍等金属保有储量居全国第三位；贵金属、稀有元素矿产中，铊、镉保有金属储量居全国第一位，银、锗、铂族金属储量居全国第二位。而且，在已探明资源储量的矿区中，高品位矿比例较大，多数具有较好的开采条件，开发价值较高。

青海省矿床、矿点多，矿种全，潜在价值大。青海探明有储量的矿产105种，据全国矿产保有储量排序，青海省有52种矿产的保有储量居全国前十位。盐类、石油、天然气、部分金属矿产和非金属矿产为主要优势矿产。尤其盐湖资源储量十分巨大，钠盐保有储量3263亿吨，占全国保有储量的80%；钾盐4.43亿吨，占97%；镁盐48.11亿吨，占99%。石油、天然气资源比较丰富，现已探明地质储量分别为2.08亿吨和1343.4亿立方米，分列全国的第十位和第四位。金属矿产中，主要有铜、铅、锌、钴及金矿，储量大，开发前景较好。非金属矿产中，石棉、石英岩、石灰岩等均居全国首位。

大力开发云南、青海两省的矿产资源非常重要。首先，我国的工业化进程需要充足的物质基础，两省丰富的矿产资源能提供强有力的原料支撑，保证我国经济的飞速发展；其次，矿产资源的开发作为地方的支柱产业已成为人民摆脱贫困、提高生活水平的重要途径。1999年云南省开采矿石总量1.37亿吨，矿产品销售产值（矿石及初级原料产品）77.73亿元，利润总额6115.58万元，上缴税金6.68亿元。截至2003年底，青海省国有及规模以上非国有工业企业中，矿业总产值为148.68亿元，增加值为56.32亿元，利税总额为23.03亿元[4,5]。

但是，我们的矿业开发尚处于初级阶段，技术相对落后，资源的浪费、生态环境

---

* 本文合作者有：杨斌，徐宝强，李伟宏；原载于《中国工程科学》2005年第S1期。

的破坏都较为严重。要在矿业开发初期，努力依靠资源积累资金，积极学习东部发达地区矿业开发的先进技术和经验，提高矿产资源利用率，加快矿产品深加工发展进程，从资源大省向资源强省迈进。

1 矿产资源开发应着重考虑的几个方面

1.1 加大矿产资源深加工的投入，发展高新技术材料[6]

全国材料产业产值中，东部地区占72%，中部地区占17%，西部地区仅占11%。表1列出了西部地区各省材料产业工业增加值占全部工业增加值的比重。可以看出，云南的材料产业占工业增加值的比重较东部地区以及西部其他省区有较大的差距。这主要是因为矿产资源的开发利用以初级产品为主，附加值较低，产品结构不合理。另据统计，在西部现有的材料产业中，新材料产业比重很低，约占10%。因此，加大矿产品深加工的投入，发展高附加值的高新技术材料，是十分必要的，也是必须的。

表1 西部各省材料产业增加值占全部工业增加值比重

地区	工业增加值/亿元		全部工业增加值/亿元		比重/%	
	2001年	2000年	2001年	2000年	2001年	2000年
甘肃	104.94	97.67	296.5	244.73	35.4	39.9
内蒙古	121.15	109.42	307.6	279.54	39.4	39.1
宁夏	28.28	27.27	82.93	73.68	34.1	37.0
青海	24.02	23.88	71.84	65.34	33.4	36.5
贵州	74.01	69.93	236.57	216.99	31.3	32.2
四川	232.97	205.16	790.35	662.44	29.5	31.0
重庆	87.38	79.34	308.19	283.73	28.4	28.0
广西	96.92	89.48	342.68	323.88	28.3	27.6
西藏	1.89	1.74	9.49	9.25	19.9	18.5
云南	96.89	91.65	582.14	531.47	16.6	17.2
新疆	62.04	53.77	365.2	356.62	17.0	15.1
陕西	62.84	57.34	459.68	411.17	13.7	13.9
西部	993.33	906.62	3853.17	3458.84	25.8	26.2
全国	8050.69	7216	28329.37	25394.8	28.4	28.4

注：数据来源于《中国工业经济统计年鉴》，2002年统计范围为全部国有工业企业及规模以上非国有工业企业。

云南省发展高新技术材料，应根据自身的优势资源，着重考虑以下特种材料：（1）能源材料，包括锂离子电池材料和太阳能电池材料等；（2）半导体材料，依靠我们的硅、铟等资源，开发InP、InAs及硅的半导体材料；（3）稀土荧光、激光材料，利用云南所有的铈、钇矿资源开发铈系、钇系发光材料；（4）铟的高新产业，包括高纯铟（大于99.999%），ITO（铟锡氧化物）粉体、ITO靶材等。

1.2 二次资源的回收利用

目前，有色金属及有色金属尾矿中二次资源的回收处理、电子废弃产品中有价值金属及贵金属的循环利用已迫在眉睫，例如有色冶炼工艺过程中2002年就产生了固体废弃物3607万吨，约10万~15万吨的废弃有色金属等未被合理回收，同时我国铅、锌中的伴生金属冶炼回收率为50%左右，而发达国家的平均水平在80%以上。

例如，据统计，仅云南锡业公司、白银有色公司、金川有色公司、华锡集团和大冶有色公司铜绿山矿等5个单位堆存尾矿的数据表明，尾矿合计为2.4647亿吨，按已知的金属品位计算，含铜15.74万吨，锡24.75万吨，镍13.8万吨，锌28万吨，铁262万吨，硫535.75万吨，金3.325吨，银108吨，潜在价值约286亿元。我国矿山二次资源数量巨大，如能变废为宝，不仅解决了尾矿占地污染问题，更是社会的一笔巨大财富，是矿业城市持续发展的资源基础。

1.3 稀土资源的开发

云南不仅有丰富的有色金属，同时也有丰富的稀土资源。2004年4月和7月江西信息网和易盛信息网相继报道，杨耀民博士的研究证明，云南昆阳镇存在丰富的稀土矿床，其矿床元素组合比白云鄂博矿区还多，矿产前景喜人。云南省同时也具有丰富的离子型稀土矿床，其资源总量（REO计）达13.6万吨。云南稀土探明储量者有独居石和磷钇矿，储量分别为22737t和2877t。已知有砂矿产地6处，其中大中型规模者2处，均出露于勐海县境内。云南吸附型稀土矿床已知在龙陵、临沧、元谋登第花岗岩风化壳中有分布，资源前景良好，是云南省内具有实际开发价值的稀土金属矿床类型。

在我国的稀土市场上，2004年各类稀土产品产量继续增长（见表2）。

表2 2004年各类稀土产品产量[7]

品　种	产量/万吨	同比增长/%
稀土矿产品	9.83	6.84
稀土冶炼分离产品	8.67	11.1
稀土新材料	2.689	79.3

在产量增长的同时，消费结构也相应的在不断发生变化，表3列出了近几年来我国的稀土消费量结构。可以看出，近5年来稀土在冶金、机械、石油、化工以及农业、轻纺等传统领域的消费比例逐年降低，在玻璃、陶瓷尤其是新材料（包括永磁、荧光、储氢、催化等）方面的消费比例大幅度增长。而且，在未来几年中，尤其是“十一五”期间，随着稀土应用向高技术方向的不断深入，在陶瓷、荧光、储氢、永磁等新材料的消费比例仍会不断扩大。

表 3　近几年我国稀土消费量及结构比例[7,8]

年份	冶金/机械		石油/化工		玻璃/陶瓷		新材料		农业/轻工		总计/t
	消费量/t	比例/%	消费量/t	比例/%	消费量/t	比例/%	消费量/t	比例/%	消费量/t	比例/%	
1989	3500	51.7	2030	30.3	410	5.6	95	1.3	951	8.1	6986
1991	3786	45.7	2500	30.2	740	8.9	120	1.4	1140	13.2	8286
1993	4300	43.5	2700	27.3	950	9.6	400	4.0	1540	13.8	9890
1995	4450	34.2	3200	24.6	1300	10.0	1130	8.7	2920	15.6	13000
1997	4960	32.9	3700	24.6	1540	10.2	1850	12.3	3010	22.5	15070
1999	5100	28.8	4200	23.7	1800	10.2	3520	19.8	3100	20.1	17720
2001	5500	24.5	4500	20.0	2900	12.8	6300	27.9	3400	17.5	22600
2003	6462	21.9	—	—	6000	20.3	10000	34	—	15.0	29500
2004	5000	15.0	4000	12.0	6200	18.6	15911	47.6	2300	6.8	33411

云南省应进一步开展稀土矿产的探矿工作，发现并开发具有工业开采价值的稀土资源，大力发展稀土深加工材料，尤其是稀土功能材料的开发和应用，如稀土荧光、稀土永磁、稀土储氢、稀土制冷等高新材料。

1.4　硅产业的发展

我国的硅工业经过了 40 多年的发展，工业硅产能、产量和出口量均已居世界第一，目前工业硅年产量达到 40 万吨以上[9]，其中，云南省工业硅产量约 5 万吨。

目前我国硅产业存在的主要问题是工业硅产量基本过剩，产品低价出口[10]；而多晶硅、单晶硅等半导体硅材料严重短缺，高价进口。近几年来，随着硅集成电路和器件以及太阳能电池产业的快速发展，世界对多晶硅的需求上升，2004 年全球多晶硅的市场需求迅速上涨 7.4%，达 26201t，而产能为 24900t，供不应求。我国 2004 年生产的多晶硅只有 60t，仅能满足国内市场需求的 2.6%，其余只能靠进口，但即使我们高价进口，也无法买到足够的多晶硅。目前我国的多晶硅厂家只剩两家（峨嵋半导体厂和洛阳半导体厂），2004 年需求量比 2003 年上涨了 27%，缺额高达 2220t，而 2005 年缺额更是高达 3663t（见表 4）。

表 4　我国近几年多晶硅生产与需求[11]　(t)

年　份	2003	2004	2005
硅集成电路和器件产业需求	746	910	1092
太阳能电池产业需求	1044	1370	2691
多晶硅总需求	1790	2280	3783
多晶硅产量	88.3	60	120
多晶硅缺额	1701.7	2220	3663

同时，多种硅产品价格大幅上涨：集成电路多晶硅已由 2003 年的 37 美元/千克上涨到目前的 60 美元/千克；太阳能级多晶硅则由 13 美元/千克上涨到 46 美元/千克。

云南省发展多晶硅产业有着明显的资源优势：

（1）工业硅产品充足，物美价廉。云南目前的工业硅产量约为5万吨/年，大部分向省外、出口，价格约为9000~10000元/吨。

（2）电力资源丰富。电力资源是发展硅产业的根本保证，冶炼1t工业硅的电耗为12000~13000kW·h，而生产1kg多晶硅则需耗电约300kW·h。工业硅、多晶硅产品的竞争实质上是电价的竞争，云南省水电资源十分丰富，尤其是在丰水期时，用电价格只有0.26元左右，远远低于其他地区，尤其是东部地区约0.40元的电价。而且2007年后，随着我省许多小水电的上马，电力供应会出现过剩，一些高能耗产业可能会得到支持。这正是硅产业发展的机遇。

硅产业特别是多晶硅产业应该引起高度的重视，充分利用我省的资源优势，走“矿电结合”的道路，积极引进先进技术，抓住机遇，大力发展。

1.5 盐湖镁资源的利用

我国是镁资源大国，据统计，在青海盐湖就蕴藏着氯化镁32亿吨，硫酸镁16亿吨。目前我国盐湖的利用主要集中在对钾盐和锂盐的开发使用上，提钾和提锂之后产生了大量富含镁盐浓度更高的母液（俗称老卤或苦卤）。据统计[12]，青海钾肥生产中生产每吨氯化钾产品，排放苦卤水30t，可副产8~11t氯化镁，每年未利用的氯化镁达数十万吨。这样不仅造成了镁资源的巨大浪费，而且苦卤水排回盐湖，造成镁盐的严重富集，甚至成为“镁害”。另一方面，我国的镁系无机盐产品的生产处于初级阶段，低档产品多，高档、功能化产品少，大量从国外进口。表5列出2000年和2001年我国镁化合物进出口情况，明显看出，进出口价格相差悬殊。

表5 2000~2001年我国镁化合物进出口情况[13]

品　名	2000年				2001年			
	进口量/t	进口额/万美元	出口量/t	出口额/万美元	进口量/t	进口额/万美元	出口量/t	出口额/万美元
氢氧化镁及过氧化镁	829.47	139.37	907.48	22.11	2427.10	239.36	2633.96	59.79
氯化镁	131.06	26.70	93199.12	1046.51	200.96	56.12	140980.87	1458.39
硫酸镁	336.01	23.81	121784.35	802.01	349.33	24.42	181302.63	1155.18
碳酸镁	778.58	123.69	2087.89	118.89	911.18	145.40	2778.47	163.05
化学纯氧化镁	1809.76	244.72	263.64	263.64	1376.97	203.36	278.00	7.35

充分、合理、综合利用盐湖资源，尤其是盐湖镁资源已刻不容缓。除大力发展氯化镁电解生产金属镁外，我国还应抓紧开发以下几种高值、精细的镁系无机盐产品以满足现代化工业和科学技术的更高要求：

（1）超高纯镁砂。我国目前90%的镁砂都是以菱镁矿为原料，纯度较低（小于98%），很难达到99%及以上的超高纯镁砂。而利用卤水制备高纯或超高纯镁砂相对容易。

（2）氢氧化镁。包括应用环保领域的氢氧化镁料浆和阻燃剂氢氧化镁。美国从1990~1998年的9年中，氢氧化镁产量都达到30万吨，成为美国产量最高的镁化学品；我国随着环保力度的进一步加大，相信有“绿色安全中和剂”之称的氢氧化镁将会有广阔市场。

(3) 镁系功能材料，如镁系无机盐晶须等。我们研究所也在进行盐湖镁盐的开发利用试验研究。以青海团结湖苦卤水为原料，经过脱钙、室温氨水除镁、升温陈化制备出超细纤维状氢氧化镁。

2 注重环境保护和可持续发展实现循环经济

过去的西部资源开发在取得了经济效益的同时，也对环境造成了严重的破坏。主要表现为：

(1) 水土流失严重。由于不合理的乱开滥采，造成我国许多地区水土流失严重。我国水土流失总面积360多万平方千米中，西部地区占80%。全国荒漠化土地面积已达262万平方千米，每年新增荒漠化面积超过2400平方千米，大部分在西部地区[1]。

(2) 资源开采过程中产生的"三废"排放，污染严重。比如，开采产生的固体尾矿，随意丢弃，不仅侵占大量土地，而且严重污染了地下水。含有毒性或放射性及残留选矿药剂的尾矿，更严重地破坏了生态环境。

(3) 占用大量土地。采剥、矿场、尾矿及矿业废弃物都会占用土地。西部地区矿业及相关行业排放的废渣累计约58亿吨，占全国废渣贮存量的89%。全国每年采选产生的尾矿和排弃物超过5亿吨，数量巨大的尾矿或采剥排弃物累计存放约70亿吨。直接占用和破坏土约地170万~230万公顷，而且仍以每年2000~3000公顷的速度增加。总之，过去几十年的矿业开发，已给环境带来了沉重的负担，造成了严重的危害。

如今，我们大力开发矿产资源，决不能再延续过去路子。坚持"谁污染、谁治理，谁开发、谁保护，谁利用、谁补偿"的方针，走"预防为主，在保护中开发，在开发中保护"的道路，开发同时重视环境保护，注重资源的可持续发展，实现循环经济。

参考文献

[1] 唐民安，王华，孙宝玲，等．我国西部矿产资源开发利用与环境保护 [J]．科技进步与对策，2003 (12)：54~56.

[2] "十五"西部国土资源开发利用规划新闻发布会讲话提纲 [EB/OL]．国土资源部网．

[3] 西部开发——西部矿产资源勘查开发潜力到底有多大 [EB/OL]．国土资源部网．

[4] 省级矿产资源规划——云南 [EB/OL]．国土资源部网．

[5] 省级矿产资源规划——青海 [EB/OL]．国土资源部网．

[6] 张文军，岳继华．我国西部材料产业发展现状与对策研究 [J]．中国科技论坛，2004 (2)：77.

[7] 国家发展和改革委员会稀土办公室．中国稀土2004年 [J]．特别报道，2005 (3)：4~7.

[8] 张安文，夏国金．轻稀土矿的资源状况选矿和冶炼工艺 [内部资料]．稀土应用发展战略研究，2004.

[9] 何允屏．我国工业硅生产40年 [M] //工业硅科技新进展．北京：冶金工业出版社，2001.

[10] 何允屏．我国硅生产贸易的目前形势和发展对策 [M] //工业硅科技新进展．北京：冶金工业出版社，2001.

[11] 梁骏吾，周廉，阙端麟．关于打破垄断政府主导多方融资建设多晶硅工厂的建议 [J] //中国工程院院士建议，2005.

[12] 乌志明，李法强．青海盐湖氯化镁资源开发［J］．盐湖研究，2001，9（2）：61~64.
[13] 胡庆福，刘宝树，等．我国镁化合物进出口现状及其发展浅析［J］．中国非金属矿工业导刊，2002，30（6）：3~7.

Some Advice on Developing Exploitation and Deep-fabrication of Mineral Products in Western China

Abstract The mineral resource, in the western China, is most abundant, but its exploitation level is very low at present. On the basis of summarizing the resource in western China, especially in Yunnan Province and Qinghai Province, this paper advises the investment should be increased on deep fabrication of mineral products, particularly in such fields as high-tech development, rare earth industry, silicon industry recovery and magnesium resource in salt lakes. At the same time, environmental protection should be so enhanced that the sustainable development and circulating economy are realized.

Keywords explitation of mineral resources; deep-fabrication; sustainable development

发展高新技术产品、增进矿产品的高效利用*

1 前言

当前世界快速发展，国内外的种种新产品以很快的速度涌现出来，满足高新技术产业发展的需要，提高了人类的生活水平，应对了世界发展的需求，建设了美好的世界。新产品的出现，也创造了日益增大的价值。世界的 GDP 得以快速提高，到 1984 年为 11.89 万亿美元，到 2003 年达到 34.05 万亿美元，19 年中增加了两倍多。

但是由于发展不平衡，一些地方产业较多地停留在原有水平上，发展不快，产品、技术含量不高，价格低廉，消耗了资源，能耗高，对现代社会需要的环境达不到要求，经济效益不高。

现在我国人均 GDP 在 1000 美元，在世界上排名在 100 位。如果我们要达到现在发达国家的人均 2 万~3 万美元，要比我们现在的增大 20~30 倍。那么我们按现在的发展方式，显然是不够的，只有走“靠技术”的路。

要靠技术，就要提高科学水平，创新技术，发展高新技术产业，生产高新技术产品，大幅度地提高经济效益，才能大幅度地提高 GDP、人的生活水平和国家的综合实力。现在我们的差距，在于我国外贸总额已居第三位，而只有总额的 2%有自主知识产权。出口一台 DVD，企业只赚 1 美元，交给外国专利费 18 美元；售一台 MP3，79 美元，外国专利费 45 美元，企业利润仅 1.5 美元；要出口几亿件衬衣才换来一架客机；彩电、手机的关键技术 50%掌握在跨国公司的手中；我国石化装备的 80%，数控机床和先进纺织设备的 70%依赖进口；我国出口的硅（工业硅）0.8 万元/吨，而进口的硅（多晶硅）40 万~60 万元/吨，相差 50~80 倍，我国的发明专利只有 18%为国人申请。

这些差距归结起来就是“技术水平”的差距，我们没有自己的高新技术产品，生产技术就得依赖他人的技术，就付出专利费。我们的技术水平不够，生产不出客机等产品，就得接受人家的高价产品，甚至出高价还买不到，这种状况应该改变。

发展高新技术产业我国有些地方已有明显的效果：深圳由 1990 年起开始扶持高新技术产业，到 2002 年电子产业产值 2000 多亿元，高新技术产品的产值 1709 亿元，两者之和 3709 亿元，都是高新技术产品产值。上海高新技术企业 2000 家以上，2004 年总产值 3112 亿元。这两个地方在沿海，海边上没有什么矿产资源，主要是靠技术。又例如北京的中关村。同样，它的高新技术产值有千亿以上，聚集了大量高水平的人才，在那里工作的博士就 8000 多人，搞高新技术，创造了高的产值。

现在我国 13 亿人民，意气风发地向前迈进，力争走向世界的先进行列，创造了 20 年 GDP 增长的高值每年 9%左右，世界为之侧目。目前又奔向创新，可以预见不久的

* 本文写于 2006 年 5 月。

将来，我国会有更大的成就，大幅减少与先进国家的技术差距。

在矿产品、冶金材料方面发展高新技术产业可促进矿产品的深加工，深加工产品又可支持、促进高新技术产业向前发展。这种相互促进的结果就是提高社会经济发展，这个过程建立在自主创新的基础上。

这里我们对矿产品的深加工，加工产品的用途和价值，深加工产品对高新技术产业支持作用，对社会的贡献，做些分析，供大家在研究矿产业发展前途时做参考。

2 深加工对高新技术发展的作用与其价格

无论各行各业的发展都需要一些新材料作为基础，例如汽车的发展就需要钢材、铜材、玻璃、塑料、电子器件……如果这些材料零部件质量有提高，总体的车的质量也有提高，这些材料和零部件的质量不断改进，车的质量就不断改进。新品种的汽车就会不断出现，所以新材料、优质材料和零部件的出现成为高新产品的发展基础。

2.1 硅产品

以矿产品硅来说，最初等级的硅矿，在某些地区产出，硅矿除一些长得好的矿物为水晶，紫水晶较为有用，做观赏物。一般的硅石、白砂能做建筑材料，是必要的建筑材料，但价值很低，几十元到百元左右每吨。把硅石冶炼成硅（工业硅），纯度在含Si 98%以上，可以做合金配料，为硅铝合金、硅钢、硅化合物等的原料。用途比硅石好多了，即它的价值就升了几千元每吨（当前约为8000元/吨）。马丁法的出现，成功地把工业硅制成纯度99.9999%(6N）的多晶硅，它的用途更好了，可以做太阳能电池材料，可以再加工成硅单晶等。多晶硅的价格一下子升到40万~60万元/吨，这一步，技术难度大，而国外掌握技术者为了自己的利益，一般不愿推广技术，使多晶硅的价值一直保持高位，时常呈现供不应求。多晶硅经过拉制成单晶硅，价格升到约百万元每吨，单晶硅再切成片，硅片价格上千万元每吨。硅片就可以制成芯片，大规模集成电路，成为计算机的芯片，各种电脑的芯片。电脑的特殊应用时芯片要本国自制，不能只依靠进口，加之，有些特种用途的芯片也买不到，芯片的价格就更高，达几百美元每片。各种硅材料随加工深度不同价格变化见表1。

表1 硅产品与其价格

品种	硅石	工业硅	多晶硅（太阳能级硅）	多晶硅（集成电路）	单晶硅	硅片	芯片
价格/元·吨$^{-1}$	约10^2	8×10^3	4×10^5	6×10^5	约10^6	10^6~10^7	10^2美元/片
倍数	1×10^{-2}	1	50	75	125	125~1250	更大

注：工业硅的价格为1，其他品种是硅的分数。

表1中数值表明，硅的加工深度增加，其价格上升，为硅石价格的80倍、4000倍……甚至更高。

如果只由硅石生产工业硅，升值几十倍，比生产硅石当然是好多了。但是工业硅只是加工产品中最初步的，科技含量最低的，价格也是低的。目前我国生产工业硅已达70多万吨，出口60多个国家，价值40多亿元。在多晶硅用量大增，用于信息产业和太阳能利用之时，若能出口1万吨多晶硅将值约100亿元，出口10万吨多晶硅将值1000亿元，则对全球利用太阳能弥补石油能源不足将是一大贡献，同时对全球发展信息产业又将有重大贡献。

硅产品的深加工对人类贡献和经济发展就很明显了。对生产企业来说应当认真考虑，要走深加工的路，以大幅提高对社会的贡献和大幅增加经济效益将是一种必然的趋势。

各种矿产品中硅是突出的例子，由于硅在信息产业中很重要，应用广泛，用量就很大，经常消耗多，所以价值很高，这种状况我们不能不注意，尽量快地争取在全球、市场上占有日益更大的份额，取得明显的经济效益。

其他矿产品深加工程度对社会的贡献和价格升高的程度没有像硅这样突出，但仍然有同样的规律，这里再列举几种物质。

2.2 铜产品

以铜来说，由表2和表3中的数值可见，铜加工成各种产品后，同样1t铜，升值百分之几十，有的升3.2倍（铜箔），经济效益得到大幅度提高，而且这些产品就用在电子产品中作配件，作用增大。

表2 铜加工产品价格和铜价之比

品名	铜1号	硫酸铜（$CuSO_4 \cdot 5H_2O$）	漆包线	磷铜合金	砷铜合金	青铜粉（200~300目）	铜锡合金粉（200~300目）	电解铜粉（40~360目）	铜箔18μm
含铜/%	100	25.46		约86			90	100	100
价格/万元·吨$^{-1}$	3.7~3.8	0.95~1	4.1~4.5	4.05	4.08	4.75	5.75	4.7	12
以铜计价/万元·吨$^{-1}$		3.73~3.92		4.67			6.4	4.7	
倍数	1	1~1.04	1.2	1.24			1.76	1.27	3.2

注：1. 由于物品价常常波动，只能用某一时间之值来计算其品种间的相对值；

2. 200~300目表示74~48μm；40~360目表示630~50μm。

表3 铜产品价格与铜价的比值

品名	紫铜板	紫铜管	紫铜带	紫铜线	磷脱氧铜管		内螺纹铜管	连接管管件	铍铜含量 Be：1.9%~2.2% Ni：0.2%~0.5%
					盘管	直管			
价格为纯铜的倍数	1.478	1.595	1.51	1.5	1.9	1.66	2.44	1.71	2.7

铜可加工成的产品还很多，其价格也有很多数值，不可能在此一一列举，这里有的数值可供说明铜经过加工价格变化和用途增加，由此可以推知其他产品也有此规律。

2.3 锡产品

再以锡来说，一些产品情况列于表4。表4中数值说明，同样1t锡，加工成五苯基氯化锡则增值为14.62倍，作成工艺美术品增值10.7倍，制成硫酸亚锡也增至2.3倍，制成二氧化锡增值最低，也达到1.24倍。

表 4　锡加工产品价格与锡价之比

品名	锡 1 号 Sn	二氧化锡 SnO_2	硫酸亚锡 $SnSO_4$	氯化亚锡 $SnCl_2 \cdot 2H_2O$	锡酸钠 $Na_2SnO_3 \cdot 3H_2O$	高纯锡 Sn	锡粉（200~300 目）	锡美术工艺品	五苯基氯化锡	双三环氧化锡	三丁基锡氧化物
含锡/%	100	76.76	55.27	52.59	44.5	100					
价格/万元·吨$^{-1}$	6.15	7.75	7.4	4.9	5		8.5				
以锡计价/万元·吨$^{-1}$	6.15	9.7	14.3	9.2	10.9				约 90	约 56	50
倍数	1	1.24	2.3	1.46	1.7	1.77	1.38	约 10.7	14.62	9.1	8.1

2.4　铝产品

铝的加工产品也有同样规律。由于由铝矿先制成氧化铝，再电解氧化铝成为金属铝，再进一步加工成铝材，其价格见表 5。表 5 中可见，由铝矿到氧化铝，其中铝增值 34 倍，由氧化铝到铝增值 1 倍。若由铝矿计算到铝，则增值 66.7 倍，说明铝矿开发利用加工的增值很大，需要重视。

表 5　铝产品价格表

品名	铝矿	氧化铝	铝	铝粉			
				汽车用高级	进口一般	国产优	一般
含铝/%	25.4~32.8	52.9	100				
价格/万元·吨$^{-1}$	约 0.01	0.52	1.93	60~70	16~17	约 6	1~2
以铝计价/万元·吨$^{-1}$	0.03~0.04	0.983	1.93				
倍数	约 0.015	0.51	1	31~36	8.2~8.8	3.1	0.5~1.03

表 6 中多种材料、管、板、棒、型材，都比铝增值几成到几倍，技术含量高的为 LF5 薄管增值到 3 倍。

表 6　铝加工产品价格与铝价格的比值

品名	LC4 管	LF5 型	LF5 棒	LF5 薄管	LY12 棒	LY12 型	LF21 板	LY11 棒	LY11 管	铝管纹管
倍数	2.1	2.01	1.73	4.2	1.88	2.33	1.48	1.96	1.43	1.586

铝粉的技术含量表现得很明显，高档轿车油漆中用的铝粉进口价很高，为铝价的 30 多倍，进口一般铝粉也达到 8 倍。而国产品，优质的达到 3 倍，同样 1t 铝，技术含量越高，价值越高。铝的加工的贡献和效益就很明显。

2.5　钛产品

钛由于航空工业发展，钛的价格上升，各种产品的价格见表 7。

表 7　钛的一些产品的价格及其比值

品名	钛矿	钛白粉		海绵钛 1 号 含钛 99.6%	钛合金 含钛 70%	钛材	钛靶
		锐钛型	含红石型				
价格/万元·吨$^{-1}$	约 0.05	约 0.95	1.35	约 23	21	20~37	45~50
以钛计价/万元·吨$^{-1}$	0.15~0.17	约 1.6	约 2	约 23	30	20~37	45~50
倍数	1①	约 9.4	约 11.8	135	176	117~205	264~294

①表示以 1t 钛的钛矿价格为 1。

表列数值说明钛矿价格最低，每吨钛的钛矿仅值 2 千元左右，以钛矿为产品是效益低的，对利用资源不利，加工成钛白粉后升值约 10 倍左右，其有用程度和经济效益都增大若干倍，也可看到同样的钛白粉，金红石型的比锐钛型价高约 20%左右，这是技术的原因。

制造成海绵钛，可作钛材的原料，其价值为钛矿中钛的 130 倍，是一个十分惊人的倍数，它甚至是钛白粉的 14 倍左右。

若再加工成钛合金、钛材、钛靶，其用途更多，贡献更大，效益更高。

当今航空航天工业发展很快，钛的消耗很快增加，是钛工业的喜讯。对于云南产钛矿的地方，自然让人想到可否将钛矿加工成若干深加工的产品。虽然冶炼和加工钛的技术和设备都较复杂，若能及早起步，就会有不断地发展、进步、深入，提高是必然的。

钛白粉与电子工业用的钛酸钡等盐类、生化产业的消毒灭菌等用途很多，值得研究。

2.6　锗产品

锗是一种具有优良的半导体性质和光学性质的金属。在我国西南部资源丰富，常与锌等有色金属伴生，它的产品、应用及价格见表 8。

表 8　锗的一些产品价格及相关的比值

品名	锗	二氧化锗	锗锭(50Ω/cm)	锗单晶(ϕ250mm)	有机锗	锗粒	锗片
含锗/%	100	69.4	100	100	约 18	100	
价格/万元·千克$^{-1}$	0.48	约 0.4	0.6	3	0.7	4	6 万元/套
以锗计价/万元·千克$^{-1}$		0.58			3.86		
倍数	1	1.2	1.25	6.25	约 8	8.3	

锗的价格因其供应情况和应用发展而变化很大。在 1997 年左右达到 1.4 万~1.6 万元/千克，以后由于部分锗半导体为硅所替代，且硅资源较多而锗价降低，表 8 中为近期的价，仅为 1997 年的 1/3。

锗经过深加工、升值很大，如表 8 列之值，较大的如锗单晶，有机锗等，可以达到 6~8 倍，而二氧化锗仅为 1.2 倍。它在红外光学方面的优点是其他物质所不能比的（锗不能透过可见光的紫外线，但能透过红外辐射）。作为夜视仪，红外成像仪，与砷化镓激光器组成，可在夜里、云雾、雨天能全天候观察目标，故用于军事、航空航天。

锗在医学方面也有作用，有的锗有机化合物可治高血压，增加抗癌能力。锗用作光纤的添加剂，可提高其折射率，减少色散的传输损耗，故用量大。

世界产锗，在2001年为90t。我国产47.6t，自己使用15t，出口较多。美国、日本两国消耗锗较多，故它们进口多。

锗加工产品升值很大，用途也更多，且有其光学特性和半导体性质。因此，在生产中应该向产值高，用途广的方向去做，充分发挥其特性和增大经济效益。锗加工产品的应用值得进一步研究。

2.7 铟产品

铟，自1883年德国人赖希（F. Reich）和李希特（H. T. Richter）发现，以后研究和应用逐渐发展。铟有好的合金性而用于晶体管中的焊料，熔点很低。在149℃以下焊接，作为轴承材料的添加剂、镀层，使寿命增加几倍，它可润湿玻璃而可焊接玻璃和金属，它的反光能力很强，做反射镜可保湿光亮，长时间不发暗，能耐海水的侵蚀，做反射镜用于军用船舶、民用轮船。铟还可作电阻温度计材料和精密温度的标样材料。在高卤灯中加碘化铟可提高其亮度约50%。银铟镉（80Ag15In5Cd）合金可代替铪作原子反应堆的控制棒。

铟的应用日益广泛，世界上的产量逐渐上升。1972~1979年波动在68~42t/a。仅我国在2000年以来又由98t/a增加到160t/a左右。

消耗量以美国、日本最多，它们自产不足，进口较多。1984年美国进口30t。日本进口不断增加，1985年进口6t，1986年21t，1994年55t。显示近年来用于透明电极显示屏用量大增。有统计2002年世界消费425t铟，其中：

ITO	软钎料	半导体	合金	其他
73%	14%	4%	5%	4%

ITO是铟（90%~95%）锡（5%~10%）的氧化物，用以制成薄膜可见光透过率在95%以上，紫外线吸收率不小于70%，对微波衰减率不小于85%，导电性能和加工性能良好，作为透明导电膜用于等离子电视和液晶电视屏，近年用量大增。它正在代替体积大的显像管屏幕，已大量用于电视机、电脑、笔记本的屏幕，这种发展还正在继续。日本在2000年耗铟336t，其中用于ITO透明电极屏的就达到286t，占85%。

同时，铟的价格也随之而上升，在1972年的价格为56.26美元/千克。在1980年，价格为643美元/千克，2004~2005年在1000美元/千克附近（人民币波动在1万元/千克左右）。可见，由于屏幕使用ITO料后就不断发展，用量增加。代替显像管，全球所需平板屏幕是一个庞大的数量，4N(99.99%）铟的需求会继续加大。

但铟的资源由于铟是稀散元素，在自然界高度分散，极少单独存在，主要成有色金属及锌矿的伴生金属，在矿中含量为十万分之几至万分之几。现已查明储量，我国广西约4700t，云南4600t，内蒙古约600t，全球已查明储量在约1亿吨，美国、加拿大、德国、俄罗斯占约50%。据称全球海水中有铟40亿吨。因此，有效地开采、提取铟是值得研究的问题。尽量及时地生产出铟供生产社会发展所需。

第二个应重视的事是深加工直至做成器件。如4N(99.99%）铟制成ITO粉体，再做靶材，再制成玻璃上的ITO透明导电膜，再制成电视机、电脑等的显示屏。中间每一环都有相当可观的升值。比如由4N(99.99%）铟，制成ITO粉体，就可升值0.4~0.7倍（以铟为基础计算的）。而再过后，靶材、透明导电薄膜也应有升值，但很不易得到它们的价格。同时，需要研制投放到市场上的产品。

许多金属的深加工，越进入高技术，产品有特殊意义的情况下，产品价格不清，甚至产品的规格，应用的具体情况都很少报道，由于其重要性，需下决心研制这些产品的深加工，可以提出要自主创新，研制末端产品，走向市场。

再是铟有一些已研究出并证明有特殊意义的产品，为磷化铟、锑化铟、砷化铟，InSb-NiSb共晶磁敏电阻材料，各种应用这些材料的探测器，还有各种特殊材料，高纯金属等。这些材料虽然很难找到价格，而它们有特殊性质作重要用途，要进行研究，满足高新技术产品发展的需求。

所以，深加工又是向前沿迈进，努力创新，获取高技术，高效能，高效益的问题。

还有磷、铁、稀土金属、钨、钼……包括周期表中62种金属元素等都有许多产品，这里不再列举。

3 现代高新技术需求大量深加工材料

当今社会发展，高科技高速发展，对新功能材料的要求促进着新材料的出现，新材料的出现又使高新技术向前发展。

信息技术发展，使人们有了日益方便的通信工具，例如可以每人一个手机，在任何地方交流信息，可以带一个笔记本电脑，计算任何资料，查找需要的信息，编写文件，存取资料。与世界各地传输信息，可以观赏电视，欣赏音乐，玩电子游戏等。

它们的基础材料是硅片，制成的集成电路、芯片，这些芯片就来自于“硅”。以工业硅制成多晶硅、单晶、切片、刻录等。信息技术的发展就促进着硅及其深加工的研究，生产。信息传递中的光纤是熔融石英纤维。高纯的二氧化硅和微量的镉，代替了电缆，成为通信技术的重大进步，它以每千米27g光纤代替了每千米质量上吨的铜电缆。而且每根光纤的通信容量可达几千万甚至上亿的话路。不受外界电磁的干扰，保密性强，而光纤的原料纯度要6N(99.9999%）二氧化硅。并要求若干重金属杂质浓度达到十亿分之几。光纤在20世纪90年代的销售就达到每年数十亿美元。

在计算机中存储器有重大的作用。磁带、软磁盘、硬磁盘。在20世纪70年代，用磁性氧化物（如氧化铁粉），以后用磁控溅射的方法制薄膜，用合金为CoCrPt、CoCrTa等，存储密度有很大提高，之后又走向用纳米晶粒，研制CoSm和Fe/Pt多层膜以及Fe/Cr和Co/Cu多层膜。

在信息显示技术阴极射线管用发光材料，红色的Y_2O_2S：Eu，蓝色ZnS：Ag，绿色ZnS：Cu，Al，并要求纯度高，现在发展为平板显示、液晶显示、等离子显示、发光二极管显示、荧光粉绿色用$BaAl_{12}O_{19}$：Mn^{2+}，蓝色用$BaMgAl_{14}O_{23}$：Eu^{2+}，薄膜电致发光由衬底玻璃板、ITO（铟锡氧化物）电极、绝缘层、发光层、背金属电极组成。发光材料是ZnS、CaS、SrS，今年提出用Zn_2SiO_2和$ZnGa_2O_4$，掺入Mn和稀土元素（En、Tb、Ce），发光二极管的基质材料有As化合物GaAs、GaP、GaN、ZnSe、InP、InGaAlP，在光电探测器中使用InGaAs、InAlAs、GaAs、InP、InGaAsP、SiO_2。还有许多有机光电子材料，压电陶瓷用 $BaTiO_3$，压力敏感的材料 Si、Ga、InSb、GaP 等。传感器材料是各种传感器（压敏、热敏、磁敏、气敏、湿敏）的基础。激光材料用 GaN、Ti^{3+}：Al_2O_3、GaAs、InAs、AlAs、GaSb、InSb、AlSb、InP 等。各种光电子产业创造的价值很大。美国研究技术突破为首，而日本在应用，产业化方面最强，效益最高。1999 年日本光电子产业总产值 610 亿美元。

我国起步较晚，1998 年达到 500 亿元（约 60 亿美元）。如上所述，信息技术产业需要许多金属和非金属元素材料、化合物材料，使用许许多多的材料为人类作出许多重大贡献，因此发展高新技术大大推动材料和产品的发展，新材料又推动新技术发展。

能源是人类不可缺少的，人们享受着大自然的阳光（太阳能），化学燃料（煤、石油）。随着人类数量的发展，数十亿人口，使用数亿吨煤燃烧发电，用这些能源生产许多生活生产用品，而且消耗能源日益增大。可以预见化石能源的枯竭期已逼近，替代能源的研究、开发，成为人类十分重要的课题。更好更多的利用太阳能，各个国家十分重视。目前认为较好的太阳能电池材料是硅，多晶硅材料的生产研制成为重要的事，现在国内外都在向这个方向努力，同时也在研究其他材料，以求得价廉，质优，高效的材料。在寻求代替车用能源中人们在研究高能电池材料，燃料电池。锂电池材料中的钴酸锂、铬酸锰、炭微球、有机隔膜、导电极片等材料。研究燃料电池及其材料，这些材料与铅、镍镉、镍氢电池材料相互竞赛，取得了很大进步。充电电池、燃料电池在电动汽车中的作用是很重要的，它对解决能源困难，改善大量汽车造成的环境污染都有重要作用，故电池电动车、燃料电池电动车在我国及全球都发展很快，但重要的问题仍是能源储存能力提高，材料来源充足，成本降低。铅酸电池虽容量小，寿命也不长，但其成本较低，仍是电动自行车的主力电池。电池材料是重要的问题。风能，我国在有风能资源的地方在大力发展风能发电。风能的风扇叶片是重要部件，要求质轻，强度大，成本不高，复合材料有此性能。先进的复合材料以碳、芳纶、陶瓷等纤维和晶须等与耐高温的高聚物、金属、陶瓷和碳（石墨）等材料构成。开发地热发电，则需深井套管，要耐高温，耐酸性蒸气浸蚀的材料。近年来研究发展氢能利用，在氢制造，保存，运输，使用过程中需要许多材料。例如，氢的储存方法之一是研究金属氢化物，MgH_2 含氢量达 7.65%，贮氢钢瓶要高压达 15MPa。液氢则是低温-263℃，而分别需要条件适应的材料。

可见，现代高新技术产业的发展，需要许许多多的材料，材料的种类大大超过已有的传统材料，需要高纯、具有各种特性的功能材料，研究生产这些功能材料就为社会前进作出重大的贡献，起到推动新技术发展的重要作用，当然，也创造了巨大的经济效益。

4 发展高新技术产业为社会现代化作贡献，促进深加工新材料生产

新技术产品出现，推动着社会向前发展，社会发展又需要更多的新技术产品，就需要更多更新的高新技术材料，就促进高新技术材料的研制，生产。当代汽车，计算机等高新技术产品的出现和发展，需要的高性能材料钢、合金、硅片等的发展就是例子。

现在的矿物能源供应日益紧张的新形势下，高新技术的发展的一方面转向节约能

源研究替代能源，太阳能，风能，植物能……研究电能车，燃料电池车，氢能……这样就促进了太阳能电池材料、风能利用机电设备、植物料加工技术、机械、电动车、燃料电池用车的机电设备以及为之服务的各种材料。

材料的深加工就是由社会进步所推动。

原材料深加工成技术含量高的高性能材料，对社会的贡献加大，价值大幅提高，再前进一步将高性能材料作成元件，器件服务于社会，服务于人，其贡献又大为增加，经济价值又更大幅度的提高。

曾经有统计，某些国家电子材料的产值仅约为电子元件产值的5%~7%，若电子材料为70亿美元则电子元件的产值为1000亿美元。

可见，电子元器件的发展自然又促进电子材料的发展，大量电子材料的需要也就为原材料深加工产业创造了环境条件和研究的方向。

也可以想见，若只是生产先进材料，如由工业硅生产多晶硅，甚至单晶硅片，而不再生产太阳能电池组，不生产计算机芯片，则经济上看只得到7%的产值，而未得到100%的元器件的经济价值，这当然是很不合适的，为什么不再前进一步向生产器件发展呢？

因此，我们应当把初级原材料生产推进到深加工产品，还要再向前发展生产元器件供给社会，促进社会不断向前发展，由经济的方面来看也更合理。

还有一种看法，在我国的一些“边远地区”，是否也可以发展材料的深加工，甚至精加工，更进一步发展元器件生产。过去曾认为边远地区交通不便，信息不灵，市场远离，技术人员少，水平低，工业条件落后，难于发展高新技术产业，这些想法使我们不能大步向前。看来这些认识是不符合社会发展规律的。所谓，千落后，万落后，主要是思想意识滞后。要学，要创，先学先进，第二步站在先进者的肩上向前进，达到更先进的水平，再努力站到前沿水平，开始三年当学生，再有三年进了门，再搞三年当专家。若不早入门十年将会仍然是外行。我们地域辽阔，人口众多。现在已积累了一些资金，已有多头并进的基础，一些工业先进的面积人口较少的国家能办到的事我们一个地区也应当能够学会，能够去办。

社会进步，召唤着我们必须向前，快快进步，迅速站到世界前进的行列中去，许多方面需要我们努力。

4.1 硅材料产业

硅材料产业，我国今年已发展到年产工业硅700多万吨/年，出口60多个国家。但工业硅只能作为初级原料，其技术含量低，价格仅6000~7000元/吨。虽然几十万吨出口，但因其价格低，而创汇量与生产消耗的资源很不相适应。由前面列的数值可见，我国需以百倍工业硅的价格进口多晶硅（60多万元/吨）。这种状况和一个13亿人口的国家是不相称的。发展硅产业已经是十分迫切的事，否则进口多晶硅不仅耗费大量外汇，还制约着我国电子工业、太阳能电池工业的发展，制约着集成电路生产发展。因此发展材料产业已是不可迟缓的高技术产业。

硅材料产业用我国西部丰富的高质量硅石为原料生产多晶硅、单晶硅、硅片、集成电路。各种芯片、高纯 SiO_2、光纤、多孔硅、硅微粉、化学用硅……这些硅产品对社会的贡献很大，经济效益也十分可观。

这方面的开发，生产都需要领导机关和社会的关注，动员技术力量和经济力量重视发展。

4.2 太阳能电池产业

太阳能电池在当前已为世界各国重视，在能源日益困难之时，都看到太阳辐射给地球的能量十分巨大，为地球上人类消耗能量的数万倍。地球的许多能源、矿物（煤、石油、天然气）、植物、风能、水能都源于太阳能，如何提高太阳能利用是十分值得研究发展的方面。太阳光垂直照射地面，能量为 $1367kW/m^2$ 即 $1367\times10^{-6}kW/km^2$，这是何等巨大的能量。受大气的干扰，阳光到达地面的功率为 $100\sim300W/m^2$，净转化效率为 10%，一座 100MW 的电站，光伏电池占地 $3\sim10km^2$。

巨大的潜在能量日益加强了各国的重视，研发速度加快，近几年太阳能电池生产在增加。据报道近期美国拟投资 16 亿美元建 300MW 左右的太阳能发电厂。表 9 所列为世界及我国太阳能电池产量。

表 9　世界及我国太阳能电池产量　（MW）

年份	2000	2001	2002	2003	2004
世界	287	396	520	742	1194
我国	—	3.8~4	—	—	50

目前，太阳能利用在光电转换方面，应该说才是起步阶段，成本较高，每瓦的硅片值约 30 元，每瓦的组件值约 35 元，产出的电价约为常规发电的 7 倍。

这表明太阳能电池的构成材料和组件水平都还未达到常规发电的水平，硅片严重不足，而价格居高不下，还在涨价。各国的生产规模也很小，需要加强研究扩大生产，大幅改进，提高材料质量。

我国太阳能电池产量还很小，2004 年为 50MW。我国已承诺 2010 年要占总发电量的 10%（约 5000 万千瓦）。今后的任务将会很重，这就促使材料，组件等产业大幅增加产量，硅材料产业，硅材料的科学技术，组件配件材料技术将大发展。

4.3 发光二极管（LED）照明产业

发光二极管（LED）照明产业。近年来半导体发光二极管（LED）已形成高技术产业，发明了 GaAsP 为红光发光二极管，也实现了红、绿、黄、蓝光二极管的生产应用。各国相继制定计划要实施半导体照明代替传统光源，以大幅节约电能，减少发电排放的 CO_2 量，节约财政支出，如日本的“21 世纪光计划”，要在 2006 年用 LED 代替 50%的传统照明；美国的“国家半导体照明计划”预计 2000~2020 年累计节约 760GW 电能，减少 2.58 亿吨 CO_2 排放，节约财政支出 1150 亿美元；欧盟和韩国也有同样的计划。

我国的 LED 发光已走过 30 多年，20 世纪 80 年代形成产业，90 年代已有相当规模。现已有 GaAs 和 GaP 单晶，外延片，芯片的批量生产。引进 20 多台（套）金属有机物化学气相沉积（MOCVD）设备。LED 在我国 2002 年产量 160 亿只，值 100 亿元，肯定今后会有大发展。

我国照明用电在 2002 年约为 2000 亿千瓦时，占我国总发电量 1.65 万亿千瓦时的 12%，相当于三峡总发电量的 2 倍多。我国发电有 3/4 为烧煤发电。同样有排放大量 CO_2 的问题。我国也十分重视推进 LED 照明，组织了“半导体照明产业化技术开发”重大专项，已取得很大进展，继续推进此项产业是很重要的。

西部地区有必要加入这一方面的产业，推进地区的 LED 照明代替传统光源的高技术产业。它也是光电子产业的一部分，也是半导体产业的一部分。显然，西部不能只是等待沿海地区发展后送设备来使用，要这样也是失去了发展的机会，失去了经济效益。

矿业资源型传统产业发展中的三个方面*

1 前言——矿业资源型传统产业大发展的重要作用

自20世纪50年代，我国有色金属中十种年产量有多有少，数量不够供我国工业发展的需要，钢铁产量也少，金属大量进口以满足建设需要。以后半个多世纪这些金属生产大发展，是全国工业化欣欣向荣的一部分。进入21世纪，金属生产在我国成为一大成就。十种有色金属的年产量逐个达到世界前列。到最近几年稳居第一。钢铁产量数亿吨，为若干大国的产量之和，达到此数也是为我国GDP达到世界第二的一大部分。

但最近的总形势，是这方面的产业发生一些变化，传统产品生产有些过剩，产品质量与产业向高端发展需要渐有差距。原料已经不足而需要进口，生产成本上升，行业出现下行之势。

出现需要适当控制产量，提高产品质量，增产创新产品，精加工，深加工，多产品以适应世界发展的需求。同时就增大了产品的技术含量和提高价值，为工业强化作贡献，为经济发展起作用。要将大而不强的传统产业转变为强大的先进产业。

在当前发展的情况下，本文先提出三个方面的研究和产业来讨论：一是由硅材料到太阳能电池；二是提升蓄电池容量促进电动车的发展，改善空气质量，为人类健康作贡献；三是发挥有色金属及化合物的巨大潜力，支撑先进科技的大发展。

2 由硅材料到太阳能电池

我国硅的资源丰富。在地球上，最多的元素是氧，占49.5%，第二是硅占25.8%，碳只有0.08%，所以地表的硅多，普遍存在，部分地区较为集中成大量硅石、白砂及许多含硅的矿物。人们用它做成各种应用，如工具、建材。1907年Potter研究了硅石碳还原后才规模化生产硅。1938年苏联建立了生产工业硅的工厂，随之法国、美国、瑞典、意大利、日本都生产工业硅。后来在硅合金、有机硅大量应用后，工业硅得到发展，之后硅成半导体，信息和新能源产业又推进了硅产业更大发展，形成了硅的产业链为：

硅矿⟶工业硅⟶多晶硅⟶单晶硅⟶硅片、芯片（计算机芯片、集成电路、太阳能电池板）

纯度 SiO_2>90% Si约98% 约9N 9N~11N

化学用硅

硅合金

我国现在对整个链已全面实施，各个地区又有所不同。内地的硅产业链在前端，

* 本文写于2015年五一节。

由硅矿生产工业硅，在走向多晶硅；靠沿海及东部，已有全链的产业。全国的工业硅产量已达到170万吨（2014年），其中云南达到45万吨。全国出口硅87.1万吨（约占全国产量的一半），供给几十个国家作原料。

我国工业硅的消耗，主要用于三大工业领域：铝合金用硅30.5万吨，有机硅用硅33万吨，多晶硅用硅16.3万吨。逐步改变了三者比例的形势，使硅产品的技术含量、价格向高端发展。这些产品的价格说明它的趋势，工业硅价约为硅矿的15倍，多晶硅又是工业硅的10倍左右，我国自产多晶硅逐步增加，也就逐渐降低了它的进口量，使大量出口低价的工业硅而进口10多倍价格的多晶硅的形势发生变化，并有望不久的将来更少进口多晶硅。

产品	硅矿	工业硅	多晶硅
价格/元·吨$^{-1}$	约10^2	约10^4	约1.5×10^5

当前，世界上利用太阳能，形成光伏电池的产业。用多晶硅量的日益增大，它在1954年美国贝尔实验室用硅PN结光伏发电，同时J. J. Loferski和R. Rarapport也发表论文，开启了太阳能电池的时代。虽然它的发电成本是火电成本的1000倍，但1958年发射的卫星上都装上了太阳能电池，以后航天器上都装了太阳能电池，成为卫星等航天器上必不可少的设备，推动了太阳能电池的发展。到1973年出现能源危机，把它在地面上使用提上日程，许多国家大量投资研发太阳能设施的生产，使其成本迅速下降，70年代空间用者为150美元/Wp，90年代为5美元/Wp，1997年达4美元/Wp，并计划2美元/Wp的目标。现在环境保护，减排CO_2又提上日程，又推动太阳能电池的发展，现在的发展则是以其发电成本为重，即比较太阳能发电成本与火电、水电的电成本，若太阳能发电的电价等于或低于水电、火电，无疑它就会大发展，最近报道日本已降到0.25美元/千瓦时（合约1.6元/千瓦时），据说，我国已达到0.95元/千瓦时。我国有的地区的火电成本为0.38元/千瓦时，因此今后的发展目标将是降低太阳能发电的成本。

太阳能电池发电成本降低的空间有多大？现在工业上的太阳能电池的光电转换效率为17%~20%，它利用的多晶硅约20万元/吨，若硅的成本降低就会使其发电的成本下降，近年来世界一些国家的努力已使多晶硅价格大幅下降，如2007年的400美元/千克左右，降到现在的20美元/千克左右，生产技术上的进步，使硅的价格不断下降，有望实现由20万元/吨左右，继续下降，冶金法生产又将促进此趋势的发展。

太阳能电池光电转换效率η，每提高1%，就可以降低电池成本7%[1]。曾有人计算电池的不同材料、规模、η和电池成本的关系，见图1和表1，表明了η降低时电池的成本明显降低的关系，当然还应当考虑电池使用时的占地面积会增加成本也是一个不可忽略的数字。

表1　以目前不同种类的薄膜太阳能电池模块在20MW与2GW产量下计算的每瓦成本

种　类	产　　量	
	20MW	2GW
α-Si(η=7%)	2.02美元	0.30美元

续表 1

种类	产量	
	20MW	2GW
CdTe(η=11%)	1.25 美元	0.21 美元
CIGS(η=12%)	1.34 美元	0.26 美元

注：包括材料、设备、人工、良率等。

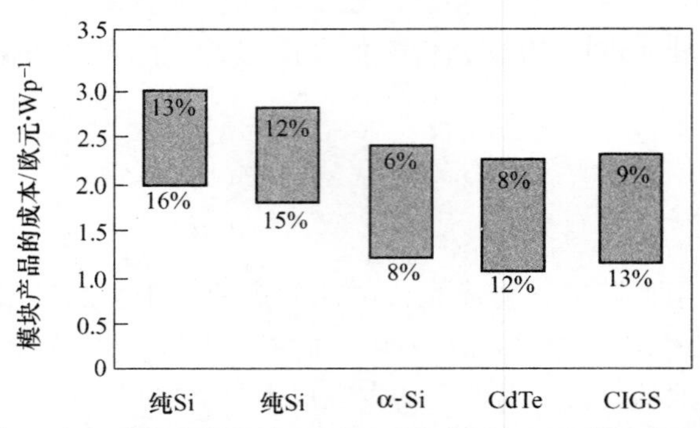

图 1　各种太阳能电池模块在不同电池效率下每瓦的制造成本比较[1]

现在工业上，太阳能电池光电转换效率是 17%~20%，这个数字在太阳能 100%中是不大的。说明现在太阳能中只收回了少数，还有 80%~83%损失了，那么，多收回一点，少损失一些行不行？比如说提高效率到 30%，40%，50%，甚至 95%，则其发电成本将大大下降，若降至太阳能发 1kW·h 电的价低于传统的水电、火电，则人们就会大量并优先使用太阳能。

那么，现在的太阳能电池回收到的光能有哪些，损失哪些，要想法如何把现在损失的部分收回来一些。

太阳以 1367W/m^2 的能量向地球辐射，在大气层外垂直照射的光谱图 2 中的 AM0 线，受大气的影响，向地表成 90°的照射的谱线 AM1 有所削弱。太阳光谱在波长 260~9000nm（即 0.26~9μm）范围包括几个部分，如图 2 所示。

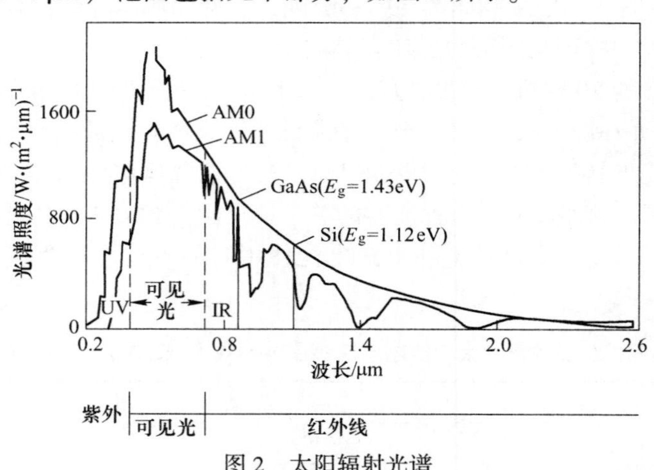

图 2　太阳辐射光谱

它从中红外起，包括近红外，可见光（红、橙、黄、绿、蓝、紫）和近紫外的一部分。全部在电磁辐射波谱中占一小部分，其波长位于微波和 X 射线之间，如图 3 和表 2 所示。

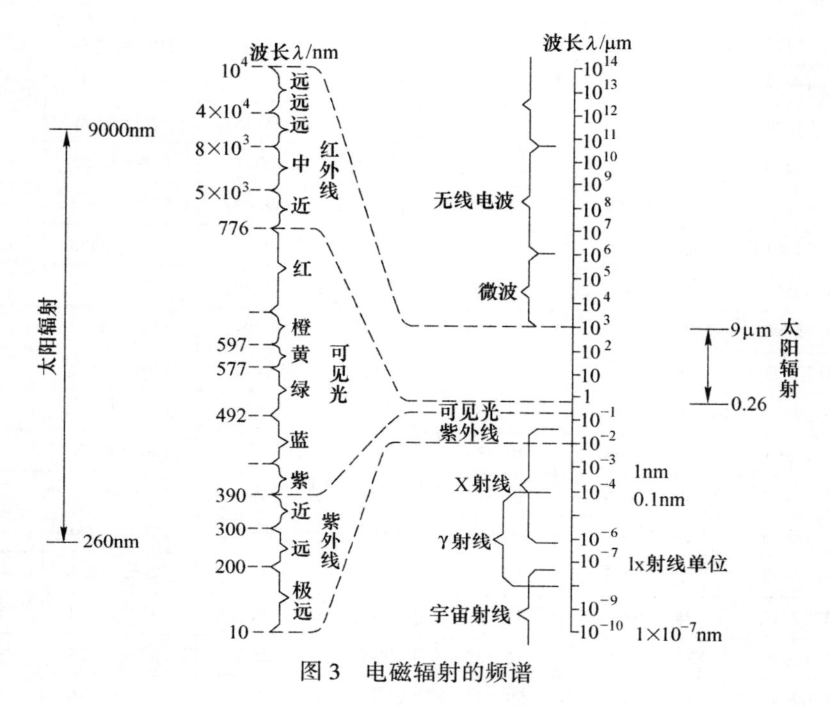

图 3　电磁辐射的频谱

表 2　太阳辐射光谱[1]

光　线	波长 λ/μm	照射强度/W·m^{-2}	比例/%
紫外线	<0.39	95.69	7
可见光	0.39~0.77	683.5	50
红外线	>0.77	587.81	43
总　计		1367	100

表 3 所示是太阳光各波长段的能量变化。

表 3　日地平均距离处大气外太阳辐射的光谱辐照度（太阳常数 = 1367W/m^2）[2]

波段 λ /nm	光谱辐照度 F_λ /W·(m^2·nm)$^{-1}$	λ 以下的总量 $\int E_\lambda d\lambda$/W·m^{-2}	λ 以下的总量与太阳常数比值/%	波段 λ /nm	光谱辐照度 F_λ /W·(m^2·nm)$^{-1}$	λ 以下的总量 $\int E_\lambda d\lambda$/W·m^{-2}	λ 以下的总量与太阳常数比值/%
260	3.47440	3.47440	0.2541	380	22.60058	88.32947	6.461
280	4.38948	7.86388	0.5752	400	21.48509	109.81456	8.033
300	8.68697	16.55085	1.211	420	34.17915	143.99371	10.533
320	12.53658	29.08743	2.128	440	33.61918	177.61289	12.992
340	17.69997	46.78740	3.422	460	39.70781	217.32070	15.397
360	18.94149	65.72889	4.808	480	40.33536	257.65606	18.847

续表 3

波段 λ /nm	光谱辐照度 F_λ /W·(m²·nm)⁻¹	λ 以下的总量 $\int E_\lambda d\lambda$/W·m⁻²	λ 以下的总量与太阳常数比值/%	波段 λ /nm	光谱辐照度 F_λ /W·(m²·nm)⁻¹	λ 以下的总量 $\int E_\lambda d\lambda$/W·m⁻²	λ 以下的总量与太阳常数比值/%
500	38.75477	296.41083	21.682	1160	22.41072	1050.69427	76.857
520	37.41968	333.83051	24.419	1200	20.79064	1071.48491	78.378
540	38.07248	371.90299	27.204	1240	19.52138	1091.00629	79.806
560	37.56130	409.46429	29.952	1300	27.01021	1118.01655	81.782
580	36.82230	446.28659	32.645	1380	31.80349	1149.82004	84.108
600	35.74401	482.03060	35.260	1460	27.30649	1177.12653	86.106
620	34.52563	516.55623	37.786	1540	23.73148	1200.85801	87.842
640	33.22790	549.78413	40.216	1620	20.58101	1221.43902	89.347
660	31.36837	581.15250	42.511	1700	18.39210	1239.83112	90.692
680	30.39327	611.54577	44.734	1780	15.39985	1255.23097	91.819
700	28.77391	640.31968	46.839	1860	12.74773	1267.97870	92.751
720	27.83487	668.15455	48.875	1940	10.92542	1278.90412	93.550
740	27.18846	695.34301	50.864	2020	9.74082	1288.64494	94.263
760	25.32682	720.66983	52.716	2100	8.17337	1296.81831	94.861
780	23.89747	744.56730	54.464	2300	15.32813	1312.14644	95.9822
800	23.16900	767.73630	56.159	2500	11.10270	1323.24914	96.7943
840	43.09185	810.82815	59.311	2700	8.41412	1331.66326	97.4098
880	39.62014	850.44829	62.209	2900	6.40541	1338.06867	97.8783
920	36.40689	886.85518	64.872	3400	10.53651	1348.60518	98.64908
960	32.08691	918.94209	67.220	4200	8.56338	1357.16856	99.27548
1000	30.52015	949.46224	69.452	5000	3.98579	1361.15435	99.56704
1040	28.55853	978.02077	71.541	7000	3.73353	1364.88788	99.84014
1080	26.06949	1004.09026	73.448	8000	1.17372	1366.06160	99.92600
1120	24.19329	1028.28355	75.218	9000	1.01164	1367.07324	100

现在太阳能电池吸收光的材料有：不同状态的硅，GaAs，InP，CIGS（铜铟镓硒），GaInP，CdTe，它们的光电转化率（η）见表 4，η 最高的是 GaAs 的 30.30%，其次是单晶硅的 23.7%，不同结构的硅的 η 有异。

表 4　太阳电池的一些最新成果（1997 年）

电池种类	开发机构	η/%	面积/m²
单晶硅	（新）南威尔士大学	23.7	21.4
多晶硅	（美）乔治亚工学院	18.6	1
多晶硅	（日）京都陶瓷	17.1	12.5×12
多晶硅薄膜	（美）Stfo Power	11.6	67.5
	（美）Unit Solar Sys	10.3	900

续表 4

电池种类	开发机构	η/%	面积/m^2
非晶硅	（日）三洋电机	8.8	1200
GaAs	（日）日本能源	30.3	4
CdS/CdTe	（日）松下电器	15.1	1
硒镓铟铜	（日）昭和页岩	14.1	51.9

含硅的材料有：

材料	单晶硅	多晶硅（1）	多晶硅（2）	硅多晶薄膜	非晶硅（1）	非晶硅（2）
η/%	23.7	18.6	17.1	11.6	10.3	8.8

硅以外的材料有：

材料	GaAs	CdS/CdTe	CIGaS（铜铟镓硒）
η/%	30.3	15.1	14.1

各种材料有各自一定的 η，最近 20 多年的研究，生产资料如图 4 所示，图中每种材料多年的 η 呈一水平折线，总体上 20 多年的 η 值起伏不大，再是这些材料的 η 都在 35%以下。

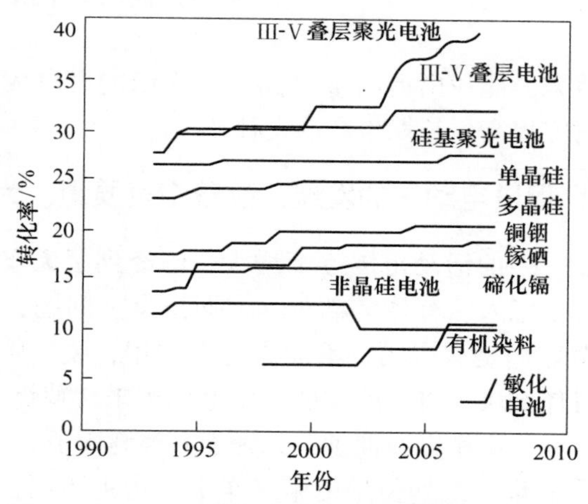

图 4　1993~2006 年间太阳能电池转化率 η 的变化

由这些数据，就会产生问题：为什么都在 35%以下？能否找到 35%以上的材料？

2015 年的公布数据中，η 最高达 46.01%的材料[4]，属于化合物多结电池。

GaInP/GaAs；GaInAsP/GaInAs		46.1%
GaInP/GaAs/GaInNAs（2-端）	43.5%(2013)	44.01%(2012)

是否可以认为寻求不同材料的多结电池，有没有希望提高 η 值。并使之在工业上实现，不要停留在研究中，如 46.1%和工业中的 17%~20%相差一倍多。

在这些多结化合物中，有人引入氮，成为 InGaN 材料，以增加对太阳光谱中红外线的吸收量，欲以此提高 η 值，并有了一点的初步结果，如图 5 所示。

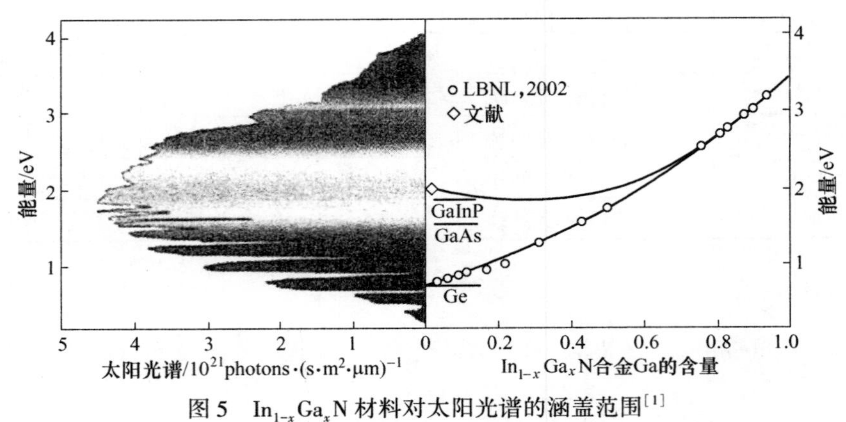

图5　$In_{1-x}Ga_xN$ 材料对太阳光谱的涵盖范围[1]

（圆点是 W. Walukiewicz 在 2002 年的实验结果）

在寻求提高 η 的光吸收材料中，人们做过许多探索，当然就会想如何找寻吸收红外线部分（占总量的 43%），紫外线部分（占总量的 7%）的材料，如 CdS、CdSe、InSb、HgCdTe、PbS、Ag-O-Cs，$SbKNa_2Cs$、InAsP 等[5]，也可试用导电塑料增强多结的导电性。

总之在由 17%~20%的 η 值向高值前进中的办法会是多样的，周期表中的元素繁多，化合物更是大量存在，寻求中要做大量的实验，同时现代的计算技术，软件，硬件都可作为探索途径。

相信，在不久的将来，能找出提高 η 之路，是太阳能发电成为人们家家户户的有用能源，并为之长期研究提高，长期生产的支柱产业。

3　提升蓄电池容量、促进电动车的发展、改善空气质量、为人类的健康作贡献

人类的发展、进步，人的活动范围逐渐增大，已经到了无车不行的时候，车帮助人走快、走远。全球几十亿人已有几亿辆车，车拥挤是一问题，但更重要的是车的发动机烧油，排废气。全球油是有限的，不能永远有油用，废气则污染环境，形成一大问题，影响人类自己身体健康，将来的发展是用电动车来代替烧油的汽车，它不用油，不排气，解决了两大问题，不用靠石油了，无害于人类健康了。

但电动车发展的重要难题是如何把电带在车上，边走边用，它不像用油时，油可放在油箱里，电就要放蓄电池中，蓄电池中有大量材料来蓄电，以前较成熟的蓄电池中是用铅和铅氧化物，就叫铅电池，直到现在铅电池仍用得很广。我国有些地方发展短途、低速电动车还在用它，解决农村运输问题，但若要长途、快速则铅电池的能量就不够了，近年来发展较好的是锂电池，如手机中的钴酸锂，电动车上的磷酸铁锂，它们的电的容量，按电池质量来比，约为铅电池的 3 倍，价钱大约是铅电池的 3 倍，然而用户还有顾虑。

现在问题还又进了一步，3 倍于铅电池容量的锂电池，仍显不足，一个车（如一般的公共汽车），就要成吨的电池，其成本占整车的 1/2~1/3，若整车值 150 万元，电池就约占 50 万元。

电池的质量，一方面占用了车的承载能力，若车载能力为 3t，电池就占去 1/2~

1/3，就减少了有效的运量，再是经济上增加了用户对买电池的经济负担。

因此，在电动车推广过程中，如何提高电池的容量，降低电池的成本，成为快速发展的重要问题。

如果说加强科学技术的研究，能使锂电池的容量再增加一倍、两倍，则同样容量的电池的能量就可以跑得更远，充电次数就可以相应减少，车中电池的成本又可以相应降低，用户用电跑车比用油省成倍的支出，就会满意地用电动车代替汽车了，城市的空气也就大大地净化了。

全球几亿辆汽车，用电动车代替，若经 10 年，也要每年生产近亿辆，每辆电动车若大车 100 万元/辆，小车 20 万元/辆，0.1 亿辆大车，0.9 亿辆小车。

大车 0.1 亿辆 × 100 万元 = 10 万亿元

小车 0.9 亿辆 × 20 万元 = 18 万亿元

共需 28 万亿元的车，若中国占全部的 5%，则为 1.4 万亿元。

可见，由经济方面，每年 1.4 万亿元是相当可观的数目。

我国现在对电池的研究已有一定的实力，应考虑加强对提高电池容量的研究，解决电动车的这一核心问题，促进电动车快速发展，进而改善我国的空气质量，改善人民生活的条件，提高健康水平。

电池容量的问题主要是电池材料的问题，即需要研究各种电池材料的性质、制备，涉及许多冶金、材料的研究，可以重视这一系列的研究和生产的问题，这一方面的发展必会像今天汽车的状况：全球数百家车厂、研发中心，长期从事车的研究、生产。大量的人从事这个产业，其经济占人类经济的一大部分，值得人们重视，集中一定的实力，突破这一难题。

4　有色金属化合物的研究利用

资源型传统的有色金属产业着重生产金属，作出重大贡献，促进人类文明进步，直至今日仍旧支撑着人类的生存与发展，人类社会到个体家庭，金属无处不在，不可没有。

但到今日，人类的发展进步已经由地球到月球，由地面走到了天上，地面上的车由几十公里每小时到了数百公里每小时，飞机已经到了 1000km/h 以上，高楼高度到了数百公尺，达到了较高的科学技术水平。

因此，人们需要金属品种更多，质量更高。需要不仅是金属，需要各种金属的化合物，观其不同的功能来支撑发展。

例如几十年来，传统资源型冶金工业将铝土矿提炼成氧化铝，再炼成金属铝，制成铝锭，供社会做各种制品的原料。大家熟悉的是铝锭，生产铝锭成冶金界的最终产品。而近 30 年，人们把氧化铝制成单晶体，叫作蓝宝石，在省里一个公司生产后切片卖到台湾省。1 个晶体 0.4kg，以前售价 1 万多，现在降至几千元。1kg 氧化铝价值几元到几十元，升值百倍。用于发光二极管的部件，完全反映出高技术产品的作用，升值的情况。

第二个例子是光纤，用纯净二氧化硅拉制成的光纤，它改变了世界通信中仅用铜线的情况，用光纤还可以一线多通道，保密性很好。香港的科学家高锟首先研制成可以实用的光纤，以后在世界各地广泛用光纤通信，高锟因此得了诺贝尔奖。

再举一个例子是氧化钇加稀土制成激光器的零件。美国已做成可以发射 160kW 的大能量激光器，可用于激光武器。

如此的例子现在层出不穷，体现金属化合物的各种特色的应用，都是产品技术含量高了，用处大了，价格高了。

元素周期表中可以看出金属元素 60 多种，它们可以生成的化合物何其多。除了氧化物外，还有碳化物、氮化物、硫化物、硒化物、碲化物等，还有三元及多元的。那么，除了生产传统的金属之外，也可以考虑研究生产其他化合物。

5 结语

上述三个方向是研究生产都需要的，是过去、今天、今后长期都应做的，都是技术含量高，价值高的，都是人类生存和发展都需要的，都对社会经济有影响的，它们不一定是现在发明的，但可以逐步发展。

我国现阶段已有大量的工作基础，可供三方面今后的工作充分应用。

研究工作，必须要产业化，以便于推进产生成果和效益。

除这三个方面外需要研究、发展、生产的事物还很多，未及在此说明，在今后的文中再逐步阐述。

参 考 文 献

[1] 黄惠良，萧锡炼，周明奇，等．太阳能电池［M］．北京：科学出版社，2012：8.

[2] 王炳忠．太阳能——未来能源之星［M］．北京：气象出版社，1990：34.

[3] 雷永泉，万群，石永康．新能源材料［M］．天津：天津大学出版社，2000：342.

[4] Geen M A，Emery K，Hishikawa Y，et al. Progress in photovoltaics research and application［J］. Solar Cell Efficiency Tables（Version 31），2008：16，61~67.

[5] 谭吉春．夜视技术［M］．北京：国防工业出版社，1999：89.

一个项目研究的阶段性*

一个项目的研究都会分成若干段落，定下一个课题后，经过研读有关文献及有关基础理论，对研究目标、完成程序、实验步骤决定后即开始工作。经一定时间的工作后就有一些结果，归纳它们就会得到一定的规律性，可以写成文章或申请专利，当然这两件事要先申请专利，以保护自己的新颖性，后再发表文章。这一阶段之后，会发现此课题可以，也应该向深度和广度方面再研究，并提出进一步研究的内容，这一步的内容当然就要深入得多。

第二阶段有的课题可以让研究生在学期中进行，有的课题进行到第二阶段，由于研究生临近毕业，只能在毕业后进行，当然也可以由其他同志来继续进行。

有的同学他可以在读书期间来完成第二阶段，甚至有个别情况在学制内完成第二个、第三个以上段落，而发表多篇文章。例如有位同学，他毕业前就发表了 9 篇 SCI 收录的论文。

因此在研究过程中争取多出一点高水平论文，是个宝贵的机会，要紧紧抓住。

而这个事，有同学未看到它的重要性，而在学习中几年未出一篇论文，甚至因而推迟了毕业时间，甚是可惜。

当然，一个重大的成果，绝不是一个阶段工作就能得到，而是多阶段研究才能成就，甚至多人多阶段才达到相当高的成果。许多诺贝尔奖都是多人多阶段后达到。例如我国屠呦呦的青蒿素获得诺贝尔奖，在她之外国内外都有人研究过，云南植物研究所也参加过研究工作。

所以，要获得重大成就，需要持之以恒，经过几个阶段研究，坚持不懈的深耕细作，不可能一蹴而就。

要看到我们在抓紧时机写出好论文方面还存在不足之处，我院至今高水平论文还没有，如在“Nature”“Science”发表的文章。虽然老师同学已在努力，但还要抓紧。提高研究水平，提高论文质量，把握时机，敢于去投稿，此事在许多外国大学，根本没有顾忌。我们不应该畏忌，有好项目，就可以去投去试。

高水平刊物往往要求严格，请高水平专家审稿，对稿子提出许多要求，几次修改，则作者更要耐心，认真修改，争取能够发表，不要丧失信心，中途而废。

要努力在每个研究阶段发表文章。

“行而无文，行之不远”，科学研究的目的是把研究的成果用于社会，以解决社会存在的困难和问题，则我们研究的成果申报专利后就要广为传播，让别人知道，用它为人类造福。若及时写成论文发表，别人就容易看到，就是让本地人、全国人、世界人都可看到。如果不写成论文发表，则只有研究者本人一人知道。“行之不远”，就不能起到传播的作用，以后时间长了，后人也更不会知道了。

---

* 本文合作者有：曲涛；写于 2018 年 9 月 4 日。

努力把工科科研成果产业化*

工科的科学研究都要解决工业发展中的问题，无论是产品性能的改善、新产品的试制、生产设备的研制与改造、生产工艺的改进，还是生产过程的原理，都与生产息息相关，和市场相连，科研成果自然有利于生产。

现今，科学研究的成果有若干阶段的评价：在投产前各阶段，如小型试验、扩大试验、工业试验、试生产等阶段都可以有报告、论文发表；在对成果作鉴定后，有鉴定证书，评定其水平；再进一步，各种科研组织，如发明协会、专业协会、学术团体对优秀的科研成果会给予一定的奖励。这些阶段的每一步都说明科研成果达到了某一种程度，其水平如何。

然而，很明显，如果科研成果达不到产业化，做不成产品，产品不投放到市场上，则它对生产尚无直接帮助，或者说它尚未对社会起作用，就不能评定其可实现性，其价值如何。

因此，产业化是对工科科研成果的最终检验，可据此对该项成果的贡献程度作出评价。若未做到产业化，则无论其论文有多少，发表在什么样的刊物，做过什么鉴定，都是中间过程，不能作最终的检验和评价。

显然，科研成果在产业化过程中，一定会出现研究不充分的地方，研究方法、条件和预先考虑不周到的地方，这些问题都需要一一解决，生产才能进行，产品才能得到。在这个过程中必须实事求是，来不得半点虚假。

科研成果产业化才能体现该成果对社会的贡献，才是评定其价值的可靠标准。

---

* 本文原载于《金属热处理》2006年第12期。

开发多种产品是提高经济效益的有效途径*

摘 要 生产多种产品是冶炼厂提高经济效益的主要途径之一。为此，须加强调查、研制、生产、推销这四个环节，多种产品的生产即可顺利发展。

去年，我国的有色金属生产企业以提高经济效益为中心，大力进行管理体制的改革，使生产和经济效益获得了协调发展，取得了很大的成绩。

为了实现1990年有色金属产量翻番，利润翻一番半的宏伟目标，完成今年的产量和利润要各自增长10%的任务，我们除了需要切实可行的政策外，还要重视科学技术，抓矿物资源的合理利用，改善经营管理，开发多种适销对路的产品，不断提高企业的经济效益。

1949年前，我国的有色冶金工业相当落后，除能生产金属锭外，深加工产品的生产是没有的。1949年后，有色冶金工业虽然有了长足的进步，但冶炼厂仍大都是单一地安排生产。炼铜厂以产铜锭为主，炼锡厂产大锡出名，锌厂就出锌锭，铅厂出铅锭。于此一脉相承的是我们的外贸也只满足于组织矿产品和金属锭的出口。这说明我们技术落后，但多年来急功近利，满足于出口初级产品，不重视技术和产品的开发，又表明我们是自甘落后，只是我们的经济效益不佳。现以锡的生产和消费来说明，冶金企业开发多种产品是很有必要的。

1973年，世界上锡的主要生产和消费情况见表1和表2。

表1 1973年锡的生产

国家	马来西亚	泰国	英国	印度尼西亚	玻利维亚	澳大利亚	尼日利亚	美国	巴西	西班牙	其他	共计
生产/万吨	8.2	2.29	2.04	1.46	0.7	0.69	0.60	0.46	0.44	0.43	1.04	18.5
占比/%	44.32	12.38	11.02	7.89	3.78	3.33	3.24	2.48	2.38	2.32	5.62	100

表2 1973年锡的消费

国家	美国	日本	英国	联邦德国	法国	意大利	加拿大	波兰	荷兰	西班牙	捷克	其他	共计
消费/万吨	5.91	3.87	1.66	1.58	1.17	0.84	0.56	0.48	0.48	0.36	0.35	3.68	21.12
占比/%	27.74	18.17	7.79	7.42	5.49	3.94	2.63	2.25	2.25	1.69	1.5	17.28	100

可见，消耗锡多的国家有美国、日本、联邦德国、法国、英国。除英国之外，都产锡极少。锡消费量多的都是工业发达国家，他们大量进口锡，制成其他制品后又销售到不发达国家。

我国过去大量出口锡金属锭。近几年，这种状况已有变化，大量锡在我国各工业

* 本文原载于《有色金属（冶炼部分）》1985年第3期。

部门使用，仅有少数可供出口。

工业化国家，一个厂往往生产几十，甚至上百种产品，以获取高的经济效益。表3列出几个国家的工厂情况。

表3 国外一些工厂的产品品种

公司或工厂	生产的产品
美国华昌公司	锡、钨、钼、锆、钽、铌等金属的锭，粉末金属，海绵状金属，金属碎屑，各种氧化物、盐类、碳化物，以及其他化合物
美国佛罗里达熔炼公司	铅锭、锑铅、铅砖、铸铅品、铅管、铅片、铅丝；焊锡类：条、块、丝、酸芯丝、松香芯丝；锡锭、锡条、锡粒；锌板
联邦德国伯彻利阿	高级锌锭，锌合金，电解锡，锡基焊料（条、丝、箔、带），各种锡基合金锭，硫酸
荷兰比里顿	四种品级的锡，锡基合金，巴氏合金锭，各种焊锡的锭、条、带、丝（实心的和包松香的）、武德合金，铅锭，海绵铅，铅基合金，铅锑印刷合金，电缆用铅和铅合金，铟（条、丝、片、带），铟合金，铋锭（粒），铋合金，镉锭； 三种高纯铟（99.999%，99.9999%），两种高级铋（99.999%，99.9999%），以及99.999%的锡、铅、镉、锑，可按需求的形状供货； 化学产品：钨酸、钨酸钙、钒酸，五氧化二钒，亚钒酸氨，四氯化锡、氯化铅
英国卡泊帕司父子公司	电解锡，电解铜，电解铅，火精炼铅，各种形状的焊锡，锑铅合金，银合金，金合金，铋合金

可见，发达国家的炼锡厂几乎生产几十以至几百种产品，而且品种还在不断地发展，这些产品大致可以分为：

（1）主金属及伴生金属的纯金属产品，有各种纯度的金属锭和各种形状的金属，如锭、条、片、丝、管、板等；

（2）主金属及伴生金属的合金系列的锭和合金材料；

（3）主金属及伴生金属的各种化合物和化工原料系列的产品。

把每一类的系列产品综合起来，一家工厂就有数目很多的产品了。有些产品的产值大大地超过金属本身的价值。如以二氧化锗中1kg锗的价格为1，则1kg锗的其他产品价格为：

金属锗	高纯锗	单晶锗	锗片	锗镜 $\phi50\times5$
1.05	1.17	1.6	3.7~4.3	555美元/片

同样是1kg锗，加工成锗片，其产值就是金属锗的4倍；若加工成锗镜，其产值比原来大500倍。

又以一级品锡每吨的价格为1，1t锡其他锡制品价格为：

锡（99.95%）	锡（99.99%）	锡酸钠	巴氏合金
1	1.7	1.73	1.33

同理，再看看铅及其制品的价格比例：

铅	一般黄丹	高级黄丹
1	1.6	2.7

由此可见，冶金工业提高经济效益的一个重要途径是生产多种产品，沿此办法有可能在今后15年内翻两番中起很大的作用。

要达到生产多种产品，应开展四个环节的工作，即：调查—研制—生产—推销。

四个环节都需要下足够的功夫。有个例子可以说明，最近有同志到美国考察生产除虫菊产品的公司，了解到该公司在生产线上有一千余人担负生产该公司各种产品的任务，另有约800人搞研究工作，这些人的水平都比较高，每年都会研制出许多新产品，使该公司由除虫菊产出成百种产品；还有几千人负责推销工作而活动在国内各地和国外。

我们的冶炼厂，至今还以第三个环节——生产为主，占了全厂90%的人员，其他三个环节中的工作人员极少，这种情况说明力量配备不适应于多种产品的生产需要。

应该生产哪些产品？本地区、全国范围内以致国外市场上需要什么？要求的质量、价格如何？有哪些地方生产？供什么单位使用？市场上供应的情况，生产后能得到多少经济效益？这一系列问题都需要掌握，才能看清社会需求，下决心生产迫切需要的物品。这种调查确实重要，为此要组织相应的力量开展此工作，这种需要和我们冶炼厂现有的情报、销售状况不相适应，不能及时掌握市场动向与社会需求，心中无数，难下决心，甚至出现已有产品出售时在价格上大大吃亏，或者签订了合同后才知道利益将大量外流的情况。

进行调查研究工作的人员绝不是可有可无，对从事科技期刊和信息传播工作的也决不能越少越好，不能把这种人员看成“非生产人员”，恰好相反，在这方面要有充足的力量才能加强公司、科研机构、工厂的“眼睛”和“耳朵”，才有了千里眼和顺风耳，才能情况明了，使多种产品的生产立于不败之地。

弄清社会需要之后，就要组织生产和试制，而且研究试制的周期不能太长，否则等到研制好，生产出来时，社会需要已经发生变化，重蹈姜太公赶集的覆辙。因此要有人数较多、水平高的研究队伍。我们的冶金工厂中，近几年经过一再强调之后才建立起不太大的实验室，一个地区才有一个研究所，力量不算多。而且研究内容多数针对已有产品的生产技术问题，很少研制其他产品，这种状况也不适应多种产品的生产。

美国除虫菊生产公司，在生产第一线是一千多人，而研究人员就有800多人，且水平较高。若用这种比例来看我们的冶金工厂，差距就太大了，这种不同，总体上来看必定只能给工厂维持目前产品的生产，甚至还来不及有解决现有生产中的问题，更难于开展其他产品的研制工作了。

研究机构强大，当然决不能看成“脱产人员多”。恰好相反，研究人员担负着改善当前生产、改革生产条件、研制新产品、改善产品质量等重大的责任，没有研究人员，甚至研究人员不足或水平不高都会严重影响这些问题的解决。

当新产品研究出来了，交付生产车间成批生产出来以后，推销工作也是要认真对待。上述美国这家除虫菊公司用了4倍于生产人员的力量到国内外推销产品，了解市场需求，不断开拓新产品。这样的安排在我国也是没有的。再列举几个国外锡生产的

公司在各地设立经销处的例子（见表4）。

表4　几个公司设立经销处的地方

公　司	设立销售机构的地方
美国华昌公司	西欧、远东、南美
荷兰比里顿	法国、德国、英国、芬兰、意大利、澳大利亚、希腊、瑞士、以色列
泰国熔炼和精炼公司	通过菲利浦联合公司行销到世界各地

这些公司或工厂在国外设立了许多经销处，说明他们对产品销售投入了可观的力量，使产品行销能快速、充分地进行；我们虽然没有必要这样做，但必须重视推销工作。

另外，要有合理的分工。大城市技术力量密集，工业基础较好，信息比较灵通，物质设备供应较好，对于技术难度大、需要深度加工、价格较高的产品较易组织生产，有可能解决一些较复杂的问题；地处边远的工厂，这些条件弱一些，则可研制一些容易在本厂生产的或技术基础的要求不多的产品。

发展高新技术产业
加强产品深加工　促进经济发展*

摘　要　云南省矿产资源丰富，是几大支柱产业之一。发展高新技术产业，加强产品深加工和技术创新，大幅度提高经济效益，是值得注意的问题。

关键词　创新；高新技术；产品深加工

"有色金属"王国，说明云南省矿产资源丰富，构成几大企业，云铜、云铝、云锡、昆钢，以及铅、锌、锗、铟、硅、磷、锰是几大支柱产业之一。这几年金属大幅涨价，经济效益明显大增。然而，仔细思索，如果把深加工的方面加强起来，经济效益将更为增强。如果再发展高新技术产业，则经济增长将更为迅速。

1　产品深加工，产值大幅提高

1.1　硅材料产业

由于云南省滇西地区硅矿质优、量大，目前年产 10 多万吨工业硅，大量出口。每吨价格约 0.8 万元，总产值近 15 亿元，为经济发展作出了重大贡献。但至今云南省没有其他硅的产品。如果将硅加工成多晶硅，每吨约 60 万元，生产 1 万吨，就值 60 亿元，为现在 10 多万吨价格的 4 倍。如果再加工成单晶硅（每吨 100 多万元），硅片每吨 1000 万元左右，那就价值更高了。1 万吨单晶硅值 100 多亿元，1 万吨硅片值 1000 多亿元。

而且，不仅是经济效益的空间很大，多晶硅对发展太阳能电池有重大的贡献。近来由于能源涨价，专家指出地球上的石油还能用 40 年。各国大力寻找替代能源，太阳能就成为大家选择的一种重要的替代能源，硅片（多晶硅或单晶硅）就是核心材料。目前多晶硅在全球显出供不应求、连续涨价的局面。

单晶硅片是制造集成电路的基本材料，用量很大。据统计 2005 年全球产量达 66.45 亿平方英寸（1in=2.54cm），产值为 79 亿美元（合人民币 632 亿元）。我国去年需用多晶硅 3000 多吨，合人民币 18 亿元，基本上靠进口，我国只产出百多吨。在这种情势之下，硅的深加工，将对我国信息产业、光伏产业有重大贡献，而且在经济上也有大的收获。

1.2　钛资源产业

云南省有较多的钛矿，长期以来以出售钛精矿为主，每吨钛精矿数百元，也创造

* 本文原载于《云南科技管理》2007 年第 3 期。

了经济效益，作了贡献。但是若考虑到其他钛产品及其在人类生产、生活中的作用则无疑应当再思索钛矿该怎么办，表1列出了几种钛产品的价格。

表1 钛的一些产品及其比值

品名	钛矿	钛白粉		海绵钛1号	钛合金	钛材	钛靶
		锐钛型	金红石型				
含钛/%	28~36	59.94	59.94	99.6	70	100	
价格/万元·吨$^{-1}$	约0.05	约0.95	1.35	约23	21	20~37	45~50
以钛计价/万元·吨$^{-1}$	0.15~0.17	约1.6	约2	约23	30	20~37	45~50
倍数	1①	约9.4	11.8	135	176	117~205	264~294

①以1t钛的钛矿价格为1。

表1中数值可见，若1t钛矿的价值为1，制成钛白粉，不同晶型的价值升至9.4~11.8倍，升值也很可观。若加工成海绵钛比钛矿升135倍，加工成钛合金升176倍。加工成钛材升117~205倍，加工成钛靶升值264~294倍。

众所周知，钛材是航空航天工业的重要材料，它密度小而强度高，又耐腐蚀，是化工设备的重要材料，是建筑方面的优质材料，奥运会场馆大量使用钛材。它又是能与人体相生的代替骨头的材料，装饰材料……钛材对人类生活贡献很大。

所以加工成海绵钛或钛材是我们下一步可以考虑的产品，这两年云南省里出现了数千吨的钛白粉厂，比卖矿有了更多的效益，增值10倍，还可以再向深加工方面思考。

1.3 产品深加工，技术含量提高，对社会贡献更大，产值大幅度提高，是共通的规律

上面以硅和钛为例，实际上，各种金属和矿产品都有相同的规律，甚至社会上的其他产品都是如此。

产品深加工，技术含量提高，对社会的贡献增大，价格大幅上升。

这个规律值得我们的企业和领导部门重视，实行。如铜、铝、锡、铅、锌、磷、锰、钢铁、锗、铟等企业都可以考虑，使云南省丰富的资源发挥更大的作用。

2 发展高技术产品产业促进产品深加工，大幅度增进经济发展

高技术产品对国家、对人民的贡献大已是当今人民的共识，它对经济发展的贡献也是非常大，例如，半导体、激光器、高能电池、芯片、电动车、太阳能电池、机器人、核能、超导、液晶显示器、光纤、声呐、夜视镜、红外线设备、数码相机、手提电脑、手机、雷达、现代汽车、飞机、船只……每一种的年产值都是数十、数百、数千亿元。

我们是不是要多参加一些这类产品的研究、生产呢？提这个问题是不是想得过分了？以色列、韩国、德国、法国等和云南省差不多大，人口数量也相近。他们只是早发展了几年，还有我国的上海、香港、广州、台湾等地，他们也就是起步早一些。应该说他们能做的事我们应当能学会，也能做。我们人口不少，每年大学生毕业很多。我们的经济也有可能支持其发展，还有资源优势，利用这些优势，敢想敢学，调动

4000 多万人口的积极性，一定能在若干高科技产业作出重大贡献。例如，硅产业方面发展多晶硅生产，往后制单晶硅、芯片以及其他硅产品的生产，如硅合金、有机硅橡胶、硅高硬度化合物碳化硅、氧化硅……充分发挥滇西有硅矿、有水电的优势，在滇西建立多种硅产品工业。

云南省太阳能电池起步早，有基础。可以在国家大力发展太阳能之机，省内大力发展扩大、延长产业链，生产并研究高性能太阳能电池材料，在产业化中发展，在发展中提高。

红外光学产业，要在大力发展的基础上，扩大应用，研制新产品，研制高技术产品，被动式探测器，研制民用产品。

发光二极管制造、研究及其器件研制。它的低能耗（工作电压 2~4V，电流 0.02~0.03A）、长寿命（10 万小时），十分值得注意。现在我国沿海对此产业已有一定基础，我们可以学习、借鉴、引进。

半导体材料用途很宽，而且都是高科技产品，上面提到的芯片、太阳能电池、红外、发光二极管都与半导体有关，还有激光……因此半导体材料产业可以说是现代化高新技术水平的标志，在国民经济的位置就足以十分重视，建立研究机构，开展应用研究、基础研究，建生产企业，培养队伍。

电动车、电动船、高能电池的研究及生产，电动车不用油、不排气、低噪音、高环保，是十分好的交通工具。长期以来因蓄电池问题未很好解决而没有得到发展。现在铅蓄电池初步可让轻型电动车上路，高能锂电池已经出现，电动车逐步进入市场的大势已定。现在正是时机，应当以一定的力度将高能电池电动车推入市场，再加强研究电动车，高能电池不断提高其性能。现在轻型电动车已为人们接受，每年增加一倍的产销量，其中出口 1/4。2005 年达到 1200 万辆，产值 200 亿元。为此工作的人员 100 万人。我们应为此机遇工作，大力推进其发展。

3　大力创造条件增大研发力度和建立高新技术产品产业

现在研发条件比过去已经大大改善、加强，使过去不能做的工作能够进行，得到成果。但是若与先进地区相比，与国外工业先进地区相比，则差距很大，不能不使人思考如何能加大前进的步伐。是否可以考虑以下几点：

（1）加大大企业的研发能力，面向国内外先进水平，研究新课题、新产品，提高研发经费（以生产总值的 2%为参考）。增加研发课题和产生更多成果。大企业要意识到依靠技术创新提高企业实力是根本的方向。

（2）鼓励中小企业创新研发新产品、新技术，引进学习先进地区的好经验。

（3）鼓励社会上的研究所（中、小型所）的研发工作。

（4）大力支持科研院所和高校的研发工作，投入更多力量开展新技术、新产品的研究、产业化。

（5）在政策上规定帮助高技术的研究和新产品的使用。例如，北京市今年准轻型电动车上路，大大帮助支持了轻型电动车的发展。

（6）大力支持有希望的好课题的研发，给以有效的鼓励和帮助，催生好的成果。

大企业多种产品经营
做强做大　规避风险*

近来，若干种传统产业有国营、有民营，或因产品过剩，或因产品不能满足时代发展的需要，而处于下行之势，转型成为问题。

学习了国内几个大企业的发展经验，他们的多产品经营做得好，在搞主业时，较早注意搞多种产品经营，发展产业链，综合利用，深加工，研制新产品，改善所在地区的环境等。到现在有的传统产业下行，而它们不但不下，还能保持发展。学习后，感触很深，谈谈想法与大家探讨。

1　大企业需要多种产品经营吗？

长期以来，我到过的工厂都是以一种或一类产品为主，其他产品搞得少，或不搞，比如说炼铜厂出铜锭，机床厂产机床，水力发电站发电……其他就不考虑搞，甚至“不需要搞”。这种状况当然是正常的，应该的，天经地义的，一个厂的主业不搞好当然不行。主业搞好了，厂就可以有效益地运行，也就用不着搞其他了。

那么，有必要考虑多种产品经营吗？

世界是发展运动的，不是停而不动的，一切事物都有“起”有“伏”，比如，云南的有色金属资源丰富，但每一个有色厂在发展的长河中“荣”一时、“枯”一时，直线发展是没有的。那么，如何对付这种“起”和“伏”，或者说如何对付“伏”这种风险呢，有一些厂的经验，就是用“多产品经营”，不要把所有的鸡蛋都放在一个篮子里，靠多种产品的“此起彼伏”，以起对“伏”、渡过风险。例如，河南万洋集团[1]，20年前10余人，37万元，炼铅起家，搞多产品经营，到现在炼铅在市上已不是热门货，但他们仍未减弱发展势头，发展达到资产60多亿元，年产值超百亿元，年利润超2亿元。

世界发展中，每种产品都在发展。“人无我有，人有我优，人优我强”的意识应成为每个行业的追求，多种产品经营就是实现这种意识的有效办法。比如生产汽车、手机、电视机、电冰箱……一代又一代，一种又一种新产品问世，不断创新，经常以新产品供应市场，新品功能多了，使用方便了，价格也高了，销量更多了。多产品经营才能使企业越来越旺盛，越来越强大。

多种产品经营必然能使企业做大做强。原来大企业已经是很强的企业了，如果再多生产一些高新技术产品，供应市场，当然它就更大更强了。例如厦门钨业集团，它的多种产品聚集了国内外的新技术，采用了欧洲各先进工业国生产的一流机器，生产的产品由挖地铁的盾构机钻头到绣花针似的喷丝机钻头，数十种国际一流产品，进口

---

* 本文合作者有：曲涛，徐俊杰；写于2015年7月20日。

钨矿用新研究的方法冶炼，使它在全国钨业中位居前列。

所以，大企业搞多产品经营，就可以规避风险，而且企业可以向更高水平发展，就可以做强做大。大企业应及早动手，多产品经营。

2 大企业搞多产品经营有何优势？

大企业有 4 大优势，如下：

(1) 资金，大企业年产值已达千万元、数亿元，有的甚至达到百亿元。搞多种产品就要选择什么产品，什么技术，要投资。虽然起步时每种产品需要投资不太多，但没有投资是不行的。这种投资对大企业来说，不会有什么困难。比如说新产品的试制、试产，要几十万元或百万元，这对上千万元、上亿元产值的大企业来说，可以轻易办到，而对社会上的初创业者，这就不容易了。

(2) 大企业的技术人才有几十、几百，甚至上千，抽一小部分出来开发新产品，当然不是大问题，不会影响大企业原有的产业大局。

(3) 大企业已有一套管理能力，对开发新产品有很大帮助。

(4) 大企业的研发、信息系统，当然有利于新产品的选择、试制、做技术准备。

这 4 种优势，可以顺利，快捷地推进新产品的开发。

3 大企业应及早考虑，早日动手进行多产品经营

搞新产品的选定、试制、试销需要时间，特别是越先进、新颖、有用、可靠、市场前景好的新产品，需要准备充分，时间精力就要多些。乔布斯的手机世界欢迎，准备生产的时间就好几年。所以大企业搞多种产品经营就要早日动手。

我们搞锂电池，在 2000 年开始，至今已 15 年，近几年才帮助社会上建立锂电池材料厂（在弥勒），建锂电池厂（在山西）。当然，因为我们缺少使其产业化的投资是个发展慢的问题，但也有我们的发展思路不够合适。在 2005 年我们试制成手机电池，那时市售进口货 400~500 元一个，我们试制时算了一下，成本 8 元一个，仅为进口货价的 2%左右。师生都很高兴，有的把手机上的锂电池换上我们自己试制的用。现在回想起来，才觉得当初我们的“市场”意识不够，没有抓紧时间把它推向市场，认为学校不可能搞生产，也没有想到把技术转到市场去搞生产。如果 2005 年我们就做到这一点，到现在，锂电池就应该欣欣向荣了。

大企业搞多产品经营，当然可以多搞几种新产品，再从中选择好的，市场情况也好的，再加大力度，扩大规模。万洋集团炼铅起家，后来铅钙合金就年产 20 万吨。还只是它多种产品之一，所以在铅产量过剩，铅价下行的情况下，它还能赢利，但它搞多产品经营已 20 年。

大企业拥有资金等 4 大优势，搞多种经营就能发展快，不一定要 10 年才能见效。当然也不可能立竿见影，需要早准备，有较长时间的付出才能够进入生产。

如果缺少考虑，则时间流逝，10 年易过，将无进展，丧失时日，不但不能更加做强做大，还在“下行潮”来时，抵抗能力不足。

4 大企业搞多产品经营可以考虑的途径

许多大企业已经取得可观的成绩：

(1) 以主业为核心。选择开发新产品、新技术以做大做强主业，例如万洋是炼铅的，它就做了铅阳极、铅电池，甚至上电动车。炼铅钙合金（20万吨/年），这就强化了它的主业炼铅。

(2) 延长产业链。综合回收原料中的有用物质，产品深加工。铅矿中含有硫、金、银、硒等，它都回收成为产品。并且深加工成为金银饰物，硫做成硫酸、化肥、纸质石膏板，所以它才能达到年产值102亿元。

(3) 研制新产品。前面提到厦门钨业的产品就较突出。云南玉溪的蓝晶公司就是高新技术产品的成功范例，它现在已是云南省的重要高新技术产业，把氧化铝加工成数千元的蓝宝石；昆明钢铁公司制成第一家抗震薄型钢材。

新产品、新技术可以考虑的东西太多了，这里只能提个头，供大家来共同思考。由于我们国家大、人口多，需要解决的问题真是不胜枚举，可以做的项目无计其数。

比如说云南高原的内陆湖，修水电站形成的大型水库。一共17个，有的比滇池大，许多都在大山里，如何开发利用就是一篇大文章。是否可以用来搞种植、养殖、果林、交通、旅游、休闲、房地产、电动船……则其发展前景非常可观。

还有我国高等院校数千所，研究院很多[2]，年出专利上十万个，都需要把他们大部分产业化，变成产品，有用技术。这些都是大企业搞多种产品经营的可选内容。

还有，大企业所在的地方也应做些工作，改变当地的面貌，改善大企业的存在条件，如环保、交通道路、生活环境等。万洋集团提出："要造福一方，绝不能祸害乡邻、清洁生产、不留隐患。"20年中，他们发扬大爱精神，惠泽民众，投5000万元关注公益，建幼儿园、小学、助寒门学子、建文化中心、建饮水管网、慰问老人。

5 大企业的多产品经营是当前我国传统产业转型发展的重要部分

大企业（年产值千万元以上）在现实存在的企业中已经是有实力的、较强的了。应对它的主业一般都不成问题了，它已经处于稳定发展的阶段，此时它的能力已经可以向资本运作逐步发展。但是若它的主业遇到"下行潮"，则抗潮能力不强。"潮"若来得大，持续时间较长，企业就会较难应对。

大企业在发展，兴顺时，就可以考虑到多产品经营，着手多产品经营的建设，就比较容易实施。应用已有的实力，搞主业的余力，搞几个新产品开发，都易于办到。因为它搞新产品不必从头投资运作。如上所述，应用它的资金等四大优势，可以很快实施。

甚至在有的大企业已感到或已经受"下行潮"时，才着手搞多产品经营，虽然晚了一点，但也由于它已是传统产品的大企业，四大优势已有，做新产品条件不错，也会快速得多。

我国大企业的数量很大，估计要数以万计，如果都考虑多产品经营，则将会很快出现数以万计的新产品。在"下行潮"扫过的传统产业将能快速地越过低潮，恢复向上发展。

多产品经营还将使其他未经“下行潮”的大企业做大做强。

大企业都走向“上行”，必将助推全国全速向上发展。

参考文献

[1] 刘京青．中国铅冶炼的世纪跨越——写在万洋冶炼集团成立20周年之际［N］．中国有色金属报，2015-05-09.

[2] 宋河发．科技成果转化与知识产权利用［N］．光明日报，2015-02-06.

大学与社会*

人类在自然界中生存，与不利的自然条件做斗争，人类的繁衍、生活的千千万万年的经历，代代相传，由口头相告到文字记载，十分丰富。以至后一代人在继承中形成程度高低的差别。至今，继承得多则会成为高等教育的部分，高等教育必然形成。

传承教育中，接受较丰富部分的人群，在中国古代形成书院，在国外以教会为核心，是传承较优的群体。

孔子是中国高等教育的代表，他弟子三千，有 72 贤。《论语》记载了他与弟子们讨论社会大事。他周游列国，都在论述社会发展中的大事，并与各国的政治经济首脑研讨当时的国际形势与治国之道，就是中国高等教育理论与实际密切结合的范式。

外国的教会、教堂培育出绅士、牧师、哲学家，帮助社会发展。

后来，在此基础上形成大学，其作用的实质就是人类社会的高等教育，只是名称不同，而且现在大学在结构上更利于培育高级建设人才。

称为大学之后，当然继续更好传承人类的历史经验，对促进社会发展起到更重要的作用，无论什么阶段，在社会科学、自然科学方向都起到重要的支撑、推动作用。

可见，大学从来就是研究社会发展的（社会科学与自然科学方面），也就是说，大学一定是搞研究的。

研究成果用于社会发展是其必然的归宿，形成对社会的贡献，然后很自然地社会就会对科研成果有所评价，对出成果的大学有一定的评论。大学的成熟程度、学术水平，对社会贡献的大小等评价。现今，国内外的许多“大学排行榜”就是评价之一。

也可以说，大学一定是要搞科学研究的，大学教师当然是大学中的主角，也必然是要研究社会发展问题的。

当然，今天的大学专业繁多，大学中教师分工较细，各人研究的问题也就各式各样，例如有的在实验室，有的在工厂，有的在备课室，有的在研究人文科学，有的在研究自然科学，各不相同，但他们都是研究人类需要解决的问题。

有人说，有专搞教学的，有专搞科研的，那么什么是专搞教学的呢？这可能是讲课为主的，但他也一定是备课中认真研究教材内容、教学方法，总结教学经验，了解学生学习状况，思考如何教、怎样教，才能教好学生。研究这些问题都是他的研究工作，对专业课老师研究教学内容就是重要的研究题目。

大学教育至今形成了完整的教材体系，教师利用它们方便地把知识传授给学生。教师除使用教材之外，也研究社会上有关专业的问题，是书本上没有的，书上不可能详细说明的。讲这些就可以使学生学得更深入、更生动。再加上学生的研究课题，做论文，就更深入了。学生掌握专业知识更牢固了。到了研究生阶段，他们的论文课题，

---

* 本文合作者有：曲涛，李康，徐俊杰；写于 2015 年 7 月 10 日，白鱼口。

就更能结合社会发展中的问题，研究的成果既起到培养人的作用，也起到为社会进步作贡献的作用。

教师和学生的研究工作为社会作贡献，在国内外已是常态，例如香港中文大学的高锟，他的团队解决了光纤的材料提纯，使光纤在全球应用，改变了铜线独霸电传输的天下，而得到诺贝尔奖。又如锂离子电池最初的研究者是美国加州大学伯克利分校的博士生，现在锂离子电池已成为电动汽车的核心，正在迅猛发展。这类例子已在世界各国如雨后春笋，大量出现。

这就说明了高等教育中，教师和学生在教学、科研中必定能做出对人类发展有利的成果。

自然在教学过程中，教师总是走在前面，引导学生前进。教师必定要先深入到社会的有关专业的实体学习、了解，帮助解决实际问题，然后带领学生一起研究。实施解决问题的过程，也就是完成培养的过程。除了学生掌握学识，能研究解决实际问题之外，还与社会建立了联系。如企业了解了学生，有的愿意在学生毕业之后就接受他们去企业工作；学生了解了企业，可以选择去他们希望去的企业工作。

学生在学习期间与企业联系，边学习边工作，把两者结合在一起是必要的。他们在此期间还了解了社会，增加所学专业在企业中的应用状况、存在的问题、解决问题的条件和历程，使他们能在毕业后有渠道找到工作，还能够储备力量，自己创新、创业。

学生自主创业，在经历一定时间后，有成效者也已不是凤毛麟角，虽然总的比例数字不高，但也处于开始发展阶段。我国现在每年毕业大学生约 750 万人，必定要多渠道就业，创业就是渠道之一。现在我国出国的学生归国的约 180 万人，就有自己创业者 50%。所以大学学习中，师生与社会密切结合是应该的，也是必然的，必要的。由社会的需要来看，也是十分重要的。

我们天天可以从报刊、广播、议论中知道社会上经常出现的种种问题，人文方面的、自然科学方面的，好的、坏的，甚至到月球、火星……众多的事件都需要研究，发展好的，改变坏的，建设不足的。以优化、改善人类的生活、生存条件，所以需要研究的事何其众多。

几乎每一件事，经过研究都能妥善解决。记得某地曾因火电厂的煤灰无法安置，而堆积如山，对环境污染严重，怎么办？当地就提出相关的十个课题，请大家研究解决办法。经几年，煤灰变成了建材、地砖、陶瓷材料，废料成宝，在工业上使用，最后连本地的煤灰都不够用了，要把周围地区的煤灰也运过来，很好地解决了煤灰问题。

那么，社会上那些众多、各种专业的问题能够都研究解决吗？

能！而且能解决得十分妥善，还能促进社会发展。

我国每年毕业大学生 750 万人，仅就云南来说，高校 60 余所，教师加研究生和本科生就有几十万人，再加上各研究所和社会上的研究力量，数目就更庞大了。如果他们都面向社会上存在的问题来研究，每年要做数十万个项目，能做出多少成果？能推动社会进步多少？这肯定也是一个庞大的数目。

这就要我们每位师生、每位研究者，要将教育和研究与社会上的问题结合起来，在学中做，在干中学，则一定能解决现在社会上存在的各种问题，而且能使社会大踏步的向前发展。

这种发展状况，其实人类就是这样过来的，今日社会比过去进步，历史不就是这样的吗？不说小问题，就以中国历史上民族融合过程这个大事来说，不就是这样吗！中国古代，多民族的国与国之间的矛盾引起战争何其多，战国时代就是例子。那时齐、楚、燕、韩、赵、魏、秦，许多大大小小的国家之间，战争不断，造成广大人民的苦难，消耗了大量人力、物力、财力。时经数十年、百年。最后形成今天的中华民族大家庭，各民族人民一律平等，互相关心，互相帮助，多民族团结像一家，国泰民安，具有强大的国防，保证不受别人欺辱，结束了过去百年受凌辱的历史，这是全国人民总结中国历史经验的成果。

像这样大的问题都能解决，就不用说那些小一点的事了。所以说，不用怕报刊上披露的不良事件、问题，经过研究，政府主导，一定能够解决，而且不止解决，还要更快的进步。

大学搞研究，肯定要搞，没有要不要搞的问题。只有先后一点的区别，即早成立的大学，早点搞，晚点办起的学校晚点搞。也不是有无科研经费的问题，因为科研经费的来源有两个大的渠道，一是“羊毛出在羊身上”，为谁做事，由谁支付科研经费；二是国家投资，由国家、省、市提供经费。现在数额越来越多。这两者对一个科研项目没有固定的数额，但肯定会给研究者以支持，只是时间和运作的问题。能不能搞科研的关键是研究者的思考，是否该搞、愿意搞、努力去搞，而不是有没有经费去搞，经费不是第一位的问题，比如爱因斯坦，搞科研就没有说有多少科研经费，几年计划。而他在大学毕业后教中专约一年，到专利局当专利审查员三年，就写出 4 篇科学论文，其中一篇是他的博士论文，一篇在后来获得了诺贝尔奖。从他身上看不到一点科研经费的问题。当然不是没有使用科研经费，只是他使用的都是学校正常教学科研的开支，未给他专门的科研经费。由他的情况是否可以认为科研能否进行，能否进行得好，关键是研究者的思考、认识。一旦他认识到某个问题很值得研究，很重要，他就会去挤时间、创造条件去做。

所以大学首先要教师、学生去分析社会问题（人文的、自然科学的），找自己要研究的问题，自己觉得很重要的问题，使自己对问题很投入，很有兴趣，就会全身心地去做，再加上两大经费的帮助，就会很快出研究成果（阶段性成果，总结性成果）。

大学的科研成果，提高了师生的学术水平，提高学校的总体水平，甚至提高了某个专业的前沿水平。

比如一个新办的大学，刚起步，科研项目少，师生都是新手。这时的水平总体来说不高，但师生努力使教学和科研结合，与社会结合，为社会上解决的问题日益增多，积累起来，就表明它的科研能力以及为社会作的贡献。云南省有一个学校近十年的年科研费由近 1 亿元增到 8 亿多元，近 5 年提供给社会使用的技术 5000 多项，在专业的亮点开始出现，这些就说明其科研水平、学术水平增进了。

大学科研的初始阶段，设备少、项目少、成果不多，社会对它的认识也不多，发展起来以后，就进入新的状况，装备多了、项目多了、成果也多了、人才也多了、能进一步研究的课题多了、来源广了、需用的经费也多了。每个课题的经费也因难度、质量、要求升级了，过去未想上千万一个的课题出现了。

这就是大学搞科研的发展历程。

所以有人说科研出人才。当然，高水平的科研成果就会出高水平的人才。光纤的出现就产生了一位诺贝尔奖获得者高锟，就出来了知名的香港中文大学。

现在，全球又有许多重大问题需要解决，需要人们倾力研究，如碳排放问题、空气污染问题（如雾霾等）、环境污染问题（土地和水的重金属污染）。人们在战争中消耗和牺牲的问题，人和自然的和谐相处问题，以及报刊日常报道的问题，还有如何有效地应用太阳能、原子能，以及人类还要什么机械为助手，都需要人们去研究。

如果人们能集中力量来研究这些问题，人类是有力量的。比如，首先消除人类之间的战争，就可以免去或大幅削减各国每年大量的国防费用，每年世界各国的国防费用上万亿美元，就可以用来做科研费用，为人类造福。这是十分重大的成果，这值得世界的人文科学家和自然科学家们专心研究消除战争的问题。

总而言之，大学就是要继承、传授人类宝贵历史经验，研究社会问题，促进社会发展。全国有大学上千，师生几千万人，他们面向社会人文、自然科学的研究必定成为巨大的发展力量。大学是社会密不可分的一部分，大学科研成果自然融入社会，许多人类生存和发展的重大问题，必定能经过人们的努力而解决。

写在建校60周年的话

60年以来学校的进展很大，从几个老大学的工学院合成，现在已发展成较完善有特色有一定知名度的大学，所以我感觉到进步很大。一个是规模大，建立了好几个校区，莲华校区，呈贡校区，白龙校区，新迎校区等。一个是学校成长得很好，科学研究效果显著，前些日子看到云南日报登载，最近5年昆工提供给社会五千多项成果，科研成果丰硕，去年的科研费达到6亿多元，得到多个国家奖，这几年年年都获得国家奖，毕业的大学生分布在全国各地，而且国外也有很多，所以建校60年以来取得的成绩是相当可观的，师资队伍雄厚。但是跟世界上先进的大学相比较，我们在科研水平、生产水平、生产规模、人才学术水平上还需要进一步提高，要加强研究方面的创新性，作出更多的贡献，对推动社会的经济发展，推动社会的发展作出更大贡献，这些方面我们都还要努力，特别是创新性，向别人学习是应该的，但更多的是要有自己的特点，这在科学技术的发展方面是非常重要的。

最近我在想一些问题，世界那么多人口，共同相处在这个世界上，人与人之间会有矛盾，有些矛盾解决不好，就会升级为对抗性矛盾，一次战争死的人有多少？仅第二次世界大战就死了上千万，人杀人就不应该，应该化干戈为玉帛，促进和谐相处，和谐发展。我曾经请教过别人，做太阳能电池板，放在同步轨道的卫星上，然后把电输送回地球，要花多少钱？可能达百亿美元。初听百亿美元是很大一笔经费，但是如果把全世界的国防经费拿出来有多少呢，万亿美元。所以如果没有人杀人的战争，把这笔经费拿来研究人类的生存问题，几百亿美元也只是万亿美元的百分之一二。那就是人类的小菜一碟了，所以人类的问题应该朝着这个方向发展，沿着对抗—非对抗—小矛盾—合作共赢的方向发展，这种例子在历史上不是没有，比如七擒孟获，就是这种事例，孟获七次被擒都经过谈判解决了问题，所以大家应该团结起来共同解决人类的问题。

我最近思考以后，提了三个字：真、正、实。我跟一些同学讲，做人就是要“真、正、实”，做真事，做正事，做实事。这三个字从小就要培养，这样就不会搞一些歪门邪道，做的事符合校纪校规，符合党纪国法，符合广大人民利益，则社会上的大小矛盾就少了。

我们学校，我觉得培养学生也是两方面，一方面是品德上的培养，一方面是专业上的培养。专业方面已经相当重视了，品德方面，我们学校我不知道有没有考试中弄虚作假的问题，这不是敌我矛盾，如果发生了，该怎么处理，发生了，我们就要教育，让大家明白这是不对的，老师考的是真才实学，让大家明白作弊是对自己的一种不尊重。让人人都努力做一个品德高尚的人，正直正派的人。这种意识，同学要有，教职工也要有，养成高尚品德的风气，营造良好的学习环境，学生成长成才，教师教书育人。

最近我在看一些东西，美国的大学怎么发展，美国的科学技术怎么发展，美国的诺贝尔奖获得者怎么培养。世界上最先办大学的不是美国，是欧洲，他们的医学天文学很发达，他们的大学培养比较高端的知识分子。柏林大学后来做得比较好，提了两条，一个是科学研究，一个是自由的思想，那时美国的大学不算第一，后来引入德国的经验，大学的科学研究对社会的发展作出了巨大贡献，反而后来居上。我们应该奋起直追，路子走对了，自然水平也就能跟上去，因为我们前边欠下的太多，清朝的时候，万般皆下品唯有读书高，读的是什么书，四书五经，讲了品德，不重视自然科学，当外国的坚船利炮打进来时才醒悟。真正的世界第一不光是实力强，还应该是品德高，中国有句话叫做“为富要仁”，你富了，你还要帮助穷人一起发展，你只是拳头大还不算世界第一，到处比拳头拼财富这还不行。我觉得前一段时间国际形势很难得，一个星期内俄罗斯、蒙古、印度相继来访问中国，来谈合作。我们国家提出：安邻、睦邻、富邻，我觉得很好。如果再过几年，我们真的做好了，那么我们去蒙古就可以免签了。所以我觉得精神和物质两方面都很重要。再说作弊的问题，现在的情况是被动不作弊，我希望大家都能鄙视作弊，学校宣布了作弊违反校规，这就是要加强品德修养。还有就是勤恳学习，要扎扎实实地学，争取好的成绩，这方面要形成风气，学生自觉勤奋学习，老师在教学中也要引导朝这个方向发展，学校就要形成这种风气，科学研究也应该这样。我们还要比较各个学校之间，各个学院之间，各个班级之间，各个同学之间，总有更好的，我们就要表扬好的。那么科学研究呢，我们就要从生产实践出发，找出问题，研究问题，解决问题。研究成果又回到生产实践中起作用，这方面我们进步很大，但是我们还要继续前进，我们真空实验室，现在设备比较好，相比以前有很大进步。还有就是校园文化，让人家走进校园就能感觉到气氛不一样，最近校长也很重视校园文化建设。我们虽然有很大的进步，但仍然还有很多事应该做，就比如我们真空所，我们还要奋起直追，我们已经三年没有国家奖了，在以前是学校得到国家奖较多的地方，虽然各个方面都进步了，但是创新性还要加强。学生中表现比较好的事例要收集，在同学之间交流，比如上次华南理工大学的学生，文章发表在《自然》上，这就很好，我们身边也要发现这种优秀的学生，为大家树立榜样，所以我们学校要将提高学生的品德修养放到相当重要的位置上去，我很赞赏清华大学校训中的一句：厚德载物。

谈双一流建设*

2015年11月，国务院发布《统筹推进世界一流大学和一流学科建设总体方案》，这是提升教育水平、增强核心竞争力的重大战略，这对高等学校极为重要，是需长期努力做的事。

一流大学，说起来不难理解，许多大学有自己的历史以来，至今作出了许多重大贡献，该大学的学生和校友，多名因此获诺贝尔奖或世界级的奖励，有的贡献得到世界的公认，这样的大学学术水平高、贡献大，达到世界一流。

一流大学由一些一流学科组成，一流学科由一流课题支撑，一流学科以一流成果作出的重大贡献界定。

作出重大贡献者自然成为大师，培育、造就“重大贡献者”就成为大学的重要任务。

我国近代科学发展，重人文而轻自然，使我国的物理、化学、生物、天文、地理等落后于外国，感到问题后奋起直追，而因生产后进、经济不足，产生一些“什么都是外国的好”等问题。现在在人文科学方面抛弃自卑，大步向前，经济迅速发展，进入了世界第二，也就有钱办事了，自然科学方面赶上一流就成为当务之急。

大学的人才要引进与培育结合。“师高弟子强”，大学里要有许多高水平师资，但学校难于引进多名“诺贝尔奖得主”，而能培育一大批后备者。我国现在每年毕业大学生700多万人，其中各人志愿不同，必有一些人决心研究世界大事，为之勤奋专研，力争作出重大贡献，他们中就会有一些经过努力达到高水平，这一类人才就需要着重培育。

若把这些立志长期专研的人称为“志愿者”，他们需要的是不断得到支持，有条件发挥他们的能力，研究、学习、工作向解决人类遇到的困难前进，以图为世界作出贡献。

“志愿者”的学习、工作，不断向新研究问题的深度和广度励进，需要的工作条件自然会变化，就需要在自己的努力之外得到社会、国家的帮助，使他们有必要的经费，工作平台，志趣相投的团队，有与外界交流（包括国际间）合作的条件，有自由生活的经济条件，这样他们就可以集中力量解决研究中的难题。

“志愿者”的关键是“志愿”，自愿努力造成的，不是命令造成的，而是履行自己的研究计划而形成的。

“志愿”和培育结合，才能形成高水平的后备人才。

---

* 本文写于2017年2月。

回忆通海路灯社*

（一）

通海路灯社于一九四九年五月在通海县城公开成立。它的前身是由共产党员发起的秘密的路灯读书会，中期即得到县工委、城区党小组的直接领导，后期改名火花社。从同年三月组织秘密读书会，到次年三月火花社结束，历时一年，主要进行如下活动：

（1）宣传革命思想，揭露反动统治。

一九四九年三月，路灯读书会在当时的通海县立初级中学（现为通海一中，以下简称通中）成立萤火壁报社，组织学生出墙报、唱革命歌曲，在进步师生中传阅进步书籍，发展进步学生加入读书会。当时传阅的革命文献和进步书籍有整风文献、联共（布）党史，大众哲学、社会发展简史、李有才板话、吕梁英雄传、我的奋斗等，使一些同志提高了政治觉悟，逐渐走向革命。

五月，路灯旬刊（墙报）公开贴到当时南门月城的墙上。

九月，改出油印的路灯周刊。手工刻版，版面相当于八开新闻纸，用白有光纸或贡川纸单面印刷。

墙报和油印小报共刊出过二十多期，内容包括：反对抓兵派款，反对地租剥削，反对压迫妇女，揭露伪县政府搞保长选举的骗局，批判反动校长标榜“有教无类”的虚伪性等；并摘登当时解放战争的战况，使难得看到报纸的人民群众通过这些报道，了解解放大军节节胜利、反动军队到处溃败、反动政权即将覆灭的大好形势。

（2）组织示威游行，反对封建压迫。

一九四九年五月，通中十五班女生唐淑坤因受封建压迫，被逼自杀（未遂，后匿迹为尼），广大师生义愤填膺。读书会决定，发动通中师生和小学教师，开展反对封建压迫，保障人权的斗争。贴标语、出墙报、呼吁社会各界支援，组织二百多人的队伍上街游行示威，到伪县政府请愿，要求惩办封建虐待、逼人自杀的凶手。

伪县长如临大敌，在县衙门内外布满岗哨，架起机枪，逮捕了班导师杨树藩，被激怒的群众在赵东泰带领下，坚持斗争，迫使伪县长不得不当场释放杨树藩，并承认负责调查处理这一封建压迫、逼人自杀事件。

这次斗争，由于具体条件的限制，未能达到惩办凶手的目的，但是几百人游行示威，到县衙门请愿，在素称“礼乐名邦”的通海县城，至少是几十年未有的事。它震动了县城，激发了群众的革命觉悟。一些原来不问政治、埋头读书的师生，从此看清了伪政府的反动面目，坚定了斗争决心，不少同志渴望找到共产党，在党的领导下彻底推翻反动统治。

---

* 本文合作者有：杨树藩，赵东泰，陈庆。

为了进一步开展斗争，读书会从此改名路灯社，在县城公开成立，社址设在关圣庙巷口王国俊家大门内的小楼上。

(3) 办识字班和工人夜校。

九月，在县工委领导下，路灯社借用天后宫小学开办业余识字班，组织失学青少年和妇女识字、唱歌。十月，办工人夜校，组织推烟丝工人学习。先后参加识字班和夜校学习的有近百人，由社员中的教师和中学生任教。教材采用民众教育馆提供的识字课本，实际上课讲的是劳动与剥削、压迫者与被压迫者的对立和斗争，进行阶级教育。原计划要通过工人夜校组织工人武装，曾对烟丝业的枪支情况做过调查，后因形势发展很快，未及组成。

(4) 为建立和巩固人民政权而斗争。

路灯社改名火花社不久，通海解放了。按照县工委的布置，抽调社的主要骨干参加接管伪政权，建立新政权的工作；发动一部分社员参加护乡团、民工团；其余的社员围绕迎接解放军、建立新政权开展宣传工作，如组织秧歌队、儿童团、妇女会等。

十二月二十六日，国民党第八军从昆明败退，地霸沈永清等与敌勾结，引敌入通海县城，戴永年同志在执行县工委指示，通知守城人员西撤时，与敌遭遇，战斗中被敌射中，身负重伤；经群众掩护，抢救脱险。

一九五〇年三月，通海县、区两级负责人共八位同志到玉溪参加地委召开的与南下干部会师会议。会后，全县开展征粮工作，社的大部分骨干和社员，按照县委安排，积极分赴各区乡开展征粮，火花社从此结束，社里的资料交给了县委会。

不久，发生了“四一八”暴乱，参加征粮工作的原路灯社社员、通中学生张佳、张丽珍、陆鑫中等五位同志，为巩固新生的人民政权，献出了年轻的生命。

(二)

路灯读书会是由通中教师刘建中（原名刘华民，共产党员，七月初离开通海）、赵东泰（民青成员）、杨树藩和失业店员工人陈庆（民青成员）、失学青年周汝超五人，于一九四九年三月的一个夜晚，在陈庆住的小楼上发起组织的。当时由于刘健中、赵东泰、陈庆均为在外地参加的地下组织，其组织关系尚未转来与当地党组织接上，所以，互相也不知道，只是凭着各自觉悟进行革命活动。

昆明“九九事件”后，戴永年从云大调到通海工作，经县工委书记李志敏同志批准、曾继森同志办理，由戴永年发展赵东泰、杨树藩加入中国共产党，随即组成由戴永年为负责人，赵东泰、杨树藩参加的党小组，以路灯社为基础，负责开展城区工作。

路灯社有社员五十多人，改名火花社时发展到一百四十多人。先后加入民青组织的三十多人。

路灯社由杨树藩任社长，改名火花社后由陈庆任社长。游行请愿事件发生后，伪县政府把路灯社视为眼中钉，屡次以注册登记为借口，企图取缔路灯社。为了掩护革命工作，应付敌人，六月以吕韵珍（当时伪县政府科员）为社长去进行登记，内部仍由杨树藩负责。九月改出油印周刊，又以民众教育馆长曾吉斋（当时已同地下党组织建立统战关系）为名誉社长，吕韵珍为社长进行登记，内部完全由城区党小组掌握。

当时，通海县城还有一个康乐剧艺社（又名青年剧社），一个哈哈社。前者在县城公演了话剧《雷雨》，后者到河西县城等地比赛过篮球。通海县伪警察局长黄赢洲混在青年剧社，为了进一步发展革命力量，削弱反动势力，县工委决定瓦解这两个社，路灯社通过把两社中的“民青”成员和进步社员吸收到自己社来，圆满贯彻了这一指示。十一月，路灯社改名为火花社。

（三）

一九四九年是我国社会发生伟大历史性变革的一年。全国人民在中国共产党的正确领导下，经过长期艰苦卓绝的斗争，终于推翻了反动的旧政权，开创了历史的新纪元。在这翻天覆地的日子里，路灯社顺应历史潮流而生，同通海城区人民一起，在中共地下党的领导下，为人民革命做了一定的工作。这是历史事实，也是历史的必然，如实地把路灯社的活动记录下来是应该的。

当时，许多同志，尤其是通中的一些青少年同学，虽然不懂多少革命理论，没有斗争经验，但是心地纯洁，向往光明，为了人民的利益，不计得失，不顾安危，一颗赤心干革命。这种无产阶级革命者起码的，又是最宝贵的革命精神，永远值得歌颂、发扬。对为革命流血牺牲的同志，我们终生不忘，通海人民也将永远怀念他们。

路灯社的全部活动，最多不过是全国革命洪流中小小的一滴。我们深切感到当时觉悟不高，经验太少，工作做得很不够。回顾历史，展望未来，要牢记为人民服务的初衷，发扬为革命献身的精神，为四化建设，为伟大的共产主义事业，贡献毕生精力。

纪念抗日战争胜利 70 周年

——读《波茨坦公告》感言*

第二次世界大战时期，日本侵略中国，使我国蒙受深重的灾难，我国全民奋战，八年浴血斗争取得胜利。1945 年 7 月 26 日，美国、中国、英国三国代表商定，发出《波茨坦公告》，促日本无条件投降，战争乃告结束。

今值我国抗战胜利 70 周年，再读《波茨坦公告》，感到日本军国主义的罪恶侵略历史要牢记，全世界人民都要铭记，充分吸取经验教训，坚决防止它重演。

中国 70 年前那场反侵略战争中，三千多万军民伤亡，由东北至西南大片国土上，敌人烧、杀、抢、掠，无所不用其极。

我自己亲历，1938 年日本飞机轰炸昆明，那时我 9 岁，上小学（今武成小学）。日本飞机在我们上空投炸弹，离我们最近的约距 1 公里处爆炸，爆炸声震耳欲聋，令人想：今天能躲过去吗？这件事给我留下了终身难忘的记忆，使我思考，日本飞机为什么来炸昆明？昆明离日本数千公里，中国有什么对不起它的地方？不是，是日本军国主义想夺取中国的财富，想占领中国的国土，是不讲道理的可耻的强盗行为，加上它在国际上的罪恶，导致美国、中国、英国同盟共同对它作战，最后发出《波茨坦公告》，促它投降。

《波茨坦公告》至今已 70 周年，应该认识到今后决不能让侵略战争再给人民带来灾难，全世界人民要一致行动，使它不再重演。我感到以下几点：

第一，全人类都要反对战争。因为战争给人类带来巨大损失、深重灾难。特别是现已进入原子能时代，许多国家都掌握了核武器，若发生核战，将有可能毁灭人类。应当根除“战争”，彻底铲除核战的可能性。

第二，要选出品德好、科学进步的民族典范。这样的民族是：它绝不用战争的方式解决纠纷，而是协商，以理服人；它是以平等态度对待各个民族，相互尊重，本着己所不欲，勿施于人而行为；它是勤劳、自觉地建设自己、创造财富，而达到繁荣富强，并力所能及地帮助其他民族克服困难或合作共同发展。它必定会成为经济状况良好，科学技术进步的楷模；它必定是有一定实力保护自己，而不让人欺负。这样的典范是实践中产生的，不是打出来的，不是说出来的。它的行为在人们心中得到肯定，成为大家努力的方向。

第三，现在，全球人民都在奋力前进，科学发展日新月异。各民族的发展应该大体上同步，落后就要挨打。中国近代史上一系列的外辱就是例子：鸦片战争、八国联军、日本军国主义侵略。所以，要国家强盛，才能得到尊重，才有能力帮助友邦，促进世界和平。

---

* 本文写于 2015 年 8 月。

诚信踏实，坚守党性，为人民尽责

——再谈“双一流”建设*

60多年前接受党的教育以后，我衷心相信只有共产党才能救中国。我经历了日本侵略中国的一段历史，日本飞机轰炸昆明，使我深刻认识到落后就要挨打。共产党组织全国人民赢得了抗日战争的胜利，人民由贫变富，国家日益强盛。

中国共产党是在严酷的斗争中成长起来的，它首先具有高尚的品德，真诚地为国为民，全国人民相信它、拥护它，它才能成功地走完长征路，才能打败国民党反动派，才能成功地拥有核武器，才能千百战舰进入蓝水，才能将实验室放到太空轨道上……

培育优秀品德，诚信踏实，坚守党性，是一辈子的事。我们每个党员要天天做好事，不做一丝一毫的坏事。要自强、自立、自省、自律。我曾想为什么我见过若干省市高官、企业家，他们都讲得很好，为什么有的现已落马？我想了又想，我认为他们讲给我听的都是真话，不是假话，但他们不能天天坚持，在遇到“糖衣炮弹”时，没有了抵抗能力，被击倒了。所以要“守常”，坚持不贪、不腐一辈子。

我们要建设强大的祖国，与世界人民和谐共处，共同发展，互相帮助，互利互惠，共同解决与社会、自然的矛盾，做到世界人民共处共荣。

在这样的方向下，我们党和国家又提出“双一流”建设，我们要达到世界先进，并引领发展。

“引领”就要先进，使大家愿意朝这个方向去发展。这个“引领”就要：第一是“先进”，实实在在的“前列”，没有一点虚假；第二是“为民”，要真真实实的，和谐共处，互利互惠。

我们党员就要向这两点努力——“先进”“为民”。我们建设双一流就要扎扎实实地“先进”，千真万确地“为民”。

“世界先进”是不容易的，与工业、科学先进的国家、地区相比，我们还有不小的差距，比如诺贝尔奖得主人数，人家成群，我们很少；航空母舰人家成队，我们两艘；智能手机人家先有、先获大利，我们才开始；科学仪器、先进医疗设备都靠进口；发表科研论文，我们也才刚进入先进情况……总之，我们还要努力，缩小差距，赶超先进水平。

双一流

我国提出，到2020年，若干所大学和一批学科进入世界一流行列、若干学科进入世界一流学科前列；到2030年，更多大学和学科进入世界一流行列，若干所大学进入世界一流大学前列，一批学科进入世界一流学科前列；到本世纪中叶，一流大学和一

* 本文为戴永年院士于2017年6月为昆工冶能院党员作“双一流”建设的主题报告。

流学科的数量和实力进入世界前列，基本建成高等教育强国。

这是党和人民的召唤，作为党员，我们要为之奋斗。

要成为一流大学，就要有一批一流学科，一流学科就由一批一流的科研成果支撑。

因此选择适当的课题，做好课题，是一流成果、一流贡献的基础，也就是出一流人才的源泉。

那么，现在做的课题“适当”吗？如何确定适当的课题呢？

选　题

首先，新的课题要依据国家、地方、单位的迫切需要，依据学科发展的前沿来确定，期望做出的成果、经济效益、社会利益最大，学术水平高。那么，如何看待当前工厂、社会上存在亟待解决的问题呢？它们看似小而多，比较浅显，是否能达到“一流”呢？

课题研究规律

科学研究的路是一个课题一旦开始，就会走一段出一些成果，而不是结尾，一段成果出来之后又可能向其深度和广度方面开展第二段研究工作，这一段之后又出一批成果，这些成果就比第一段深入，意义大，总结后又可能进行第三段研究，如此下去，发展没有“尾”，只有一段接一段的发展，各阶段有一定的成果。

这样的规律在国内外的例子很多。这种规律就是“积少成多”“聚小成大”“细流慢滴成沧海”“拳石频堆起泰山”，许多诺贝尔奖都是这样成就的。

举个例子，石墨烯。2010 年英国两位科学家安德烈·海姆（Andre Geim）和康斯坦丁·诺沃肖洛夫（Konstantin Novoselov）获诺贝尔物理学奖，这项研究在 1947 年就有人研究，经历了 60 年，前面理论研究有些人否定了它的存在，实验物理学家的工作又肯定了它的存在，而得奖。2004 年至今，大量人进行多方面的工作，至今在“Nature”和“Science”两个学术期刊上发表相关文章已达 200 余篇（我们张达同学最近收集到 222 篇）。石墨烯由于其特性优越，现在成为一方面研究的热潮，许多国家都重视，投入大量的人力、物力、财力做研究。

这个例子说明大成就、一流贡献是要有许多研究阶段工作积聚而成的，我们每位师生进行的研究工作都是前景未可限量的，都有可能发展成世界一流的。所以我们每位师生都要把手上的研究工作做好，并思考下一阶段的研究安排，奔向一流。

已经获得的成果

事实上，我们的工作就是这样做的，师生都在勤奋地研究，已经做出一些可观的成绩。我们已经得到 5 个国家级奖励。1987 年获国家技术发明奖四等奖（真空炉），1989 年获国家科技进步奖二等奖（铅真空精炼），2003 年获国家技术发明奖二等奖（硬锌真空处理），2009 年获国家技术发明奖二等奖（含铟粗锌真空处理），2015 年获国家科技进步奖二等奖（复杂锡合金真空处理）。这些奖项占全校获得约 10 项国家奖的一半。我们研究真空冶金技术和设备，已经应用到国内 60 多家企业，出口到美国、英国、西班牙、马来西亚、越南、巴西、玻利维亚等国家，为社会创造了巨大的经济效益和社会效益；我们研究有色金属真空冶金由1958年起，至今已近60年，使真空冶金技术由萌芽到成熟，有了一套基本理论和技术装备，成长起一大批学者和技术人员，成为有色金属真空冶金的行业队伍。现在全体师生在奋勇奔向一大批以世界一流为目标的重要课题，如硅冶金材料，铝、镁、钛、锂的新技术，锂电池材料，多元合金真空分离提纯，太阳能电池及材料，金属空气电池，石墨烯制备及应用，粉煤灰等新原料冶金、再生金属冶金、冶金环保、冶金理论研究。可见我们的研究是由“焊锡真空蒸馏分离铅锡”这样一个不起眼的项目开始，过去我们从未想到这个项目能做出重大成果。由于我们的团队研究向深度和广度不断工作，到现在工作了约60年，一级又一级的同学，若干代师生，做到目前，才达到现在的状况，已向世界一流迈进，日益接近一流。

所以，我们对大家手上的课题，应该要不断努力认真去做，就可能接近，以致达到一流。

学术交流

建设“双一流”应向国内外的先进学习，开阔我们的眼界，了解世界的学术、技术前沿，加强国际交流，当然是很重要的。现在我们与国际、国内的交流已大幅加强，到国外去参加学术会议，在国内组织、参加国际会议，到国外去学习、交流的次数、人数在迅速增加。例如，美国的TMS会议1989年的那次，我国有色院校去了4人（东北工学院1人，中南工业大学2，昆明工学院1），2015年仅我们所就去了5人，全国就不知有多少了，现在已在酝酿明年哪些人去，想去的快写论文投稿。

我们已有去日本、美国、英国、德国、瑞士等出国读学位回来的一批人，他们已是我所的骨干，他们的外国老师也经常来访、合作。

我们的国际交流是较多的，去的国家数、人数都在攀升。由于国家经济情况较好，我们的国际交流经费基本上都能满足，发展状况是好的。现在我们应该提高交流的质量，针对科研课题的情况去交流，宣讲我们的成果，学习先进的、前沿的东西，使交流能促进我们向双一流迈进。

科研成果产业化

建设“双一流”中，科研成果要形成产品，产业化后就能直接服务于人民，这就是成果在企业中形成产品，所以科研中要产学研结合，使企业参加合作，对研究进展有深刻地了解、理解，则成果就能很快进入生产试验，而后进入生产，若不这样，只由学校单打独斗，则不但难于进行大的试验（半工业、工业试验），更难进入生产，成果总是停在学校，甚至延误半工业化的时机。若能与企业结合，不但转化快，而且工厂还能帮助解决实践中的困难，主动提供所需的生产资料、材料、设备，人力甚至财力，使科研成果更快实践，成熟，走向出产品，产品进入市场，就能很快完成科研成果这阶段的任务。

产学研结合

产学研中当然还有研究单位，即除了学校、工厂外的第三家——科研院所。若这第三家也参与，可以帮助研究的内容向更深入、广泛发展。科研院所是专业的科研单位，他们的专家、设备、水平都很高，能为合作的课题提供很大支持，当然这种支持是双方都有益。合作共赢，不是单方面输出。

还有一种提法，“官—产—学—研”结合，“官”由国家总体情况、发展任务出发来推动科研发展产业化，由政策、计划来帮助课题更好地发展。发改委、省厅、局经常与学校院所联系，合作就是这种情况。

人才培养

科研工作是建设“双一流”的基石，它的进行就是培养人才的渠道。进行科研，当然要有专家、研究人员，他们对所做课题感兴趣，形成团队，研究的历程对团队的每个人都得到锻炼。历程中就有选题，查阅国内外文献，拟定实验内容，去工厂实践，准备好实验材料、设备，多次实验，写报告，总结出论文，成果转化为产品，上市等一系列工作。哪怕是学生，经过这些认真、仔细的工作，也就成为里手了。多次实验，参加许多课题，就是人由一般人变成某方面的专家了，所以科研就是培养人才的地方。

在某方面进行多次课题，若如前述多阶段课题，则在这方面的深度和广度方面都有积累，而形成特色，对这一方面的水平当然提高了，也就向国际一流靠近了。往后的研究也就会被国际同行肯定，更向前进。当这个团队的若干成果都得到国际认可，这个方向自然就是“一流”的，就有了一流的贡献、一流的人才。

可见，建设“双一流”科研需要的人才，要引进，更要培育。由数量看，引进的人不可能多，培育则是大量的。我们不可能引进大批高水平的人才，但可以培育许许多多的研究生。

现在我们国家由部、省到学校都重视培养优秀青年，培养计划陆续出台、增加经费，如我校的“青蓝”资助，省委党校办省情学习班等，都在向一流前进，为一流育人而工作。

当然，一流学校、学科、专家，还是要不断创新、前进的，在任何时候不能自满，否则“长江后浪推前浪”，更先进的后浪将会超越前人，这是必然的规律，绝不能忽视。“特色”也是今天的特色，若干年后就成为常态了，新的特色出现了，再往后就成为一般的，甚至落后的了。

因此我们建设双一流就要不断创新，自满和停滞是不行的。

双一流建设要时刻记住创新。在我们这个专业，创新就要思考选择的课题、所做课题的开始和发展的阶段。做到前人未做过，前人未做到，逐步达到国际一流，学术技术前沿，也有创新的理论基础。

研究什么内容，与我们专业相关的、交叉的都应该考虑。

近期的和长远的

社会现实存在的问题和前沿课题这两方面探求意义大、效益好的，一个人可以考虑若干个课题，按实际可行条件分别进行，在某段时间集中精力做一两件事，逐步前进。

现实存在的问题，特别在产学研中，生产上及工厂发展急需解决的问题，这类问题有很多，到工厂参加劳动或实习、科研，就能看到或由厂领导提及的问题。只要有生产，就有需要解决的问题，应该积极参加研究解决这类问题，这样在解决问题时就能深入了解实际，与厂方建立密切合作的关系，就能短期内出阶段性的成果。师生都与厂方人员有相互了解，更利于往后的合作，过去有的同学毕业后就成为在厂工作的人员，所以这类问题是师生的重要事。

较长远的研究课题是重要的一方面。面向发展、前沿，意义重大，新颖性高，需要研究的深度和广度大，能出较重要的阶段成果，需要投入研究的力量较多，时间会长一些。这类问题需要进行，而且要持之以恒，甚至数年，这类课题是要认真研究的。

在冶金、能源、材料方面，有些问题可以共同探讨。

传统的生产方法、技术、设备，经多年生产，很成熟，但相比新的发展，是需要革新改造了，包括其理论基础都要研究或分阶段研究改造；有的原料变化，原有的、原用的已减少甚至枯竭，新的原料出现，显然就要改造其生产方法；时间推移，传统的产品，性能需要向新的要求改进、提高纯度，改变成分规格；传统生产的废品、废料、废矿，都需要处理，变废为宝，改变环境，可以处理的“城市矿山”的资源不少……

较前沿的课题，随时间的发展，也可以说是不会枯竭的泉源，比如，当前各种能源转换所需要的材料。太阳能利用就是好例子，用什么材料做电池，以前和现在用硅，工业硅、多晶硅、单晶硅。现在多种材料在研：砷化镓、铜铟镓硒、碲镉汞多层结构等高纯物质。这些转换能量的材料做成灵敏材料器件，而成许许多多的传感器用于许多行业。大容量的比如太阳能光伏电池，是人类使用太阳能、改变供能源的普遍问题；原子能转化为电能、热能的材料，是解决人类应用能源的重要方面；温差转变为电能也是重要能源问题之一。总之，各种能的相互转换又是一重要方面。这些问题若能大幅向前，将推动社会某方面的大发展，创造的价值是十分巨大的。

后　语

我现在88岁，马上89岁了，一个在学校工作一辈子的共产党员。我现在的重要工作是为培养年轻人，为建设“双一流”做点事。经常想如何多做一点，多活一天就多做一点。国家关心，学校关心，一起工作的老师、同学们关心，关心我的工作、学习、生活。我应该把我能做的事做好，把积累的知识、经验告诉同志们以供参考。每天我去办公室与大家交流，听了他们勤奋、热切的努力、工作的进展，都使我兴奋不已，所以我每天都过得很高兴。大家的激励使我更希望学习，家里十多份报纸，老伴看到适合我的内容，就剪出来给我；同志们帮我买书，我看到可能对大家有用，能学先进的，就用科研费多买几本，让喜欢看的师生自己来签名领取一本，如《爱因斯坦传》《丁肇中传》《法拉第传》《科学发现纵横谈》等都有许多同志来领取。有的书就给自己看；还有同学搜集资料，复印一本给我，也让我大开眼界，没有被传统冶金所框住，如太阳能方面、微波冶金、半导体、固体物理、激光、各种稀有金属冶金、真空技术、电子手册……虽不可能每本书都通读，只能选有兴趣的，能接受的，读某些章节，都使我多认识现在发展状况，开阔了眼界。比如说最近梁风老师、张达同学，收集的一些论文复印件，使我对石墨烯及其研究工作产生很大兴趣。国内外研究，新的成果都很激励人，使我想到我国、云南炭原料品种和数量都很多，过去只是烧炭发热、发电，现在应当现代化，向双一流迈进，应该开拓系列产品，如石墨、柔性石墨、碳微球、碳纳米管、石墨烯、人造金刚石，用于现代化社会上去，所以我拿到张达给我的在“Nature”和“Science”发表的关于石墨烯的论文就爱不释手。因此，我和师生们的交流对我是非常好的，我一定要向师生们学习，向先进学习，高高兴兴，活一天就好好过一天，工作好一天。

附录

附录一　戴永年发表的论文

[1] 戴永年．铅熔炼炉（火渣）含铅原因及降低其含铅方法之研究［J］．中南大学学报（自然科学版），1956（1）：69~75.
[2] 戴永年．含锡物料烟化过程的分析［J］．有色金属（冶炼部分），1965（1）：38~40.
[3] 戴永年．焊锡处理流程的改进意见［J］．有色金属（冶炼部分），1965（1）：52.
[4] 戴永年．含锡物料烟化过程的分析（续）［J］．有色金属（冶炼部分），1965（2）：43~45.
[5] 戴永年．提高锡的选冶总回收的途径——低品位锡精矿的处理［J］．云南冶金，1973（4）：49~55.
[6] 戴永年．提高锡的选冶总回收率的途径［J］．有色金属，1973（12）：58~62.
[7] 戴永年．提高锡的选冶总回收率的途径——低品位锡精矿的处理［J］．有色金属，1973（12）：58~61.
[8] 戴永年．锡精矿还原熔炼中铁与锡的关系［J］．云南冶金，1974（2）：23~30.
[9] 戴永年．用鼓风炉强化锡的熔炼［J］．有色金属（冶炼部分），1975（11）：42~47.
[10] 戴永年．铅-锡合金真空蒸馏分离［J］．有色金属（冶炼部分），1977（9）：24~30.
[11] 戴永年，何蔼平，周振刚，黄位森，李平均．铅锡合金（焊锡）真空蒸馏［J］．昆明理工大学学报（理工版），1978（C1）：98~122.
[12] 戴永年．焊锡真空蒸馏脱铅扩大试验［J］．云南冶金，1978（2）：40~48，59.
[13] 戴永年．锡生产的发展趋势［J］．云南冶金，1979（3）：54~60.
[14] 戴永年，何蔼平，赵家德，许敏强，叶金忠．锡-砷-铅合金（炭渣）真空蒸馏［J］．昆明理工大学学报（理工版），1979（3）：47~65.
[15] 戴永年．铅锡合金（焊锡）真空蒸馏［J］．有色金属（冶炼部分），1979（4）：14~21.
[16] 戴永年．我国锡冶金技术的发展［J］．有色金属（冶炼部分），1979（5）：8~12，37.
[17] 戴永年．铅锡合金（焊锡）真空蒸馏［J］．有色金属，1980（2）：73~79.
[18] 戴永年，何蔼平，赵家德．炭渣真空蒸馏的初步探讨［J］．云南冶金，1980（6）：28~34，51.
[19] 戴永年．粗锡真空蒸馏时少量杂质的挥发［J］．昆明理工大学学报（理工版），1982（1）：138~147.
[20] P. C. Carman，戴永年译．分子蒸馏和升华［J］．真空冶金，1984（13）：1~12.
[21] 戴永年，杨树藩，赵东泰，陈庆．回忆通海路灯社［J］．通海史志，1985（1）：45~47.
[22] 戴永年．开发多种产品是提高经济效益的有效途径［J］．有色金属（冶炼部分），1985（3）：38~40.
[23] 戴永年．粗铅真空连续精炼的扩大试验［J］．真空冶金，1985（17）：1~7.
[24] 戴永年．重有色金属的真空冶金［J］．有色金属（冶炼部分），1986（3）：30~39.
[25] 戴永年，陈枫．有色金属的真空冶金［J］．昆明理工大学学报（理工版），1989，14（2）：13~18.
[26] 戴永年．有色金属真空冶金的现状和展望［J］．昆明理工大学学报（理工版），1989，14（3）：4~9.
[27] 戴永年，黄治家，曾祥镇，朱同华，张韵华．铋银锌壳真空蒸馏过程规律研究［J］．昆明理工大学学报（理工版），1989，14（3）：61~67.
[28] 戴永年．粗金属及合金真空蒸馏时各元素的分离［J］．昆明理工大学学报（理工版），1989，

14 (4): 36~43.
[29] 戴永年，陈枫．有色金属的真空冶金 [J]．真空冶金，1990 (1): 1~13.
[30] 戴永年．粗金属及合金真空蒸馏时各元素的分离 [J]．真空冶金，1990 (1): 14~28.
[31] 戴永年，张国靖．锑铅合金的真空蒸馏分离 [J]．中国有色金属学报，1991，1 (1): 39~45.
[32] 戴永年．银锌壳真空蒸馏 [J]．重有色冶炼，1991 (1): 12~17.
[33] 戴永年，夏丹葵，陈燕，蔡晓兰，杨斌，李金华，邓智明，魏宗平．金属在真空中的挥发性 [J]．昆明工学院学报，1994，19 (6): 26~33.
[34] 戴永年．有色金属真空冶金进展 [R]．中国工程院第五次院士大会，2000.
[35] 戴永年，杨斌，马文会．云南有色金属工业发展探讨 [J]．云南冶金，2002，31 (3): 81~85.
[36] 戴永年．真空冶金改造某些传统技术——有色金属工业可持续发展的一个新方向 [J]．新材料产业杂志，2002 (8): 25~29.
[37] 戴永年，杨斌，马文会，陈为亮．有色金属真空冶金进展 [R]．2004 全国真空冶金与表面工程学术研讨会，2004.
[38] 戴永年，杨斌，马文会，杨部正，陈为亮．有色金属真空冶金炉研究进展 [R]．2004 全国能源与热工学术年会，2004.
[39] 戴永年，杨斌，马文会，陈为亮，代建清．有色金属真空冶金进展 [J]．昆明理工大学学报（理工版），2004，29 (4): 1~4.
[40] 戴永年，杨斌，姚耀春．锂离子电池发展状况 [R]．2005 中国储能电池与动力电池及其关键材料学术研讨会，2005.
[41] 戴永年，杨斌，杨部正，马文会．真空中锌合金分离及锌的提纯 [R]．中国工程院化工、冶金与材料工程学部第五届学术会议，2005.
[42] 戴永年，杨斌，马文会，陈为亮．有色金属真空冶金进展 [R]．2005 全国真空冶金与表面工程学术会议，2005.
[43] 戴永年，杨斌，徐宝强，李伟宏．关于加快西部矿产品开发及深加工的建议 [R]．2005 年云南省青海省矿业可持续发展高层论坛，2005.
[44] 戴永年，杨斌，姚耀春，马文会，李伟宏．锂离子电池的发展状况 [J]．电池，2005，35 (3): 193~195.
[45] 戴永年，杨斌，徐宝强，李伟宏．关于加快西部矿产品开发及深加工的建议 [J]．中国工程科学，2005，7 (4): 19~23.
[46] 戴永年，杨斌，马文会，李伟宏，胡成林．锂离子电池和轻型电动车发展概况 [R]．2006 动力离子电池技术及产业发展国际论坛，2006.
[47] 戴永年．戴永年：努力把工科科研成果产业化 [J]．新材料产业杂志，2006 (9): 1.
[48] 戴永年，杨斌，马文会，李伟宏，胡成林．锂离子电池和轻型电动车的发展 [J]．新材料产业杂志，2006 (9): 16~18.
[49] 戴永年．努力把工科科研成果产业化 [J]．金属热处理，2006 (12): 1.
[50] 戴永年．锂离子二次电池材料及其器件发展动态 [J]．中国科技成果，2006 (22): 28~31.
[51] 戴永年，杨斌，马文会，刘大春，徐宝强，韩龙．金属及矿产品深加工 [R]．中国工程院化工、冶金与材料工程学部第六届学术会议，2007.
[52] 戴永年．我国有色冶金发展初探 [J]．山西冶金，2007，30 (1): 1~3.
[53] 戴永年．发展高新技术产业加强产品深加工促进经济发展 [J]．云南科技管理，2007，20 (3): 5~6.
[54] 戴永年．真空冶金发展动态 [R]．中国真空学会 2008 年学术年会，2008.
[55] 戴永年，马文会，杨斌，刘大春，徐宝强，韩龙．粗硅精炼制多晶硅 [R]．中国工程院化工、

冶金与材料工学部第七届学术会议，2009

[56] 戴永年．论教育过程中学生权利的保护［J］．课外阅读，中旬刊，2011（1）．

[57] 戴永年，马文会，杨斌，刘大春，栗曼，魏钦帅．粗硅的氧化精炼［J］．昆明理工大学学报（自然科学版），2012，37（6）：12~20.

[58] Dai Yongnian，He Aiping. Vacuum distillation of lead-tin alloy［J］．昆明理工大学学报（理工版），1989（3）：16~27.

[59] Dai Yongnian，Chen Feng，He Zikai. Thermodynamic behavior of lead-antimony alloy in vacuum distillation［J］．昆明理工大学学报（理工版），1989（1）：10~15.

附录二　戴永年获得专利情况

名　称	批准年份	专利号	发 明 人
内热式多级连续蒸馏真空炉	1989	ZL 87 2 09402. 2	戴永年、黄位森、何蔼平、缪尔盛、陶恒昌、段穿孝、戴咏雪、周振刚、兰治娟、王家禄
粗铅火法精炼新技术	1989	ZL 87 1 04574. 5	戴永年、贺子凯、刘鸣静、孙振武、杨部正、王家禄
锌镉合金真空蒸馏分离方法	1993	ZL 89 1 08164. X	戴永年、李淑兰、邓琴芳、张本明、施恩潭、黎锡辉
热镀锌渣真空蒸馏提锌方法及设备	1993	ZL 91 1 01840. 9	戴永年、罗文洲、邱克祥、张国靖、王玉仁、杨　斌、王承兰、李淑兰、陈　雯、蔡晓兰
一种加锌除银新设备	1997	ZL 95 2 50212. 7	戴永年、杨部正、杜永生、杨　斌、罗文洲、张国靖、王承兰、吴昆华
密封热重金属分离器	1999	ZL 97 2 19865. 2	戴永年、杨　斌、张国靖、刘永成、杨部正、吴昆华、王承兰、罗文洲
锑铅合金用硫除铅的方法	1999	ZL 96 1 22136. 4	戴永年、杨　斌、杨部正、张国靖、罗文洲、吴昆华、王承兰、刘永成
硬锌真空蒸馏提锌和富集锗铟银	2001	ZL 98 1 07600. 9	戴永年、吴昆霖、杨　斌、罗文洲、邓学广、李清湘、张国靖、杨部正、陈世农、吴昆华、曾志初、李金华
锂的真空冶炼法	2001	ZL 97 1 00995. 3	戴永年、杨　斌、张国靖、吴昆华、王承兰、杨部正、罗文洲
中温真空法处理泥磷提取黄磷	2002	ZL 99 1 26936. 5	戴永年、江映翔、杨　斌、吴昆华、刘永成、杨部正、陈文亮
含锑粗锡分离锑的方法	2005	ZL 96 1 13164. 0	戴永年、杨　斌、张国靖、吴昆华、王承兰

附录三　戴永年专著

1. 专著

［1］戴永年，赵忠．真空冶金．北京：冶金工业出版社，1988.
［2］戴永年．有色金属真空冶金．北京：冶金工业出版社，1998.
［3］戴永年，杨斌．有色金属材料的真空冶金．北京：冶金工业出版社，2000.
［4］戴永年．金属及矿产品深加工．北京：冶金工业出版社，2007.
［5］戴永年．有色金属材料的真空冶金（第 2 版）．北京：冶金工业出版社，2009.
［6］戴永年．戴永年论文集．北京：冶金工业出版社，2009.
［7］戴永年．二元合金相图集．北京：科学出版社，2009.

2. 其他参编著作

［1］戴永年，等．锡冶金．北京：冶金工业出版社，1977.
［2］戴永年，等．中国大百科全书·采矿冶金学．北京：中国大百科全书出版社，1982.
［3］戴永年，等．世界有色金属工厂及公司概况．北京：冶金工业出版社，1982.

附录四　戴永年获得的奖励

成果名称	类别	获奖等级	排名	获奖年份	主要合作者
焊锡真空脱铅用真空炉	国家发明奖	四等	1	1987	张国靖、贺子凯等
粗铅火法精炼新流程	国家科技进步奖	二等	1	1989	贺子凯、刘鸿静等
真空蒸馏提锌和富集锗铟银	国家技术发明奖	二等	1	2004	张国靖、李淑兰、杨　斌、罗文洲等
从含铟粗锌中高效提炼金属铟的技术	国家技术发明奖	二等	3	2009	杨　斌、刘大春、杨部正、马文会、徐宝强
复杂锡合金真空蒸馏新技术及产业化应用	国家科技进步奖	二等	3	2015	杨　斌、刘大春、马文会、戴卫平、徐宝强
焊锡真空蒸馏脱铅	冶金部科技奖	四等	1	1979	张国靖、贺子凯等
焊锡真空脱铅工艺	云南省科技奖	三等	1	1980	张国靖、贺子凯等
粗铅真空综合精炼直接制取电缆合金	云南省科技进步奖	二等	1	1987	贺子凯、孙振武、杨部正、李天兴等
硬锌、底铅真空蒸馏富集锗、铟	冶金部科技奖	四等	1	1993	张国靖、李淑兰等
热镀锌渣真空蒸馏提锌	冶金部科技进步奖	二等	1	1994	张国靖、罗文洲、杨　斌等
金属及合金真空挥发基本规律研究	云南省自然科学奖	三等	1	1996	杨　斌、蔡晓兰、李金华、夏丹葵、陈　燕等
硬锌真空蒸馏提锌和富集锗、铟、银	中国有色金属工业总公司科技进步奖	二等	1	1998	张国靖、罗文洲、杨　斌、刘大春等
真空法回收锗铟锌工艺及设备研究	广东省科技进步奖	一等	1	1999	杨　斌、吴昆霖、邓学广等
硒提纯新技术开发	中国有色金属工业科学技术奖	二等	3	2006	杨　斌等
从含铟粗锌中高校提取铟的清洁冶金新技术	中国有色金属工业科学技术奖	一等	3	2007	杨　斌、刘大春等

续表

成果名称	类别	获奖等级	排名	获奖年份	主要合作者
《真空冶金》	国家优秀科技书刊	二等	1	1990	赵　忠
戴永年	中国真空学会真空科技成就奖		1	1994	
戴永年	云南省科学技术突出贡献奖		1	2003	
戴永年	云南省教育功勋奖		1	2009	
戴永年	云岭先锋奖章		1	2011